中国传统科学技术思想通史

第一卷

导论

U0304517

吕变庭／著

本书是国家社会科学基金重点项目"中国传统科学技术思想通史"
（项目编号：15AZD038）的阶段性成果之一

科 学 出 版 社

北 京

图书在版编目(CIP)数据

中国传统科学技术思想通史. 第一卷，导论 / 吕变庭著. —北京：科学出版社，2016.6

　ISBN 978-7-03-049045-2

Ⅰ. ①中…　Ⅱ. ①吕…　Ⅲ. ①科学技术—思想史—中国　Ⅳ. ①N092

中国版本图书馆 CIP 数据核字（2016）第 141772 号

责任编辑：杨　静　陈　亮 / 责任校对：何艳萍
责任印制：徐晓晨 / 封面设计：黄华斌
编辑部电话：010-64026975
E-mail: chenliang@mail. sciencep.com

科　学　出　版　社 出版
北京东黄城根北街 16 号
邮政编码：100717
http://www.sciencep.com

北京虎彩文化传播有限公司 印刷
科学出版社发行　各地新华书店经销
*
2016 年 6 月第　一　版　开本：787×1092　1/16
2021 年 1 月第二次印刷　印张：21
字数：438 000
定价：128.00 元
（如有印装质量问题，我社负责调换）

序　言

这是我们参与 2015 年国家社科基金重大招标项目（第二批）第 33 个课题投标书的主体内容，这次出版基本上没有作改动，保持原样。

需要说明的是，早在本次投标之前，我们就与科学出版社签订了出版合同，当时我们把它作为主要阶段性成果之一，而写在投标书之中。后来得知我们投标失利，可毕竟标书中所阐述的很多观点，多多少少还是对中国传统科学技术思想史的研究有些意义。这是出版本书的主要原因。

然而，令我们做梦都不敢想的是，国家社科基金办的领导和有关人员还时刻惦记着我们的招标课题，更关心着我们的科研工作。他们经过认真讨论，决定采取适当的补救措施，将我们没有通过的招标项目转为年度重点课题，并鼓励我们在"适当缩小研究范围，突出研究重点"的基础上，继续完成"中国传统科学技术思想通史"这项具有学术价值的研究。我们很感动，此时，我们真正感受到了"国"与"家"的深刻内涵和意义。

对于我本人而言，你无法想象，当一个学者在他的科研事业中遇到了巨大困难，特别需要国家伸手帮助的时候，她真的出现在了你面前，那种激动确实无法用语言表达，那一夜，我未能合眼。我实在没有理由吝啬我的余生，我只有用加倍的努力，不断向科技思想史学界奉献更多更好的学术成果，才能回报国家社科规划办的领导和同志对我的关怀和支持。

不过，考虑到重点项目研究的实际情况，我们对其内容做了相应调整："中华文明'前轴心时代'的科技思想史研究"和"吐蕃南诏大理突厥及辽和西夏科学技术思想史研究"这两部分内容，由于需要投入较多的资金，且又涉及与藏族、彝族等少数民族相关研究单位的合作，困难非常大，所以只能期待后来者继续进行此项研究任务。另外，"中国近代（1840—1919）科学技术思想史研究"已经超出了"中国传统"的范围，有鉴于此，我们在设计这次课题时，干脆去掉了上述三部分内容。但为了保持整个课题的系统性和完整性，调整后的课题仍为十卷本，具体内容为：

《中国传统科学技术思想通史》第一卷《导论》

《中国传统科学技术思想通史》第二卷《"轴心时代"诸子科技思想研究》

《中国传统科学技术思想通史》第三卷《秦汉科技思想史研究》

《中国传统科学技术思想通史》第四卷《魏晋南北朝科技思想史研究》

《中国传统科学技术思想通史》第五卷《隋唐科技思想史研究》

《中国传统科学技术思想通史》第六卷《北宋科技思想史研究》

《中国传统科学技术思想通史》第七卷《南宋科技思想史研究》

《中国传统科学技术思想通史》第八卷《金元科技思想史研究》

《中国传统科学技术思想通史》第九卷《明朝科技思想史研究》

《中国传统科学技术思想通史》第十卷《前清科技思想史研究》

本课题主要成员有：厦门大学的郭金彬、陈玲，河北大学的张春兰、衣长春、周立志、王茂华、张婷、贾文龙，复旦大学的李殷，中国人民大学的刘岩。

最后，我再一次感谢国家社科规划办的领导和同志对我的关心和厚爱，同时也感谢河北大学宋史研究中心领导对本书出版的大力支持。

"生当陨首，死当结草"，这是李密在《陈情表》中的一句忠诚表白，此时此刻，面对我们可爱的祖国，我情由衷发，止不住两行热泪汩汩流淌而出。

吕变庭

2015 年 11 月 3 日于保定假日公馆寓所

目　　录

第一章　学术史综述

第一节　国外学术史综述

一、欧洲学者的中国科学思想史研究概况 [①]

从 20 世纪 20 年代开始，一些质疑"欧洲科学中心论"的西方科技史家逐渐将他们的研究视野转向东方中国的传统科学技术史，而探讨中国自然科学思想史的发展及其与哲学、社会思想发展的关系，则成为他们的主要着眼点。如德国学者福克（Alfred Forcke，1867—1944）于 1925 年出版了《中国人的世界观念：他们关于天文学、宇宙论以及自然哲学的思辨》，这是较早涉及中国科学思想史的著作之一。由于福克曾是德国驻华使馆的外交官，1903 年回国后任柏林大学教授，所以他精通中国哲学，并曾撰写过两大卷的《中国哲学史》，因此，他在《中国人的世界观念：他们关于天文学、宇宙论以及自然哲学的思辨》一书里，重点讨论了道、气、阴阳五行等思想观念对中国传统科学产生和发展的影响，据此日本人将其翻译为《中国自然科学思想史》，也有人将其翻译为《中国人的世界概念：他们关于天文学、宇宙论和自然哲学的构思》。继之，法国学者葛兰言（Marcel Granet，1884—1940）在 1934 年出版了《中国人的思想》一书，他运用社会学理论及分析方法研究中国的社会、宗教、科技思想和文化礼俗。在葛兰言看来，秩序或整体范畴是中国人思维的最高范畴，因为它的象征符号是"道"，是最具体、最根本的标记。故此，中国人的思维不区别逻辑和现实，对外延逻辑和数量物理学提供的知识来源不屑一顾。他们根本不愿考虑数、空间和时间这些概念，认为它们太抽象。在中国人的概念中，无论是关于空间，还是时间、数量、自然力、道、阴或阳，只有使用这些概念的思想家和技术人员通过自己的认识才能解释它们的含义。因此，要解释这些概念，就应该考虑它们是在某种特殊的知识环境（包括地理或日历技术、音乐或建筑、占卜术及幻术等）下使用的。可见，葛兰言研究中国人思维的分析方法，有助于我们更深入地认识和了解中国传统科学技术思想发展的内在联系和本质。

在福克和葛兰言之后，英国皇家学会会员李约瑟（Joseph Needham，1900—1995）博士是欧洲学者致力于研究中国科学技术史的杰出代表，在其煌煌 7 卷 34 册的巨著《中国

[①] 注：由于行文的关系，我们在具体论述过程中有时称"科学技术思想"，有时则称"科技思想"，特此说明。

科学技术史》中，其第 2 卷为《中国科学思想史》(剑桥大学出版社，1956 年版)。据李氏自己介绍，该卷旨在专门揭示中国哲学与科学之关系，是一份专门献给剑桥大学前神学教授伯基特、布朗及汉语教授哈隆的学术厚礼。该书共分 10 章 (以陈立夫译本为准)，第 1 章为儒家与儒学，李氏认为，儒家一方面"有助于科学之发展"，另一方面其官僚系统又抑制了科学之发展，所以"理智主义对于促成科学的进步，反不如神秘主义"。第 2 章为道家与道教，李氏认为在其实验主义之下，道家经典"涵蕴着丰富的科学思想，在中国科学史上非常重要"，比如，"化学、矿物学、植物学、动物学和药学，都渊源于道家"。第 3 章为墨家与名家，李氏强调无论墨家还是名家，都重视科学的逻辑，然而，令其不解和遗憾的问题是，"道家自然主义之卓见未能与墨家逻辑之相融合"。第 4 章为法家，李氏对法家的科学思想评价不高，认为法家人物是"机械的唯物主义之代表"。第 5 章为中国科学的基本概念，如五行、阴阳、易经等，特别是易经"因与阴阳五行结合，而成为涵蕴万有的概念宝库"。第 6 章为准科学与怀疑传统，所谓"准科学"指的是占卜，而怀疑思想与准科学同时兴起，至王充则更为显著，由于怀疑富有批评精神，所以它能促进科学发展与人文主义之研究。第 7 章为佛家思想，李氏认为佛家对中国科学大概是抑制的。第 8 章为晋唐道家与宋代理学，李氏认为宋之理学将儒家伦理主义与道家自然主义结合为一体，而其世界观亦与自然科学世界观极为一致。第 9 章为宋明时代唯心派哲学家及固有自然主义派最后几位大师，如陆九渊、王船山、颜元、戴震等。第 10 章为论人世间法律与自然法则在中西方之异同。为了研究中国科学思想的产生和发展，1943 年李约瑟来到中国，与傅斯年等人不断接触，积极准备《中国科学技术史》写作之前的相关事宜，他先后查阅了《四库全书提要》《古今图书集成》《道藏》等大型类书，到 1946 年，李约瑟基本上形成了下面两个基本观点：第一，"古代中国人以道家最了解自然的知识，道家的文献不能以神秘的眼光来诠释"[1]。第二，"现代科学未在中国发生完全是因为社会与政治结构、环境和欧洲不同，而完全不是由于中国人天生不适合科学"[2]。经过 10 多年的艰苦探索，李约瑟基本上纠正了西方人对中国传统科技思想的误解，并用事实改变了他们的中国观。在他看来，欧洲近代科学实际上包纳了旧世界所有民族的成就，或者来自古希腊、罗马，或者来自阿拉伯世界，或者来自中国与印度的文化等。特别是中国古代科技"从制图学到化学炸药都遥遥领先于西方"，而从西方的文明开始到哥伦布时代，"中国的科学技术常常令欧洲人望尘莫及"[3]。因此，从这个层面讲，李约瑟的研究成果具有划时代的意义。所以有中国学者很自豪地说："李约瑟，这个名字已经成了 20 世纪最有魅力的人名之一，不仅代表着一部煌煌大著，还代表着一批人，一批尊重中国文化，尊重世界历史事实的外国人，它还代表着一个图书馆，一个真正以人道的方式专门收藏中国科技史资料的剑桥东亚科学史图书馆。"[4]

---

① 刘广定：《大师遗珍》，上海：文汇出版社，2008 年，第 168 页。
② 刘广定：《大师遗珍》，上海：文汇出版社，2008 年，第 168 页。
③ 乌杰主编，李正荣著：《悲怆的龙影：中华文化在海外》，北京：台海出版社，1997 年，第 32 页。
④ 乌杰主编，李正荣著：《悲怆的龙影：中华文化在海外》，北京：台海出版社，1997 年，第 32 页。

　　这样，以李约瑟和剑桥东亚科学史图书馆为核心，在20世纪50年代的英国剑桥形成了一个专门研究中国科技史（包括科技思想史）的学术中心。它引领着更多欧洲学者逐步走出"欧洲中心论"的藩篱，而纷纷跑来探寻中国古代科技及其思想这个具有无穷价值的"绝对的金矿"，日益关注中国古代科技及其思想的世界历史地位和作用，涌现出了一大批知名的学者，如何丙郁、文树德、谢和耐、梅塔椰，以及库恩、黄仁宇、席文等，仅参与李约瑟《中国科学技术史》写作的西方学者就达30多位。其中，英国李约瑟研究所所长何丙郁（1926—2014）教授，曾三次与李约瑟博士合作编写《中国科学技术史》中的有关卷、册（包括第2卷《中国科学思想史》)，故有人称其为"李约瑟第二"。此外，何丙郁教授还有与何冠彪合写的《敦煌残卷〈占云气书〉研究》（1985）及独立撰写的 *Elixir Poisoning in Medieval China*（1959）、《契合自然熔铸各科的学说》（1982）、《从理气数观点谈子平推命法》（1986）、《算命是一门科学么？》（1991）、《从另一观点看中国传统科技的发展》（1991）、《从科技史观点谈易数》（1995）、《研究中国科学史的新途径——奇门遁甲与科学》（1999）等著作。关于何丙郁的科技史研究特色，他自己在《何丙郁中国科技史论集》（2001）一书的"自序"中说："李约瑟从一位20世纪中叶著名西方生物化学家的立场，探讨中国科技史。我是试从传统中国的观点看这些问题。这不是一个谁是谁非的问题。我认为从两个观点看同一件事情，往往可以彼此引证，总比单方面的结论好些。"[①]而德国慕尼黑大学医史研究所文树德（1943—　）教授，曾任"国际亚洲传统医学研究协会"主席，擅长中医及其思想史研究，著述甚丰，代表作有《中国古代的医学伦理学：人类学历史的研究》（1979）、《中国医学思想史》（1985）、《被忘却的医学传统：关于徐大椿的研究》（1989）、《黄帝内经素问：古代中国医经中的自然、知识与意象》（2003）、《什么是医学：东西方的治疗之道》（2009）等。经过多年的研究，文树德教授认为医学理论发展的刺激并非来自解剖、临床之类的内部动力，而是来自社会文化与经济、政治结构等外部刺激。古代东西方医学发展都是一样的，西医从传统发展到现代，是由西方社会变革特点所决定的，中医之所以能将传统医学保持到现代，亦与中国古代社会发展的特点有关。在《黄帝内经素问：古代中国医经中的自然、知识与意象》一书中，文树德教授除全面系统介绍《黄帝内经素问》的历史、命名、版本及注家之外，还深入评价了《黄帝内经素问》的自然观、人体观、疾病观、养生思想和各种治疗原则。研究科技思想不能脱离人物研究，文树德教授通过对清代名医徐大椿这个个案的研究，使西方世界更深刻地体会和领悟了中医思想的博大精深。

　　谢和耐（Jacques Gernet，1921—　），法国当代最著名的汉学家，从1984年起，在他的推动下，法国国家科学研究中心（Centre National de la Recherche Scientifique，CNRS）组建了中国科技史研究小组，核心成员有詹嘉玲、柏睿讷、马若安、魏丕信、马克、梅塔椰、杜牧兰、特里杜、戴思博、罗妮、林力娜、米歇尔·泰布尔等。谢氏除完成了《帝国形成之前的古代中国》（1964）、《中国社会史》（1972）、《中国与基督教——中西文化的首

---

① 何丙郁：《何丙郁中国科技史论集·自序》，沈阳：辽宁教育出版社，2001年，第6页。

次撞击》（1982）及《中国的智慧、社会与心理》（1994）等多部研究中国社会史的专著外，还发表了一系列研究中国古代科技思想史的论文，如《文字在中国的心理形态及其功能》（1963）、《中国和朝鲜于公元前5—前3世纪的思想演变》（1964）、《中国的第二次"文艺复兴"》（1971）、《中国文明中的占卜术和科学观念》（1973）、《17世纪基督徒和中国人世界观之比较》（1979）、《静坐的技术、宗教和哲学——论理学派的静坐》（1981）、《近代中国和传统中国》（1985）、《科学和理性——中国资料的新奇性》（1989）、《中国17世纪的哲学家王夫之的智慧》（1991）、《17世纪基督教和中国人世界观之比较》（1993）及《空间-时间：科学与宗教在中国与欧洲交往中的作用》（1993）等。从形式上看，谢和耐前面的多部专著似乎都与中国科学思想史无关，但谢和耐的可贵和独特之处恰恰在于，他从社会文化的角度来研究影响中国科学技术思想发生和发展的诸多内在因素。譬如，谢和耐在《中国社会史》（1995年译本）一书中，将"宋至明的官僚帝国"称为"中国的'文艺复兴'"，在此过程中，宋代出现了"宋代的文字作品和科学的发展"、"科学考古的发轫"、"宇宙论和伦理学，一种自然哲学的形成"，以及明代出现了"反传统主义"、"科学新思想和实学新兴趣"等有利于科学技术思想发展的历史因素，而这些历史因素与宋代的科技思想高峰，以及明代后期出现的科学技术思想大综合存在着客观的和紧密的内在联系。所以，在谢和耐的影响下，近年来法国的中国科学及其思想史研究后来居上，而呈欣欣向荣之势，与英国剑桥李约瑟研究所、日本京都并称国际上三个著名的中国科学史研究中心。在这个法国中国科学史研究群体里，CNKS的研究员詹嘉琳出版了《傅圣泽和中国科学的近代化：阿尔热巴拉新法（即代数学）》（1986）和《三角速算法与精确圆周率：中国数学的传统与西方的贡献》（1990）两书，并发表了《数π在中国的历史》（1989）、《18世纪中国和法国的科学领域的接触》（1996）和《17、18世纪中国文人眼中的数学史——中国的传统和欧洲的贡献》（1997）等多篇论文，从多种角度来研究和阐释与欧洲接触后的中国数学史，尤其是注重考察西方数学观念传入中国的方式，进而比较全面地确定数学在明清文化生活中的地位。在《三角速算法与精确圆周率：中国数学的传统与西方的贡献》一书里，詹嘉琳通过剖析明安图的数学思想，部分矫正了李约瑟认为那个时期中国数学以衰败甚至是对数学缺乏兴趣为特征的片面认识，她认为由于汉译本，时任清朝钦天监监正的明安图间接地接触到了出自欧洲的天文学和数学知识，并以其有关三角功能无限序系的某些发展的实用特征，而从事新颖几何和数学论证才名噪一时，因此，他的著作可以使人阐明某些数学家在这样一个时期的非凡创造能力。

预科班的数学教授柏睿讷则通过翻译沈括的《梦溪笔谈》而追求确定沈括的"整体"知识面，为此，他发表了《沈括与科学》（与马若安等合作，1990）及《从沈括〈梦溪笔谈〉之棋局都数，看中国有关大数的绝妙算法及记录》（1994）等论文，直接沿着《梦溪笔谈》的思路，重点考察了沈括是如何得以向我们证明思想界与科学界之间的某种关系的。接着，柏睿讷又采用同样方式，来分析17世纪的科学家方以智，考察他是怎样利用"格物"的要求和此人对于西学传入中国而作出反应的。

CNKS 的研究导师马若安除出版有《梅文鼎数学著作研究》(1980)、《中国数学史》(1987)及《算法史》(1994，集体合作完成)等关于中国数学史方面的学术专著外，还发表了《李善兰的有限和公式》(1983)、《关于十七、八世纪天文数学中"时"、"空"观念的分析》(1993)、《欧几里得〈几何原本〉在中国的影响》(1993)等论文，它们都涉及了17—18世纪西方科学著作在中国的传播，以及对中国近代科学发展的促进等诸问题，而马若安本人则努力从思想史观点上，全面关注计量科学史及其在理论上能够成立的方式。在马若安看来，梅文鼎将其著作建立在一种对数学的批判性理解的基础之上，由此而产生了其著作在数学比较史观点上的意义。

马克教授擅长天文史，兼治数学占卜史，穷研深探，业绩不凡，他将天文、数学和宗教史的研究结合起来，对中国古代的术数思想如马王堆术数类帛书及敦煌相关的术数类文献都进行了比较深入的探究，他曾参加过法国 CNRS 的"道教文献与研究"、"敦煌手稿研究"和"中古中国的占卜、科学与社会"等项目，其研究成果除专著《中国古代的宇宙观与占卜：〈五行大义〉》(1991)和《中古中国的占卜与社会：法藏与英藏敦煌写卷的研究》(2003)之外，主要论文有《六朝时九宫置法的传授》(1985)、《〈道藏〉中的占卜文学》(1989—1990)、《敦煌数占小考》(1991)、《敦煌写本中的数占》(1994)等。据郭正忠先生介绍，敦煌文献中的占卜资料非常丰富，特别是当时人们利用"算子"进行数字演算，以预卜吉凶的活动记述。马克教授首次就这些资料中的"五兆卜法"做了系统的整理和分析；以此为基础，他又对敦煌资料中其他利用"算子"和不用"算子"的8种占卜法进行了比较研究，包括比较其占卜工具、卦体图形、演卦程序、吉凶预定等。

CNRS 的梅塔椰研究员，也是李约瑟《中国科学技术史》工程的合作者之一，主要撰写全套书的第6卷第4册，即有关植物和园艺学部分。有学者称其出版物不可计数，说明他在学术研究方面的活力惊人。可惜，我们在此不可能对其著作进行详尽的分析，而只能择其主要论文来介绍其学术成就，如《关于近代中文植物学词汇的演变》(1987)、《李时珍与雅格·达勒商对植物分类的比较》(1989)、《论宋代本草与博物学著作中的理学"格物"观》(2002)及《探析中国传统植物学知识》(合著，2010)等。学界一致认为，这些论文观点比较平实，对文本的解读时见作者的用心和灼见，既充分肯定中国在古植物史方面的贡献，又不过分夸大这种贡献。比如，从植物学的中文词汇看，作为一种近代科学，19世纪末之前，植物学在中国并不存在。然而，在《探析中国传统植物学知识》一文中，针对人们质询"为什么近代科学没有产生在中国"的问题，梅塔椰反复提醒我们简单化地用西方概念来套中国思想的危险性。尽管近代科学意义上的植物学19世纪末才被介绍到中国，可是中国的传统植物学知识却源远流长，古代文献中有丰富的关于植物学、植物药学、园艺学和农学知识的记载，显示出中国的植物学水平至少到了17世纪中叶还是与欧洲相当的。与欧洲人不同，中国人理解植物的根本角度不是近代科学中的解剖式，而是从哲学和人文的角度予以植物整体性与个性的考量，以此为基点，梅塔椰主张科学与人文完全可以通过文化和历史将其统一起来。当然，梅塔椰的研究，既不限于植物史，也不限于中国范围，他是一位异常博学和幽默的中日诸国动植物史家。

凡此等等，我们在这里就不再一一介绍了。总之，这个聚集在谢和耐教授周围的研究群体所开展的研究专题及其探索，表现出了某种程度的多样性。他们都尝试以一致的努力，从广义上的历史与文化背景中观察和审视中国的传统科学技术问题，并由此去把握和理解其可能存在的特征，而不是仅仅依据近代科学的逻辑从事先验性的推论研究。

此外，德国也是中国科学史研究人才较为集中的欧洲国家之一，除前面讲到的福克、文树德之外，还有很多，如马普科学史研究所所长雷恩教授撰有《历史上的呼应：〈墨经〉与古代欧洲的力学思想》（2005），而马普科学史研究所是世界上最大的科学史研究机构之一，该所与中国科学院自然科学研究所于1999年共同建立了一个青年科学史学家伙伴小组，其研究项目为"中国力学知识发展及其与其他文化传统的互动"；威斯特法伦威廉海姆大学的丁慕妮教授，撰有《农家：一个专门分支的形成——周至南北朝与农业相关的文献》（2003）；莫利茨撰有《古代中国科学思想的形成》（1982），该文认为传统的中国科学思想同中国历史的特征和进程有着重要的联系，在中国历史上，经过长期客观认识的增长而最终形成科学思想的过程是渐进进行的；柏林工业大学中国科技史和科技哲学中心的法布瑞茨·普里格迪奥教授撰有《中国炼丹术从外丹到内丹的转移》（1998），他根据《周易参同契》《黄庭经》等历史文献，考察了中国炼丹术从外丹到内丹的转移，表明转移过程的第一个阶段发生在六朝时代，这与当时江南地区的文化、宗教背景有关；另一位柏林工业大学中国科技史和科技哲学中心的阿梅龙教授则撰有《从明清时期水利专家的著作看治黄基本思想》（1998），论者认为大禹的治水思想作为一种治水成功的标志，被后人加入了相互矛盾的内容，贾让的"不与水争地"的构想被后人用来反对修筑堤防，并在明清时期产生了消极影响，因为不修堤防在当时是很不现实的治水方式。而王景的治黄思想则以兴修黄河大堤和汴渠为主，取得显著成效，故被清末的治黄专家成功地用以发展新的、富于进步含义的治黄思想；还有维快教授，也是柏林工业大学中国科技史和科技哲学中心的成员，撰有《〈考工记〉和 De Architectura——两本古籍中的不同技术观点》（1998），作者认为中国文化的显著特点之一是强调天人合一，人类社会的构成与运作应该如同四季往复一样连续不断，而又直观明了，等等。

其他还有比利时的李倍始，撰有 Chinese Mathematics in the Thirteenth Century (The Shu-Shu Chiu-Chang of Chin Chiu-Shao)（1973），在该著中，李倍始不仅全面、系统地介绍了秦九韶的《数书九章》，而且正确地论述了秦九韶大衍术，也纠正了在欧洲流传的一些错误论点，从而开拓了欧洲正确理解大衍术的新纪元；瑞典哥德堡大学的马丽著有《假设法：它的早期应用及其传播设想》（1993）；瑞士的鲁道夫·费斯特撰有《玉泉：作为快感和痛感的一种源泉——古代和中古医学和道家文献中的前列腺体验》（2005）；荷兰的安国风著有《欧几里得在中国：汉译〈几何原本〉的源流与影响》（2008）；丹麦的华道安撰有《公元三世纪刘徽关于锥体体积的推导》（1980）、《明代著作中的钢铁生产》（2005）及《中国古代的大型铸铁器》（2007）等，他在世界上第一个提出刘徽证明圆面积公式的论断；俄罗斯的别列兹金娜撰有《中国古代数学》（1980），实际上她对中国数学史研究的突出贡献是将《算经十书》翻译成俄文，别列兹金娜对《九章算术》有独到见解，她将更相减损术与《几何原本》辗转相除做比较，认为前者属于自然数互减，而后者则属于线段互减，等等。由此可见，中国传统科技思想对欧洲学术界的影响越来越广泛而深刻，研究和传播中国传统科技思想在欧洲已蔚然成风。

二、日本学者的中国科学思想史研究概况

从时间上看，日本学者研究中国科学思想史稍晚于欧洲的福克，而与福克的"整体"和宏观研究方法不同，日本学者侧重"局部"和微观，他们不断从具体的学科或科学家切入，见微知著，由浅入深，并对中国早期的科学思想研究产生了较大影响。如富士川游对中国医学思想史的研究，三上义夫对中国数学史思想的研究，以及新城新藏对中国天文思想史的研究等。在此基础上，从20世纪中期开始，日本京都人文科学研究所逐渐形成了以薮内清和山田庆儿为核心的中国科技史研究中心，他们出版了大量断代科技史或专题科技史研究著作，与欧洲的中国古代科技及其思想史研究格局略有不同，在日本，中国科技及其思想史中的各分科科学史都有人在很投入地研究。其代表人物及其主要成果略述如下。

富士川游（1865—1940），日本广岛人，1898年留学德国，1900年回国，是日本近代医学史的开拓者。《中国思想·科学（医学）》（1934）是富士川游的代表作，因受到德国医史学家之文化史研究方法的影响，富士川游认为医学史是文化史的一部分，是关于疾病及其疗法的人类思想的历史，他这用种文化史研究方法来解读中国医学思想史的发展，不失为一种新的学术视角。

三上义夫（1875—1950），日本广岛人，1913年他在德国出版了用英文写成的《中日数学发展史》，1914年他与D. E.史密斯合作在美国出版了《日本数学史》，在书中三上义夫率先将祖冲之求得的 π 值 355 / 113，称为"π 的祖冲之分数值"[①]，而《中日数学发展史》则是世界上最早的科学地论述中国数学史的著作。李约瑟说："尽管人们对三上义夫的论断有各种各样的批评，事实上他在数学史领域中仍然占据着十分独特的优越地位。"[②]如果我们把三上义夫所著的《中国算学之特色》（1926）和《中国思想·科学（数学）》（1934）二书结合起来看，那么，就很容易发现三上义夫研究中国数学及其数学思想史的目的主要在于纠正日本学者的一种传统偏见，例如，三上义夫认为"中国算学并不劣于日本"，同时又得出结论说"中国先秦时代，名家者流，论理（指逻辑）思想已有相当之发达"[③]。

中尾万三（1882—1936），他将本草学提高到药物学研究水平，对中药化学的发展产

---

① 王钱国忠、钟守华编著，李约瑟文献中心策划：《李约瑟大典传记学术年谱长编事典》上，北京：中国科学技术出版社，2012年，第71页。

② ［英］李约瑟著，《中国科学技术史》翻译小组译：《中国科学技术史》第3卷《数学》，北京：科学出版社，1978年，第4页。

③ ［日］三上义夫著，林科棠译：《中国算学之特色》，北京：商务印书馆，1933年，第83页。

生了重要影响，其代表作有《中国思想·科学（本草）》（1934）、《中国药一百种之化学实验》（1936）等。我国生药学先驱赵燏黄先生曾有一段感言，他说：中国人要废除中医，而"日本在第一次世界大战之后，鼓励研究中药，中药中的有效成分十之七八为日本人所发现，而中国药材，自己不知研究，徒供外国人作研究之材料"[1]。而中尾万三经过一系列化学实验和测定统计，证明中药学将药物分成上、中、下三品，不仅在功效上有严格界限，而且也具有一定的可行性。

新城新藏（1873—1938），日本福岛县人，京都帝国大学教授，专攻中国古代天文历法，其代表作有《东汉以前中国天文学史大纲》（1926）、《古代中国天文学发达史》（1927）、《中国思想·科学（天文学）》（1934）等。新城新藏打破了当时流行的中国天文历法来源于西方的观点，同时他又确立了研究天文学思想史的方法，即将周密的文献学的考证与严密的自然科学知识结合起来。

能田忠亮（1901—1989），京都帝国大学教授，系新城新藏的学生，著有《礼记月令天文考》（1938）、《汉书律历志研究》（1951，与薮内清合著）、《周髀算经研究》（1963）及《东洋天文学史论丛》（1943年初版，1989年再版）等。其对汉代的历数颇有研究，如《东洋天文学史论丛》计有5章：第1章为周髀算经研究，第2章为汉代论天考，第3章为秦改时改月说，第4章为诗经的日食，第5章为礼记月令天文考，第6章为夏小正星象论。其中，对《夏小正》星象年代的考订，得到潘鼐先生的认可。能田忠亮对《夏小正》星象分类进行分析、计算与比较，得出的结果是大部分天象属于公元前2000年，参中与织女方位属于公元前600年，即这些星象是从夏代直至春秋。而他认为《礼记·月令》所包含的天文事实应系公元前8—前6世纪的实际观测结果。对于《周髀算经》是否提出了"地球"原理，能田忠亮持肯定态度。他说：《周髀算经》所言"昼夜易处"这个原理，"即使从现代天文学上看也是有用的原理，应该作为地是圆球体的一个证据"。

薮内清（1906—2000），亦是新城新藏的学生。学界公认薮内清是一位可以与英国李约瑟博士并提的国外研究中国科学技术史的巨匠，因为他用毕生精力在对中国科学技术史的研究中取得了重要成果，并为宣传中国科学思想及其文明作出了巨大贡献。其代表作有《隋唐历法史研究》（1944）、《天工开物研究》（1953）、《中国的天文历法》（1969）、《中国文明的形成》（1974）等。其中，《中国文明的形成》分9章：第1章为科学文明的诞生，第2章为科学文明的扩大与多样化，第3章为中国文明的形成，第4章为殷周的天文历法，第5章为中国星座的建立与占星术，第6章为中国古代的铜和铁，第7章为关于墨子，第8章为王充的科学思想，第9章为汉代的科学技术。至于他的博士论文《隋唐历法史研究》，则概述了中国的理论天文学，并附有自殷至隋诸历法法制的概要，其中首次利用现代天文学知识建立了日食食差算法的理论模型，同时讨论了《宣明历》中食差算法的精度。[2]而《中国的天文历法》则标志着薮内清完成了从古至清中国科学史的研究。薮内

---

[1]　中国科学技术协会编：《中国科学技术专家传略·医学编·药学卷1》，北京：中国科学技术出版社，1996年，第4页。

[2]　参见［日］薮内清著：《中国古代的天文计算方法》，载《科学史译丛》1982年第4期，第1—19页。

清在《西欧科学与明末》（1989）一文中，曾经比较了中日两国在接受和消化西欧近代科学方面的差异。他说："在日本，执政者虽亦关心西欧科学，但其输入与研究却以民间为主，与中国全然不同。在中国这个专制的国度里，绝无可能成立所谓市民社会。不仅中国传统文化的研究，就是西欧科学的引进亦掌握在皇帝及学者官僚的手中。虽然这些人有深厚的科学素质，但并不是专门研究者，因此只能读传教士的汉译科学书自我满足，而终究无法理解西欧科学之进步。这可能是中国与日本在政治、社会构造上最大的不同之处。"①此外，他又说："对自然规律把握的不彻底性，成为一种长时期的传统力量支配着中国人"及"中国科学的中心课题不是从统一的规律来说明现象，而是在单纯记述现象的阶段做工作"②等，这些论断虽然从细节看未免偏颇，但我们在实际研究过程中会认真加以反思。

村上嘉实（1906—2004），曾担任中国抚顺的中学教师，专攻中国科技思想史，1963年任关西学院大学文学部教授。其主要著作有《抱朴子的科学思想》（1956），也有人将其翻译为《中国的仙人——抱朴子的思想》，另外还有《六朝思想史研究》（1974）、《黄帝内经太素的医学思想》（1989）、《周易参同契的同类思想》（1991）和《王祯的技术思想》（1998）等。村上嘉实对道教科学情有独钟，不管是研究抱朴子，还是研究古代的针刺技术及园林，他都以道教思想为背景，以独特的审美视角，并给予其适当的文化关照，因而为我们描绘出一幅鲜活、生动的中国科技思想史画卷。

山田庆儿（1932—　　），历任日本京都大学教授、国际日本文化研究中心教授。早年专修天文学，后来他带着"与西欧诞生之科学不同的另一种科学是否成立"这样的疑问，开始转向中国哲学和中国科学及其思想史的研究。其代表作有《朱子的宇宙论》（1966）、《朱子的自然学》（1978）、《授時暦の道·中國中世の科學と國》（1980）、《中國醫學の思想的風土》（1995）、《本草と夢と錬金術と·物質的想象力の現象學》（1997）等。山田庆儿曾自述说："自从事中国科学史研究以来，始终吸引着我的中心性主题有三"，其中之一"是传统性的自然哲学与科学思想中所展现的思考方法，或称之为概念与思想的框架"③。有学者评价说，经过近20年的努力，山田庆儿用"生命医疗史"的方法改写了中国古代医学史的全貌，故其对新医史的影响很大。

附《古代东亚哲学与科技文化》山田庆儿自序④

深怀对中国思想与文化的敬意与共鸣，我致力于中国科学、技术及医学之历史的研究三十载。本书收录了我研究轨迹的部分论文。今得以如此直接地语之于中国读者，实乃吾之荣幸，亦可说是望外之喜。

① ［美］李学数：《数学和数学家的故事》第4集，北京：新华出版社，1999年，第210页。
② ［日］薮内清：《中国科学的传统与特色》，《科学与哲学》第1辑，中国科学院自然辩证法通讯杂志社编，1984年，第102—105页。
③ ［日］山田庆儿：《古代东亚哲学与科技文化山田庆儿论文集》自序，沈阳：辽宁教育出版社，1996年，第1页。
④ 同上，第1—2页。

自从事中国科学史研究以来，始终吸引着我的中心性主题有三。一是传统性的自然哲学与科学思想中所展现的思考方法，或称之为概念与思想的框架。二是科学、技术之发展与国家、社会之间的关系，亦即科学、技术由于在国家、社会中占据一定位置，发挥着不可缺少的作用，而获得的特性。三是原本不同的两种人类活动，即作为认识行为之科学与作为制作行为之技术，各自的特性与两者的关系，以及存在于人类活动总体之中的科学、技术的位置。就中国的历史，以及日本与西欧的历史，来具体地解明这些问题，可以说既是我以往的研究，也是现今依然所从事的研究工作。对于读者来说，本书所载论文，乃是我在不同时期针对这些问题的探索与解答。

上述三个问题，最初来源于"与西欧近代诞生之科学不同的另一种科学是否成立"这样的疑问，我在大学学习天文学之后，进入大学院（中国称研究生院）研修近代科学史，从所接触的涉及近代科学形成的 17—18 世纪的哲学家与科学家的著作中，了解到该时代的科学深受西欧思想的影响，于是产生了这样的疑问：难道不能有另一种科学吗？如果研究与西欧社会完全异质的思想性风土中产生的科学，或正可回答这一问题。这就是我转向中国科学史研究的内在性动机。尽管如此，素受自然科学方面的教育、更为接近西洋学问的我，要想接近陌生的中国哲学与科学并非易事。运用概念的翻译、思考方法的归纳与定式化、模式的构筑与理论的再建，以及其他各种各样的方法，努力使中国的哲学与科学成为我所能够理解的东西，如果说其中有某些发现，那乃是由所谓东与西、传统与近代这样的思想性格斗中产生出来的。

踏入中国，乃至东亚科学、技术、医学之历史这一广阔的领域，我所收获的成果不过微微。但由于这点滴的业绩，却得中国科学院授予名誉教授这样大的荣誉。我内心深处所期望的是，本书对于中国的读者来说，能够成为从不同角度重新认识本国的思想与文化、从中找出新创造之可能性的契机。

对于以往将我的文章介绍给中国读者之中国科学院自然科学史研究所的杜石然教授及其他先生（请如刘相安、沈扬、王文亮、康小青，张利华等诸位友人），特别是为本书编集、翻译、出版耗费宝贵时间与精力的该研究所的廖育群副教授，以及在经费紧缺状况下接受本书刊行之辽宁教育出版社的马芳女士，奉上由衷的感谢。唯愿本书不负由中国诸友处所受之恩惠。

京都　山田庆儿
一九九四年冬至日

寺地遵（1937—　　），广岛大学教授，著有《中国农业观的历史变迁——以〈齐民要术〉、〈陈旉农书〉为中心》（1966）、《中国农业观的历史变迁》（1966）、《宋代的自然观研究》（1975）及《唐宋时代潮汐论的特征（以同类相引思想的历史变迁为例）》（1982）等，并以严济慈对寺地遵的"什么是科学思想史"之问而闻名科技史学界。其中,《宋代的自然观研究》探讨了宋代对理、气、道等自然科学范畴的解释及其对科学发展的意义,而《唐宋时代潮汐论的特征》则指出,我国古代的潮汐成因理论主要有三类说法:一是神话,即神龙变化、伍子胥冤魂闹海等;二是阴阳说,即海水与月亮(均属阴类)同气相求感应形成;三是构造论,即大地浮于水而水受外力冲涌的结果。在这三类中,唐代卢肇虽有一定的阴阳思想,然论其理论本质,当属构造论,并与晋人葛洪、五代学者丘光庭合称潮汐构造论三家之一。在此前提下,寺地遵重点讨论了宇宙形态是什么及宇宙形态与潮汐论之间的内在关系问题。

石田秀美(1950—　　),九州国际大学教授,著有《气流扎れる身体》(1987)及《中国医学思想史》(1992)等。其中,《中国医学思想史》共分6章:第1章为医学的曙光:从殷代到春秋时期,第2章为气的医学建立:战国时代,第3章为《黄帝内经》的时代:两汉时期,第4章为古典理论的再编与展开:东汉至中唐,第5章为医经的再生:从中唐到宋金时代,第6章为新理论的整理整合:元明清时代的展望。此外,石田秀美还以《灵宝毕法》、《钟吕传道集》为基础整理了内丹理论(1987),所以把医学思想与内丹理论相结合,遂成为其研究中国医学思想史的显著特点。

此外,尚有丸山敏秋的《气的思想》(1978)及《三阴三阳的起源和展开》(1981)、岛一的《孔孟与荀子在天人论方面的异同》(1983)、吉田光邦的《中国技术思想的历史探讨》(1984)、森田传一郎的《中国古代医学思想的研究》(1985,此书被评价为《内经》的思想史著作,但书中存在否定扁鹊的错误)、森三树三郎的《六朝士大夫的精神》(1986)、川原秀城的《中国的思想与科学》(1988)、神冢淑子的《魔の观念と消魔の思想》(1991)、吾妻重二的《〈悟真篇〉的内丹思想》(1994)、泽井启一的《作为"记号"的儒学》(2000)、野村英登的《赵友钦的内丹思想》(2002)及《全真教南宗の佛教受容に关する考察——翁葆光の内丹思想を例として》(2002)、清吉的《中国古代的环境思想史》(2007)等,这里不再一一陈述,详细内容请参见胡宝华先生著《20世纪以来日本中国史学著作编年》(中华书局,2012年版)一书。

三、其他国际学者的中国科学思想史研究概况

除了欧洲和日本之外,美国从20世纪60年代起也开始不断有学者迷上了中国科技史的研究,而在美国宾夕法尼亚大学,则形成了以席文教授为代表的美洲中国科技史研究中心。席文(Nathan Sivin,1931—　　),是李约瑟的重要合作者之一,他不仅编辑出版过《东亚的科学和技术》,还与日本的中山茂合编《中国科学》杂志(不定期),专门介绍世界各国研究中国科技史的学术动态,因而为世界各国研究中国科技史的学者搭建了一座相互学习和相互交流的学术平台。就席文本身的学术研究状况而言,他在中国科技史及其科技思想史领域成果颇丰,如 *Chinese Alchemy*:*Preliminary Studies*(1968)、《传统中国医疗

的社会关系》（1970）、《中国炼丹术和时间的控制》（1976）、《为什么科学革命没有在中国发生——是否没有发生？》（1982）、《王锡阐》（2000）、《中国、希腊之科学和医学的比较研究》（2002）、《一个研究古代科技史的文化多面性的方法》（2005）及《文化整体：古代科学研究之新路》（2005）等。如众所知，席文不但提出了"控时物质"、"文化簇"等概念，而且还将上述概念用于非比较性的科学史研究。他坚信世界上每一文化都有其科学、技术与医学之传统，并认为在中西两种文化传统的交流中，第一个实质性接触发生在数理天文学这个领域，这在中西学术交流史上具有重要意义。尤其是他试图用中国本土文化的概念及其制造者的文化假设，来解释中国的古代炼丹科学，为相对主义运用另外一种认识论策略开辟了新的道路。

不止席文，曾与李约瑟合作的美国学者还有宾夕法尼亚大学荣誉中文讲座教授德克·博德，主要研究传统中国学者的世界观；芝加哥大学荣誉教授钱存训，主要研究中国古代的造纸与印刷；丹佛大学中文讲座教授彼得·戈拉斯，主要研究中国古代采矿史；纽约州立大学东亚史讲座教授黄仁宇，主要研究中国古代的财务、经济和社会史；加利福尼亚州立大学荣誉历史讲座教授罗荣邦，主要研究中国古代的盐业和钻井探盐技术；芝加哥大学中文图书馆职员罗宾·耶茨，主要研究中国古代的军事工艺，等等。这些可贵的专业人才，无疑构成了现代美国研究中国科技史（包括思想史）的重要基础。例如，美国加利福尼亚大学圣地亚哥分校的程贞一教授原本是从事分子与原子物理学方面的研究工作的，但自1979年以后，他的研究兴趣开始转向中国古代的科学、技术和文化，并于当年加入了圣地亚哥加州大学的中国研究中心。1980年，程贞一教授在圣地亚哥加州大学开设了"中国科技史"课，这在当时是首创。为此，他编写了《中华数学通史》和《中华学术思想》两本讲义。之后，他不仅发表了《古代中国对自然步骤的抽象认识》（1992）、《勾股、重差和积矩法》（1993）、《清代中西文化交流初期康熙帝对天文学的影响》（1994）、《陶文与甲骨文中的一些科学知识》（1995）、《先秦认识论思想探索》（1996）、《黄钟大吕——中国古代和16世纪声学的成就》（2007）等优秀论文，而且积极活跃在中国科技史领域的国际舞台上，广泛参加国际交流活动。由于程贞一教授在中国古代物理学领域所取得的研究成就，他获得了1986年度的美国圣地亚哥中华科工联谊会（San Diego Chinese-American Scientists-Engineers Association，SDCASEA）奖。

在韩国，首尔国立大学的金永植教授对朱熹自然哲学的研究可谓自成体系，其代表作是《朱熹的自然哲学》（2000年英文版，2003年中文版）。有论者说，金永植教授相当深刻地解剖了朱熹探究自然世界的最主要的思维方式，即朱熹始终没有真正将自然世界的问题当作问题来思考，他的兴趣总是在社会与道德方面，所以朱熹不严格区分自然世界与非自然世界：他喜欢从既定的没有严格定义的概念如阴阳五行等出发，而不是自然现象本身出发去解释自然世界，于是，他把自然世界仅仅看作是"概念的图式"。此外，金永植教授在把朱熹格物思维方式与西方科学传统的比较中让人看到，朱熹的自然哲学观存在着几乎是功亏一篑式的遗憾，进而从中找出朱熹解读自然世界的思维方式背后隐藏着的缺陷。

这不是对朱熹自然观的故意贬低，而是对朱熹所代表的中国传统文化在认知特点方面的深刻反思。

新加坡大学的蓝丽蓉教授，系著名华侨领袖陈嘉庚先生的外孙女，从 20 世纪 60 年代起就开始研究中国数学史，她精通汉语、英语、数学和数学史，理论根底扎实，迄今已出版了 20 余种研究中国数学史的英文著作，如 *On the Existing Fragments of Yang Hui's Hsiang Chieh Suan Fa*（1969）、*The Jih Yung Suan Fa：An Elementary Arithmengts Textbook of the Thireenth Century*（1972）、*Yang Huis Comentary on Ying Nu Chapters of the Nine Chapters*（1974）、*A Critical Study of the Yang Hui Suan Fa*（1977）、*Fleeting Footsteps：Tracing the Concepting of Arithmetic and Algebra in Ancient China*（1992）、*Jiu Zhang Suan Fa（Nine Chapters on the Mathematical Art）An Overview*（1994）等。其中，*Fleeting Footsteps：Tracing the Concopting of the Yang Hui Sucan Fa* 的第一部分讨论了《孙子算经》的数学思想，第二部分将《孙子算经》全文译为英文，这是《孙子算经》的第一个英译本。在《起源于中国：重写现今计数制的历史》（见《科学史译丛》1988 年第 4 期）一文中，蓝丽蓉提出了"现今计数制来源于中国筹算计数制"的观点，引起了国际数学史界的极大关注。

其他还有加拿大多伦多大学的吉仑撰有《〈周髀算经〉：赵爽的勾股圆方图注的英译和讨论》（1977）；马来西亚吉隆坡大学的洪天赐撰有《李冶与益古演段》（与蓝丽蓉合著，1985）及主编了《科技与医药论集》（1985），并发表有《刘徽与〈海岛算经〉》（1993）、《刘禹锡的理性思维》（1998）等论文；新西兰瓦开托大学的 J. 豪已发表多种有关中算方面的论著，他的兴趣点集中于元代朱世杰的算学思想及其成就；韩国的高基守撰有《〈毛诗品物图考〉所见之草本植物考》（2004）等。可见，自改革开放以来，中国传统科学技术思想已经真正走向了世界，仅定期专门举办的中国科技史国际学术讨论会就已在香港、北京、悉尼等地举办过多次。可以说，我们今天已经迎来了西方学者研究中国科技思想史的空前兴盛局面，研究队伍遍及英国、德国、法国、美国、荷兰等国家，就其研究时段而言，从远古至晚清，每一个历史阶段几乎都环绕着一个研究群体。当然，越是这样，我们就越是感到研究中国传统科学技术思想通史，不仅很有必要，而且也非常急迫。

第二节　国内学术史综述

一、大陆学者的中国科学思想史研究概况

关于大陆学者研究中国科学思想史的起因，还需从中国有无科学的论战讲起。

如众所知，20 世纪初，严复从日本引入了"科学"一词。在严复看来，科学是一种

新的生产知识的方法，它的特点是从大量的事实中找出普遍适用的原理。依此来考察中国传统科学技术的发展历史，严复认为中国古代无科学，即没有作为一种知识体系的西方科学，这一派的主张曾经成为知识界的主流。如 20 世纪 20 年代，中国科学社社长任鸿隽在《科学》杂志 1915 年创刊号上发表了《说中国无科学的原因》一文。冯友兰先生在 1922 年《国际伦理学杂志》上发表了《为什么中国没有科学——对中国哲学的历史及其后果的一种解释》一文。由此，在很长一段历史时期内，中国古代无科学成为学界的主流思想，而人们对中国古代的科技历史主要以揭短和露丑为主。与之相应，欧洲科学中心论却成为当时学界的主要导向。

与上述观点截然相反，主张中国古代有发达之科学的学者，更不乏其人，其主要代表有王琎、吴其昌、钱宝琮、席泽宗、任应秋等前辈，他们是中国古代科学思想史研究的重要开拓者，王琎于 1923 年在《科学》第 7 卷第 10 期上发表了《中国之科学思想》一文，第一次提出"吾国科学思想有可发达之时期六"〔即学术原始时期（先王至西周）、学术分裂时期（春秋战国）、研究历数时期（两汉及魏晋）、研究仙药时期（南北朝及唐代）、研究性理时期（宋）及西学东渐时期（明清）〕的主张，遂成为以后研究中国古代科学思想发展史的纲领。同时，他又发出了中国古代科学"其来也如潮，其去也如汐，旋见旋没，从未有能持久而光大之者"的感慨和疑惑（李约瑟博士曾提出"中国古代发达的科学技术为什么没有引发近代科技革命"的问题，这个问题实际上是对王琎问题的进一步延伸）。所以，为了揭开中国古代科学"其来也如潮，其去也如汐，旋见旋没，从未有能持久而光大之者"的疑惑，吴其昌、顾学裘、夏康农、周辅成、任应秋、钱宝琮、席泽宗等以中国传统科学思想发展的历史为例，先后发表了一系列著述来比较深入地探讨中国古代科学何以"旋见旋没"的历史现象及内在规律。有人统计，1915—1937 年，发表文章约 1600 篇，最多的是数学、天文历法、农学、中医药学、地学和四大发明，大多在 100 篇以上，地学和中医药学则多达 200 篇以上。1937—1949 年，发表论文约 600 篇，仍集中于上述研究领域。

吴其昌（1904—1944），曾任职于中国营造学社，著有《三统历简谱》（1926）、《殷周之际年历推证》（1929）、《金文历朔疏证》（1929）（图 1-1）、《金文历朔疏证续补》（1931）、《诸子今笺序》（1933）等。针对当时盛行一时的"中国无科学说"，吴其昌用事实反驳道："中华民族近古一千年来先哲学风之因革转变之动力是'求真'。"[①]常有学者认为中国缺乏"为学术而学术"的"求真"精神，甚至以为这是中国未能产生近代科学的主因，吴其昌先生的看法则刚好相反，因而尽其微薄之力来阐述中国学术"求真"的优良传统。

顾学裘（1912—2011），系中国药学界泰斗。顾学裘在 1934 年《科学世界》第 6 期上发表了《中国科学思想论》一文。在文中，顾学裘重申了王琎的学术主张，但他也客观分析了中国"科学思想落伍的原因"，其因有三：学术的专制（封建帝王、礼教的专制），环

---

① 夏晓虹、吴令华编：《清华同学与学术薪传》，北京：生活·读书·新知三联书店，2009 年，第 45 页。

境的恶劣（视实用学术、科技为雕虫小技，甚至曾国藩在家书中教训子弟"算学书切不可再看"），学者本身的错误（就整体而言，研究科学没有正确的方法）。[1]应该说，这些分析都是符合实际的。

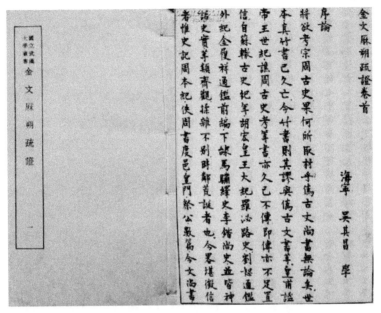

图 1-1　吴其昌著《金文历朔疏证》（民国白纸珂罗版大开本线装初版）首页与卷首书影

夏康农（1902—1970），曾任暨南大学教授，1948 年在《科学时代》第 3 期发表《论科学思想在中国的发展》一文。此文在肯定墨家、法家、名家等具有科学思想的同时，却认为庄子的思想具有反科学的性质。直到李约瑟的《中国科学技术史》出版后，人们才逐渐认识到道家哲学中"蕴含着丰富的科学思想"。

周辅成（1911—2009），北京大学教授，系中国传统伦理学和伦理学家"学命一体"的典范，主要著作有《戴震的哲学》（1957）、《论〈淮南子书〉的思想》（1960）及《论董仲舒思想》（1961）等。在中国古代，传统科学思想与哲学往往结合在一起，而周辅成先生主张治中国传统思想史应当从每个思想家的体系内部走出来，不能仅仅靠从体系外面攻进去。他坚信终有一天，会有人把中国哲学遗产整理成具有生命力的、能完全表现中华民族特点的中国哲学史，从中可以看出民族的伟大、人民的智慧，可以解决现实问题。同理，中国传统科学技术思想史亦应作如是观，我们应该写出一部具有生命力的和能完全表现中华民族特点的中国传统科学技术思想史。

任应秋（1914—1984），我国著名的中医学家、中医理论家和中医教育家。我们知道，在近代中国有无科学的论争中，中医受到"中国无科学"论者的伤害最深。余云岫于 1929 年向国民南京政府提交了《废止旧医以扫除医事卫生之障碍案》，主张废止中医，其理由

---

① 顾学裘：《中国科学思想论》，《科学世界》1934 年第 6 期，第 521—531 页。

是：中医理论（阴阳、五行、六气、脏腑等）皆为凭空结撰；中医脉法出于纬候之学，自欺欺人；中医无法预防疾病；中医病原学说阻碍科学化。尽管此议案在全国中医学界的强烈抗议下，被迫停止执行，但是，它给学界所造成的影响，却并没有随着停止执行"废止旧医案"而销声匿迹。在部分学者中，废止中医的观念始终没有被"格式化"。所以，任应秋在1980年发表了《关于中医有没有理论的问题》一文。任应秋开门见山地说："究竟中医有没有理论？这个问题，解放前不说了，解放后，包括部分领导干部在内，是不是真正解决了，也很难说。这个问题的提出，说穿了，就是中医科学不科学的问题。"[①] 他认为，"中医不仅有理论，而且有自成体系的理论，如脏腑学说、经络学说、病机学说、诊法学说、辨证学说、治则学说，甚至于本草的性味、制方的原理、针灸的治疗等，无一种学说不是自成体系的理论。这些理论不仅有丰富的内容，还有它合乎科学的指导思想"[②]。这些论述至今都有重要的理论价值和现实意义。

钱宝琮（1892—1974），中国古代数学史和中国古代天文学史研究领域的开拓者之一。他曾撰写了两篇科学技术思想史的论文，即《宋元时期数学与道学的关系》（1966）和《〈九章算术〉及其刘徽注与哲学思想的关系》（1983）。钱宝琮认为，宋元数学与道学之间不存在相互促进的作用；道学家的"格物致知"说，不涉及对客观事物及其规律的认识，不能推动自然科学的发展；道学体系中的"象数学"是一种数字神秘主义思想，也不能有助于数学的发展。至于《九章算术》刘徽注，钱宝琮指出："刘徽对于数学有着比较理性的认识，因而提出了一些明确的理论。但限于注疏的体例，没有能够把这些理论系统化，以致有些在理论研究中相当重要的推论，失之交臂。"[③] 尽管今天看来，这些认识未免失之偏颇，但是从其对中国传统数学思想本质特点的把握上看，钱宝琮的认识还是比较有说服力的。

席泽宗（1927—2008），中国科学院院士、国际科学史研究院院士，著名的自然科学史专家。学界公认席泽宗先生的主要科学贡献可以概括为4个方面：一是利用古代天象记录解决现代科学问题；二是利用考古资料进行天文学史的研究；三是科学思想史研究；四是天象记录研究。其中，对科学思想史的研究又具体表现在两个方面：第一，重新评价儒学与科学的关系。在《孔子思想与科技》（1992）一文中，席泽宗认为，"孔子的思想与措施对科技发展不但无害而且是有益的"，"要了解近三百年来科技在中国没有能迅速发展的原因，我们必须分析这段时期的政治与经济对科技发展的影响，不能笼统地把原因归罪于两千多年前的孔子"[④]。第二，积极推动中国科学思想史的学科建设。众所周知，20世纪50年代末，以柯瓦雷为思想导师的科学思想史学派形成。与之相应，我国制订了《1958—1967年自然科学史研究发展纲要（草案）》，其中在"专史、通史和断代史的编写工作"之下明确提出了"研究中国自然科学思想史的发展及其和哲学、社会思想发展的关系"，

---

① 任应秋：《任应秋论医集》，北京：人民卫生出版社，1984年，第13页。
② 任应秋：《任应秋论医集》，北京：人民卫生出版社，1984年，第13—14页。
③ 中国科学院自然科学史研究所编：《钱宝琮科学史论文选集》，北京：科学出版社，1983年，第605页。
④ 席泽宗：《古新星新表与科学史探索席泽宗院士自选集》，西安：陕西师范大学出版社，2002年，第475页。

并要求"写出相应的专门著作"。①可惜，中国自然科学思想通史的编写一直到 20 世纪 70 年代末都没有完成。1980 年 10 月，中国科学技术史学会成立，席泽宗向大会提交了一份关于开展中国科技思想史研究的报告，即后来提炼成《中国科学思想史的线索》一文，发表在《中国科技史料》1982 年第 2 期上。这篇论文虽然不长，却提出了中国科学思想史研究的任务，并大致描绘了中国科学思想的发展过程，是指导中国科学思想史研究的具体纲领，具有划时代的意义。

诚如有学者所言：对于任何一门学科来说，"学科独立"都不是事先给定的条件，而是学人不断追求的结果。1987 年 10 月，首届"中国科学思想史研讨会"在上海华东师范大学举行。1988 年 6 月，在福建厦门大学举行了全国"中西科学思想研讨会"。1989 年 11 月，在上海教育学院举行了"道家、道教与科学技术研讨会"。1990 年 4 月，在上海华东师范大学举行了全国"传统思想与科学技术研讨会"。这一系列会议催人奋进，同时与会者也清醒地意识到"目前还没有一部系统而全面地论述中国科学思想史的专著"这种现象，与中国科学思想史的发展本身很不相适应，所以撰写中国科学思想史的任务迫在眉睫。在这次会议的推动下，西北大学思想文化研究所的董英哲教授很快就在 1990 年 12 月出版了第一部研究中国科学思想史的专著——《中国科学思想史》。同年，由何兆武等翻译的李约瑟著《中国科学技术史》第 2 卷《科学思想》亦正式出版。俗话说，万事开头难，然而我们只要跨出了第一步，紧接着就会迈出第二步、第三步。果不其然，厦门大学郭金彬教授紧随董英哲先生之后，于 1991 年 8 月出版了《中国科学百年风云——中国近现代科学思想史论》。1993 年 8 月，郭金彬又出版了《中国传统科学思想史论》。于是，"木欣欣以向荣，泉涓涓而始流"，中国科技思想史领域的高水平的锦上添花之作，不断涌现。自此，中国科学思想史研究便开始出现前所未见的繁荣兴旺局面。

以下我们分几个专题，拟进行粗线条的梳理。

（一）中国科技思想通史研究方面的代表性成果举要

曾近义教授主编了《中西科学技术思想比较》（1993），该著从中西自然观、科学技术论、科学方法、六大学科思想等方面进行了深入且较为严谨的概括，是我国首部对中西方科技思想进行系统比较的专著。其中，对于"科学技术思想"的内涵，曾近义教授认为它属于科学技术哲学的范畴，因此，研究"科学技术思想"应把科学技术成就与哲学结合起来，既要从实际的科学技术历史中收集和选取有关科学技术的一般的、整体的内容，又要在此基础上进行相应的理论和方法的概括总结，但又不是最一般、最抽象的哲学概括。与此同时，曾近义教授特别强调，科学技术思想只是整个文化思想的一部分，而文化思想作为精神文明又只是整个文明的一部分。所以，我们研究科学技术思想不能只是单纯地考察其内部史，而且必须还要考察其外部史，达到内外结合，表里一体。毫无疑问，这些观点将成为我们研究中国传统科学技术思想史的重要指导原则和方法指南。

---

① 张柏春辑：《20 世纪 50 年代的两个科学技术史学科发展规划》，《中国科技史料》2002 年第 4 期，第 359 页。

朱亚宗教授著《中国科技批评史》（1995），尽管钱学森认为"科学技术的观点属哲学问题"，"应是讨论，不是批评"[①]，但从总体上看，此书令人大开眼界，因为朱亚宗教授找到了一个新的立论角度：科技价值观批判，尤其强调科学家个人的科技价值观在其创造性活动中的作用。

李瑶著《中国古代科技思想史稿》（1995），该著从春秋战国时期开始，论述经秦汉、魏晋南北朝、隋唐五代、宋辽金元、明初至清中叶各时期科学家的思想及科技发展的概况，从而探索各时代的科学思想主流，并对中国古代科技不能由渐进的发展而进化到近代科学的原因进行了总结。

周翰光教授等主编《中国科学思想史》（上，1998；中，2000；下，2001），这是目前国内外学术界所能见到的关于中国科学思想史研究的一部最系统、最完整的学术著作。书中探讨了中国古代自然观、天人观、科学观、科学方法、科学逻辑、科学理论、技术思想等诸多与科学思想相关的领域，并对儒、释、道及诸子百家等哲学思潮与科技发展的关系也进行了较为深入的研究和阐发。

席泽宗院士主编了《中国科学技术史·科学思想卷》（2001），席泽宗认为，"自然科学就是人们对自然的认识，这认识有浅有深，有对有错，是一条不断发展的历史长河"[②]。因此，从远古开始，按照历史发展阶段来写，就成为该书的重要特点（具体内容见论证部分之表9"重要参考文献的概要介绍"）。

邢兆良著《中国传统科学思想研究》（2001），该书共分8章即8个专题，第1章是"科学发展与文化变迁"，主要讨论科学的定义及其性质；第2章是"先秦文化变革与科学思想"，主要讨论先秦文化的两次变革及先秦科学思想的流派和演变等内容；第3章是"晚明社会的科学发展与文化变迁"，主要阐释晚明社会思潮的变迁、晚明社会士人阶层的多元化选择及晚明社会科学发展的不同方向等内容；第4章是"近代科学与晚清社会的文化嬗变"，主要探求近代科学对传统文化的冲击，以及近代科学是文化重建的杠杆等问题；第5章是"儒家文化与中国传统科技体系"，主要讲述以种植农业为核心的传统科技体系及儒家文化对中国传统科学的影响等话题；第6章是"道家文化与中国传统科学思想"，主要讨论中国传统科学思想的特点及道家文化对中国传统科学的影响等问题；第7章是"传统文化结构与墨家科学思想兴衰"，主要探讨传统文化结构及其墨家科学思想湮灭的社会文化背景等内容；第8章是"中医学是中国传统文化的结晶"，主要阐释了从现代控制论的观点看中医学方法及现代控制论与中医学比较的文化意义等内容。作者认为，"中国的传统科技体系和社会占统治地位的政治、伦理观念密切相关"（江西人民出版社，第62页），因而提出了"科学思想是直接为政治、伦理哲学作诠释，因而局限于笼统地描述、总体的概括，忽视了局部细节的说明"（第87页），以及"先秦科学思想的主流是道气阴阳五行科学思想，它构成了中国传统科学思想的基调：非经验性、非逻辑性、非定量和非

---

① 顾吉环、李明编：《钱学森读报批注》，北京：国防工业出版社，2011年，第308页。

② 卢嘉锡总主编，席泽宗主编：《中国科学技术史·科学思想卷》，北京：科学出版社，2001年，第9页。

构造性"（第88—89页）等观点。我们认为，这种对中国传统科学思想的整体把握是大体符合实际的。

王前与金福合著《中国技术思想史论》（2004），它是一部专门以"中国技术思想史"为研究对象的具有开拓性的学术专著，书中以"道"、"技"关系作为中国技术思想演变的逻辑起点，提出"道进乎技"这一中国文化特有的技术理论，然后在此基础上分别讨论了中国技术思想在8个方面的具体特征。一方面，中国技术思想体系中的许多成分有助于协调技术发展各种内部和外部因素的关系；另一方面，中国技术思想体系中也有某些不利于传统技术向近代技术转化的成分。因此，如何充分发挥其合理成分，努力清除其消极成分，将对推动中国近现代技术的发展，具有重要的现实意义。

刘克明著《中国技术思想研究——古代机械设计与方法》（2006），该书共14章，其中第2章探讨了中国古代机械设计的基本概念与特征，第3章和第4章阐释了《周易》《周礼》及《考工记》中的机械设计思想，第5章至第7章重点讨论了《老子》《庄子》及《墨子》中的技术思想，第8章至第13章，主要论述了中国古代机械设计中的标准化思想。

蒋广学主编《古代百科学术与中国思想的发展》（2010），该书的特色是"三个关注"：第一个"关注"是"那些贯穿于社会各主要层面的思想"；第二个"关注"是"那些正在孕育的或已经成长为推进社会发展或各学科领域知识增长的思想因素"；第三个"关注"是"虽然遵循人类共同的发展规律而具有本民族特色的思想因素，这样才是本民族的思想史"。基于上述认识，该书分为10章：第1章为"取义：中国经学思想史中的诠释传统"，第2章为"古代天学的发展与其王道及其哲学观念的影响"，第3章为"从礼、法关系的演变看中国治国理念的发展"，第4章为"'止戈为武'的战争观与华夏文明国家的形成及巩固"，第5章为"历史的'资治'功能与存亡兴替系于民思想的发展"，第6章为"儒释道的人生哲学与中国知识阶层的精神世界"，第7章为"古代文学的演变与中国'人学'思想的发展"，第8章为"古代'格致学'的发展与中国科学理性的逐步提升"，第9章为"中国新学科的创建与传统'大学'思想的现代转型"，第10章为"在'〈易〉为经首，子随经末'结构中发展的古代思想史"。可见，这部大作凸显了"将中国古代思想放在它自身所在的学术结构中来考察其发展的轨迹"的编写原则，从而给读者以概观的却又是系统的"中国思想"认识。

李烈炎与王光合著《中国古代科学思想史要》（2010），有论者认为[1]，该书以中国历代正史都追踪记载的度量衡、天文历算史实和自古以来学术经籍未断传承的数学史料为基本考察对象，理出古代中国人科学思想最基础的思维脉络；同时，选择了与艺术科学相关的乐律思想、与生命科学相关的医学思想，以及与宇宙自然观相关的理学思想，作为具有普遍意义的代表性侧面；通过翔实但又不失精当的记述诠释，既从数、量、度等思维要素反映出中国古人赖以认识自然的基础方法，又从总体上反映出中国古人凭借基础方法而形成的不同门类的科学知识，而且还反映出了科学知识对于生命、生产、生活及宇宙观、人生

---

① 戚本超：《中国古代科学思想史·序》，北京：人民出版社，2010年，第1页。

观的潜移默化而又确凿无疑的影响，它为人们认识中国古代科学发展的历史面貌及其思想价值提供了宝贵的资料线索和论证思路。

中国科学技术大学胡华凯著《中国古代科学思想二十讲》（2013），全书共分为6大部分，具体包括：①基本概念和理论，即1—4讲的道概念、气学说、阴阳理论、五行学说；②古人的自然观，即5—10讲的天人关系观念、宇宙演化思想、循环演化思想、自然化生观念、有机论宇宙观、自然感应观念、物质不灭思想、自然规律观念等；③先秦诸子的技术观及自然资源保护思想，即11—15讲的内容；④宋明理学的格物致知学说及明清时期的实学思潮，即17、18两讲；⑤古人的逻辑思想及方法论思想，即16、19两讲；⑥第20讲，讨论了中国未能产生近代科学的主要原因。书中依据大量史料阐述了前5个方面的基本内容，分析了其历史意义。

其他比较重要的研究成果还有：李志超著《天人古义：中国科学史论纲》（1998）、厚宇德著《溯本探源：中国古代科学与科学思想史专题研究》（2006）、周济著《中西科学思想比较研究：识同辨异探源汇流》（2010）、方晓阳和陈天嘉主编的《中国传统科技文化研究》（2013）等，也都是比较重要的中国传统科学技术思想史论著。此外，有关探讨中国传统科技思想的论文数量和种类也甚多，如董光璧的《移植、融合、还是革命？——论中国传统科学的近代化》（1990）、张家诚的《中国古代科学思想对地学未来发展的影响》（1994）及《谈中国古代科学的源与流》（1998）、郭金彬的《研究中国传统科学思想》（1995）、周翰光的《试论中国科学思想史研究的意义和价值》（1996）、罗汉军的《中国科学思想发展基本线索》（1996）、王前的《略论中国传统科学思想的现代价值》（1998）及《中国传统的有机论思想》（1998）、王克明等的《中国古代机械设计思想初探》（1998）、潘沁的《中国古代科学思维方式的特质》（2002）、孔令宏的《中国古代科学技术思想中的机变论》（2004）和《中国古代科学技术思想中的感通论》（2006）、刘邦凡的《论推类逻辑与中国古代科学》（2006）、李涛的《中国传统科技思想对现代科技创新的启示——以吴文俊的数学机械化研究为例》（2007）、李玉辉的《中国古代科学观研究》（2011）等，恕不一一枚举。

（二）儒、释、道三教科技思想研究方面的代表性成果举要

姜生等主编的《中国道教科学技术史·汉魏两晋卷》（2002）及《中国道教科学技术史·南北朝隋唐五代卷》（2010），是多卷本《中国道教科学技术史》中的两卷，仅从整体编撰的结构看，两书的体例基本相同，分8篇或9篇：①导论；②汉魏两晋的道教或南北朝隋唐五代的道教；③科学思想篇；④炼丹术与化学篇；⑤医学篇；⑥养生学篇；⑦天学与地学篇；⑧物理学与技术篇。另外，"南北朝隋唐五代卷"增加了"生物学篇"。诚如姜生先生所言，对于道教科学思想与其科学技术之间的关系问题，一直是制约中国科学技术史研究的瓶颈。为此，该书实现了一系列理论突破和史实研究的突破。例如，著者提出以文化生物学方法揭示文化的攫能性本质，进而对"科学"概念重新加以界定。其强调文化

是博弈的产物，必须把科学技术放在各民族特有的历史和文化生态中去理解，从而提供了理解非西方传统背景下科学的范式。以此为前提，姜生先生认为道教科学技术成就的取得，是多种原因复杂交错作用的结果，但它有一整套科学思想作为指导，无疑是一个基本因素。因此，欲探讨道教的科技成就，首先应当讨论作为其基础的道教科学思想。

四川大学盖建民教授著《道教科学思想发凡》（2005），所谓道教科技，是指道教学者的科学思想及其科技成就，包括某些同道教神仙方术糅合在一起的有科学技术价值的内容。其范围甚广，涉及数、理、工、农、医等多种学科。该书以专题研究的形式，从道教天学思想、道教术数与传统数学思想、道教物理学思想、道教外丹黄白术与古代化学思想、道教医学养生思想、道教农学思想、道教地理学思想、道教堪舆与古代建筑思想这8个方面进行了翔实的论述，客观、平实地评析了道教思想对中国古代科技的影响与作用。

厦门大学谢清果著《先秦两汉道家科技思想研究》（2007），全书共分5章，在界定"道教科技思想"的基础上，比较深刻地探讨了道家思想与传统科学范式之间的关系，以及道家科学思想的精神气质和方法基础，归纳了"道教科技思想"的4个特点（即"重道轻技"、"朴散为器"、"道进乎技"及"道法自然"），认为道家思想奠定了中国传统科学范式的核心特征——自然人文主义，并尝试从自然技术、社会技术、自我技术这3个方面剖析道家技术思想的动作模式及其所蕴含的科学精神和人文精神，进而开创性地探究道家科学共同体兴衰的原因及其历史启示。

蒋朝君著《道教科技思想史料举要——以〈道藏〉为中心的考察》（2012），全书共分7章，即《道藏》科技思想史料概述、《道藏》科学思想总论史料、《道藏》天学历法及地学思想史料、《道藏》物理学和化学思想史料、《道藏》医药学和养生学思想史料、《道藏》生物学及农学思想史料、《道藏》数学和机械器具思想史料。因此，该书基于科学技术思想视域，对《道藏》中与科技思想相关的史料进行了分门别类的梳理，并对这些史料的成书年代、所属道经之性质及其所体现出来的科技思想意蕴及其编撰者的相关情况做了阐述，具有比较重要的学术价值。

厦门大学谢清果著《道家科技思想范畴引论》（2013），该书认为道家科技思想之所以如此深刻且富有特色，是因为它创造性地运用了一系列范畴，如道家用"道"、"太一"、"混沌"等范畴来指称"宇宙"本源，解释宇宙演化的过程；以"气"为质料来构建诠释世界万物的话语体系；在探究世界本质及其规律的过程中，道家通过"道"与"物"的对立，确立了科技认识的对象，进而运用"名实"关系来考究事物之理。

厦门大学乐爱国教授著《儒家文化与中国古代科技》（2002），关于学界对该书的评价请参看周桂钿发表在《中国文化研究》2004年春之卷上的《中国传统的文化与科技——兼评〈儒家文化与中国古代科技〉》一文。乐爱国教授认为，儒家思想和儒家文化促进了中国古代科技的发展，如儒家提倡天命论，促进了中国古代对天文的观测、记录与研究，为天文学的发展准备了大量资料，奠定了研究的基础；儒家的仁义思想，引申出救死扶伤的观念，为医学的发展提供了理论依据；至于中国儒家思想妨碍了解剖学的发展，促进了功能学的发展，只能说明儒家思想影响了中国古代医学的发展方向，但没有阻止医学的发展。

乐爱国教授著《宋代的儒学与科学》（2007），全书共9章，诚如金永植在"序言"中所讲，该书讨论的对象不仅包括像欧阳修、张载、吕祖谦和朱熹这样的大思想家，也有其他著名人物，如蔡襄、薛季宣、魏了翁和黄震等，甚至还讨论了秦九韶、杨辉、李冶和苏颂等"科学家"人物，因而乐爱国教授不可能对每一个人物都作出详细的论述，而只能专题讨论其中的三位思想家：沈括、郑樵和朱熹。但这部书是一个好的开端，因为它收集了这些思想家的许多资料，其中有些资料是第一次引起我们的注意。特别是通过对沈括、郑樵和朱熹的个案分析，展现了宋代儒学与科学的密切关系，以及宋代儒学对于科学的影响，并进一步分析了宋代儒学对于科学发展所起的作用。

中国社会科学院薛克翘研究员著《佛教与中国古代科技》（2011），全书分5章，第1章为"佛教与中国古代天文历算"，第2章为"佛教与中国古代医药学"，第3章为"佛教与中国古代健身养生"，第4章为"佛教与中国古代人文科学"，第5章为"佛教与中国古代工农业技术"。该书认为，尽管宗教与科学有对立的一面，但不能否认，宗教和科学也有一个共同的目标，那就是追求真理，探索真理。另外，从人类文明进步的角度看，宗教对于科学技术的贡献是不能一笔抹杀的。以中国古代为例，佛教作为一种外来的宗教，之所以能在中国的土地上发扬光大，和外来的僧侣们传播科学技术有一定关系，也和中国的僧侣们利用科技传播宗教有一定关系。

黄志凌著《〈道藏〉内景理论研究》（2013年博士论文），《道藏》共收道书1476种，合5485卷，是道教经典的总集，收明代以前大部分的道书，其中也包括被视为道书的许多中医经典。该文尝试以《黄庭经》系列的道书为核心，旁涉《道藏》等其他经典，重新构建道教的内景理论，发现道教内景理论既与《内经》的脏象理论一致，同时又有《内经》所无或没有详细阐述的内容。其中包括：以五脏为中心，以三丹田为轴的身神系统；以脑为神明之主，以心统率五脏；以丹田为没有具体脏器的能量中心；以命门为神气出入之门；以五脏为中心形成辩证和养生系统等。作者认为，中医与道教有共同的源头，也都受同一种哲学思想所影响，元气论和阴阳五行是两者共同的基础，道教基于其宗教追求的特殊性，又与医药密不可分，医、道在养生延寿方面目标是一致的，医与道互相影响，历代道医人才辈出，对中医发展的影响深远。

王刚著《明清之际东传科学与儒家天道观的嬗变》（2014年博士论文），该书通过对明清之际中西文化会通中一些重要原著的考察与梳理，通过对利玛窦及其他一些重要人物的科学实践活动的追踪和考察，认为东传科学通过三条主要途径对儒家天道观产生了影响，其中西方科学对儒家天道知识内容的更新和转型，促使中国传统数学中以"通神明"为主的内算，让位于以"类万物"为主的外算，也引发了中国传统天文学向前近代天文学的转向；用数学、实验等科学方法认识天道，考察天道的方式中已经排除了儒家体悟和默会的方式；这既使中国传统天算的儒家文化功能发生了变化，又使儒家对天道的格物发生了本质性的改变，从而既增加了儒家天道中宇宙普遍规律性的内涵，淡化了儒家天道观中天道与人事吉凶的联系，也淡化了儒家知识论与道德论之间的联系。

周翰光著《中国佛教与古代科技的发展》（2014），该书不认同英国学者李约瑟在其《中国科学技术史·科学思想史》中对这一问题所作的结论："总起来说佛教的作用是强烈的阻碍作用"[①]，在周翰光先生看来，从总体上来看，中国佛教对古代科技的发展主要是起到了积极和促进的作用。以此为前提，该书认为中国佛教具有以下三个与科技发展紧密相关的重要特点：强烈的入世精神、高度的适应能力和精致的思维水平，这三个重要特点为中国佛教参与科技活动并进而影响科技发展提供了理论的和现实的基础。书中对中国佛教介入古代科技发展的主要途径进行了详细考察：第一，佛教经典本身内含有非常丰富的科技知识和科学思想，历代高僧们通过译经把这些科技知识和科学思想介绍到中国；第二，早期印度等地的一些科技知识和科学思想，虽然并不一定是佛教所发明或专有，但却通过佛教传播而带入了中国；第三，中国古代的佛教徒们（包括生活在中国的外国佛教徒，以及信奉佛教的在家居士们）积极参与了当时的科技活动，并取得了一定的科技成就；第四，中国古代的非佛教徒科学家们，由于受到了佛教科技知识和科学思想的启示和影响，并在此基础上进一步创新和完善，也为中国古代科学技术的发展作出了贡献。

此外，还有不少研究儒、释、道三教科技思想的专著和论文，如曹柏荣等的《略论儒学对中国古代科学技术的影响》（1994）、盖建民的《从敦煌遗书看佛教医学思想及其影响——兼评李约瑟的佛教科学观》（1999）及《道教物理学思想略析》（2006）、曹胜斌的《论中国古代科学技术的终结之宗教根源》（2001）、何海涛的《道教天人观与古代科技》（2002）、马雨林的《从陶器看史前人类的科学创造》（2002）、白才儒的《汉魏晋南北朝道教生态思想研究》（2005）、马忠庚的《汉唐佛教与科学——基于佛藏文献的研究》（2005）、刘永霞的《陶弘景与儒道释三教》（2005）、张丽的《儒家人本科技观对我国古代科学技术发展的影响研究》（2007）、张树青的《儒、释、道的科技观比较研究》（2008）、郑第腾飞的《科技思想语境下的道家》（2008）、李会钦的《先秦儒家农业科技思想浅谈》（2008）、李小花的《魏晋南北朝时期佛教对科学的影响》（2009）、徐春野的《魏晋南北朝道教对科技发展的影响》（2011）、袁名泽的《道教农学思想发凡》（2012）、刘媛媛的《道家思想与中国古代科学》（2013）、王敏超的《从史前工具制造来看人对形式的审美认知》（2013）等，这里就不再一一介绍了。

（三）关于断代与个案研究方面的代表性成果举要

关于断代与个案研究方面的代表性成果，拟分两部分叙述。

首先，关于断代科技思想史研究方面的代表成果，主要有以下一些。

燕国材著《先秦心理思想研究》（1981）、《汉魏六朝心理思想研究》（1984）、《唐宋心理思想研究》（1987）及《明清心理思想研究》（1988）等，燕国材先生系中国心理思想研

---

① ［英］李约瑟著，何兆武等译：《中国科学技术史·科学思想史》，北京：科学出版社；上海：上海古籍出版社，1990年，第444页。

究的开拓者，他的系列断代中国心理思想史著作基本上解决了心理学史研究必须解决的 3 个理论问题，即是什么，为什么，怎么样。作者以实事求是的态度，既不因人兴言，也不因人废言。从内容构成看，上述著作都是以论文结集的形式而成，每篇论文虽单独成篇，但也注意前后连贯，力图反映整个先秦、汉魏六朝及明清时期心理思想发展的全貌。

陈鼓应等主编《明清实学思潮史》（1987），该书内容非常丰富，分上、中、下卷，上卷为明代中后期之部，论述实学思潮的兴起与发展，所论人物有罗钦顺、王廷相、黄绾、崔铣、王艮、杨慎、吴廷翰、陈建、高拱、何心隐、李时珍、徐渭、张居正、李贽、朱载堉、吕坤等；中卷为明清之际之部，论述鼎盛时期的实学，所论人物有顾宪成、徐光启、袁宏道、孙奇逢、徐弘祖、宋应星、黄宗羲、方以智、顾炎武、王锡阐等；下卷为清代初中期之部，论述由盛而衰时期的实学，所论人物有唐甄、梅文鼎、颜元、戴震、焦循、阮元、龚自珍、魏源等。其中，明清实学的重要特征之一是科学精神，当时的实学家重实践、重考察、重验证、重实例，开创了一代新风。

郭金彬著《中国科学百年风云——中国近现代科学思想史论》（1991），该书论述了 19 世纪中叶至 20 世纪中叶这大约 100 年间世人所关注的中国科学百年风云，然与以往许多学者的讨论不同，该书没有用过多的笔墨去描述中国近代科学技术落后和分析落后原因，而是集中精力来讨论近代科学在西方产生之后，中国人是怎么想的和怎么做的。

李玉洁著《先秦诸子思想研究》（1999），该书内容丰富，涉及先秦时期儒、道、墨、农、阴阳五行、兵、名、法等主要学术流派及其不同历史阶段各派代表人物在政治、经济、哲学、军事、科学、逻辑、教育等方面的一系列理论，并将诸子思想的形成发展置于社会历史背景中去考察，新义颇多，尤其是该书注意运用大量考古学资料，相互佐证，故其所得出的结论往往更加坚实可靠。此外，朱志凯先生的《先秦诸子思想研究》（2010），汇聚了其一生研究先秦诸子思想的 29 篇论文，每篇都是精心之作，新义迭陈，独具卓见，确实有"扩张读者视野"之效。

吕变庭著《北宋科技思想研究述要》（2007）、《南宋科技思想史研究》（2010）及《金元科技思想史研究》（上、下，2015）。其中《金元科技思想史研究》分 6 章，即金元科技思想史概述、道儒释及人文学者的科技思想、医学研究者的科技思想（上、下）、其他诸多科技实践家的科技思想。其基本观点是：从中国古代科技思想发展的历史过程来看，金元是由封建社会的科技高峰逐步走向低落转折的特殊历史时期，在这个历史阶段，欧洲文明、伊斯兰教文明及中华文明等世界文明开始不断接触，乃至相互碰撞和交融；汉族、回族、蒙古族、女真族、藏族等多民族文化交互作用，有力地推动了金元科学技术的历史进步，尽管就各个学科的具体发展状况来说，有上升者也有回落者，有居世界领先地位者也有落后于宋代者，情况比较纷繁复杂，但总体趋势是向前发展的。

吴智著《先秦诸家主流技术思想之分析》（2009 年博士论文），该文认为，以往对于先秦技术思想的研究，往往缺乏从历史、社会、经济、政治、军事等各方面综合地对技术思想进行宏观定位，于是，作者以被梁启超称为"古今唯以四家为一期思想之主干"的先秦儒、道、墨、法四家为对象，对先秦诸家主流技术思想的自然观基础、社会背景制约、主要特征及先秦儒、道、墨、法各家核心理念及终极目的对技术思想的"限定"等方面进行了细致的梳理和深入的剖析。然后，在以上综合研究的基础上，作者得出先秦儒、道、墨、法各家要遵循"合于仁"、"合于道"、"合于爱"、"合于法"的技术价值标准，并将建立各自理想中统一的"新秩序"提升为先秦主流技术思想的共同本质。

唐晓峰著《从混沌到秩序：中国上古地理思想史述论》（2010），该书意在通过"反向格义"去发现中国古代地理思想特质的"范式"。中国古代地理思想特质的核心问题是"王朝地理"理论体系是如何建构的，该书创造性地解决了这个问题。结论："王朝地理学"不仅说明中国古代地理学有其独立体系，而且这一体系与西方地理学体系并不一致，以西方的、科学的、现代的地理学"范式"来研究中国古代地理思想并不适宜，而中国古代地理思想的特质，正是渗透有强烈价值判断的"王朝地理"，那才是中国古代最系统、最成熟、最完整的地理学"范式"。

修圆慧著《中国近代科学观研究》（2012），该书认为中国近代对于科学发展的反省与解读不同于国外的科学观发展脉络，有其独特的背景，对中国近代科学观的研究，为我们更深入地理解中国近代社会变革有着重要的作用。全书分3章：第1章为科学的宇宙观，第2章为科学救国论与科学的人生观，第3章为对科学自身的反省。在修圆慧看来，科学既有自然性质又有社会价值，它在政治上的中立态势和利用厚生的功能，使其很容易被稍有务实精神的当政者所采用，从洋务运动后，不管谁当政，都提倡科学。当西方科学在自然领域展开之时，西方的"格致"与自然认识方面发生了激烈的碰撞与较量，最终人们认为西方的"格致"能够更好地解释和理解自然。于是，当西方自然科学得到了国人的认可，建立了权威之后，中国传统的自然观就必然会遭到怀疑和否定。

章启群著《星空与帝国：秦汉思想史与占星学》（2013），该书共分14章：第1章为农耕文明与"观象授时"——中国古代天文学的发生与性质，第2章为论中国古代天文学向占星学的转折，第3章为论邹衍学派——以《管子》为中心，第4章为《月令》的思维模式——中国古代最早的"天人合一"图式，第5章为两汉经学观念与占星学思想义证，第6章为论《易传》与占星学的关系——从《易传》对《易经》的思想拓展说起，第7章为《荀子·乐论篇》与《礼记·乐记》的根本区别——兼论占星学对于先秦儒家礼乐思想的冲击与整合，第8章为略论汉帝国的意识形态——董仲舒学说与占星学，第9章为《淮南子》与占星学——兼论《吕氏春秋》中的占星学思想，第10章为司马迁"究天人之际"释义——从占星学的角度，第11章为《黄帝内径》与秦汉天人学说——兼论帛书《黄帝四经》文本形成时间，第12章为《汉书·律历志》与秦汉天人思想的终极形态——以音乐思想为中心，第13章为荀子《天论篇》是对于占星学的批判，第14章为王充《论衡》与秦汉天人学说的终结。该书认为，从现存史料中，我们可以发现勃兴于战国时期的占星学及其与阴阳五行学说进行嫁接、融通，在思想界掀起了巨大、强烈的旋风，而占星学的出现也绝非偶然，它作为中国古代天文学的变种，根源于特有的华夏农耕文明及其结构。

因为农耕文明与天文学具有一种内在的、必然的关系。

张江卉著《先秦时期的科技思想研究》（2014 年硕士论文），该文认为，中国的古代科学技术曾长期处于世界领先地位，各个社会阶层和学科领域的创新发明层出不穷，这源于先秦思想中人们的自然观、科技观，以及有关科学精神、科学方法、科学思维及科学理论奠定的思想基础。以此为前提，该文共分为 4 个部分：第 1 部分主要论证先秦时期科技思想的形成，以及先秦时期科技思想产生的必然性和历史时代特征；第 2 部分探究了先秦时期科技思想的具体内容，主要以儒家、道家和墨家为主要考察研究对象，研究其丰富的科学知识体系、求真求善的科学精神、整体与辩证相互协调的科学思维，以及注重观察与实践相结合的科学方法；第 3 部分重点分析了先秦时期科技思想的特点和价值追求；第 4 部分提出了先秦科技思想的当代意义。

另外，相关断代科技思想史的研究论文尚有不少，如程方平的《唐代科技发展之特点》（1989）、刘钝的《清初民族思潮的嬗变及其对清代天文数学的影响》（1991）、周翰光的《试论隋唐时期的科学观》（1997）、霍有光的《清代综合治理黄河下游水患的系统科学思想》（1999）、卜风贤的《周秦两汉时期农业灾害时空分布研究》（2002）、李志军的《中国近代科学思想的变革历程》（2003）、王芙蓉的《两晋灾害及其相关问题研究》（2005）、黄鸿春的《晚明气论自然观探微》（2005）、李西泽的《春秋战国与古希腊时期科学思想比较研究》（2008）、刘克明的《秦代技术思想初探》（2009）、李瑶的《晋唐时期中医美容方剂的历史考察》（2009）、李健的《唐宋时期科技发展与唐宋变革》（2010）、吕变庭的《唐朝对于两宋的历史意义——以科学思想为视角的观察》（2011）、郭应彪的《宋代天学机构及天学灾异观研究》（2012）、任渝燕的《汉唐时期医学的功用观》（2012）、赵逊的《先秦道家技术思想及其现代启示》（2013）、郑伟的《两晋时期占卜研究》（2014）、白钰舟的《晚清时期气象科技发展述论》（2014）、阮瑞的《先秦时期管理心理思想论述》（2015）等。

其次，关于个案科技思想史研究方面的代表性成果非常多，仅专著就达百部之多，至于论文则更是不胜枚举，这里略述其要者。

李开著《戴震评传》（1992），全书分 8 章：第 1 章为"人生路标与学术起点"，第 2 章为"戴震的前期思想"，第 3 章为"七经小记"，第 4 章为"戴震思想的转变"，第 5 章为"自然科学及其哲学问题"，第 6 章为"戴震的史地学"，第 7 章为"戴震的人文科学语言解释哲学"，第 8 章为"戴震后期的新理学道德哲学"。该书在考辨和陈述戴震治学特征与思想发展过程的基础上，沿着戴学"朴学逻辑—自然科学逻辑—后期新理学哲学"的学术和思想结构，对其在经学、历算学、史地学、文字训诂学及新哲学领域的重要贡献，都进行了较为详尽的评述。

陈桥驿著《郦道元评传》（1994），王守春认为，这部著作不仅对郦道元进行了全面评价，而且还对若干历史问题提出新的观点，如该书提出魏晋南北朝时期是一个"地理大交流"时期，从赵武灵王推行"胡服骑射"到北魏孝文帝"禁止胡服"，以及推行一系列汉化措施，是一个历史大时代。在此基础上，该书首先阐述了郦道元生活的时代背景，然后阐述郦道元的家世及其本人生平，接着再阐述郦道元的思想，最后又阐述了《水经注》中的错误及历代学者对它的批判。当然，该书对于《魏书》中加予郦道元的不公正罪名，则进行了有理有据的回应和批判。

周瀚光与孔国平合著《刘徽评传（附李冶、秦九韶、杨辉、朱世杰评传）》（1994），其中《刘徽评传》分3章，第1章为"'数学界的一大伟人'——刘徽"，第2章为"刘徽的科学思想"，第3章为"刘徽思想源流考"；《李冶评传》分3章，第1章为"李冶的生平及其学术道路"，第2章为"李冶的科学思想"，第3章为"李冶的其他思想"；《秦九韶评传》分3章，第1章为"秦九韶生平"，第2章为"秦九韶的数学思想"，第3章为"秦九韶的哲学、经济和军事思想"；《杨辉评传》分3章，第1章为"杨辉的生平及其著作"，第2章为"杨辉的数学成就"，第3章为"杨辉的科学思想"；《朱世杰评传》分2章，第1章为"朱世杰生平及其著作"，第2章为"朱世杰的数学思想"。该书总的特点是不仅有对上述5位数学家科学成就的一般性评述，而且还力图寻找出指导他们进行科学研究并取得成功的思想基础，从而深化了主题。

郑建民著《张仲景评传》（1998），全书分9章，第1章为"家世与生平"，第2章为"张仲景生活时代的社会背景"，第3章为"仲景学术思想的渊源"，第4章为"辨证论治的哲学思想"，第5章为"六经辨证学说"，第6章为"仲景学说中的辨证论治法则"，第7章为"仲景学说方法论"，第8章为"张仲景的治疗学思想"，第9章为"仲景学说评述"。该书认为，周秦学说尤其是阴阳学说，确立了张仲景学说的指导思想和基本纲领，《黄帝内经》则为张仲景学说提供了学术依据。就方法论而言，诚如论者所说，从文化学、医学和思维科学发展的源流中来论述张仲景医学的成就，则构成了该书的基本特征。

陈广忠著《淮南子科技思想》（2000），该书从天文、物理、农学、化学、气象、地理学、医药学等方面对《淮南子》一书进行了一次系统、全面的梳理，陈广忠教授没有将研究视野仅仅局限于《淮南子》一本书上，而是将其放在中国传统文化的大背景下，试图揭示出《淮南子》在继承以往科技思想基础上的发展与创新，以及这些发展与创新的历史地位和启发后世的价值。在研究方法上，该书站在跨文化的角度，将《淮南子》中的科技思想与近现代西方的有关研究加以比较，而在中西文化比较这个大背景下，该书对《淮南子》合理内涵的刻意求索，具有十分重要的现实意义。

陈美东著《郭守敬评传》（2003），该书重点评述了郭守敬的历法思想和仪器制作成就。在郭守敬看来，"历之本在于测验，而测验之器莫先仪表"[①]。据此，陈美东先生首先将其制作的众多天文仪器分成4部分进行细致的研究和分析：第1部分是"天文观测仪器系列"，包括简仪、圭表、景符、窥几与仰仪，其特点是"一仪多用、简便与准确"；第2部分是"计时仪器系列"，包括丸表、赤道式日晷、星晷定时仪、宝山漏、行漏、大明殿灯漏、柜香漏和屏风香漏，其特点是"简便、实用、自动化和艺术化"；第3部分是"天象演示仪器系列"，包括玲珑仪、证理仪、日月食仪、浑象与水浑莲运浑天漏，其特点是

---

① 陈得芝等辑点：《元代奏议集录》，杭州：浙江古籍出版社，1998年，第160页。

"一仪多用、自动化";第4部分是"安置、校正仪器系列",包括正方案、悬正仪与座正仪,其特点是"简便、有效"。当然,一部优秀历法的制定,光有仪器还不够,还需要更加严密的科学方法。在这方面,郭守敬的成就也很突出。陈美东先生主要讲到了以下几种历算方法:第一,"实测历元、万分法与朔法的采用";第二,"三次差内插法"的采用;第三,"弧矢割圆术"的采用;第四,"日食三限于月食五限的算法";第五,"精细的表格计算"等。可见,郭守敬的仪器制作与他的"求实"科学精神是结合在一起的,所以陈美东先生严厉批评了那种认为郭守敬讲究仪表的工艺美是迎合封建统治者玩赏需要的错误观点。

吴卫著《器以象制象以圜生——明末中国传统升水器械设计思想研究》(2004年博士论文),该文对我国传统升水器械系列如桔槔、辘轳、渴乌、翻车、筒车等逐一进行了案例研究,比较细致地勾画了中国传统升水器械的历史发展脉络和结构,同时还比较深入地探讨了"象制"与"圜生"的过程与中国造物思想的必然联系,并在此基础上论述了传统升水器械造物发展的内在逻辑演变关系,阐明了传统升水器械发展的局限和落后的根源,并揭示出中国传统升水器械的设计思想特征及造物原则。

陈卫平和李春勇合著《徐光启评传》(2006),该书以中国思想史家的身份,把徐光启置于中国传统文明向近代文明嬗变的历史必然性中予以考察和评价。陈卫平、李春勇两位先生认为,《农政全书》与《崇祯历书》的编纂是徐光启会通中西的最大成果。徐光启明确提出了"利用西方科学成果来促进中国传统科学的发展",他大力倡导"由数达理"的形式逻辑思维方式,并试图倡导用这种思维方法来改变中国科学停滞不前的局面,所以说徐光启系中国近代科学思想的先驱。

胡子宗等著《墨子思想研究》(2007),内容包括4部分:墨子、《墨子》和墨子学派,墨子的哲学思想,墨子思想精华各论。该书认为墨子在政治学、经济学、军事学、伦理学、法学、管理学、美学、逻辑学、科学哲学和自然科学等方面的成就,都是基于中华民族历史文化积淀的原创性成果,足以与古希腊文明成果相映生辉。而墨子所思考的许多问题,直到今天仍然有着强烈的现实意义,如墨子认为社会经济的发展依靠广大劳动者生产物质财富来推动,统治者必须关注劳动者的需求,为他们创造安宁的生活环境;墨子倡导生产,反对奢侈,厉行节约;墨子主张人与自然和谐,但并非命由天定。此外,墨子还提出了许多接近现代认识论的范畴和演绎、归纳推理的论说,极具深入研究和阐发的价值。

刘长林著《中国象科学观:易、道与兵、医》(上、下册,2007),该书为国家社会科学基金及中国社会科学院重大课题"中国传统文化中的科学思想、方法和价值取向研究"资助的阶段性成果。刘长林在书中提出了"象科学"的概念,认为"象科学"是"以时间和整体为本位的","体科学"是"以空间和组成为本位的"。该书从认识论角度,探讨了以《孙子》为代表的中国兵学和由《黄帝内经》奠基的中医学,借以阐明中国象科学的特点、方法与价值。刘长林通过缜密的论证,发现不同的时空差异才是中西文化的本质差异。最后,书中认为中国固有的科学传统、科学理论和认识方法具有广阔的发展前景,对于社会的可持续发展具有不可替代的意义。

　　陈玲著《〈唐会要〉的科技思想》(2008)，全书分8章：第1章为"《唐会要》天文数学思想研究"，第2章为"《唐会要》农学、生物学和医药学思想研究"，第3章为"《唐会要》物理、化学思想研究"，第4章"为《唐会要》建筑、纺织和铸造思想研究"，第5章为"《唐会要》造船、航海和地理思想研究"，第6章为"其他"，第7章为"中国古代科技鼎盛时期的前朝积淀"，第8章为"文献与科学知识的增长"。该书从内在论和外在论的视野来审视《唐会要》的科技思想，是一个非常独特的视角。

　　吴慧著《僧一行研究：盛唐的天文、佛教与政治》(2009年博士论文)，该文从版本流变的角度考查了《开元大衍历》的构成内容，尤其是提供了出自《大日经疏》中僧一行对印度历法的直陈自述，并借助天文学史界对《大衍历》的研究成果，结合僧一行获取印度天文学的途径，论述了僧一行与印度历法的关系。与此同时，该书还从中国历法史自身沿革的角度，论述了僧一行在隋唐历法中的立场和作用，同时指出隋唐方外制历人的宗教之争和历法之争之间不存在因果关系。

　　潘吉星著《宋应星评传》(2011)，该书认为，处在资本主义萌芽阶段的宋应星，实际上是未来时代的催生者。宋应星已经认识到自然界是一个不断创生和不断进化的过程，《天工开物》就是讲天生、地宜而人成之的主客观统一，在"自然物"与"人成物"之间，通过"法"、"巧"及"器"3个代表"技术本质及结构特征"的手段联系起来，所以与其说宋应星是一位不朽的工艺学家，毋宁说他是一位可以与西方早期启蒙思想家相匹敌的历史伟人。

　　赵云波著《严复科学思想研究》(2012年博士论文)，该文主体内容包括导言、正文6章和结束语3部分，其中第1章主要阐明了严复科学思想的形成背景，第2章主要论述严复的自然观与天演哲学思想，第3章主要讨论了严复的科学观与科学主义思想，第4章主要阐明了严复的方法论和实证主义思想，第5章主要分析了严复对科学文化本土化的认识，第6章主要从西学东渐的角度来展开对严复的研究。在赵云波看来，严复的科学思想中富含的崇尚科学理性精神、推崇科学方法，以及重视建立独立的学术体制等内容已然具备了现代学术与思想的本质要求，因而具有开启中国现代学术之滥觞的意义。

　　贾争卉著《安清翘科学思想与科学成就研究》(2012年博士论文)，该文认为安清翘在1723—1840年这段第一次和第二次西学东渐相对沉寂的特殊年代，独自对之前中国科学如数学、天文学和乐律学等许多领域进行归纳、整合与提炼，无疑是当时科学思想的革新者。他首次对甚嚣于有清一代的钦定正统的"西学中源说"予以了系统的驳正，认为中学和西学各有优缺点，"西学不必出于中源"，"数无中西，惟其是尔"，即只有对中西之学取长补短，才能实现当年徐光启、李之藻等人"会通以求超胜"的宏伟抱负。

　　丁宏著《春秋战国中原与楚文化区科技思想比较研究》(2012年博士论文)，该文认为科技思想是凝聚了时代和区域精神的文化精髓，它既内在地沉淀于典籍之中，又外在地体现于具体的器物工艺之上。而依托黄河和长江流域形成的中原和楚文化作为中华文明的两大源头，在长期的发展过程中，则体现出了不同的科学技术特色，其内在的原因正是科技思想的差异,而春秋战国是形成这一差异的重要时期。该书主体内容由第 1 章至第 7 章的系统论述构成,其中第 1 章分析了春秋战国中原与楚文化区科技思想产生的历史背景,第 2 章比较了春秋战国中原与楚文化区自然观的异同,第 3 章比较了春秋战国中原与楚文化区科学观的异同,第 4 章比较了春秋战国中原与楚文化区技术观的异同,第 5 章比较了春秋战国中原与楚文化区科学方法的异同,第 6 章比较了春秋战国中原与楚文化区科学认识的异同,第 7 章分析了春秋战国中原与楚文化区科技思想异同的影响因素。从区域比较的层面来研究中国科技思想史,这是一个全新的研究视角,颇有学术价值。

孙金荣著《〈齐民要术〉研究》(2014 年博士论文),该文认为《齐民要术》从政治、哲学等多层面,认识农业生产的人本、民本意义,认知天、地、人之间的和合共存关系,探讨事物之间的有机联系。这些思想既有对传统文化的历史传承,也有对现实的深刻启示。一方面,《齐民要术》继承传统天地人和的思想,并在农业生产的理论与实践中不断总结、具体运用、推广发展;另一方面,《齐民要术》又体现了安民、富民、利民等崇高的人文关怀和民本思想,体现出天地人和的思想,体现出事物有机联系的思想。例如,像顺应天时、因地制宜、合理种植和养殖等思想,都是中国文化思想史、农业史的宝贵资源,对后世的农业科技思想和农业生产实践产生了重要影响,对现代农业生态文明亦有着重要意义。此外,《齐民要术》所提倡的多种经营的大农业观念,重视各物种之间的关系,重视各种资源之间的关系与应用,无不体现出经济与生态农业意义。

此外,在学术界颇有影响力的同类专著和论文尚有王栻的《严复传》(1957)、洪家义的《吕不韦评传》(1980)、胡玉衡与李育安合著的《荀况思想研究》(1983)、杨俊光的《惠施公孙龙评传》(1992)、翟廷晋的《孟子思想评析与探源》(1992)、钟肇鹏与周桂钿合著的《桓谭王充评传》(1993、1994)、王永祥的《董仲舒评传》(1995)、干祖望的《孙思邈评传》(1995)、余明侠的《诸葛亮评传》(1996)、龚杰的《张载评传》(1996)、姜国柱的《李觏评传》(1996)、王云度的《刘安评传》(1997)、卢央的《京房评传》(1998)及《葛洪评传》(2006)、唐明邦的《李时珍评传》(1991)及《陈抟邵雍评传》(1998)、徐有富的《郑樵评传》(1998)、杨泽波的《孟子评传》(1998)、颜世安的《庄子评传》(1999)、许结的《张衡评传》(1999)、张立文的《朱熹评传》(2001)、罗炽的《方以智评传》(2001)、姜义华的《章炳麟评传》(2002)、山西省珠算协会编的《王文素与算学宝鉴研究》(2002)、陈美东的《郭守敬评传》(2003)、祖慧的《沈括评传》(2004)、周松芳的《刘基研究》(2004 年博士论文)、钟国发的《陶弘景评传》(2005)、皮后锋的《严复评传》(2006)、傅新毅的《玄奘评传》(2006)、郭文韬和严火其合著的《贾思勰王祯评传》(2007)、邢兆良的《朱载堉评传》(2007)、林庆元的《林则徐评传》(2007)、朱钧侃等的《徐霞客评传》(2009)、王水照和朱刚合著的《苏轼评传》(2009)、刘衡如等编著的《〈本草纲目〉研究》(2009)、邢兆良的《墨子评传》(2010)、贾征的《潘季驯评传》(2011)、孔繁的《荀子评传》(2011)、李迪的《梅文鼎评传》(2011)、经盛鸿的《詹天佑评传》(2011)、王霞的《朱熹自然观研究》(2012 年博士论文)、王冠辉的《王阳明评传》(2013)、许苏民的《顾炎武》（2014）、华强的《章太炎》（2015）等，这些专著和论文犹如雨后春笋，争奇竞秀，各显芬芳。

至于断代及个案研究方面的高水平论文，更是与日俱增，数量颇可观，兹择要陈述于后。如金秋鹏的《墨子科学思想探讨》（1984）、乐爱国的《〈管子〉的阴阳五行说与自然科学》（1994）、董光璧的《论易学对科学的影响》（1994）、朱亚宗的《徐霞客：科学主义的奇人》（1994）、邹大海的《刘徽的无限思想及其解释》（1995）、许抗生的《老子评传》（1996）、杜石然的《魏晋南北朝时期的历法》（1996）、袁运开的《沈括的自然科学成就与科学思想》（1996）、张钟静的《试论〈九章算术〉的问题设计》（1996）、钮卫星与江晓原合写的《何承天改历与印度天文学》（1997）、曲安京的《〈周髀算经〉的盖天说：别无选择的宇宙结构》（1997）、唐晓峰的《两幅宋代"一行山河图"及僧一行的地理观念》（1998）、郑良树的《商鞅评传》（2001）、胡化凯的《是运动不灭还是物质不灭——王夫之运动守恒思想质疑》（2001）、马金华的《论康有为的科学思想》（2001）、刘克明等的《〈老子〉技术思想初探》（2002）、李志军的《中国近代科学思想的变革历程》（2003）、徐栩的《朱棣〈救荒本草〉中的科学思想探析》（2003）、吴鸿雅的《朱载堉新法密率的科学抽象与逻辑证明研究》（2004）、王兴文的《试论宋代改革与科技创新的思想互动》（2004）、孙开泰的《邹衍与阴阳五行》（2004）、邱若宏的《戊戌维新派与近代科学方法》（2005）、施威的《晚明科学思想及其历史意义——以徐光启为例》（2006）、辛松的《曾国藩科技思想研究》（2007）、孙洪伟的《〈考工记〉设计思想研究》（2008）、陈仲先的《〈天工开物〉设计思想研究》（2008）、马来平的《薛凤祚科学思想管窥》（2009）、刘世海的《论墨子的科学技术思想》（2009）、马强的《烈士之学：浅析谭嗣同的自然科学思想》（2011）、龚传星的《周公思想研究》（2011年博士论文）、弓永艳的《唐廷枢科技思想与科技实践研究》（2013）、钟玉发的《阮元学术思想研究》（2013）、康香阁等主编的《荀子思想研究》（2014）、徐炳主编的《黄帝思想与先秦诸子百家》（2015）等。在此，我们需要特别强调的是，由中国科学技术史学会和中国科学院自然科学史研究所于1996年在深圳举办了"第七届国际中国科学史会议"，而这次会议的主题是"中国科学思想20世纪的中国科学"，会议提交了近100篇论文，其中80多篇是探讨中国传统科学技术思想问题的。可见，中国传统科学技术思想史研究具有旺盛的学术生命力，发展前景广阔。

综上所述，我们不难发现，自20世纪90年代以来，尊敬的老一辈科学史专家老骥伏枥，继续发挥其引领作用。而进入21世纪的科技史研究生已经开始逐渐喜欢中国传统的科学技术思想史研究了，其突出表现就是，近年来，研究生在中国传统科学思想领域的选题越来越多，表明青年学子的科学思维正在不断提升。应当说与20世纪相比，这是中国科学技术思想史领域所出现的最大变化；尤其是他们中的多数都具有较强的独立思考问题的能力，不人云亦云，故其学位论文的水平越来越高，比如，我们前面所介绍的多篇硕、博士论文即可为证。吕变庭是较早开始"区域科技"（或称"流域科技"，石云里先生所提出的概念）研究的学者，经过十几年的沉淀与发酵之后，近年来有学者进一步尝试"区域科技思想"的比较研究，这是一个非常可喜的现象，它为中国传统科学技术思想通史的研究提供了一种新的视野。

就目前的科学技术思想史研究而言，人们的研究方法日趋多元化，除了唯物史观之外，尚有跨文化法、宏观与微观相结合法、人类考古学法、计量法、移植法、分期研究法、社会史学法等，这样人们研究和认识问题的角度就容易出彩和独树一帜，当然，对问题的阐释也会更深刻。

（四）关于学科思想史研究方面的代表性成果举要

席泽宗院士在《中国科学思想史》（科学出版社，2009 年）"导言"中曾说，中国科学思想史的写法比较多，他统计的方法至少有 7 种，即按著作、按人物、按学科、按学派、既按学派又按学科、综合法。席泽宗提到，郭金彬先生的《中国传统科学思想史论》是分 8 个学科（数、理、化、天、地、生、农、医）写的。事实上，目前所见多部比较有权威的中国传统科学技术思想史著作也是按学科写的，下面略作介绍。

汪典基著《中国逻辑思想史》（1979），此为中国逻辑研究方面的开山之作，著者以历史典籍为基础，通过对古籍资料的梳理，阐述了中国各个时期逻辑思想的主要内容和特征，以及前后相继的历史沿革，因此，它比较全面地勾画了中国逻辑思想的发展轨迹。在书中，汪典基先生特别强调："逻辑历史的发展不是孤立的。它同科学史有不可分割的联系；它的研究对象，是在科学认识的基础上展开的。"[1]而且"一部世界逻辑史，是同世界上所有民族的科学和逻辑的特征分不开的"[2]。基于此，汪典基先生认为，中国逻辑史的主要特点是"关于'名言'的逻辑形式，基本上都与伦理规范的原则一致；逻辑史服务于伦理善恶的思想范畴的"，"'形名'、'审分'的政治逻辑代替了正确思维形式的逻辑基本形式"，"思辨的玄学方法，占据了思维的逻辑地位"等。[3]如果我们承认"每一门科学都是应用逻辑"（黑格尔语）[4]，那么中国古代科学也必然是"以思想和概念的形式来把握它的对象"，因此，其科学思想就不可能不被打上"政治伦理"的烙印，而这亦是中国古代科学思想史发展的显著特点之一。

关增建著《中国古代物理思想探索》（1991），全书共 6 章：第 1 章为"宇宙观与时空观"，第 2 章为"宇宙本原理论"，第 3 章为"天体的物理学说"，第 4 章为"运动理论和热的概念"，第 5 章为"光学思想"，第 6 章为"基本测量思想"。诚如作者所言，一方面，中国古代物理学不成体系，没有形成自己独立的学科，因而没有以之相穿、支配整个古代物理学发展的思想观念；另一方面，中国古代物理思想史料数量还是很多的，零金碎玉，寻觅即得。所以作者认为我们不能以是否与近代科学合拍作为标准来评判古人学说的正确与否，而是应该努力揭示古代曾经存在过的物理思想，并在此基础上重点分析古人的思想

① 汪典基：《中国逻辑思想史》，上海：上海人民出版社，1979 年，第 2 页。
② 汪典基：《中国逻辑思想史》，上海：上海人民出版社，1979 年，第 3 页。
③ 汪典基：《中国逻辑思想史》，上海：上海人民出版社，1979 年，第 15 页。
④ ［德］黑格尔：《逻辑学》下卷，杨一之译，北京：商务印书馆，1976 年，第 455 页。

方法，把握他们的思维特点，研究他们在当时历史背景下，提出相应学说所采用的推理过程。此论甚是。

钟祥财著《中国农业思想史》(1997)，该书分上、下两篇，上篇为中国古代农业思想，共有6章：第1章为先秦时期的农业思想，第2章为秦汉三国时期的农业思想，第3章为两晋至隋唐时期的农业思想，第4章为两宋时期的农业思想，第5章为元明时期的农业思想，第6章为明清之际至鸦片战争时期的农业思想；下篇系中国近代农业思想，共有3章：第1章为两次鸦片战争期间的农业思想，第2章为第二次鸦片战争结束至甲午战争期间的农业思想，第3章为甲午战争至"五四运动"期间的农业思想。作者认为，在中国古代农业思想中，宏观层次占据的比例大大超过了微观层次，因为中国古代的宏观农业思想不仅把经济发展作为其内在导向，而且将它与国家的政治安定和军事强盛联系起来。

王鲁民著《中国古代建筑思想史纲》(2002)，该书共分6章：第1章为绪言，第2章为史前遗址中所见的建筑思想，第3章为先秦建筑思想，第4章为秦汉魏晋南北朝建筑思想，第5章为隋唐宋元时期建筑思想，第6章为明清时期建筑思想。主要内容包括：中国建筑与建筑思想，史前建筑的一般特征与相应思想，建筑营造与宇宙模型，夏、商、西周遗迹与文献中所见的建筑思想，作为梳理世界秩序工具的建筑，巫术、经验与设计，宏丽、便生与其他，尊古与作新，习俗与理据，从苑囿到园林，释风的浸润，寻文求理与勒成一家，阴阳之枢纽与人伦之规模，鸡犬闲闲与清明简淡，社会与营建秩序的体系化，风水原理的探究与格式化，制度与创造，技巧与观念，艺术与自然，泛化与合流等。其中，对于"风水"这门学问，王鲁民先生认为这个被视为迷信的东西，背后体现出了对人居环境条件的追求，也包含了一定的科学因素。

李经纬等主编《中医学思想史》(2006)，全书共分13章，系《学科思想史文库》中的一部，也是我国第一部医学思想史著作。第1章为中医学思想萌芽，第2章为中医学思想基础，第3章为古代医药管理思想体系，第4章为辨证论治思想之奠基发展，第5章为疾病观与方法论之进步——由综合到分析研究，第6章为儒道佛思想对医学的影响，第7章为政府重视医学和儒医的产生，第8章为医学辨证论治争鸣的思想火花，第9章为求实思想指导下的中医学进步，第10章为辨证论治思想趋于完善与守旧思想对医学的制约，第11章为近代中国的医学思潮，第12章为从中医汇通到中西医结合之思想飞跃，第13章为"道法自然"——中医学思想的内核。在李经纬先生看来，中医学思想史体系不是学科知识体系本身，而是阐释该学科理论体系如何发生、发展，以及在什么思想观点和理论的指导下，沿什么方向发展、演变的思想体系。

陈美东著《中国古代天文学思想》(2007)，该书主体内容共7章：第1章为宇宙本原与演化学说，第2章为天地学说，第3章为天论和天体论，第4章为天象论，第5章为地动说与潮汐论，第6章为历法思想，第7章为星占思想、天人感应说及其影响。作者认为，中国古代天文学思想包含人们对天文学自身的认识，其中宇宙论是从整体角度研究宇宙构造与演化理论，天体论则是关于日月、星辰等天体性质、生成、形状与大小等的讨论。由于人们所依据的出发点、思想及观念的差异，对于天文学的诸多论题、解说互不相同，因而常常引起争论。在陈美东先生看来，古人对于观象以授人时和观象以见吉凶这两大古代天文学功能的大量论述，应是天文学思想研究不可或缺的内容。

陈久金著《中国古代天文学家》（2008），该书共收入中国古代最著名的天文学家 58 名，按历史时代分章，按人物分节，其特点是仅从天文学的角度来进行研究，对其他学科的问题不作阐发。作者认为，科学技术的发展具有继承性，天文学上的每一项进步都是建立在前人基础之上的，无不借鉴前人的经验和成果。当然，作出过重要贡献的著名科学家同样也有错误与缺点。所以这部著作的突出特点是：不但讨论所选天文学家在天文学上的成功，同时也讨论他们的错误和不足之处，总结他们在科学研究中成功和失败的经验教训。

孙宏安著《中国古代数学思想》（2008），全书共 8 章：第 1 章为数学思想从何而来，第 2 章为数学思想的最初表达，第 3 章为数学思想的系统化表述——《九章算术》，第 4 章为数学思想的理论奠基——刘徽的数学思想，第 5 章为数学思想的持续发展，第 6 章为数学思想的异彩——宋元数学高峰，第 7 章为数学思想发展的挫折——数学中断问题。孙宏安先生从文化传播的视角，生动地展示了中国古代数学思想的发展脉络和曾经取得的辉煌成就，包括揭示他们在科学创造中所运用的思维方式和解决问题的方法。

刘云柏著《中国管理思想通史》（2010），该书共两卷，第 1 卷分 15 编：第 1 编为绪论，第 2 编为中国儒家管理思想，第 3 编为中国道家管理思想，第 4 编为中国法家管理思想，第 5 编为中国佛家管理思想，第 6 编为中国兵家管理思想，第 7 编为中国墨家管理思想，第 8 编为中国农家管理思想，第 9 编为中国阴阳家管理思想，第 10 编为中国杂家管理思想，第 11 编为中国名家管理思想，第 12 编为中国基督教管理思想，第 13 编为中国伊斯兰教管理思想，第 14 编为中国少数民族古代管理思想，第 15 编为中国古代管理思想史的比较研究；第 2 卷分 3 编：第 1 编为本土衍化、复兴和嬗变，第 2 编为外来浸入、蜕变和异新，第 3 编为梳理、解读和诠释。刘云柏先生认为，管理思想对主体管理意识与行为有着深层的导向作用。因此，他从历史学的一般原理上，整体研究和论述各管理思想学派之间的交锋、争鸣，以及各自的内部结构与体系特征，管理思想、管理方法及管理机制、政策与教育的优劣成败，以及中外管理思想的冲突、交流和融合等问题，其中对"儒家管理学"的认识颇有深意。另外，刘云柏先生还著有《中国兵家管理思想》（1993）一书。

赵敏著《中国古代农学思想考论》（2013），全书共分 17 章：第 1 章为宇宙系统——中国古代农学的宇宙观，第 2 章为涵三为一——中国古代农学之"三才"思想，第 3 章为元气造化——中国古代农学中的"气化论"，第 4 章为阴阳五行——中国古代农学中的阴阳五行思想，第 5 章为圜道用中——中国古代圜道观念与生态农学，第 6 章为生命逻辑——中国古代农学理论体系，第 7 章为因时受气——中国古代农学的时气论，第 8 章为反时为灾——中国古代农学的灾害论，第 9 章为粪肥壤土——粪壤论，第 10 章为川谷导气——中国古代农学的识水治水思想，第 11 章为方物种性——古代农学的物性论，第 12

章为凡耕之道——中国古代精耕细作的传统，第 13 章为功作利器——中国古代农学的农器论，第 14 章为畜医牧养——中国古代农学的农牧结合思想，第 15 章为四农必全——中国古代农学的树艺论，第 16 章为月令图式——《月令》中的农学思想，第 17 章为农医相通——《内经》、《农说》本于《易》理。应当承认，作者所建构的中国古代农学思想体系还是比较完备的。在这个农学思想体系中，赵敏强调古代农学思想的根本问题是宇宙观，而"三才思想"则是古代农学宇宙系统论的核心思想。

周亨祥著《中国古代军事思想发展史》(2013)，该书认为华夏民族的军事思想发展至今，大体经历了 3 个历史时期：联合军权时期、专制军权时期、正当军权时期。在此分期的框架下，周亨祥先生又具体分为 7 编：第 1 编为华夏民族军事理论的大奠基，第 2 编为华夏民族形成之际的军事思想，第 3 编为北方游牧民族扰乱中原、融入华夏民族时期的军事思想，第 4 编为隋唐大气象中的军事思想，第 5 编为第二次游牧民族侵入中原、融入大中华民族时期的军事思想，第 6 编为华夏民族出现资本主义萌芽时期的军事思想，第 7 编为清朝入主中原初期的军事思想。书中对许多问题都有精辟而独到的分析，作者认为战争的危险并不因为我们战略上的和平努力而彻底消除。

汪凤炎著《中国传统心理养生之道》(2000)，这是第一部系统研究中国古代养生心理学思想的学术专著，该书内容共分 7 个部分：第 1 部分是导言"走进中国传统的养生之道"，阐明了其内涵、研究对象、研究意义和方法等，为全书的纲领；第 2 部分是讲述"中国传统心理养生之道的历史背景"，明确了中国传统心理养生之道与经济发展、重人贵生思想、孝道，以及各种动机促进之间的关系；第 3 部分是论述"先秦时期的心理养生之道"，包括起源的"多源头性"、道家的"人法自然"、儒家的"修德养心"、杂家的"必法大地"，以及医家的"整体养生"等议题；第 4 部分是"秦汉至隋唐时期的心理养生之道"，包括道家的"法天顺情"、早期道教的"众术合修"、儒家的"修德养心"、禅宗的"养心为本"，以及医家的"整体养生"等议题；第 5 部分是"五代至明清时期的心理养生之道"，包括全真教的"性命双修"、儒家的"修德养心"，以及医家的"整体养生" 3 个议题；第 6 部分是结束语"中国传统心理养生之道的特色、科学性及价值"，诚如杨鑫辉先生所言，作者提出了中国古代养生思想家探讨的中心问题是养生与生理、心理、自然和社会 4 种因素的关系，蕴含了一个兼顾生理-心理-自然-社会的整体养生模式，它体现了我国传统文化里天人合一和形神合一的思想，较之现代西方医学的生理-心理-社会模式，更具独特性和全面性。

此外，像王厚卿主编的《中国军事思想论纲》(2000)、吾淳著《古代中国科学范型——从文化、思维和哲学的角度考察》(2002)、李桂杨著《养心亭随笔》(2006，里面收录有多篇关于中国古代环境思想的论文)，以及丁地树与刘现林合著的《先秦诸子军事思想》(2014) 等，都可算作中国学科思想史的专著，当然，这样的学术著作还有不少。

至于其他有关学科思想史方面的研究论文，20 世纪 80 年代以来则呈突飞猛进之势，令人雀跃。如赵匡华的《中国古代化学中的矾》(1985)、查有梁的《中国古代物理中的系统观测与逻辑体系及对现代物理的启发》（1985）、江晓原的《天文·巫咸·灵台——天文星占与古代中国的政治观念》（1991）、程遥的《中国古代三才农学理论初探》（1991）、乐爱国的《〈管子〉的农学思想初探》（1991）、潘伯高的《中国古代物理思想的萌芽及主要成就》（1992）、赵敏的《略论中国古代农学思想史的研究》（1992）、于希贤的《试论中西地理思想的差异及中国古代地理学的特点》（1993）、徐刚的《试论中国古代化学对哲学的若干影响》（1994）、廖育群的《中国古代医学对呼吸、循环机理认识之误》（1994）、王荣彬的《中国古代历法三次差插值法的造术原理》（1994）、于船的《从〈神农本草经〉看中国古代动物毒物学知识》（1997）、张秉伦和胡化开的《中国古代"物理"一词的由来与词义演变》（1998）、周汝英的《中国古代地理方位标志法探索》（1998）、周霞等的《"天人合一"的理想与中国古代建筑发展观》（1999）、刘克明等的《中国古代机械设计思想的科学成就》（1999）、杨小明的《中国古代没有生物进化思想吗？——兼与李思孟先生商榷》（2000）、粟新华的《水在中国古代物理实验中的妙用》（2001）、朱清海的《中国古代生物循环变化思想初探》（2001）、陶世龙等的《地质思想在古代中国之萌芽》（2002）、饶胜文的《中国古代军事地理大势》（2002）、蒋谦等的《简论中国古代数学中的"黄金分割率"》（2003）、金丽的《中国古代医学心理思想之研究》（2003）、宋伟等的《中国古代动物福利思想刍议》（2004）、杨光的《中国古代化学的成就及缺憾》（2006）、王工一的《论〈九章算术〉和中国古代数学的特点》（2006）、苏黎等的《中国传统农学思想之自然观》（2007）、冯利兵的《中国古代农业减灾救荒思想研究》（2008）、龚光明等的《略论中国古代生物多样性观念及其在灾害防治中的作用》（2009）、李汇洲等的《〈吕氏春秋〉与中国古代天文历法》（2010）、宁晓玉的《比较视野下的中国古代天文理论的探讨》（2010）、苏娜的《中国古代天文仪器的造物思想研究》（2011）、王玉民的《中国古代历法推算中的误差思想空缺》（2012）、洪眉等的《中国古代机械计时仪器嬗变及衰弱的原因探析》（2013）、熊樱菲的《中国古代不同时期陶瓷绿釉化学组成的研究》（2014）、张瑶等的《中国古代物理学实验的特点》（2015）、王玉民的《观象占卜昭示天命——"天人合一"观念下的中国古代天文星占学》（2015）等。

　　综上所述，中国传统科学技术史及思想史的研究无论纵向还是横向，也不论广度还是深度，都是改革开放前所不能比拟的，我们已逐渐勾勒出对于中国传统科学技术思想史发展得更完整、更详细及更融贯的描述，尤其是进入 21 世纪以后，研究生的学位论文数量增长迅速，生机勃发，这与我国的科学技术史专业教育关系密切。面对如此喜人的景象，一方面，我们应充分肯定其成绩，但另一方面又不能忽视已存在的问题和不足。因为经过这段时间的发展和积累，中国传统科学技术思想史的研究成果确实出现了"海量化"的发展趋势，不过，随之而来的是许多值得注意的问题亦开始出现了。在这种形势下，我们有必要冷静地坐下来，反思和检讨我们研究中的所得与所失，从这层意义来说，现在确实已经到了对中国传统科学技术思想史研究进行新的系统总结的时候了。当然，不可否认，正是因为有了以上这种坚实而丰厚的学术研究基础，才使得对"中国传统科学技术思想通史"展开全面和系统的研究有充分保障。

二、台湾学者的中国科学思想史研究概况

港台地区研究中国科学思想史的发展状况稍有不同，台湾的研究优势相对突出一些，故此，我们在这里只概要介绍台湾地区的研究概况（详细内容可参见刘广定的《台湾的中国科技史研究简况与展望》一文，氏著《中国科学史论集》第1部分，台北：台湾大学出版中心，2002年；徐光台的《台湾近20年的科技史研究：近代东西文明的遭遇与冲撞取向》，载《自然科学史研究》2010年第2期）。

从20世纪80年代开始，台湾学者就已经对中国古代许多科学家的思想及相关科技思想问题展开了较深入的研究，成绩不俗。如陈万鼎的《朱载堉之历法》（1981）与《朱载堉研究》（1992）、刘昭民的《宋末郑所南和他的矿床思想》（1982）与《略谈中国古代气象学术后来落后的原因》（1994）、刘德美的《畴人传研究》（1985）、杨石隐的《梅文鼎对西方历算学的态度》（1989）、吕理政的《天·人·社会——试论中国传统的宇宙认知模型》（1990）、洪万生与刘钝合著的《汪莱、项明达与乾嘉学派》（1992）、王守益等的《从现代视觉认知过程观点探讨王阳明的宇宙观》（1992）、黄一农等的《中国传统候气说的演进与衰颓》（1993）与他的社会天文学史系列论文、杨文衡与张平合著的《中国的风水》（1995）、周京安的《中国古代儒家思想与养生观念之探讨》（1995）、李贞德的《汉唐之间医书中的生产之道》（1996）、徐光台的《明末西方四元素说的传入》（1997）与《熊明遇（1579—1649）论"占理"与"原理"》（2008）、李建民的《发现古脉：中国古典医学与数术身体观》（2007）等。至于中国传统科学技术思想史研究在整个台湾科学技术史研究中所占的地位究竟如何，我们下面仅以《中华科技史同好会会刊》发表的论文数量为例来简单地说明一下。据粗略统计，台湾中华科技史学会主办的《中华科技史同好会会刊》（2000—2011年）共出版16期，其中发表的科学思想史论文计16篇，居科技史各领域所发表论文之第2位（生物学28篇、地学15篇、数学12篇、人物10篇、医学9篇、化学7篇、交通6篇、物理学6篇、历法5篇、天文4篇、造纸与印刷4篇、食品科学2篇、农学、陶瓷与纺织各1篇），如果把人物研究算在内，那么科学思想史研究的学术地位将与生物学不相上下。可见，台湾的科技思想史研究出现了非常兴旺的发展局面。正像江晓原先生所评价的那样："在中国科学史领域里，台湾的学者们正以一个引人注目的加速度前进，其研究成果也已引起国际间同行们的瞩目。就研究队伍而言，不仅有陈良佐、刘广定、李国伟等知名学者成果累累，更有一批中年科学史家迅速崛起，在知识结构、研究方法、思想之深度，以及驾驭历史材料的能力等方面都显示了相当的实力。"这个评价是公允的，至少台湾地区的中国传统科学技术思想史研究情况确实如此。

第二章　相关代表性成果及观点的
认识与评价

第一节　国内外代表性成果及观点的认识与评价（上）

从前面的学术回顾和梳理中，我们不难看出，相关代表性成果主要有李约瑟的《中国科学思想史》（陈立夫译本）、董英哲的《中国科学思想史》、郭金彬的《中国科学百年风云——中国近现代科学思想史论》和《中国传统科学思想史论》、李瑶的《中国古代科技思想史稿》、袁运开和周翰光主编的《中国科学思想史》、席泽宗主编的《中国科学思想史》、李烈炎和王光合著的《中国古代科学思想史要》、胡华凯的《中国古代科学思想二十讲》等。下面我们按照要求对以上著述试做具体的分析与评价。

一、李约瑟《中国科学思想史》的分析与评价

李约瑟是国际著名的科技史家，尤以"李约瑟难题"名闻遐迩。1986年，李约瑟创建了从事中国科学技术史的专门研究机构——东亚科学史图书馆（后改为"李约瑟研究所"），目前科技史学界已经将它视为科学史研究的学术圣地。《中国科学思想史》作为《中国科学技术史》的第2卷，由王铃协助完成，并于1956年1月出版。这是国内外第一部专门研究中国科学思想史的学术名著，一经出版，其影响力之巨大远远超出了著者的原来设想。尽管由于种种原因，1975年科学出版社仅出版了原著第1卷与第3卷的中译本，缺第2卷，然台湾中国文化学院出版部却于1971年出版了李乔萍翻译的《中国科学史要略》（以下简称"节本"），接着，台湾"商务印书馆"又在1974年出版了陈立夫等翻译的《中国科学思想史》（以下简称"全本"，江西人民出版社，1999年版）。英国史学权威汤因比曾评价说："这是一部打动人心的多卷本综合性著作"，"作者用西方术语翻译了中国人的思想，而他或者是唯一一位在世的有各种资格胜任这项极其艰难工作的学者。李约瑟博士著作的实际重要性，和他的知识力量一样巨大。这是比外交承认还要高出一等的西方人的'承认'举动"[①]。我国史学界的老前辈周一良先生也曾说："李约瑟的书，在提出问题

---

① 王钱国忠、钟守华编著，李约瑟文献中心策划：《李约瑟大典传记学术年谱长编事典》上，北京：中国科学技术出版社，2012年，第158页。

和解决问题两方面，都作出了不可磨灭的成绩。"①法国学者林力娜又说："李约瑟的取舍必然会导致阐明中国科技作品的普遍意义"，而"为从中推论出本义上的'中国科学'的特征，任何人都无法避开他的研究成果"。②所以凡是研究中国思想史的人，都绝不会等闲忽视其第 2 卷的存在。

仅就提出的问题而言，李约瑟从与我们历史传统的思维习惯不同的另外一种视角来评判中国历史上的人物、学派及其思想，因而他得出的结论往往更具科学史的眼光。科学史的眼光应当是开明的、客观的和世界的，而不是狭隘的和极端民族的。如众所知，西欧 18 世纪启蒙运动把历史学从政治史、军事史扩大到文化史、科技史、经济史及工商业史。因此，这场启蒙运动不仅打破了上帝控制世界的传统观念，而且像康德、歌德等都以"世界公民"的面目出现。在此基础上，康德第一个提出"世界历史"的概念。在康德之后，黑格尔将"世界历史"引入到他的辩证法里，从而使他的辩证法获得了空前的历史感。黑格尔将广阔的历史空间作为其思辨的对象，他把人类历史分为"民族历史"与"世界历史"。不过，不管是"民族历史"还是"世界历史"，两者的基质相同，都是"客观精神"。黑格尔认为，"世界历史"并非近代才有，事实上，早在古代的东方王国就存在。很显然，李约瑟继承了康德和黑格尔的"世界历史"精神及与之相适应的开明文化传统，这使他"一方面既能时时以中西双方的科学与文明进行对比，一方面又不囿于任何正统的谬见——以儒家为准，是一种正统谬见；以西欧为准，也是一种正统谬见"③。于是，在第 2 卷中，李约瑟提出了"道家对于自然界的观察和推想，和亚里士多德前的希腊思想，完全相同，于是奠定了中国科学的基础"（节本，第 11 页）。④又说"道家思想是中国科学与技术的根本"（全本，第 149 页）。那么，我们自然要问：李约瑟为何具有如此强烈的道家情结？其实，李约瑟自己已经作了回答，他说："我们早已知道希腊民主与科学之间有着密切的关系。考诸中国科学与技术的发展，我们也可以发现类似的情形。"⑤（全本，第 150 页）在李约瑟看来，这种情形仅见于道家这个阶层。原因如下：第一，道家认为自然之前没有尊卑贵贱之分，人们的地位是平等的；第二，道家眼睛向下，习惯与技术工人密切接触（全本，第 150—152 页）。另外，也是最重要的一点，道家思想与康德的"世界历史"之间有相符合的一面，这对李约瑟来说恰好是其"科学史"的内在理念所需要的。他说："道家和墨家却已做过很多'自然主义者'和'世界观'的工作了。"（节本，第 10 页）

与对道家和墨家的态度不同，李约瑟认为，"儒家有两种不同的趋向：一方面因为孔教是基本的'理性论者？'，所以对于迷信的或'超自然的'宗教都在反对之列。另一面对于人类社会生活的学问，感到极大的兴趣，而对于'非人'的或'物'的现象，就不加以研究。就一般说，'理性主义'比较'神秘主义'是不利于科学进步的。"（节本，第

---

① 张弘、杨超编著：《法国〈读书〉杂志评荐的理想藏书》，呼和浩特：远方出版社，2006 年，第 231 页。
② ［法］戴仁编，耿昇译：《法国中国学的历史与现状》，上海：上海辞书出版社，2010 年，第 692 页。
③ 何兆武：《何兆武学术文化随笔》，北京：中国青年出版社，1998 年，第 107 页。
④ ［英］李约瑟著，乔萍译：《中国科学史要略》，台湾中国文化学院出版部，1971 年，第 11 页。
⑤ ［英］李约瑟著，陈立夫等译：《中国科学思想史》，南昌：江西人民出版社，1999 年，第 150 页。

12 页）显然，这个观点从开始到现在一再被我国学者质疑和吐槽。例如，节本的译者李乔萍先生就曾质疑过李约瑟"扬道贬儒"的观点，并作《儒道两家的科学思想》一文附录在《中国科学史要略》之后。胡一贯亦指出：李约瑟对儒家的思想确实有误解之处，例如，"孔子不如老农老圃之言"，本意是要樊迟既习政事，即应专心学习治道的礼仪，不应再分心学习农圃，并不是如李氏所言，看轻农圃，反对技艺。赵冠峰在《汉代经学中的自然知识——以郑玄的经学为例》一文中明确表示，李约瑟对儒家轻视科技的认识是片面之词。他通过细致的考察，发现从先秦到汉代，儒家对自然的态度有一个逐渐发展与变化的过程，伴随董仲舒对自然现象与规律的有意利用和汉代经学的不断繁荣，人们对经书中自然知识的训诂，有了长足进步，并对后世产生了深远影响。

我们的态度是：儒家确实对中国传统科学技术的发展作出了突出贡献，这个客观事实是存在的，但如果站在更高的层面看，中国传统科学技术的发展在南宋以后逐渐被西方国家超过，儒家也确实应当承担一定的责任。所以，从历史的角度看，儒家与科学的关系不能一概而论，因而对李约瑟的观点，我们需要结合中国传统科学技术思想发展的历史特点，进行实事求是的具体分析。

首先，李约瑟在深入研究中国传统科学技术发展状况时，发现了一个重大问题：一方面，中国的科学"在公元三世纪到十三世纪之间保持一个西方所望尘莫及的科学知识水平"，另一方面，"欧洲在十六世纪诞生出现现代科学，这种科学已被证明是形成近代世界秩序的基本因素之一，而中国文明却没有能够在亚洲产生出与此相似的现代科学"。[①]这就是著名的"李约瑟难题"或称"李约瑟之谜"。对于此难题的解答，自从 20 世纪 80 年代以来，各种视角的论文频频见诸报刊，参与讨论的学者之众，持续的时间之长，参与的国家之广和发表的论文之多，恐怕没有任何一个学术问题能够超越它，2014 年 10 月 18—19 日，河北省科学技术史学会与河北大学宋史研究中心联合主办了"宋代科技与李约瑟之谜"学术研讨会，来自台湾"清华大学"、中国科学院、中国人民大学、郑州大学、温州大学、燕山大学、河北大学、河北师范大学、东北大学秦皇岛分校等高校和科研单位的40 余名专家学者和研究生出席了研讨会，足见"李约瑟之谜"对中国学界所产生的效应是多么深远和持久。我们必须意识到，李约瑟看问题是以"世界历史"为枢轴的，而"世界历史"的核心和实质则是：第一，"世界历史"取代了闭关自守的地域历史；第二，"世界公民"理论具有对近代工业文明的某种批判精神。这里先说第一个内涵，至于第二个内涵则放在下一个问题再议。

儒家宣扬的是一种"闭关自守的地域历史"，如《左传·定公十年》云："夷不谋夏，夷不乱华。"《公羊传》又提出"内诸夏而外夷狄"的主张，《论语·八佾篇》更强调："夷狄之有君，不如诸夏之亡也。"这里，不展开讨论，我们只正视这样一个客观事实：在儒家看来，华夷之间应有一定的地理界线，应保持一定的距离，以保障诸夏的安全。此即

---

① ［英］李约瑟著，《中国科学技术史》翻译小组译：《中国科学技术史》第 1 卷《总论》，北京：科学出版社，1975 年，第 2 页。

"夷夏之辨"，尽管它的内涵是文化的，而非种族的或血统的，但在观念上，儒家拒斥外来文化的事实是存在的。例如，中国数学和历法没有吸收印度数学的精粹，阿拉伯文化的命运亦如此。汉唐时期，中国的先进文化远播欧亚，并被日本、朝鲜等国家实质性地吸收和消化，相反，外来的文化却无法进入汉文化的体系之内。那么，问题出在哪里呢？李约瑟通过深入分析，认为主导中国封建上层建筑的意识形态出了问题。于是，他说："（儒家）是一种重视今生及关心社会的学说。"（全本，第6页）"（孔子）是第一个明白地说'有教无类'。受教于他，准备从政及从事外交的人，都可不必顾虑家世出身。由此我们可以看到日后仕宦制度的起源，有志于学的人便可不必问身世，以学者或官吏的身份，为君主服务。"（全本，第7页）

"儒家认为宇宙（天）以道德为经纬。……他们固然没有将个人与社会的人分开，也未曾将社会的人从整个的自然界分开，可是他们素来的主张是研究人类的唯一正当对象是人的本身。"（全本，第10页）"在汉代，儒学成为仕宦者（或译'官僚'）社会的正统学说。"（全本，第34页）

隋唐科举制出现之后，考试科目为秀才、明经、俊士、进士、明法、明字、明算、史科，其中"明经"科和"进士"科是主流，宋元、明清皆如此。这样，儒家经典成了科举考试的标准教科书。而"明经"科的考试分"贴文"、"口试"、"答时务策"3项内容，可见，关于政治问题的态度是选拔考试的主要内容之一。宋代王安石罢黜"明经"诸科，只留下"进士"一科，而它也就成为读书人进入仕途的主要途径。应当承认，科举制有一定的积极意义，但它同时也限制了古代文人的知识结构。像沈括、郭守敬、徐光启等科学家的科学研究，仅仅是他们的副产品，仕途才是他们真正的人生目的。因此，宋代的算学科反复兴废，许多数学典籍失传。明清时期尤其是清朝，科举制越来越畸形发展，加上闭关锁国之政策，导致科技发展水平一落千丈。据初步统计，从公元6世纪到17世纪初，在世界重大科技成果中，我国所占比例一直保持在54%以上，然而，到了19世纪，剧降为仅占0.4%。这种巨大落差，不能不使李约瑟去批判作为封建正统学说的儒家思想（因为封建统治者已经将其变为一种意识形态的统治工具，专制色彩浓厚。这时儒家思想本身被"异化"了）。例如，李约瑟指出中国古人不懂得用数字进行管理，这对中国儒家学术传统只注重道德而不重视定量经济管理是一个很好的批评意见。

其次，学界在讨论"李约瑟难题"时，往往忽略了一个很关键的问题：前面讲过，李约瑟用"世界公民"的眼光批判了资本主义的近代工业文明。在李约瑟看来，中国古代曾经创造了科技文明的奇迹，可惜由于封建社会的腐朽及思想文化系统的滞后性，阻断了其向近代化飞跃的步伐，然而资本主义工业文明本身又存在许多难以克服的机制性问题，现代中国肯定不能用近代资本主义的方式发展自己的科学技术文明。那么，根本出路就是发展社会主义文明。因为李约瑟认为中国和西方的科学传统走的是同一条路，今天已汇聚在"现代科学"之中，他相信，中国科学的"殊途"不妨碍将来"同归"于"现代科学"。所以，1978年夏天，李约瑟在伦敦BBC广播电台举办讲座，连讲10余次中国古代科学成就，使许多人听后耳目一新。这次讲座的背景正值中国迎来科学的春天之际，名义上讲中国古代科学成就，实际上则是为改革开放之后中国科学技术的发展摇旗呐喊，擂鼓助阵。

李约瑟对新中国的科学技术发展充满了信心，中华人民共和国成立后，李约瑟亲自发起英中友好协会、英中了解协会，并就任会长，先后 8 次来华考察旅行，大规模地搜集中国科技史资料，实地了解新中国的政治、经济、科学和文化的发展情况。正是由于这个原因，台湾有些学者就依此来诟病李约瑟（见胡一贯的《李约瑟的中国科学思想史评介》一文）。如果我们静下心来，深刻反思李约瑟难题的更深一层意义，就应当振作精神，为实现中华民族的伟大复兴之梦而贡献自己的才智和力量。

当然，不可回避的问题是，《中国科学思想史》中的有些观点确有重新认识和反思之必要，例如，李约瑟对佛教与科学的关系的评价就有失当之处。在李约瑟看来，佛教对中国科学和科学思想所产生的影响，"总起来说，佛教的作用是强烈的阻碍作用"[①]。他认为佛教作为一种深深否定现实世界的哲学，注定会敌视科学（见罗南改变的《中华科学文明史》，上海人民出版社，2001 年版，第 14 章）。对此，学界已发表了大量文章来探讨佛教与科学的关系，其代表成果有朱亚宗著《中国科技批评史》（1995）、马忠庚著《佛教与科学》（2007）、王萌著《佛教与科学——从融摄到对话》（2010）、薛克翘著《佛教与中国古代科技》（2011）、周翰光著《中国佛教与古代科技的发展》（2013）等。即学界对佛教与中国古代科技的关系，基本上持肯定态度（见黎康的《国内学术界关于"佛教与科学"关系问题研究述评》，载郭树森主编《东方禅文化》第 2 辑，江西人民出版社，2010 年版）。我们的立场是：对李约瑟的研究结论不能全盘否定，而从学术的角度讲，应当是也只能是部分否定。

二、董英哲《中国科学思想史》的分析与评价

董英哲先生系西北大学中国思想文化研究所教授，先后出版了《理论思维概论》（1985）、《双重智力统一论：科技与理论思维》（1988）、《中国科学思想史》（1990）、《科技与古代社会》（1992）、《先秦名家四子研究》（上、下，2014）等著作，是一位多产的科技思想史专家。

1987 年 10 月 21—24 日，首届中国科学思想史研讨会在上海华东师范大学举行，作为发起人之一的董英哲先生参加了这次会议。那时除了英国学者李约瑟博士所著《中国科学技术史》的第 2 卷专门讨论了中国科学思想的发生和发展之外，国内学者尚没有一本关于这一课题的专著。显然，填补这样一个理论空白，已经是一件刻不容缓的事情了（见周翰光的《中国科学思想史研讨会在上海召开》一文，以下引用该文不再注名出处）。在会上，学者们经过认真讨论，初步解决了 3 个方面的问题：第一，中国科学思想研究的意义、目的和方法；第二，中国科学思想史研究的对象、内涵和范畴；第三，中国科学思想

---

① ［英］李约瑟著，何兆武等译：《科学思想史》，北京：科学出版社，上海：上海古籍出版社，1990 年，第 444 页。

史与科技史、哲学史、思想史的关系。董英哲在《中国科学思想史》的"前言"里，总结了这次会议的成果：对研究中国科学思想史的意义。董英哲认为，"研究中国科学思想史是一件很有意义的事情。它可以把中国科技史的研究引向深层，同时也可以为中国哲学史和中国思想史找到一个新的生长点"①（以下引此书，只注页码）。对于科学思想的内涵，董英哲认为，中国科学思想史"经历了古代、近代和现代三个阶段，发展的轨迹不是一条直线，而是一条曲线。其中有高潮，也有低潮。如果说古代是一个高潮，那近代就是一个低潮，现代则面临着一个伟大的复兴。形象地说，这是一个中间低而两头高的'马鞍型'。当然，高潮的出现也不是一朝一夕的，它有一个逐渐形成的过程"（第3—4页）。这就是董英哲提出的"中国科学思想史发展和演变的马鞍型"说，此说将成为我们研究"中国传统科学技术思想通史"设立子课题的直接理论依据。关于中国科学思想史与科技史、哲学史、思想史的关系，董英哲认为，"中国科学思想史是一门独立而多边的新学科。它与科技史、思想史和哲学史有联系，也有区别。如果说科技史是一门显科学史，那科学思想史则是一门潜科学史；如果说思想史是总体，那科学思想史则是它的一个分支；如果说哲学史是一般认识史，那科学思想史则是自然认识史"（第2—3页）。在此前提下，董英哲明确了中国科学思想史的研究对象，那就是它研究中国科学思想的发展及其规律（第3页）。至于什么是科学思想，董英哲认为，"科学思想应是科学探索中人类心智活动及其结晶，它包括自然观、认识论、方法论、科学观、价值观以及渗透在科技知识结构的各个层次里的思想火花、概念、判断、推理、猜测、灵感、直觉等智慧之波动和思维之成果"（第3页）。至于中国科学思想史的研究方法，董英哲主张用宏观与微观相结合的方法。具体地讲，宏观方法注重思潮的研究，而微观方法则注重考察概念和范畴的运用与发展。由此可见，《中国科学思想史》初步解决了中国科学思想史的概念、研究对象、内涵、方法，以及与其他相近学科的关系，为中国科学思想史的学术发展打下了良好基础，不愧为我国学者撰写的首部比较系统和全面研究中国科学思想史的学术专著，对其开拓之功应予充分肯定。

《中国科学思想史》共分五章，其内容结构如下：

第一章　先秦——科学思想的开端

　　第一节　科学思想的萌发

　　第二节　从《诗经》看科学思想的酝酿

　　第三节　《山海经》的科学知识和思想风格

　　第四节　《考工记》的技术理论

　　第五节　《墨经》的科学思想

　　第六节　《吕氏春秋》的农学思想

第二章　秦汉——科学思想的奠基

　　第一节　《黄帝内经》的中医哲学思想

---

① 董英哲：《中国科学思想史》，西安：陕西人民出版社，1990年，第1页。

　　在这个内容结构体系中，可以看出，它比较突出地贯彻和体现了董英哲所制定的撰写原则：中国科学思想史的发展线索，是由许多"点"构成的。所谓"点"就是指科学思想的代表人物和著作（第4页）。老实说，我们在撰写《北宋科技思想研究纲要》《南宋科技思想史研究》及《金元科技思想史研究》（上、下）等多部中国断代科技思想史著作时，都是以这个编撰原则来安排章节和组织材料的。事实证明，这个编写原则符合中国科学技术思想发展史的客观实际，所以我们编撰《中国传统科学技术思想通史》仍然按照这个原则进行。

但就董英哲的这部《中国科学思想史》专著而言，有几个地方尚有缺憾，有待进一步补充、完善和拓展：第一，该书的时间跨度从远古一直到1840年（不包括已进入近代社会的清朝晚期），这种带有通史性质的时限选取不常见，因为这等于是一部"中国古代科学思想史"。按照学界常见的"通史"类著作的撰写，其时间跨度可以有两种选择方案：第一种方案是从远古一直到近代（或写到辛亥革命成功，清朝政府被推翻为止，或者写到1919年的"五四运动"为止）。例如，中国社会科学院政治学研究所白钢研究员主持完成的《中国政治制度通史》（10卷本），即截止到1911年；李锦权等主编的《中国哲学史》，下限即截止到1911年；杜石然等编写的《中国科学技术史稿》（上、下），下限即截止到1919年；等等。第二种方案是从远古一直到现代或当代（具体下限不确定），例如，中南财经大学赵德馨教授主编的《中国经济通史》（12卷本），其下限到1992年；中外数学简史编写组编写的《中国数学简史》，其下限至1966年；李光灿主编的《中国法律思想通史》（11卷本），其下限到1984年，等等。因此，《中国科学思想史》的时间跨度至少应当截止到1911年。第二，从第1章第1节的具体内容看，主要以文献记载为主，基本上没有采用新的考古学资料，其他各章亦复如此，是一大缺憾。新中国成立以来，我国的科技考古取得了巨大成就，具体内容请参见黄建秋著《百年中国考古》（江苏人民出版社，2013年版），这使得人们有可能从考古学的角度来阐释中国科学技术思想史中一些概念和范畴的起源、发展和演变，例如，太一、五行、阴阳的起源。庞朴在《中国文化十一讲》（中华书局，2008年版）一书中，用大量考古资料对其进行考证，极大地拓展和丰富了中国传统科学技术思想史的内容。甚至刘筱红出版了专著《神秘的五行——五行说研究》（广西人民出版社，2004年版），书中引用了许多新的考古资料。还有各朝新出土和新发现的碑刻、岩画等，都是非常重要的科技思想史第一手资料，如果能够科学地利用这些资料，那么先前颇为史家所质疑的"传说时代"，就会更多地展露出其比较真实的一面，它对我们客观再现中国传统科学技术思想史的历史原貌，将起到至关重要的作用。第三，中国科技思想史可谓群星闪烁，辉煌灿烂，能载入史册的科技思想史人物，蔚为大观，举不胜举。依此，回头再看《中国科学思想史》所撷取的杰出人物就有点偏少，总共才21位。而仅阮元的《畴人传》就载有240多位天文历算家，还不包括众多的医药学家、炼丹家及工匠等。所以，我们《中国传统科学技术思想通史》撷取的历史人物将远远超出董英哲的《中国科学思想史》中的数量。第四，少数民族的科技思想史基本上被忽略了。不止董英哲的《中国科学思想史》如此，这是目前所见各种同类著作的通病，而我们《中国传统科学技术思想通史》将会积极弥补这个缺陷，尽量全面呈现中华民族传统科学技术思想史发展与演变历史的本来面貌。

三、郭金彬先生《中国科学百年风云——中国近现代科学思想史论》和《中国传统科学思想史论》的分析与评价

郭金彬先生的这两部书，都出版于20世纪90年代初期，是研究中国科学技术思想史的扛鼎之作。同前述董英哲的著作相似，郭金彬的这两部著作也是首届中国科学思想史研讨会的产物，他为中国科学技术思想史这门学科的创立作出了重要贡献。

两书的编撰体例略有不同。

《中国科学百年风云——中国近现代科学思想史论》从内容上看，可分为3个部分：清朝晚期（1840—1911）、民国时期（1912—1949）及新中国时期（1949—1959）。郭金彬采用"问题式"章目来贯连全书的内容，不仅给人耳目一新之感，而且能引人入胜，激发兴趣。其具体章目如下：

第一章　科学革命在中国发生过吗？——写在前面的话

第二章　中国接受西方近代科学有个缓慢咀嚼、消化和吸收的过程

第三章　通过办教育而振兴科学技术

第四章　《演炮图说辑要》论

第五章　中国能独立地得到一些近代数学成果的一条重要途径

第六章　20世纪10—40年代中国科学逐步推进的有力杠杆

第七章　20世纪10—40年代中国科学的主要成就

第八章　我国前辈物理学家为什么在国际上享有盛誉

第九章　一整套稳步地发展科学的理智纲领

第十章　解放后十年我国科学的主要成就及特色

关于中国传统科学思想与近代西方科学思想的关系，通常人们总是站在西方科学的立场，认为西方近代科学诞生有其深刻的社会文化根源：古希腊深厚的、丰富多彩的自然哲学思想，文艺复兴运动中被弘扬的人文主义精神，西方哲学中的"主客二分"思想所导致的实验方法的诞生及其普遍运用。基督教鼓励信仰探索自然界奥秘的传统（钱兆华等的《西方近代科学诞生和发展的文化因素》）。这些认识不能说没有道理，但是如果我们转换成"世界历史"的视野，而不仅仅局限于"民族历史"这个狭隘的井底，那么，我们就不会只看到中西方科学思想之间的差异性，而看不到两者之间所存在的趋同性，有同有异是辩证思维的基本特点。所以，郭金彬对待中西方两种科学思想不是着眼于相异的一面，而是看到了其相同的一面。于是，他在"中国能独立地得到一些近代数学成果的一条重要途径"中，以幂级数展开式的研究为例，通过对明安图、项名达、戴煦、李善兰等人对级数展开式的研究，惊奇地发现，"我国运用独特的思维方法得到了相当于微积分的某些结果"（《中国近现代科学思想史论》，第182页）。这个史例再一次佐证了杜石然等前辈曾经

的断言："即使没有西方传入的微积分，中国数学也将会通过自己特殊的途径，运用独特的思想方法达到微积分，从而完成由初等数学到高等数学的转变。"[①]看来中国传统科学思想中包含着许多西方近代科学的因素，我们的任务就是努力将这些因素找出来，并有所发明和有所创造。就像莱布尼茨从中国传统科学思想的宝库中发现了二进制，吴文俊院士从中国传统数学思想中构建了他的机化证明体系一样，进一步把中国传统科学技术思想发扬光大。

与《中国科学百年风云——中国近现代科学思想史论》的编撰体例不同，《中国传统科学思想史论》则采用学科式体例来安排和组织全书的内容，其具体章目如下：

上编　传统学科体系中的科学思想

第一章　中国传统数学中的科学思想

第二章　中国传统物理学中的科学思想

第三章　中国传统化学中的科学思想

第四章　中国传统天文学中的科学思想

第五章　中国传统地学中的科学思想

第六章　中国传统生物学中的科学思想

第七章　中国传统农学中的科学思想

第八章　中国传统医学中的科学思想

下编　传统科学思想个例研究——刘徽的科学思想与方法

第一章　中国传统数学理论体系的奠基人

第二章　中国特色，东方风格

第三章　理论从孕育向成熟阶段发展的典范

显而易见，这种写作体例的优点是线索清晰，能使人在较短时间内迅速窥视出中国传统科学思想发展历史的全貌，对初学者来说是一本很好的入门书，也可作为科技史研究生教育的教材试用。诚如郭金彬所言："中国传统学科中的科学思想，是中国传统科学思想史研究的重要部分，对它的深入探讨，既能了解各学科主要的具体的科学思想，又为从整体上把握中国传统科学思想提供基础。"（《中国传统科学思想史论》，第2页）郭金彬很好地贯彻了"从整体上把握中国传统科学思想"这个编写主旨，故该书受到科技史研究生的普遍好评，就有其必然性了，同时，亦跟郭金彬的上述著作思想分不开。此外，将一般陈述与个案研究结合起来，从研究内容看，既通俗又深入，较好地满足了不同读者群的知识需求，为我们今后编写大众化的中国科学思想史著述树立了典范。我们知道，相对于中国哲学史和中国科技史，中国科学技术思想史研究起步比较晚，所以欲使中国科学技术思想的基本概念和基本理论为更多的学者所普遍认识和接受，就更加有赖于像郭金彬所做的这

---

① 杜石然等编著：《中国科学技术史稿》修订版，北京：北京大学出版社，2012年，第383页。

种典范性研究。

胡道静先生曾说："科学思想史是科学，哲学和史学三界的伴生体。"[①]从这样的学术视野看，按学科来编写中国科学思想史，其可视空间难免有些狭窄。因为在中国科学思想发展的历史过程中，出现了许多并不能对应于某一种学科的人物和典籍，它的综合性更强，内容更为复杂。例如，沈括的《梦溪笔谈》，其内容涉及数学、物理、天文、化学、地质、生物、医学、地理、农学、气象、文学、工程技术、音乐、史事等，包罗万象，无所不有，可谓宋代一部小百科全书，若按照学科来写，就不好办了。所以，我们的《中国传统科学技术思想通史》必须进一步拓宽研究空间，试图在"科学，哲学和史学三界"相互结合的学术层面，对中国传统科学技术思想进行更加系统和更加全面的研究。

第二节　国内外代表性成果及观点的认识与评价（下）

一、李瑶《中国古代科技思想史稿》的分析与评价

席泽宗院士曾说，李瑶的《中国古代科技思想史稿》（以下简称《史稿》，陕西师范大学出版社，1995 年版）运用的方法是"综合法"，并对其给予了较高评价。该书的时间跨度是从春秋（公元前 770）一直到清朝中叶（1840），共讲述了约 2600 年的中国古代科技思想发展历程。其主体内容由 6 章构成，具体章目如下：

第一章　春秋战国时期（公元前 770—前 221）
　　导论　在社会变革洪流与百家争鸣浪潮中产生的早期科学思想
　　第一节　对生产实践中人与自然关系的探索
　　第二节　从观象授时到宇宙图景的初步构思
　　第三节　同巫术迷信作斗争的早期医学理论——自然病因论
　　第四节　科学认识方法的初步探讨
第二章　秦汉时期（公元前 221—220）
　　导论　两种自然观的对立与四大科技体系的形成
　　第一节　制历、论天与宇宙演化观念
　　第二节　《周髀》、《九章》与"同律度量衡"
　　第三节　"土宜"、"候应"之学与农业生产技术的发展
　　第四节　从《黄帝内经》到《金匮要略》

[①]　胡道静：《中国科学思想史研究的曙光》，谈凤梁主编：《文教资料》1989 年第 2 期，古文献整理研究所《文教资料》编辑部，第 50 页。

第三章　魏晋南北朝（220—581）

　　导论　以积极入世精神与玄学、佛学分道而驰的科学思想

　　第一节　天体运行规律的新发现与数理探讨的深入发展

　　第二节　科学的制图学与水文地理的兴起

　　第三节　资生的农学与济世的医学

　　第四节　墨学的一度复兴与科学家对认识方法的探索

第四章　隋唐五代（581—960）

　　导论　科学史上的盛唐气象及其内涵

　　第一节　从《皇极历》到《大衍历》仪象制作与大地测量

　　第二节　《算经十书》及其他

　　第三节　医药学发展中的兼收并蓄精神

　　第四节　科技教育与知识的"等级编制"

第五章　宋辽金元时期（960—1368）

　　导论　古代科技发展高峰期中科学思想到达的境界

　　第一节　科学的"自然"概念的形成与"自然之理"之被认识

　　第二节　方法论上的自觉探讨

　　第三节　对"道器分标"论的冲击与"实学"范畴的确立

　　第四节　平等的交流融合与发展的科学史观

第六章　自明初至清中叶（1368—1840）

　　导论　古代科技发展最后阶段的历史波折与科学家的抉择

　　第一节　晚明科学家在历史考验中的探索、反思、向往

　　第二节　清代科学家研究中的"经学态度"及其历史意义

　　第三节　探索"自然之理"的积极性与"关切民事"的实学传统往何处去？

　　第四节　从"会通、超胜"的设想到"西学源于中法"说

结束语　从思想史看我国古代科学向近代发展的艰难

　　一、渐进的发展历程

　　二、"抑制因素"及其根源

　　三、"抑制"与"反抑制"时显时隐的界线

　　看过上述章目之后，我们自然就会意识到该书的特点是以哲学与历史学的知识为背景，而且从第二章与第三章的"导论"中不难发现，作者谙熟哲学的矛盾原理，即矛盾的同一性和斗争性原理，并且自觉地运用它们来分析中国科学技术思想本身曲折发展和演变的历史过程。例如，在第二章"导论"里，作者首先讲到了战国末期到秦汉之际，思想文化领域出现了"合儒墨、兼名法"的"杂家"，在自然观上则是出现了一种通过神学、哲

学、科学"三结合"而构建宇宙秩序的趋向(《史稿》,第37页),而代表这种"同一性"趋向的著作则是《吕氏春秋》。其次,汉武帝推行"罢黜百家,独尊儒术"的国策之后,思想文化领域"同一性"的历史局面,马上被正统的董仲舒学说所取代。李瑶说:"有正统便有异端。董仲舒所倡导的神学化儒学成了封建社会的正统思想,他的'天人感应'理论也成了中古神学正宗。"(《史稿》,第42页)于是,东汉时期,一方面,"天人感应"说进一步与谶纬之学相结合,从而使儒学更加神学化;另一方面,"与这种正宗神学作斗争的各种'异端',却不断有新的发展,在思想上大放异彩"(《史稿》,第43页)。如王充著《论衡》,仲长统著《昌言》(已佚,仅存残篇)等,诚如李瑶先生所说:"王充、仲长统本身都不是科学家,但他们对于自然的认识,对于人与自然的关系——即当时所说的天、人关系的认识,都可以说达到了历史条件许可下的最高水平了。"(《史稿》,第44页)把哲学原理与秦汉特定的历史状况结合起来,将当时整个科学技术思想发展放置在这样的场景之中,去细致地观察和分析,能够得出令人信服的结论。所以,李瑶在总结秦汉科学技术思想的历史特点时说:

> 从早期科学思想在人与自然的关系中认识自然的出发点而进入在日益广阔的范围内把自然作为客体来考察,把不断深入的探索与更加自觉的"制用"结合起来,是这个历史阶段中科学思想发展的主要导向,它在实质上也正是对于"天人感应"的神学目的论所施加了抑制的"反抑制"。而我国古代的天、算、农、医四门重要科学技术,就是这样在当时的两种自然观的对立中,在对抑制者的"反抑制"过程中,凭着早期历史积累,不断充实内容与进行理论构建,从而初步形成体系的。(《史稿》,第45页)

虽然科学技术思想发展的实际情形远比李瑶所说的上述情形还要复杂,但是就整体而言,李瑶先生的分析不仅在同类著述中别具一格,有见微知著之效力,而且容易深入到事物的本质之中,求得思想之真要和科学之精髓。

又如,在第五章"导论"里,李瑶分析北宋的科学技术思想发展状况时,即应用了同样的方法。李瑶说:"总的说起来,理学正是作为我国封建社会正统思想的儒家学说在这个历史阶段的一种特殊表现形式,它在这个历史阶段乃至整个封建社会的后期一直是居于正统的地位的。有了'正统'便有'异端',力图从理论上论证封建秩序永恒性的理学家,在对待现实政治问题上,其态度基本上是保守的,因此也就往往把具有革新精神的思想看作异端。"(《史稿》,第188页)又说:"北宋时期,被理学家认为最大的异端并不是他们表面上所力避的'佛志'而正是坚持变法的王安石的'新学'。"在理学与新学的对立和冲突的过程中,"参与王安石变法运动的科学家沈括,在其所著的《梦溪笔谈》中曾对'理'这个范畴进行精辟分析,提出了不少与理学家截然不同的见解"(《史稿》,第188页)。客观地讲,李瑶先生讲的前半段话是符合历史实际的,然而后半段话,也就是讲北宋新学与理学之间矛盾关系的那段话,则需要具体分析,不能简单地套用"矛盾斗争性"模式。因为在王安石主政的十余年间,新学相对于理学而言是处于强势的,王安石推行

"一道德"，鼓励创新，理学思想根本无法抑制当时科学技术发展的历史潮流。因此，沈括的科学思想无疑是那段变法实践的产物，即沈括的思维应激状态是积极的，至于后来变法失败，他退隐镇江梦溪园而撰写了《梦溪笔谈》，则书中内容多是总结他在变法时期所形成的一些科学见解及思想认识成果。可见，撰写中国传统科学技术思想史必须先熟悉当时的历史，这一点非常重要，故有学者强调："从方法上看，科学思想史是把科学发展中的认识过程、认识成果都作为历史现象，把它放在一定的历史背景下加以分析、概括、提炼和升华。因此，科学思想史的学科性质应该是史学的。"①

当然，从文献学的角度看，把"春秋战国"看作中国传统科学技术思想的起点，并无不可。学界通常称"先秦诸子时代"为"原典时期"，对应于春秋战国（公元前 8 世纪早期至公元前 3 世纪后期）。但是，按照事物产生和发展的规律，科学知识的形成需要一个长期的积淀过程，科学思想更是如此。我们相信，科学一开始并不是现在的样子，它在起点处可能和神话与巫术并无区别。所以，学界越来越趋同于这样的认识："巫术与科学具有内在的不可分割的联系，尤其是从渊源上来讲更是如此。尽管神话、巫术看起来很荒谬，但它也的确是人类思维发展的一个阶梯，是科学思想的起源。"爱因斯坦曾说，想象力比知识更重要，因为想象力是创造的前提和目标。如果我们把两者统一起来，那么，中国传统科学技术思想史的起源至少应追溯到史前期的新石器时代。这样一来，李瑶的《中国古代科技思想史稿》就缺少了非常重要的一部分内容，这便是我们撰写《中国传统科学技术思想通史》需要重点突破的学术创新工程之一。

二、袁运开和周翰光主编的《中国科学思想史》的分析与评价

周翰光教授为中国科学技术思想史学科的创建作出了重要贡献，他不仅积极发起并召开了首届中国科学思想史研讨会，而且连续发表了《中国科学思想史的对象和含义》（1989）、《中国古代科学方法的若干特点》（1991）、《中国科学思想史若干基本理论问题发微》（1992）、《试论中国科学思想史研究的意义和价值》（1996）等文章。不断呼吁创建中国科学思想学科的任务已经迫在眉睫，故在他的文章里经常会出现"研究中国科学思想史，现在已经到了一个非常迫切的时候了"，以及"研究中国科学思想史，现在已经是科技史界、哲学史界和思想史界共同感到很迫切的一个课题了"的强烈声音。周翰光先生这样大声呼吁的目的，当然是想让学界同仁共同承担这项光荣而艰巨的历史重任。鼓舞人心的是，1990 年董英哲先生推出了我国首部《中国科学思想史》专著，现在回头来看，尽管此书尚有不足，但它的拓荒之功不可磨灭。从时间上讲，袁运开和周翰光主编的《中国科学思想史》（2000）相对晚出，之前已有郭金彬的《中国近现代科学思想史论》（1991）和《中国传统科学思想史论》（1993），以及李瑶先生的《史稿》（1995）等多部专著问世。

① 姚晓波：《科学思想史的任务》，载冯玉钦等主编《中国科学技术史学术讨论会论文集（1991）》，北京：科学技术文献出版社，1993 年，第 211 页。

这些专著采用不同的撰写体例与多元的学术视野，对中国科学技术思想发展史进行了认真梳理，提出了各自的独到见解，百花争妍，共同推动了中国科学技术思想史学术研究的不断进步。正是前人的这些研究成果，为周瀚光先生 3 卷本的《中国科学思想史》垫高了研究基面，从而使他能够站在一个新的历史高度，对 10 多年来科学史界的研究成果进行系统总结。所以，学界一致认为该书"是目前国内学术界所能见到的关于中国科学思想史研究的一部最系统、最完整的学术著作"。这个评价毫不过分，因为从 2000 年以来，再没有出版过一部规模超过该书的、能够系统总结 20 世纪 80 年代迄今我国学界研究中国科学技术思想史已有成果的学术专著。

关于周瀚光先生在《中国科学思想史》中的作用，2015 年《广西民族大学学报（自然科学版）》第 1 期发表了《中国科学思想史研究的开拓和创新——周瀚光教授访谈录》一文，韩玉芬问，周瀚光先生答。当谈及《中国科学思想史》的编写过程时，周瀚光先生说：

> 我个人在这部书当中，主要执笔撰写了"绪论"、"结语"以及第三章和第六章的一部分，其中最重要的是"绪论"，阐发了我对中国科学思想史研究的若干基本理论问题的独创性见解，这些问题包括中国科学思想研究的意义和价值、对象和内涵、起源和演变、分期和特点以及科学思想史与一般科学技术史和哲学思想史的区别和联系等多个方面，因为在此之前，这些问题还都没有一个明确的界定和描述；而不搞清楚这些问题，全书的提纲编列和具体写作就根本无法进行。[1]

总体来讲，周瀚光先生的话大体反映了当时学术界的实际。当然，有些问题在郭金彬和董英哲的书中都已讨论过，比如，关于中国科学技术思想的内涵，董英哲先生已经提出了自己的看法，引文见前。在此基础上，董英哲认为，"中国传统科学思想体系是以道、气和阴阳五行说为主旋律的，它不仅表示可与世界其它文明中心明显区别的若干特点，而且还表示它具有可以不断向前发展的内在力量，即不断提出尚待解决的问题，并且能够找到解决这些问题的途径和方法，从而得到了长期的持续不断的发展。"[2] 与董英哲的观点不同，周瀚光先生从广义的角度来理解中国科学思想的内涵，他认为广义的科学思想应该包括 4 个方面的内容，即具体的科学思想、一般的科学思想、科学观及科学方法。此外，他还特别强调："应该把科学思想视为历史的范畴，视为一种发展着的观念。在今天来看并不科学的思想，在当时却很可能是惟一比较科学的思想。因此，科学思想在它的发展进程中，伴随着甚至本身包含着许多在今天来看是完全错误的东西。"[3] 关于中国科学思想史的分期，李瑶先生提出了自己的方法，见前所引章目。周瀚光先生认为，中国传统科学思想史可分为下面 3 个具有不同特点的阶段。

[1] 周瀚光、韩玉芬：《中国科学思想史研究的开拓和创新——周瀚光教授访谈录》，《广西民族大学学报（自然科学版）》2015 年第 1 期，第 6 页。

[2] 董英哲：《中国科学思想史》，西安：陕西人民出版社，1990 年，第 4 页。

[3] 袁运开、周瀚光主编：《中国科学思想史》上，合肥：安徽科学技术出版社，2000 年，第 26 页。

第一个阶段为先秦时期，即从远古到春秋战国。在这个阶段中，科学思想经历了原始社会的萌芽和夏、商、西周时期的积累，至春秋战国，达到了一个飞跃和高潮。

第二个阶段是从秦汉到宋元时期。在这个阶段，中国古代的科学思想趋于成熟并走向高峰。各个学科逐渐形成了自己的思想体系和理论风格；其自然观最终确立了以"气一元论"为代表的理论形态。

第三个阶段是从明朝初期到清朝后期（1368—1840）。其特点是传统科学思想从高峰走向总结；西方科学思想的引进和传播；明清之际的一批哲学家和思想家在对传统思想反思的基础上，掀起了一股注重实际、尊崇科学的社会思潮。

据此，周翰光先生等主编的《中国科学思想史》（3 卷本）的具体章目如下：

绪论

第一章 原始社会时期科学思想的萌芽

第二章 夏、商、周时期科学思想的积累与发展

第三章 春秋战国时期科学思想的百家争鸣

第四章 秦汉时期——中国古代科学思想体系的初步确立

第五章 魏晋南北朝时期——中国古代科学思想的充实和提高

第六章 隋唐五代时期——中国古代科学思想的持续发展

第七章 宋元时期——中国古代科学思想的发展

第八章 明代传统科学思想的总结和发展

第九章 明末清初中西科学思想的交融与会通

第十章 清代科学思想的缓慢发展（1644—1840）

首先，值得肯定的是，以上各家的分期，各有千秋，都有道理。不过，从学术讨论的角度看，我们认为周翰光先生的分期还可以继续拓展，主要是 1840—1919 年这段历史时期应当纳入到中国传统科学技术思想体系之中，具体理由见后。至于史前时期科学思想的萌芽与演变，我们赞同周翰光先生的观点，他说：

> （对于旧石器时代的）知识能否称之为科学。我们认为，把它们称为科学知识的萌芽应该是没有问题的。这是因为科学并不是一个狭义的一成不变的概念。科学应当是一个进程，并且是一个漫长的进程。在它的初始阶段，人们为了把握和理解它，曾经付出了我们今天难以想象的艰辛。尽管这种艰辛努力所产生的结果似乎是微不足道的。但是，如果没有人类童年时期的这种探索和努力，没有这一时期智力的进步和知识的积累，尔后的任何辉煌成就都是不可能的。[①]

可以说，我们撰写《考古视野中海河域史前科技文明述要》一书，就是按照这样的原

---

① 袁运开、周瀚光主编：《中国科学思想史》上，合肥：安徽科学技术出版社，2000 年，第 41 页。

则来组织和安排史料的。

最后，我们想谈谈席泽宗院士《中国科学思想史》的写作特色。撰写中国科学技术思想发展历史，不能离开具体的人物和典籍。由于中国科学技术思想发展史上涉及的人物和典籍众多，故《中国科学思想史》一书便采用了"速描式"写法，主要对人物和典籍的轮廓进行粗线条的勾勒和描写，客观效果是内容比较清晰。可是用今天的通史眼光来看，这既是其特点、优点和长处，同时也是其美中不足的短板和软肋（具体分析见后）。

三、席泽宗院士主编的《中国科学思想史》的分析与评价

将席泽宗院士称为中国科学技术思想史的泰斗，当之无愧。他在《中国科技史料》1982 年第 2 期发表的《中国科学思想史的线索》一文，绝对是研究中国科学技术思想史的纲领，在当时的历史背景下更是一面旗帜，它指引着中国科学技术思想史学术进军的路线，意义重大。该书初版于 2001 年，原为《中国科学技术史：科学思想卷》，后来被收入《中国文库》（科学出版社，2009 年，以下引文均出自本书），分上、下两册，其具体章目结构如下：

导言

第一章　从远古到东周初年的科学思想

　　第一节　概论

　　第二节　科学思想的发端

　　第三节　巫术与神话所反映的科学思想

　　第四节　甲骨文所反映的科学思想

　　第五节　易、礼、诗、书中的科学思想

第二章　春秋战国时期的科学思想

　　第一节　自然观从神学统治下的初步解放

　　第二节　雏形的宇宙理论

　　第三节　阴阳五行说

　　第四节　春秋战国时代的物质观

　　第五节　运动观和变化观

　　第六节　逻辑与思维

　　第七节　先秦诸子的科学观

　　第八节　《周易》的世界图像

第三章　秦汉时期的科学思想

　　第一节　气的中介作用和天人感应说

　　第二节　"气"与万物的关系

从上述章目可以看出，席泽宗院士采用的是"综合法"，与李瑶的方法相近。但席泽宗院士指出，李瑶先生是从春秋战国写起，对这一点席泽宗并不认可。他说："我们认为，人是自然界的一部分，又是自然界发展到一定程度的产物。人类学会制造工具以后，才和其他动物区别开来。打击取石和摩擦取火，既是重要的技术发明，也是人们对自然物具有了一定的知识（科学）并经过思考的结果，可以说科学技术和科学思想是同步发展的，而且是从人和动物区别开来以后就开始了。"[①]这个观点非常重要，它成为我们将《中华文明"前轴心时代"科技思想史研究》独立成卷的理论依据。

席泽宗院士用历史的和发展的眼光看问题，那些在学界看似矛盾的观点，到席泽宗院士那里却变成了合理的东西，并且在席泽宗院士的解释下，两者竟然有机地统一了起来。例如，学界对"科学"的解释，有两种认识。席泽宗不是责怪和批评其各自的片面，而是机敏地发现了两者的内在统一性与一致性，其论述的精辟，确实闪耀着大师的智慧。席泽宗是这样说的：

> 目前所知的关于科学的定义，可以说有狭广两种。狭义的科学定义，见于各种百科全书、各种教科书及许多专著之中。依据这些狭义的定义，则科学必须是一套系统的、具有严格逻辑联系的知识。这样的知识体系是近代才出现的，所以古代是没有科学的，仅有经验、技术等等。另一种是非常宽泛的定义，即广义的，认为所有确切的知识，甚至一切概括，都是科学。而在我们看来，这两个极端，或许正好构成科学由低到高的发展序列。[②]

把学界的广狭两种定义与中国科学技术思想的发展历史联系起来，不仅令人信服地解决了学界长期争议的问题，而且非常绝妙地解释了中国科学技术思想史发展的路径，即从古代的"经验性科学"到近现代的"理论性科学"，科学的特质越来越突出。

不过，该书稍微有一点遗憾，即书中的实际内容与席泽宗在"导言"中所提出的写作构想并不完全一致。以该书的时间下限为例，席泽宗原本打算写到1911年为止。他说：

---

① 席泽宗主编：《中国科学思想史》（上），北京：科学出版社，2009年，第15页。

② 席泽宗主编：《中国科学思想史》（上），北京：科学出版社，2009年，第29—30页。

（中学为体，西学为用）酝酿于洋务运动期间，中日甲午（1894）战争以后，沈毓芬明确提出，1898 年张之洞（1837—1909）在《劝学篇》中系统阐发，遂成为清政府的一种政策。这政策本来是用于对抗康有为、梁启超的戊戌（1898）维新运动，却没有想到它为辛亥（1911）革命创造了条件。辛亥革命发生在武汉，正是张之洞在那里练新军、办工厂、修铁路、设学堂和派遣留学生（黄兴、宋教仁和蔡锷等）的结果，所以孙中山先生说："张之洞是不信革命的大革命家。"历史就是这样，效果优势和动机正好相反，张之洞没有想到，他要捍卫的清王朝在他死后不到两年就完了，从此历史翻开新的一页。本书的人物也就到此为止。[①]

然而，该书第 7 章第 5 节之末尾却是讨论"17 世纪中国有没有科学革命"的问题。结语说：

> 17 世纪中国科学界最时髦、最流行的概念大约要算"会通"了。当年徐光启在《历书总目录》中早就提出"欲求超胜，必须会通"。不管徐光启心目中的"超胜"是何光景，至少总是"会通"的目的，他是希望通过对中西天文学两方面的研究，赶上并超过西方的。以后王锡阐、梅文鼎都被认为是会同中西的大家。但是在"西学中源"的主旋律之下，他们的会通功夫基本上都误入歧途了——会通主要变成了对"西学中源"说的论证。……是以 17 世纪的中国，即使真的有过一点科学革命的萌芽，也已经被"西学中源"说的大潮完全淹没了。[②]

因为该书第 7 章是由江晓原先生写的，究竟是江晓原先生没有贯彻执行席泽宗的写作计划，还是另有考虑，我们就不得而知了。但无论如何，江晓原先生在科技史界也是学贯中西的大家，他那样写一定有他的道理。

我们在构思《中国传统科学技术思想通史》课题时，反复讨论了几次，最后还是决定将"通史"的时间下限确定在 1919 年，并且《中国近代传统科学思想史研究》独立作为一卷（具体理由见后），不仅可弥补席泽宗院士之憾，且可以启发后学，抛砖引玉，使有心治中国传统科学技术思想史的年轻学者得所旨归。

四、李烈炎和王光合《中国古代科学思想史要》的分析与评价

李烈炎和王光合著的《中国古代科学思想史要》（人民出版社，2010 年版）是近年来最有分量的中国科学技术思想史研究著作，尽管其规模比不上前述之周瀚光先生等所著的《中国科学思想史》，但它也具有自己的特色。

---

① 席泽宗主编：《中国科学思想史》（上），北京：科学出版社，2009 年，第 21—22 页。
② 席泽宗主编：《中国科学思想史》（下），北京：科学出版社，2009 年，第 819 页。

从内容上看，诚如戚本超先生所说，作者以我国历代正史都追踪记载的度量衡、天文历算史实和自古以来学术经籍未断传承的数学史料为基本考察对象，理出古代中国人科学思想最基础的思维脉络。

从编写体例来看，著者既按照学科分类，又根据中国科学思想发展历史的特殊性安排章目，体现了中国科学思想发展历史的复杂性和多元性。例如，理学卷（朱子哲学）的安排就别具一格，很有特色，其具体章目如下：

> 理学卷（朱子哲学）
>
> 引语
>
> 一、论"理"
>
> 二、格物致知穷理
>
> 三、人、物之性
>
> 四、论中
>
> 五、体用
>
> 六、心与知觉
>
> 七、论《易》
>
> 八、论孟子性善说
>
> 九、论张子《西铭》
>
> 十、论释氏诸说
>
> 十一、论说天文
>
> 十二、养生观
>
> 十三、理学余说

从原始手工制器的特色考量，作者提出了"'原始文明'之原始性的突出特征是科学性与艺术性不可或缺地在人工制器上融为一体"[①]的观点，这里包括岩画、图腾、手工制器等。原始人的思维应当属于右脑优势，故其图画语言比较发达。与之相反，有了文字之后，人们的思维逐步变成了左脑优势，逻辑语言比较发达。那么，中国古人的科学技术思想与人类大脑之间究竟是一种什么关系？尚待继续考证。

就科学思想产生的过程来看，作者认为，科学诞生时期的认识过程是一个单一过程链，即认识自然—模仿自然；模仿自然—再认识自然；再认识自然—获得自然知识；获得自然知识—利用自然知识；利用自然知识—实证性地总结自然知识，此时，科学思想就产生了。可见，科学思想不是一次就能形成的。这样就解决了科学思想形成的机制问题，那就是科学思想是经过反复实践之后的一种认识结果。不经过反复认识与实践，不会形成科学的思想认识，这个观点无疑是正确的。

---

① 李烈炎、王光：《中国古代科学思想史要》，北京：人民出版社，2010年，第4页。

什么是科学？作者说："科学就是在一种由相对直觉性转变为相对实证性的思维（思想）过程中形成的知识体系。"[①]其中"相对直觉性"是指"科学"有其原始阶段。作者认为，史前社会，人们的思维还处于原始阶段，感性直观易而理性抽象难。所以，史前科学只能表现为：人们循着某种直觉原理而从事具体操作。[②]如众所知，梦与科学思想及其科学发明与创造的关系十分密切，如德国化学家凯库勒梦见一条蛇首尾相接，形成了环状，于是悟出了苯的环式分子结构，解决了有机化学领域的一个大难题。今人有梦，古人也有梦，而且有许多神话便是古人的一种梦想。对此，《中国古代科学思想史要》没有进行分析，这就给我们留下了探讨的余地。在《中国传统科学技术思想通史》第1卷里，我们除了关注巫术现象之外，对梦与科学思想之间的关系问题，试从心理学与艺术学相结合的角度做一专门探讨。

第三节　中国传统科学技术思想通史的研究方法、撰写体例和内容特色

一、研究方法

（一）把科技口述史的学科理念引入中国史前及夏商周科学技术思想史的研究之中

截止到目前，还没有一部中国科学思想史的论著自觉引入科技口述史学的理念或方法。口述史学方兴未艾，发展势头很猛。至少在口述史学没有出现之前，人们对于远古流传下来的神话传说一般是不作为历史资料使用的。如今随着口述史学的出现，人们开始重新认识人类的早期历史，尤其是神话或传说时代的历史。例如，有学者称：

> 口述史是史学的源头，它是第一种类型的历史，而传说是口述的最早形式。追溯到远古时期，西方史学是从《荷马史诗》开始的。其中的人物是半人半神，故事也属半真半假。在中国有伏羲氏、神农氏、炎黄二帝等诸多传说，也被后人尊为了中华民族创造历史的开始，它如实地反映了华夏民族生存、发展的历史进程。在没有文字记录以前，人们通过口耳相传的形式把诸如人类起源、重大事件、生活习俗、生产技能等流传下来。口耳相传的历史是人类唯一的记忆方式。自从有了文字以后，就有了希罗多德的《历史》、修昔底德的《伯罗奔尼撒战争史》、司马迁的《史记》等等，他们

---

① 李烈炎、王光：《中国古代科学思想史要》，北京：人民出版社，2010年，第4页。
② 李烈炎、王光：《中国古代科学思想史要》，北京：人民出版社，2010年，第7页。

都大量引用了传说。口述史料，从而使笔下的人物栩栩如生。[①]

又有学者说：

> 自从有了人类之后，记忆便跟随并服务于人们的生活中。远古时代，人们为了生存就要记住周围的环境，要分辨出哪些动物、植物对人们有害，哪些有益，如何寻找食物，如何应付各种自然灾害等。把这些经验传承下来，就需要保存住记忆。

记忆有回溯性记忆和前瞻性记忆之分，"历史学中研究的记忆主要是指对过去的记忆，即回溯性记忆"[②]。因此，"流传在民间的神话、传说、谚语、歌谣、技艺、医药验方等都集中体现了广大劳动人民在与自然界长期相处的过程中改造自然和利用自然的方式和方法，以及对自然的思考等，其中蕴含着深刻的科技思想，是劳动人民集体智慧的结晶，是重要的口述科技思想史料"[③]。

还有学者在研究佤族木鼓文化过程中坦言："由于佤族历史上没有文字，有关木鼓文化的大量信息一直口耳相传。代代相承于民间，其真实性甚至可能超过历史文献所载。"[④]

通过以上实例，我们确信口述史方法可以被运用到中国史前科学技术思想的研究中来。这样一来，《史记》中的"五帝本纪"与"夏本纪"便可作"口述"史料来使用，从这个意义上讲，"传说时代"亦可称"口述时代"。李学勤在《走出疑古时代》一文中，主张利用"三重证据"法来研究古史，他认为像"疑古"时期的许多论点都是靠不住的，如日本学者白鸟库吉的《尧舜禹抹杀论》就是典型一例。所以，当代学术已经超越了"疑古"而进入"释古"时代。因此，把"三重证据"与口述史学结合起来，重新认识和解读史前科技文明的性质，很有必要。对此，李瑶先生特别强调要"重视传说的价值"。不止李瑶先生，尹达先生早在 1982 年写的《衷心的愿望——为〈史前研究〉的创刊而作》一文里，就曾颇多感慨地说：

> 部落或氏族对本族的历史在没有文字记载之前，往往以讲故事的方式，经过口头的传授，用以教育他们的后代。到了春秋战国时期，这些从奴隶社会转向封建社会的阶段各国相传的古代的种种历史性的故事，就成了当时的奴隶主乃至地主阶级运用来作为政治活动的历史依据和理论根据。经过纷繁的相互交往，以及各个部族间的长期分化与融合的状态，使得古代历史传说也相应地出现了不同体系和不同说法。在诸子百家中的相互抵触的古史体系，正是这种历史现象的反映。儒家思想逐渐形成为封建时期的统治思想之后，远古的历史经过儒家逐步改造，就出现了所谓三皇五帝

[①] 罗庆宏：《口述历史与历史教学研究》，北京：中国发展出版社，2013 年，第 8 页。
[②] 李涛：《中国口述科技思想史料学》，北京：科学出版社，2010 年，第 9 页。
[③] 李涛：《中国口述科技思想史料学》，北京：科学出版社，2010 年，第 21 页。
[④] 梅英：《佤族木鼓文化的源起与传承》，北京：科学出版社，2013 年，第 15 页。

的体系了。[1]

那么，究竟如何认识"三皇五帝"的神话传说呢？尹达先生指出：

> 从民族调查中发现有些"传疑时代"的神话传说，还在一些少数民族间流传着，还在作为历史故事保留在一些少数民族的心里。从考古发掘中还发现了和"传疑时代"的某些部族里的可能有相当关系的各种不同的新石器时代的文化类型。从地望上，从绝对年代上，从不同文化遗存的差异上，都可以充分证明这些神话的传说自有真正的史实属地，且不可一概抹杀。[2]

据此，我们将《中华文明"前轴心时代"的科技思想史研究》（史前至西周）独立成为一卷或一册（具体内容见后），而以往的中国科学技术思想史著作却都没有将其独立成为一卷或一册，基本上都是作为一章或一节出现，尚无法全面反映从远古直到诸子时代，中国传统科学技术思想早期历史的发展状况。特别需要说明的是，由于《史记》是以人物为纲来陈述五帝至夏、商、周的历史，我们同样也以人物为纲来陈述五帝至夏、商、周的科学技术思想产生及发展和演变的历史，这绝对不单单是模仿，而是它反映了人类历史发展过程的客观性和规律性。我们能够将《中华文明"前轴心时代"的科技思想史研究》作为独立的形式出现，这与考古学及口述史学业已取得的研究成果分不开的。

（二）用断代研究的方式来撰写中国传统科学技术思想通史

截止到目前，中国传统科学技术思想史的写法都是"章节"式的，还没有出现用断代研究的方式来撰写的先例。

实际上，用断代方式来写通史，在其他学科已经屡见不鲜了。在此，我们略举数例以为证。

第一个例子为《中国政治制度通史》。这部巨著由白钢研究员担任主编，人民出版社于1996年出版。全书共10卷（册），内容上起三代下至清末，即《中国政治制度通史》第1卷《总论》；《中国政治制度通史》第2卷《先秦》；《中国政治制度通史》第3卷《秦汉》；《中国政治制度通史》第4卷《魏晋南北朝》；《中国政治制度通史》第5卷《隋唐五代》；《中国政治制度通史》第6卷《宋代》；《中国政治制度通史》第7卷《辽金西夏》；《中国政治制度通史》第8卷《元代》；《中国政治制度通史》第9卷《明代》；《中国政治制度通史》第10卷《清代》。

第二个例子为《中国法制通史》。该巨著是由张晋藩教授主编是一套贯穿中国历史，上起中国法制起源，下至中华人民共和国成立之前的全面阐述中国法制历程的通史著作，由法律出版社于1999年出版。全书共包括10卷（册），即《中国法制通史》第1卷《夏

---

① 尹达：《尹达集》，北京：中国社会科学出版社，2006年，第4—5页。
② 尹达：《尹达集》，北京：中国社会科学出版社，2006年，第5页。

商周》；《中国法制通史》第2卷《战国、秦汉》；《中国法制通史》第3卷《魏晋南北朝》；《中国法制通史》第4卷《隋唐》；《中国法制通史》第5卷《宋》；《中国法制通史》第6卷《元》；《中国法制通史》第7卷《明》；《中国法制通史》第8卷《清》；《中国法制通史》第9卷《清末、中华民国》；《中国法制通史》第10卷《新民主主义政权》。

第三个例子为《中国经济通史》。该巨著由赵德馨教授主编，湖南人民出版社于2002年出版。全书分为10卷12册，即《中国经济通史》第1卷《先秦（夏、商、周三代及夏以前）》；《中国经济通史》第2卷《秦汉》；《中国经济通史》第3卷《魏晋南北朝》；《中国经济通史》第4卷《隋唐五代》；《中国经济通史》第5卷《宋辽金夏》；《中国经济通史》第6卷《元》；《中国经济通史》第7卷《明》；《中国经济通史》第8卷《清》（2册）；《中国经济通史》第9卷《中华民国》；《中国经济通史》第10卷《中华人民共和国》（2册）。

第四个例子为《中国行政区划通史》。该书由周振鹤教授主编，复旦大学出版社陆续推出。迄今尚未出齐。全书分为13卷（册），即《中国行政区划通史》第1卷《先秦》；《中国行政区划通史》第2卷《秦汉》；《中国行政区划通史》第3卷《三国两晋南朝》；《中国行政区划通史》第4卷《十六国北朝》；《中国行政区划通史》第5卷《隋代》；《中国行政区划通史》第6卷《唐代》；《中国行政区划通史》第7卷《五代十国》；《中国行政区划通史》第8卷《宋西夏》；《中国行政区划通史》第9卷《辽金》；《中国行政区划通史》第10卷《元代》；《中国行政区划通史》第11卷《明代》；《中国行政区划通史》第12卷《清代》；《中国行政区划通史》第13卷《中华民国》。

第五个例子为《中国西北少数民族通史》。该书由杨建新教授主编，民族出版社于2009年出版。全书分为13卷（册），即《中国西北少数民族通史》第1卷《导论》；《中国西北少数民族通史》第2卷《先秦》；《中国西北少数民族通史》第3卷《秦、西汉》；《中国西北少数民族通史》第4卷《东汉、三国》；《中国西北少数民族通史》第5卷《西晋十六国》；《中国西北少数民族通史》第6卷《南北朝》；《中国西北少数民族通史》第7卷《隋、唐》；《中国西北少数民族通史》第8卷《辽、宋、西夏、金》；《中国西北少数民族通史》第9卷《蒙元》；《中国西北少数民族通史》第10卷《明代》；《中国西北少数民族通史》第11卷《清代》；《中国西北少数民族通史》第12卷《民国》；《中国西北少数民族通史》第13卷《当代》。

仅从以上5个实例不难看出，用断代形式书写中国各学科的历史，更能全面和系统地展现中国各科历史发展和演变的全貌，因而是较佳的书写形式。

至于用"章节"式书写与用断代式书写，二者各自有什么特点，我们从下面的实例即可一目了然地看出来。

试以隋朝科学家刘焯为例，《中国科学思想史》（周瀚光本）有两处讲到刘焯：第一处是第六章第七节第4个问题"二次内插法的创立和发展"，原文是：

> 刘焯（544—610年）字士元，信都（今河北冀县）人。隋朝著名的天文数学家，经学家。曾向隋文帝和炀帝多次上书批评现行历法，提出新历，但均遭当时的太史

令等人排斥。所著《皇极历》虽未颁行，但因其数学方法精妙，故仍被收载于《隋书·律历志》中，成为唐代《麟德历》、《大衍历》等重要历法的思想基础之一。其著名的二次内插法公式，就是在《皇极历》中提出来的。以推太阳每日速迟数为例，《皇极历》中说："见求所在气陟降率，并后气率半之，以日限乘，而泛总除，得气末率。又日限乘二率相减之残，泛总除，为总差。其总差亦日限乘，而泛总除，为别差。率前少者以总差减末率为初率，前多者即以总差加末率，皆为气初日陟降数，以别差前多者日减，前少者日加初数，得每日数。"

用现代数学语言来表示，即假定在时刻 nt 测得天体行度为分 $f(nt)$，t 为泛总，x 为日限，$x \leqslant t$；又设 s_1 为所在气陟降率，$s_1 = f(nt+t) - f(nt)$；s_2 为后气陟降率，$s_2 = f(nt+2t) - f(nt+)$；则天体在 nt 与 $(n+1)t$ 之间任何一日的行度是

$$f(nt+x) = f(nt) + \frac{1}{2}(s_2+s_1)\frac{x}{t} - (s_2-s_1) - \frac{x}{t}\frac{1}{2}(s_2-s_1)\ \left(\frac{x}{t}\right)^2$$

这就是刘焯创立的等间距自变量的二次内插公式。以后唐代的《戊寅历》《麟德历》《五纪历》《正元历》《宣明历》《崇玄历》及元代的《庚午元历》中，都沿用了刘焯的这一算法。

上述公式还能简化，如令 $s_1 = \varDelta\frac{1}{2}$，$s_2 - s_1 = \varDelta\frac{2}{n}$，$t=1$，则有

$$f(n+x) = f(n) + \varDelta\frac{1}{n}x + \frac{1}{2}\varDelta\frac{2}{n}x + \frac{1}{2}\varDelta\frac{2}{n}x^2$$

$$= f(n) + \varDelta\frac{1}{n}x + \varDelta\frac{2}{n}\frac{x(x+1)}{2}$$

这是等间距二次内插公式的表现形式。

刘焯所创立的等间距二次内插法比以前所用的一次内插法要精密得多，利用这一公式计算所得到的历法精确度比以前也有了较大的提高。然而，由于历法中的节气不是等间距的，日、月、五星的视运动也不是匀加速运动，因此所得到的数值仍然存在着一定的误差。"[①]

第二处是第六章第五节第一个问题"《皇极历》"，原文是：

在隋开皇十七年采用张胄玄所制的新历时，刘焯也编撰了一部新历——七曜新术，到开皇二十年（600年），刘焯又进一步修改、补充了他的新历，正式改名为"皇极历"，上献给太子杨广。皇极历虽然颇得同行们的好评，但也遭到身居要职的张胄玄、袁充等人的反对，因此始终未能得以颁用。

《皇极历》的出色，就在于充分地吸收了前人的新发现、新思想。刘焯吸取了前人发现的有关岁差的理论，并且在经过精密计算后得出岁差数为76.5年差一度，这比虞喜、何承天、祖冲之等人的都要精密得多；他又采用了张子信发现的日行盈缩，

① 袁运开、周瀚光主编：《中国科学思想史》中册，合肥：安徽科学技术出版社，2000年，第483—484页。

在常气之外，又用定气来计算日行度数与交会时刻；他还采用了刘洪、何承天的定朔的思想来替代陈旧的平朔法（我国历法上用"定气"、"定朔"的天文术语即自皇极历起始）。刘焯又以其数学家的卓越才能，创造了二次等间距内插法，用于日、月交食的起始时间与食分、五星位置与运行轨道等的计算，这是一个极为出色的突破。由于皇极历的成就卓越，因此尽管它未能颁行施用过，但作为正史的《隋书·律历志》却依然收录了它，这不能不说是一个极为罕见的特例。到唐代，李淳风的《麟德历》，一行制《大衍历》都是以皇极历为基础，也足以说明它的成就之高。[①]

二、撰写体例

我们在讨论《中国传统科学技术思想通史》的写作体例和要求时，初步拟定了具体书写的范本。下面是关于书写"刘焯科学思想"中的两小部分（全篇计有 6 万多字），即使小部分，我们也能管中窥豹似地看出其书写的某些特色。其部分内容如下（注：为行文方便，特将引文出处全部省略）：

2. "政治运作"下的《大业历》与刘焯的第二次被罢

二刘被"他事斥罢"，只是调离了原岗位，苛责并不严厉，因为无论隋文帝也好还是张宾等宠臣也罢，新王朝既然要呈现"以德代刑"的气象，就不能把敢于讲真话的朝臣处置太狠了，况且刘焯还是隋文帝亲自"诠擢"的朝臣。隋文帝在开皇三年（583）十一月下诏云：四海之内，"如有文武才用，未为时知，宜以礼发遣，朕将铨擢。其有志节高妙，越等超伦，亦仰使人就加旌异，令一行一善奖劝于人"。在此，"令一行一善奖劝于人"包括很多方面，其中如何处置得罪了皇帝的朝臣是体现隋文帝能否做到"令一行一善奖劝于人"的重要试金石。从隋文帝与当朝文臣的利害关系看，除了那些已经触动了隋文帝核心政治利益的朝臣外，一般情况下，对那些有过失的文臣都处罚得不甚严苛。所以，《隋书》本传载：刘焯被"斥罢"后，"仍直门下省，以待顾问。俄除员外将军"。从隋朝的行政隶属关系看，刘焯"修国史，兼参议律历"属于秘书省的职能部门，而门下省的职能与秘书省的职能不同，主要管"审议"和"纳言"。由于门下省牵涉的职能部门更多，相应地，人际关系也更加复杂。所以刘焯到门下省之后，没有任实职，只是以"顾问"（备君主顾视问讯）的形式被闲置起来。"员外将军"为"殿内员外将军"的省称，但为武官官衔。隋文帝作这种安排，是为了不让刘焯再插手历事，免得使他皇面扫地，毕竟对《开皇历》，隋文帝是大加赞赏的，《隋书》评论隋文帝"素无术学"，此为一证。隋文帝一心想安顿刘焯，不要他再

起事端。可命运偏偏给隋文帝开玩笑。一场令隋文帝万万没有想到的历事风波又一次在他面前爆发了，起事者不是刘焯，而是刘孝孙。刘孝孙挑起事端的直接原因是受到刘晖等人的打压，而间接原因则是隋文帝对他的忽视。据《隋书》记载：

"后宾死，孝孙为拨县丞，委官入京，又上，前后为刘晖所诘，事寝不行。仍留孝孙直太史，累年不调，寓宿观台。乃抱其书，弟子舆榇，来诣阙下，伏而恸哭。执法拘以奏之，高祖异焉，以问国子祭酒何妥。妥言其善，即日擢授大都督，遣与宾历比校短长。先是信都人张胄玄，以算术直太史，久未知名。至是与孝孙共短宾历，异论锋起，久之不定。"

拨县，即今山东莱州市。当时这里既是隋朝重点防范的区域，同时又是被边缘化的地区。刘孝孙被下放到拨县，并且才是个"县丞"，他当然不满意。从拨县到都城有千里之遥，即使如此，刘孝孙也未停息其上访的斗志。张宾已死，刘晖阻梗其事，又怕惹出大乱子，遂改变策略，"留孝孙直太史"。打闹半天，刘孝孙总算回复了京官的位置，并干起了本行。但时间一长，刘孝孙才发觉这是一个陷阱。名为"直太史"，实则是将其软禁在"观台"里，被刘晖等人控制起来了。惟当此时，刘孝孙多年积压在胸中的怨恨，倾泻而出。与其坐以待毙，不如誓死一搏。他以视死如归的气概，由其弟子舆榇，恸哭阙下。这是一种极端的方式，也是一种很危险的方式，不过，从最终的结局来讲，刘孝孙尽管受了点儿皮肉之苦，但他毕竟可以直接面对隋文帝了，有话直说，中间再没有刘晖等人的阻梗。当然，刘孝孙不是无理取闹，更不是犯上作乱，而是为了伸张正义，尊重科学。于是，对刘孝孙怀抱着的历书，隋文帝征询国子祭酒何妥的意见。何妥是个讲真理的人，他实事求是地评价了刘孝孙历的成就和水平，总归一句话，那就是刘孝孙历是一部优秀历法。在当时，国子祭酒（即国子寺祭酒），总知学事，是学术级别最高的官员，他的话分量很重，连隋文帝都不敢怠慢。于是，先擢升刘孝孙为"大都督"，然后，诏令杨素等比验日食来判别刘孝孙历、张胄玄历与刘晖历的高下。很快结果出来了，《隋书》载杨素的奏言说：

"太史（指刘晖）凡奏日食二十有五，唯一晦三朔，依剋而食，尚不得其时，又不知所起，他皆无验。胄玄所剋，前后妙衷，时起分数，合如符契。孝孙所剋，验亦过半。"

隋文帝总算做了一件符合科学规律的事，在没有行政干预的情况下，以科学验证为判断历法高下的客观标准。应该承认，这次验证是客观公正的。虽然刘孝孙对所验结果，与他所理想的目标尚有差距，但终究证明了他的历法确实优于刘晖历法，这就是刘孝孙的胜利。因此，根据这次验证的结果，隋文帝对刘孝孙和张胄玄进行了奖励：

"于是高祖引孝孙、胄玄等，亲自劳徕。孝孙因请先斩刘晖，乃可定历。高祖不怿，又罢之。俄而孝孙卒，杨素、牛弘等伤惜之，又荐胄玄。上召见之，胄玄因言日长影短之事，高祖大悦，赏赐甚厚，令与参定新术。"

这里涉及到两个问题：一是刘孝孙的心态不正，甚至偏激。对此，柏杨有一段评论，说得比较好。他说：

"刘孝孙的学识，应受到肯定，甚至不得不用政治手段，去争学术真理，我们也万分同情。然而，刘晖不过一个差劲的学棍，并不是江洋大盗，在假面具被拆穿后，唾弃他就够了，刘孝孙怎么会想到还要索取他的性命？学术辩论，败者固要杀人，胜者也要杀人，高级知识分子都成了黑社会堂主，中国文化停滞和落后的原因，在此现出端倪。"

所幸，刘孝孙不久便去世了，矛盾才没有再度激化，而发生在刘孝孙与刘晖之间的矛盾冲突，随着刘孝孙的去世，也就告一段落。然而，一波未平一波又起，历史总在新旧矛盾不断生成与结束的交量过程中前进。这样，就出现了第二个问题，即张胄玄成了最大的赢家。可以说，刘孝孙和刘晖的争斗，没有赢家，而是两败俱伤。在当时的政治体制下（都供职于秘书省），对立双方为什么不能心平气和地坐下来，进行真正的学术交流，非要闹到只有皇帝出来主持公道才算了事的地步。主要是刘孝孙与刘晖之间积怨太深，他们的矛盾已经发展到水火不容的程度了，所以刘孝孙才产生了致对方于死地而后快的解恨之念。至于张胄玄与刘晖之间的问题，里面没有掺杂着某种带有情绪性的仇恨，张胄玄主要是从科学的角度认为张宾等人编制的《开皇历》，实在粗疏，有损于隋朝的声誉。仅从这个层面看，张胄玄似乎更适合取代刘晖来主持新历的修定，但有刘孝孙在，还显不出张胄玄来。现在刘孝孙死了，张胄玄顶上去的时机已经成熟。所以杨素、牛弘等大臣力挺张胄玄，隋文帝也称心满意，于是"令与参定新术"。据《隋书》本传载，在刘孝孙死后，隋文帝为了鉴别刘晖与张胄玄的才学优劣，专门组织了一场辩论会：

"令杨素与术数人立议六十一事，皆旧法久难通者，令晖与胄玄等辩析之。晖杜口一无所答，胄玄通者五十四焉。由是擢拜员外散骑侍郎，兼太史令，赐物千段，晖及党与八人皆斥逐之。改定新历，言前历差一日，内史通事颜敏楚上言曰：'汉时落下闳改《颛顼历》作《太初历》，云后当差一日。八百年当有圣者定之。计今相去七百一十年，术者举其成数，圣者之谓，其在今乎！'上大悦，渐见亲用。"

就在这时，有一个人坐不住了，这个人便是刘焯。当时，刘焯既不在秘书省，也不在国子寺，而是为民在家。事情原委，还得从他在国子寺的出色表现谈起。国子寺是隋朝的最高学府，人才荟萃，盛行清谈之风。刘焯能言善辩，国子寺的学术环境比较适合他，所以刘焯干得很起劲。有史为证，如《隋书》载：

"俄除员外将军。后与诸儒于秘书省考定群言，因假还乡里，县令韦之业引为功曹。寻复入京，与左仆射杨素、吏部尚书牛弘、国子祭酒苏威、国子祭酒元善、博士萧该、何妥、太学博士房晖远、崔崇德、晋王文学崔赜等，于国子共论古今滞义，前贤所不通者。每升座，论难锋起，皆不能屈，杨素等莫不服其精博。六年（586），运洛阳《石经》至京师，文字磨灭，莫能知者，奉敕与刘炫等考定。后因国子释奠，与炫二人论义，深挫诸儒，咸怀妒恨，遂为飞章（写匿名信，引者注）所谤，除名为民。"

先不看结果。刘焯在国子监"论难锋起"，而又"深挫诸儒"，显示了他具有深厚的儒学修养，刘焯学识渊博，满腹经纶，是一位公认的论辩高手。可他似乎忘记了自己的主要学术目标以及他与张宾等人先前在历法上的争论毕竟还没有见分晓。不知何故，那边刘孝孙和刘晖的关系已经闹僵了，甚至他俩的事情业已嚷嚷得满城风雨，象左仆射杨素、吏部尚书牛弘及国子祭酒何妥，都成了当事人，而这边曾与刘孝孙一起驳难《开皇历》的刘焯却倒不见了踪影。既然"杨素等莫不服其精博"，为什么刘焯没有从一开始就参与到刘孝孙和刘晖的论争之中，只是到了尾声阶段，他才急急忙忙出来露面。老实讲，当刘焯听到这个消息后，机会实际上已经过去了。按照刘焯的个性，他绝不会坐视不管，或者袖手旁观，那么，在这前后究竟发生了什么事情。惟一的解释就是刘焯在此之前，已经因"飞章所谤"，而被"除名为民"，离开了都城。此间，对于宫中发生的事情，他想知道都很难，更甭说置身其中了。然而，修订新历一般动作都很大，往往朝野上下，颇受关注。现在张胄玄成了热门人物，隋文帝令其"改定新历"，又没了刘焯的事。这个现实刘焯是不能接受的，因此，他"闻胄玄进用，又增损孝孙历法，更名《七曜新历》，以奏之"。官场上有官场上的规则，如今张胄玄已经是朝中高官，历法界的顶级权威（太史令）。刘焯不过是一介草民，这种地位差别，从一开始就使刘焯陷于非常不利的境地。果然，刘焯的《七曜新历》根本就到不了隋文帝手里，张胄玄和袁充等沆瀣一气，极力诋毁刘焯的《七曜新历》，结果刘焯的第二次历法之争，又告失败。

袁充同刘晖一样，是一个善于玩弄权术者，而在专业知识方面可以说是庸才，关于这个问题，后面再议。现在说张胄玄的《大业历》，刘焯《七曜新历》被罢之后，张胄玄暂时没有了有力竞争者。于是，"至十七年（597）胄玄历成，奏之"。然而，用张胄玄历取代《开皇历》，没有令人信服的理由是不行的。为了慎重起见，"上付杨素等校其短长"。就在这个过程中，刘晖等起而"迭相驳难"。后因这次驳难者，人数比较多，隋文帝"惑焉，踰时不决"。隋文帝明白，颁行新历不能半途而废，但现在的僵局是如何破解"言前历差一日"的难题？答案很快便有了，内史通事颜敏楚上言：

"汉时落下闳改《颛顼历》作《太初历》，云后当差一日。八百年当有圣者定之。计今相去七百一十年，术者举其成数，圣者之谓，其在今乎！"

颜敏楚的言外之意是说当今的圣者非隋文帝莫属，这一番话令隋文帝喜出望外，因为他也"欲神其事"。于是，隋文帝下诏：

"朕应运受图，君临万宇，思欲兴复圣教，恢弘令典，上顺天道，下授人时，搜扬海内，广延术士。旅骑尉张胄玄，理思沉敏，术艺宏深，怀道白首，来上历法。今与太史旧历，并加勘审。仰观玄象，参验璇玑，胄玄历数与七曜符合，太史所行，乃多疏舛，群官博议，咸以胄玄为密。太史令刘晖，司历郭翟、刘宜，骁骑尉任悦，往经修造，致此乖谬。通直散骑常侍、领太史令庾季才，太史丞邢隽，司历郭远，历博士苏粲，历助教傅隽、成珍等，既是职司，须审疏密。遂虚行此历，无所发明。论晖等情状，已合科罪，方共饰非护短，不从正法。季才等，附下罔上，义实难容。"

隋文帝从"膺图受箓"的角度来理解新历，这就给张胄玄历涂上了一层神秘色彩。刘晖彻底垮了，张胄玄成了隋文帝身边新的宠臣，又一股扼杀新思想和新观念的势力集团迅速形成，并开始主宰太史曹。对此，《隋书》载：刘晖集团垮台之后，"胄玄所造历法，付有司施行。擢拜胄玄为员外散骑侍郎，领太史令。胄玄进袁充，互相引重，各擅一能，更为延誉。胄玄言充历妙极前贤，充言胄玄历术冠于今古。胄玄学祖冲之，兼传其师法。自兹厥后，克食颇中"。作为张胄玄势力集团的骨干，袁充都做了些什么呢？他对刘焯第三次历争的失败又起着怎样的作用？下面略作剖析。

3. 太子杨勇被废与刘焯第三次历争的失败

隋文帝有五子，即杨勇、杨广、杨俊、杨秀和杨谅。太子杨勇生性率直，好色而尚侈，这是他失宠和被废的主要原因之一，当然，更根本的原因还是杨广培植亲信，造谣陷害。杨素是陷害杨勇的主谋之一，其次是袁充。《隋书·杨勇传》载：

"先是，勇尝从仁寿宫参起居还，途中见一枯槐，根干蟠错，大且五六围，顾左右曰：'此堪作何器用？'或对曰：'古槐尤堪取火。'于时卫士皆佩火燧，勇因令匠者造数千枚，欲以分赐左右。至是，获于库。又药藏局贮艾数斛，亦搜得之。大将为怪，以问姬威。威曰：'太子此意别有所在。比令长宁王已下，诣仁寿宫还，每尝急行，一宿便至。恒饲马千匹，云径往捉城门，自然饿死。'素以威言诘勇，勇不服曰：'窃闻公家马数万匹，勇忝备位太子，有马千匹，乃是反乎？'素又发泄东宫服玩，似加雕饰者，悉陈之于庭，以示文武群官，为太子之罪。高祖遣将诸物示勇，以诮诘之。皇后又责之罪。高祖使使责问勇，勇不服。太史令袁充进曰：'臣观天文，皇太子当废。'上曰：'玄象久见矣，群臣无敢言者。'"

可见，隋文帝早有废太子杨勇的打算。其实，杨广欲争夺太子位是司马昭之心路人皆知的事情，杨勇不会看不出来。可惜他缺少心机，更没有政治斗争的经验和谋略，连隋文帝赤裸裸的阴谋都不能识破，可见，他根本就不是杨广的对手。开皇二十年（600）十月，杨勇被废为庶人，而同年十一月，隋文帝立杨广为太子。据《隋书》载：

"开皇二十年，袁充奏日长影短，高祖因以历事付皇太子（杨广，引者注），遣更研详著日长之候。太子征天下历算之士，咸集于东宫。刘焯以太子新立，复增修其书，名曰《皇极历》，驳正胄玄之短。太子颇嘉之，未获考验。焯为太学博士，负其精博，志解胄玄之印，官不满意，又称疾罢归。"

恰在此时，废太子杨勇"闻而召之"。在正常情况下，如果政治嗅觉敏锐的话，就会托辞而不应。但个性鲜明的刘焯应召了，结果给自己招来一场灾难。杨勇虽废为庶民，但他未必没有翻过手来的可能，况且他更想利用高级知识分子的智囊为其东山再起创造条件。所以，隋文帝和皇太子杨广一刻也没有放松对废太子杨勇的监视。于是，刘焯"未及进谒，诏令事蜀王，非其好也，久之不至。王闻而大怒，遣人枷送于蜀，配之军防。其后典校书籍。王以罪废，焯又与诸儒修订礼律，除云骑尉。"对于这段"负枷"经历，《启颜录》从侧面记载说：

"隋河间刘焯与从侄炫并有儒学，俱犯法被禁。县吏不知其大儒也，咸与之枷著，焯曰：'终日枷中坐，而不见家。'炫曰：'亦终日负枷，而不见妇。'"

即使身处囚禁的环境条件下，也不失诙谐和幽默，依然保持乐观的心态，这就是卓越科学思想家的素质。刘焯是不幸的，因为他的历法尽管非常优秀，但最终隋朝都没有采用，其社会价值无法实现。不过，客观地讲，刘焯又是幸运的，因为他的历法毕竟已被唐朝的史官载入正史。常言说天理自有公道在，"根深不怕风摇动，树正何愁月影斜"。仁寿二年（603）十二月癸巳，"上柱国、益州总管蜀王秀废为庶人"。刘焯终于从"杨秀的枷锁"中解放了出来，这枷锁不仅是肉体上的枷锁，更是精神上的枷锁。因为在"杨秀的枷锁"中无法对《七曜新术》的数据和方法做进一步的修改和完善。因此，只有当他回到京城，"复被征以待顾问"的时候，才有足够的精力去完成新《历书》的修订。《隋书》本传载：

"焯又与诸儒修订礼律，除云骑尉。炀帝即位，迁太学博士，俄以疾去职。数年，复被征以待顾问，因上所著《历书》，与太史令张胄玄多不同，被驳不用。"

这次"被驳不用"，绝对不是学术上的问题，而是一个政治问题。因为张胄玄的《大业历》庇荫着一批嗜利者，也就是说，《大业历》一旦被废，将会有很多既得利益者失去生存的依靠，这是袁充等拼力阻扰刘焯历法获得隋炀帝支持的根本原因。《隋书》载，刘焯在仁寿四年曾上书杨光，"言胄玄之误"，凡6条：

"其一曰，张胄玄所上见行历，日月交食，星度见留，虽未尽善，得其大较，官至五品，诚无所愧。但因人成事，非其实录，就而讨论，违舛甚众。其二曰，胄玄弦望晦朔，违古且疏，气节闰候，乖天爽命。时不从子半，晨前别为后日。日躔莫悟缓急，月逡妄为两种，月度之转，辄遗盈缩，交会之际，意造气差。七曜之行，不循其道，月星之度，行无出入，应黄反赤，当近更远，亏食乖准，阴阳无法。星端不协，珠璧不同，盈缩失伦，行度怨序。去极晷漏，应有而无，食分先后，弥为烦碎。测今不审，考古莫通，立术之疏，不可纪极。今随事纠驳，凡五百三十六条。其三曰，胄玄以开皇五年，与李文琮于张宾历行之后，本州贡举，即赍所造历拟以上应。其历在乡阳流布，散写甚多，今所见行，与焯前历不异。玄前拟献，年将六十，非是匆迫仓卒始为，何故至京未几，即变同焯历，与旧悬殊？焯作于前，玄献于后，舍己从人，异同暗会。且孝孙因焯，胄玄后附孝孙，历术之文，又皆是孝孙所作，则元本偷窃，事甚分明。恐胄玄推讳，故依前历为驳，凡七十五条，并前历本俱上。其四曰，玄为史官，自奏亏食，前后所上，多与历违，今算其乖舛有一十三事。又前与太史令刘晖等校其疏密五十四事，云五十三条新。计后为历应密于旧，见用算推，更疏于本。今纠发并前，凡四十四条。其五曰，胄玄于历，未为精通。然孝孙初造，皆有意，征天推步，事必出生，不是空文，徒为臆断。其六曰，焯以开皇三年，奉敕修造，顾循记注，自许精微，秦汉以来，无所与让。寻圣人之迹，悟曩哲之心，测七曜之行，得三光之度，正诸气朔，成一历象，会通今古，符允经传，稽于庶类，信而有征。胄玄所违，焯法皆合，胄玄所阙，今则尽有，隐括始终，谓为总备。"

这 6 条驳难，有理有据，特别是刘焯指出张胄玄历法中的很多内容是剽窃了他和刘孝孙历法的研究成果，属于学术不端行为。当然，光嘴说还不行。刘焯坚持认为，历法的疏密应当通过科学验证来判别。有鉴于此，刘焯一再要求与张胄玄当面进行辩论，并作实际验证。对于刘焯的辩才，张胄玄不可能不知道，所以他明智地龟缩着拒不应战。张胄玄、袁充等人的所作所为，自然有看不惯的朝臣。大业元年（605），"著作郎王劭、诸葛颖二人，因入侍宴，言刘焯善历，推步精审，证引阳明"。在隋炀帝面前，替刘焯上好话，里面没有掺杂任何功利成分，完全是凭学术良心以及对历史的责任，隋炀帝把话听进去了。于是，他回答说："知之久矣。"既然"知之"，当然要有行动，况且还有两位朝臣举荐，炀帝遂"下其书与胄玄参校"，总算距离成功又近了一步。尽管张胄玄驳难刘焯历法有"以平朔之率而求定朔"之不便，但这恰恰是刘焯的特点和创新所在，是其进步性的突出表现。"四年（608），驾幸汾阳宫，太史奏曰：'日食无效。'帝召焯，欲行其历。袁允方幸于帝，左右胄玄，共排焯历，又会焯死，历竟不行。"

刘焯历法一波三折，最后还是夭折和窒息在隋朝的腐败政治体制里，这是中国古代科学思想发展史上的一个大悲剧，因为权力型学术不是倡导科学，而是玩弄权术，扼杀创新，实在发人深思。宋人章如愚有一段感慨说：

"北齐文宣悦宋景业谶纬之佞，而改行《天保历》；隋高祖喜张宾陈代谢之证，而改行《开皇历》。上之人所以改历者，悦喜谀初不为敬授民而设也。刘孝孙历法甚精，辄为刘晖所抑；刘焯推占至详，常不为张胄玄所容，下之人所以造历者，冒宠嗜利，初不揆其法之是非也。"

确实，刘焯之失败，不是败在学术不精上，而是败在张胄玄等人的"冒宠嗜利"上，这是很现实的理由。而科学的命运一旦掌握在那些"冒宠嗜利"者手中，她的生命就只有自我凋谢了，而刘焯历法的结局就是一个很典型的实例。

通过比较，我们很容易发现，"章节式"的书写特色是线索清晰，重在陈述人物思想的要素、特点及其历史地位；而"断代式"书写的特点则是从更宏阔的历史背景中去发掘人物思想的深层内涵，从而使特定人物的研究更为丰满、生动、鲜活，有血有肉，尤其是对人物书写不会显得过于干巴和枯燥。

三、内容特色

（1）采用"文化整体"方法来研究中国传统科学技术思想通史。胡道静先生曾经总结李约瑟博士研究中国科学技术史的经验和方法时说：

李约瑟这位博士，我分析他研究学术的道路，可以分为三个阶段，现在他已进入第三个阶段。第一阶段：是完全搞科学的，根本和中国是不搭界的，他对我说，三十八之前，中国字一个也不认识，这时他完全是一个化学家，生化家。第二阶段，三十岁以后，要研究中国历史和中国科技史，从这时候开始学习汉字，在研究中国科技史的过程中，对中国的《道藏》，对中国的道教都有了兴趣。这二个阶段，都还是以技术这条线在搞研究。到了第三阶段，他研究中国的社会，中国的历史，中国人的思想，中国的文化，这一研究，使他发生了变化。……现在，我看李约瑟要变成哲学家了，他到处宣传，要学中国文化，我们现在在讲向西方学习先进的科学技术，他倒转来，劝西方人学一点中国的文化。……总之，他本人已进入了向西方宣传中国的精神文明这个第三阶段了。[①]

那么，中国的精神文明是什么呢？李约瑟博士认为，"中国的传统思想不是一个单纯的东西，也是有化合的"[②]，而且"化合"的成分十分复杂。可见，不用这个"化合"的视野来观察分析中国的传统思想，就不能较深入地认识和理解中国的传统政治、传统经济及其传统科学思想。在此，所谓"化合"的思想，我们认为就是一种"文化整体"，而科学技术思想仅仅是这个"文化整体"中的一个组成部分，如果把中国的传统科学技术思想从

① 胡道静：《胡道静文集·古籍整理研究》，上海：上海人民出版社，2011年，第266—267页。
② 胡道静：《胡道静文集·古籍整理研究》，上海：上海人民出版社，2011年，第266—267页。

这个文化整体中分离出来，那就难以认清中国传统科学技术思想的实质，当然也就不可能找到中国传统科学技术思想发展的真正脉络。我们之所以通过"人物"，而不是通过学科来书写中国传统科学技术思想史，主要就是因为一个人的生活面相本来是多元的，他的思想世界也是丰富多彩的。只有把一个杰出科学家的科技思想与他的整个生活场景结合起来，我们才能从整体中透视局部的变化，以及各个局部之间的相互关系，同时又能通过局部的变化迹象来测度和分析其整体结构的功能状态及历史特征。

（2）为了避免将"中国传统科学技术思想通史"写成"中原古代王朝传统科学技术思想通史"，我们特别规划了独立成卷（册）的"吐蕃南诏大理与突厥及西夏科技思想史研究"。

就目前所见中国科学思想史的撰写而言（内容章目见前），确实有忽视少数民族科学技术思想的书写倾向。至于具体原因，很可能是因为资料太少，或者是由于中原王朝的科学思想太发达了，各少数民族尤其是西部吐蕃、大理等王朝的科学思想就显得较为贫乏，故没有书写的必要。不论何种原因，没有将吐蕃、南诏、大理与突厥的少数民族政权的科学思想史大大方方地纳入到自己的研究视野里，就是一种学术缺陷，甚至是一种说不过去的缺陷。

席泽宗院士曾高屋建瓴地指出："矛盾的普遍性寓于矛盾的特殊性之中，对矛盾的特殊性研究得越彻底，对矛盾的普遍性就了解得越深刻。对各民族、各地区、各国家的科学技术史研究得越透彻，对它们之间的异同、传播、交流和影响也就摸得越清楚，对科学技术发展的普遍规律也就容易找出来。"[1] 又说："中国是一个多民族的国家，每个民族在科学技术方面都有自己的贡献。"[2]

在 2001 年出版的《中国西部古代科学文化史》一书里，我们曾对"核心文明"与"边缘文明"之间的关系做过一个粗浅的阐释。我们认为，"中国古代文明有中心，但这个中心是中华民族而不是中原汉族。所以核心文明与边缘文明仅仅是一种地域上的区分，因中原在地理上居于中华民族的中央，故此我们把发生在中原地区的文明称为'核心文明'，而把发生在其四周的文明称为'边缘文明'。从中华民族文明历史的发展过程看，孤立地诠释'核心文明'的做法是不符合中华民族文明历史的客观实际的"[3]。

从 1987 年 8 月"首届全国少数民族科学技术史学术谈论会"召开算起，经过近 30 年的发展，我国少数民族科技史的研究已经步入了快速发展的历史时期，成就巨大，它们为我国少数民族科学技术思想史的书写奠定了坚实的物质基础。

1996 年，广西科学技术出版社正式出版了《中国少数民族科学技术史丛书》，包括正卷 11 卷，附卷 2 卷。这套丛书几乎涵盖了我国少数民族自新石器时代到清末和民国初年各个时期长达 6000 余年的科技发展史，这部鸿篇巨著的出版充分证明，在一部中国科技

---

① 席泽宗：《中国少数民族科学技术史丛书·序》，南宁：广西科学技术出版社，1996 年，第 2 页。
② 席泽宗：《中国少数民族科学技术史丛书·序》，南宁：广西科学技术出版社，1996 年，第 1 页。
③ 吕变庭：《中国西部古代科学文化史》下卷，北京：方志出版社，2001 年，第 886 页。

史中，每个民族都应占有各自的地位，因为每个民族都是中国科技的创造者。我们知道，科技史是研究科技思想史的基础。目前，我国少数民族科技史研究已经取得了丰硕的成果，积累了丰富的经验，而从思想史的层面对其进行科学的总结与提升，时机已经成熟。一句话，撰写"吐蕃南诏大理与突厥及西夏科技思想史研究"不仅是可能的，而且也是必要的和极有价值的。

第三章　中国传统科技思想通史研究概述

第一节　总体问题和研究对象

一、总体问题

（一）王琎之问或称"李约瑟难题"

王琎于 1923 年在《科学》第 7 卷第 10 期上发表了《中国之科学思想》一文，第一次提出"吾国科学思想有可发达之时期六"的主张，遂成为以后研究中国古代科学思想发展史的纲领。同时，他又发出了中国古代科学"其来也如潮，其去也如汐，旋见旋没，从未有能持久而光大之者"的感慨和疑惑，此亦即"李约瑟难题"。目前所见《中国科学思想史》的著述，都无法回避这个学界共同关注的问题：我国古代科学曾长期居于世界先进之列，为什么到近代却落后了？这个问题也是本课题内含的总体问题之一。

（二）"天人关系"问题

贯穿中国传统科学思想史的基本问题除了"李约瑟难题"外，还有一个"天人关系"问题。班固在《汉书·司马迁传》中称司马迁学术思想的特点是："亦欲究天人之际，通古今之变。"[①]学界同仁已从多个角度探讨了司马迁"究天人之际"的思想内涵，比如，有人说："司马迁'究天人之际'，是怀疑天道，反对神学"[②]；也有学者说："这句话后来在被广为传颂之时，其中'天人之际'的'天'被等同于'自然'一词，'究天人之际'因此被解释为探讨人与自然的关系。于是，司马迁的这句话与中国哲学中另一个命题'天人合一'被混同起来。"[③]我们认为，司马迁提出的"究天人之际"命题内涵两个子问题："天人合一"与"天人之分"。其中，董仲舒、二程、朱熹一派是"天人合一"思想的代表，而荀况、刘禹锡、沈括、王夫之等则是天人之分思想的代表。问题是"天人合一"成了中国传统科学思想的主流，天人之分思想却被边缘化了。反观西方的思想发展路径，与中国传统思想的路径恰巧相反。那么，中国传统思想为什么没有走向"天人之分"的路径呢？这

① 班固：《汉书》卷 62《司马迁传》，北京：中华书局，1983 年，第 2735 页。
② 张应杭、蔡海榕主编：《中国传统文化概论》，上海：上海人民出版社，2013 年，第 439 页。
③ 章启群：《星空与帝国——秦汉思想史与占星学》，北京：商务印书馆，2013 年，第 282 页。

就是我们需要探讨的总体问题。与其他同类著述相比，这个问题也是我们书写《中国传统科学技术思想通史》独有的问题。

（三）宗教与中国传统科学技术思想之间的关系问题

宗教包括本土宗教（主要是道教）与外来宗教，关于道教与中国传统科学技术的关系问题，学界基本上已经解决。儒教与中国传统科学技术的关系问题，通过李申、乐爱国、周翰光等学者的努力，在学界正在逐步达成共识，即儒家对中国传统科学技术思想的发展有促进作用，不能片面否定儒家的科学价值。对于佛教与中国传统科学技术思想的关系，李约瑟博士持否定态度，后来学界经过认真反思，发现李约瑟博士的认识与中国传统科学技术思想的发展实际不吻合。于是，在索达吉堪布、周翰光、马宗庚、王萌等学者的推动下，人们逐渐对佛教与科学的关系形成了积极的认识。此外，还有伊斯兰教与中国传统科学技术思想的关系，以及基督教与中国传统科学技术思想的关系，其中从明朝中后期开始，基督教与中国传统科学技术思想的关系，已经成为当时士人普遍关注的大问题。而这个大问题也是我们在探讨中国传统科学技术思想向近代科学技术思想转变的过程中不可回避的学术课题。

（四）科技思维创新的共性与个性问题及中国传统科学技术思想发展的一般规律和特殊规律问题

前者：基于明确人们的思维创新必定建立于正确认识和掌握事物运动变化的客观规律基础之上的条件下，如博学、人生挫折、静思、争论等属于科技思维创新的共性问题，而家学传承、个人兴趣及特定的社会经历等属于科技思维创新的个性问题。后者：社会需要与生产力发展的实际水平相结合，决定着一定历史时期内科学技术思想发展的状况与水平，这是中国传统科学技术思想发展的根本规律。在此前提下，不同的地理环境、各种学派的存在、吸收前人成果、学术争论、文化交流、政府支持、特殊文化传统等则是中国传统科学技术发展的特殊规律，特殊规律具有可变性。有学者提出从科学技术发展的一般规律与特殊规律的层面来揭示中国近代科学技术落后的原因，不失为一种新的学术研究视角。

二、研究对象

在讲述"研究对象"之前，我们需要先弄清什么是"中国传统科学技术思想"这个问题。对此，胡道静先生曾经有一个比较确切的解释。他说：以前的中国固有的科学技术，国外学者称之为'中国的传统科学'。"[①]

结合本课题的研究实际，我们将1840年之前的中国固有的科学技术思想，称为"中国传统科学技术思想"。以此为基准，本课题的研究对象就比较容易确定了。

---

① 胡道静：《胡道静文集·古籍整理研究》，上海：上海人民出版社，2011年，第263页。

为了陈述方便，我们分为两个问题进行论述

（一）一般研究对象

在学界，对于这个问题的看法还没有达成共识。

我们认为，在搞清楚本课题的研究对象之前，需要先明晰科学思想的内涵，这里有几个层面需要解析：

第一个层面是科学的内涵。什么是科学？我们认为，科学是整个人类认识系统的一部分，它本身是一个动态过程，而科学真理则是这个动态过程的终极目标，如图 2-1 所示。

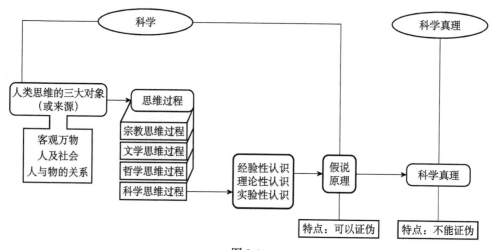

图 2-1

可见，科学是人们探索科学真理的认识过程，在这个过程中允许错误思想和认识的存在，甚至错误思想和认识在一定意义上还构成了科学真理的一个必要环节。

第二个层面是科学思想的内涵。有几种认识：广义的科学思想，如前所述；有的学者认为，科学思想是科学活动中精神运演所遵循的规范及达到的结果，它应当包括思维方式、思维结构和价值观念；有的学者主张，科学家活动的动机、标准、抑制、感情等均属于科学思想的范畴；又有的学者认为，科学思想不能孤立发生，科学思想应当包括技术思想；还有的学者主张，科学思想应该被看作是一种发展着的观念，它不仅包含正确的东西，而且包含错误的东西；等等。

在此，我们认为，科学思想就是研究人们在探索科学真理过程中所出现的各种成系统或不成系统的直觉思维与理性认识及其文化背景。其中，"科学真理"是指客观的不以人的意志为转移的物质运动规律，而认识客观真理是一个过程，也就是说，它不可能没有曲折和错误。此外，所谓"理性认识"就是指感觉上升到思维理性。或者说是人们对于物质世界的各种运动现象，通过五官的感知，使感觉上升到思维领域，进而形成思想。

综上所述，可以发现，中国传统科学技术思想史的研究对象就是中国科学技术思想发生、发展、衰退的历史过程及其规律，并在此基础上总结经验教训，以便更好地为现代科学技术的可持续发展提供借鉴。

（二）特殊研究对象

本课题需要研究的特定对象或称具体对象，如图 2-2 所示。

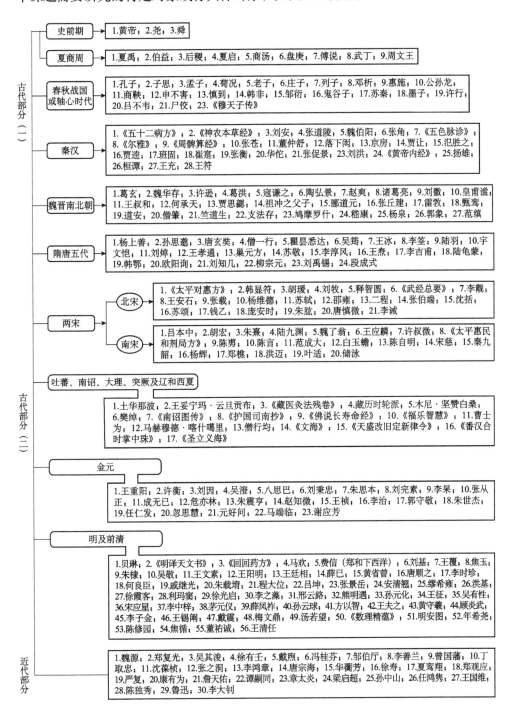

图 2-2

实际上，本课题就是通过对上述 260 多位具体的人物（包括著作和学派）思想及其与自然、社会之间的关系运动，来揭示中国传统科学技术思想从产生到最后被西方近代科学技术逐渐取代的发展和演变过程，从而较深入地认识和理解中国传统科学技术思想的性质、特点、地位和意义。

第二节　主要研究内容概述（上）

本课题将从中国传统科学技术思想发展历史的阶段性特点来考量，拟设 10 个专题，具体内容如下。

一、中华文明"前轴心时代"的科技思想史研究

（一）研究总纲

夏、商、周属于中华文明的"前轴心时代"。《尚书》的开篇为《虞书·尧典》，而《史记·夏本纪》的始点为夏禹，即"黄帝的玄孙"。这样，华夏文明的起源就与"黄帝"紧密联系在一起了。过去在一段较长的历史时期内，人们对"黄帝文明"或称"炎黄文明"的认识，多停留在"口耳相传"的文献层面，然而，近年来，随着我国考古发掘工作的不断深入，炎黄文化考古已经取得了丰硕成果（见吴汝祚主编的《炎黄汇典·考古卷》）。其结论是：炎黄时代的主要活动地区是渭水流域和中原地区。在这片广阔的地域内，田野考古发现目前最早的耜耕农业，是距今约七八千年的裴李岗文化、磁山文化和老官台文化。据目前的考古资料，从已发掘的近千座墓葬中，能明显地反映出有了一定的礼制。但这时的礼制，似乎不像是开始出现，故应再向上推至仰韶文化晚期。有较多的考古学者、历史学者认为，陶寺遗址的时代是属传说时代的尧时期。尧之前，为黄帝时期，相当于考古学上的仰韶文化晚期，距今约 5000 年。这样，炎黄时代是从距今七八千年至 5000 年，经历了约有 3000 年之久（见《黄帝时代的考古学文化》一文）。

尤其需要强调的是，在这段历史时期内，陶寺遗址第一次从考古学意义上证明了尧、舜、禹文明的实际存在。从伯益到后稷，中国农耕文化逐步形成，与之相连，天文历法、水利灌溉、城邑建筑等被披上了神学外衣，敬天思想盛行。而夏启则通过铸造"九鼎"的方式表明中国古代技术的进步，所以我们研究中国传统技术思想史绝不能忽视国家政权的动力作用。之后，周文王既"演八卦"又著《周礼》，确立了中国古代科技发展的基本路径和思维范型，遂成为中国古代科学技术思想的直接理论来源。当然，中国文明起源具有多元性，因而如何理解华夏民族与周边民族文化的相互碰撞与融合，就成为一个重要的研究课题。虽然在文化传统、政治理念及自然地理等综合因素的影响

下，不同区域的科技文明各有其特点，但"究天人之际"却是中国传统科技思想发展和演变的一条历史主线，在此基础上衍生出阴阳、五行、八卦、道、气、性命等一系列思想范畴。

据此，我们初步确定了这部分科技思想史的研究细目，具体内容如下。

（二）研究细目

研究细目，具体如下。

第一章　绪论

　　一、史前科技考古的主要成就概述

　　二、夏商周社会经济发展与其科技思想之间的历史关系考察

　　三、夏商周科技思想的主要特点和历史地位

第二章　中国传统科技思想的起源

　　第一节　黄帝与中国科技思想的萌芽

　　　　一、耜耕农业与天文、水利、建筑等科技思想的出现

　　　　二、从"口述史"到考古发现：研究黄帝时代科技思想的新视角

　　第二节　尧与"敬授民时"的天文学思想

　　　　一、从气候环境的演变看尧的治水思想

　　　　二、历法的制定与和合文化的建立

　　第三节　舜与中国传统的科技道德思想

　　　　一、设官分职与虞舜科技文明的关系考述

　　　　二、道德文化对中国传统科技思想发展的影响

第三章　夏朝科技思想述论

　　第一节　夏禹及其中国独特的水文化思想体系

　　　　一、大禹治水与《遂公盨》铭的发现

　　　　二、禹都阳城与中华民族向心力的形成

　　第二节　伯益的稻作农业思想

　　　　一、凿井技术的发明及其稻作农业的出现

　　　　二、《山海经》与"神话"历史地理思想

　　第三节　后稷"教民稼穑"的农业思想

　　　　一、从《诗经》看后稷的农事活动及其生产工具

　　　　二、如何评价后稷在中国传统农学思想史中的地位

　　第四节　夏启的"铸鼎象物"思想

　　　　一、"九鼎"与中国古代技术进步的动力

二、"轴心时代"诸子科技思想研究

（一）研究总纲

春秋战国是中国传统科学技术思想发展的奠基期和原创期，以思想标新与范围天地为突出特色，处常虑变，居安思危，形成了能涵盖天地万物变化的人类思维框架或者说系统思维方式，而儒家、道家、法家、阴阳家、名家、墨家、纵横家、杂家、农家及小说家等则成为这个"系统思维方式"的有机组成部分与生命元素。

《汉书·艺文志》云："儒家者流，盖出于司徒之官，助人君顺阴阳明教化者也。"①孔子乃儒家之集大成者，尽管"助人君"和"明教化"是儒家的两大社会功能，但其"顺阴阳"则体现出儒家还有强调尊重客观规律与崇尚科学的一面。

"道家者流，盖出于史官，历记成败存亡祸福古今之道，然后知秉要执本，清虚以自守，卑弱以自持，此君人南面之术也。"②道家思想非常庞大和复杂，李约瑟博士认为中国科学技术思想的根本在于道教，这话尽管有失偏颇，但它至少道出了道教对于研究传统科学技术思想通史的重要性。

"阴阳家者流，盖出于羲和之官，敬顺昊天，历象日月星辰，敬授民时，此其所长也。及拘者为之，则牵于禁忌，泥于小数，舍人事而任鬼神。"③从中国传统天文学的发展历史看，阴阳家贡献尤多，可惜杂糅了不少思想糟粕

"法家者流，盖出于理官，信赏必罚，以辅礼制。"④法家讲规则，科学思想亦讲规则。所以从制度层面研究中国传统科学技术思想史，法家的作用不可低估。

"名家者流，盖出于礼官。古者名位不同，礼亦异数。孔子曰：'必也正名乎！名不正则言不顺，言不顺则事不成。'此其所长也。及讦者为之，则苟钩釽析乱而已。"⑤名家讲思辨和逻辑，于科学思想大有裨益，可惜此派思想没有被后学发扬光大。

"墨家者流，盖出于清庙之守。茅屋采椽，是以贵俭；养三老五更，是以兼爱；选士大射，是以上贤；宗祀严父，是以右鬼；顺四时而行，是以非命；以孝视天下，是以上同：其所长也。及蔽者为之，见俭之利，因以非礼，推兼爱之意，而不知别亲疏。"⑥此派学说自汉代消沉之后，一直没有振作起来，中国传统科学技术思想发展缺乏坚实的逻辑基础，墨家的不振是一个重要原因。

"纵横家者流，盖出于行人之官。……言其当权事制宜，受命而不受辞，此其所长也。及邪人为之，则上诈谖而弃其信。"⑦同法家的理念相反，纵横家不讲规则，不看动机只看效果。就科学的创新思维来讲，纵横家有其可取之处。

"杂家者流，盖出于议官。兼儒、墨，合名、法，知国体之有此，见王治之无不贯，此其所长也。及荡者为之，则漫羡而无所归心。"⑧杂家具有博物的传统，而博物是中国传统科学技术思想的重要特征之一。

"农家者流，盖出于农稷之官。播百谷，劝耕桑，以足衣食，故八政一曰食，二曰货。"孔子曰："'所重民食'，此其所长也。及鄙者为之，以为无所事圣王，欲使君臣并耕，悖上下之序。"⑨中国的传统社会以农立国，与古希腊的社会基础不同，因此，中国传统科学技术

① 班固：《汉书》卷30《艺文志》，北京：中华书局，1983年，第1728页。
② 班固：《汉书》卷30《艺文志》，北京：中华书局，1983年，第1732页。
③ 班固：《汉书》卷30《艺文志》，北京：中华书局，1983年，第1734—1735页。
④ 班固：《汉书》卷30《艺文志》，北京：中华书局，1983年，第1736页。
⑤ 班固：《汉书》卷30《艺文志》，北京：中华书局，1983年，第1737页。
⑥ 班固：《汉书》卷30《艺文志》，北京：中华书局，1983年，第1738页。
⑦ 班固：《汉书》卷30《艺文志》，北京：中华书局，1983年，第1740页。
⑧ 班固：《汉书》卷30《艺文志》，北京：中华书局，1983年，第1742页。
⑨ 班固：《汉书》卷30《艺文志》，北京：中华书局，1983年，第1743页。

思想具有重实用和经验、保守的成分较多等特点，即与农业社会的特殊存在方式有关。

"小说家者流，盖出于稗官。街谈巷语，道听途说者之所造也。孔子曰：'虽小道，必有可观者焉，致远恐泥，是以君子弗为也。'然亦弗灭也。闾里小知者之所及，亦使缀而不忘。如或一言可采，此亦刍荛狂夫之议也。"① 小说家的形象思维比较发达，所以在中国传统科学技术思想的发展过程中，小说家并非"小道"，而是非常重要的理论创新动力之一。

（二）研究细目

研究细目，具体如下：

第一章　绪论

一、诸子科学技术思想形成的时代背景

二、诸子科学技术思想的特点及其影响

第二章　儒家科学技术思想研究

第一节　孔子的仁礼之学及其科学思想

一、以"六艺"为法的科学思想与道德实践

二、《论语》与孔子对儒家科学技术思想的奠基

第二节　子思的"五行"内化思想

一、《中庸》与子思的科学思维方法

二、竹简《五行》中的天道和人道思想

第三节　浩然之气与孟子的人本思想

一、在君与民之间：孟子的科学价值观

二、行善论与"天人合一"的天命思想

第四节　荀况的"天人之分"思想

一、"虚壹而静"的"解蔽"思维方法

二、"制天命而用之"的无神论思想

三、为什么"天人之分"没有成为中国传统科学思想的主流？

第三章　道家科学技术思想研究

第一节　老子的"道法自然"思想

一、在"一"与"多"之间：老子的宇宙自然观

二、在"学益"与"道损"之间：老子的原始技术社会思想

第二节　庄子的"相对论"思想

一、《庄子》的生命道学与自然之性

① 班固：《汉书》卷30《艺文志》，北京：中华书局，1983年，第1745页。

三、秦汉科技思想史研究

（一）研究总纲

这个历史阶段是中国传统科学技术思想体系的形成期，政治上的统一，有利于科学技术思想的整合，尤其是"独尊儒术"政策的推行，中国传统科学技术思想的发展逐渐趋向于专制性与实用性，其主要表现就是形成以农学、医学、天文学和算学为主的"官科技"体系和具有中国特色的实用理性思维，影响深远。

（二）研究细目

研究细目，具体如下：

第一章　绪论

　　一、秦汉科学技术思想发展的历史背景和社会条件

　　二、秦汉科学技术思想的基本内容及其特点

第二章　道家科学思想研究

　　第一节　云梦睡虎地秦简《日书》的占卜思想批判

　　　　一、《日书》与先秦巫术思维的传统

　　　　二、从趋吉避凶心理看占卜文化对古人居室、农作、疾病等观念的影响

　　第二节　《五十二病方》与道家医学思想

　　　　一、从《五十二病方》看道家医学思想的早期形态

　　　　二、《五十二病方》的医疗特色及其地位

　　第三节　《神农本草经》的药物思想及其成就

　　　　一、从神农尝百草到中国传统药物理论的形成

　　　　二、《神农本草经》的思想特色与历史地位

　　第四节　刘安的炼丹实践及其科技思想

　　　　一、《淮南子》与《淮南万毕术》中的科技思想述要

　　　　二、刘安科技思想的特点和历史地位

　　第五节　张道陵与《黄帝九鼎神丹经》的传播

　　　　一、张道陵"五斗米道"的医药价值辨析

　　　　二、《黄帝九鼎神丹经》的传播及其丹道思想

　　第六节　魏伯阳的丹药思想述要

　　　　一、魏伯阳的炼丹实践与《周易参同契》

　　　　二、魏伯阳丹道学说的思想特点及其历史地位

　　第七节　张角与"太平道"中的道教科学思想

　　　　一、张角创立"太平道"的思想来源和群众基础

　　　　二、太平道中的科学思想因素与《太平经》的关系

第三章　儒家科学思想研究（上）

　　第一节　天回镇医简中的方脉学思想

二、王符无神论思想的历史地位

第六章　结语

四、魏晋南北朝科技思想史研究

（一）研究总纲

与前一个历史阶段相比，此期的明显社会特点是分裂与混战，但从科学技术思想史的角度看，由于各民族文化的碰撞和交流，中国传统科学技术的有机体内在社会不断震荡的历史过程中被注入了新的血液和活力，因而中国传统科学技术思想并没有因此发生中断，而是继续向前发展，其理论创新仍然居于世界领先地位。

（二）研究细目

研究细目，具体如下：

第一章　绪论

第一节　生产力发展与社会变革

第二节　科学思想的主要内容和特点

第三节　研究现状及需要解决的问题

第二章　道教科技思想研究

第一节　丹鼎派葛玄（164—244）的仙道思想

一、葛玄的"无极"宇宙观

二、葛玄的炼丹实践及其主要成就

第二节　上清派魏华存（252—334）的养生气功思想

一、《黄庭内景经》的人体结构生理思想

二、魏华存道教医学思想的特点和历史地位

第三节　谌姆派许逊（239—374）的外丹学思想

一、天元神丹与《石函记》

二、许逊外丹学思想的主要特点和历史地位

第四节　葛洪（283—363）的神仙学思想

一、葛洪的神仙学思想及其医药实践

二、葛洪神仙学思想的主要特点和历史地位

第五节　寇谦之（365—448）的道教人文与科学混一思想

一、寇谦之著述中"人文化"的道教科学思想

一、《庄子注》及其郭象的"名教自然"观

二、郭象"独化说"的思想价值及其意义

第四节　范缜的无神论思想

一、范缜《神灭论》的主要内容及其无神论思想

二、范缜无神论思想的历史地位与失误辨析

第七章　结语

五、隋唐五代科技思想史研究

（一）研究总纲

此期为中国古代社会高度发展的历史阶段，民族统一和经济繁荣是这个历史阶段的主要特征。因此，隋唐科学技术思想以儒、释、道三教合一为导向，把先秦以来的天人关系推进到了一个新的历史高度，特别是刘禹锡"天人交相胜"观的提出，不仅是唐代科技生产力发展的内在要求，而且更是隋唐科学技术思想发展的历史必然。

（二）研究细目

研究细目，具体如下：

第一章　绪论

一、隋唐科技思想发展的社会经济基础

二、隋唐科技思想的主要内容和特点

三、隋唐科技思想史研究回顾

第二章　"三教共弘"及其科技思想举要

第一节　杨上善"一分为二"的医学哲学思想

一、《黄帝内经太素》的主要医学思想成就

二、杨上善的医学自然观和方法论

第二节　孙思邈（581—682）的道教医药学思想

一、"十道九医"与《千金要方》和《千金翼方》

二、孙思邈医药学思想的主要特色及其历史地位

第三节　唐玄奘（602—664）的行记及其地理思想

一、《大唐西行记》与唐代的地理观

二、玄奘的探险精神及其历史启示

第四节　僧一行（683—727）的历法思想

二、"推析物理"的方法及其历史价值

第五章　结论

一、唐代科技思想的历史地位

二、反思：隋唐科技思想的理论缺陷及其启示

第三节　主要研究内容概述（下）

一、两宋科技思想史研究

（一）研究总纲

通过前代"畴人"的深厚积淀，北宋终于把中国传统科学技术思想发展推向了历史的巅峰。宋代崇文重教，推行以考试为竞争手段的人才选拔制度，加上商品经济的迅猛发展，以及相对开放的文化环境等因素，北宋科学技术思想具备了跨越式发展的必要条件，尤其是"王安石变法"构成激发北宋科学技术思想创新的"活性递质"，而沈括、苏颂、李诫等人的科学技术思想即是"王安石变法"的产物。本期研究的创新点在于，建构北宋科学技术管理与科学技术思想创新的结构模型。

由于指南针在北宋后期即被应用于航海，以此为契机，南宋大力拓展海外贸易，并开辟了亚非远洋航线。与之伴生，南宋的先进科学技术成果不断传播到当时的阿拉伯国家和地区，因而对海洋文化的研究则成为此期科学技术思想发展的重要特征。

（二）研究细目

这一部分具体又分成上、下两编，研究细目，具体如下：

上编　北宋科学技术思想研究

第一章　绪论

一、科技思想史的概念及其特点

二、对宋前科技思想发展的历史回顾

三、国内外的研究现状及尚待解决的问题

第二章　宋学的形成与宋代科技思想的初兴

第一节　《太平圣惠方》与宋代经方之渊丛

一、《太平圣惠方》及其诊治思想

二、《太平圣惠方》的历史地位及学术特色

二、《营造法式》的建筑学思想及其科技成就

三、人文价值与艺术创造的完美统一

第五章　北宋科技思想发展的历史总结与局限性

第一节　北宋科技思想发展的历史总结

一、北宋诸学派科技思想的异同

二、北宋科技思想发展的特点

第二节　北宋科技思想的历史局限性

一、天人相分与天人合一观念的矛盾

二、经济生活的多样性与思想一元化的冲突

三、简短结论

注明：课题申请者在2003—2006年攻读博士期间，论文选题即为"北宋科学思想史研究"，2005年"北宋科学思想史研究"获准全国哲学社会科学规划办立项，并于2007年结项。与前述成果相比，这次所申报的"北宋科学技术思想研究"在内容和结构方面，都有较多补充和完善。其一，在第一章增加了两节，即第一节和第二节；第二章增加了一节，即第三节；第三章增加了三节，即第二节、第三节和第四节。在字数方面，原成果不足45万字，而此著字数预计将突破70万字。

下编　南宋科学技术思想史研究

第一章　绪论

一、南宋科技思想发展的社会经济基础

二、南宋科技思想的基本内容和特点

三、南宋科技思想的历史地位

第二章　理学家的科技思想

第一节　紫微学派与吕本中的生态思想

一、"万物皆备于我"的人本主义自然观

二、以"惟生"为特色的科学观和方法论

第二节　五峰学派与胡宏的"性本论"科学观

一、胡宏科技思想的内容和特点

二、吕本中与胡宏科技思想的比较

第三节　"闽学"与朱熹的"有机主义"科学思想

一、朱熹科学思想形成的学术背景

二、以"理性一元"为特点的科学内容

第四节　陆九渊"发明本心"的数理思想

一、"数即理"的主张及其科学实践

注明：该课题曾于 2008 年获准全国哲学社会科学规划办立项，并于 2010 年结项。与前述成果相比，这次所申报的"南宋科学技术思想研究"，在内容和结构上又增加了五节，即第二章第六节，第三章第一节和第二节，第四章第十节和第十一节。同时，章目由原来的五章，调整为六章。字数由原来的 80 万字增加到 100 万字。

二、吐蕃南诏大理突厥及辽和西夏科学技术思想史研究

（一）研究总纲

中国传统科学技术思想的发展并不平衡，在中原王朝科技思想高度发达的同时，周边少数民族政权也随着历史的进步而不断地提升着本民族科技思维的能力和水平，如吐蕃时期的《四部医典》、大理国时期的《傣历》、辽朝的《龙龛手镜》与其科技思想的传播等，都构成了中国传统科学技术思想体系的重要组成部分。因此，如何客观再现此期周边少数民族政权科技思想发展的历史面貌，从而更加深入地解读和阐释中国传统科学技术思想发展的内在规律，将是本课题研究的重点。

（二）研究细目

研究细目，具体如下：

第一章　绪论
　　　　一、如何认识吐蕃、南诏、大理等少数民族政权传统科学技术的历史和地位
　　　　二、不平衡的区域文化与中国传统科学技术思想产生和发展的多元路径
第二章　吐蕃科技思想史研究
　　第一节　土华那波的天文学思想
　　　　一、《冬夏至图表》和《五行珍宝密精明灯》中的天文学成就
　　　　二、土华那波天文学思想的特色和历史地位
　　第二节　王妥宁玛·云旦贡布的藏医药学思想
　　　　一、云旦贡布与藏医学理论体系的形成
　　　　二、《四部医典》的内容及其特色
　　第三节　佚名《藏医灸法残卷》中的灸学思想
　　　　一、《藏医灸法残卷》的发现及其主要内容
　　　　二、藏医灸法的特色及其思想史价值
　　第四节　藏历时轮派的历算思想
　　　　一、《历算论集成》的内容及其历算思想
　　　　二、《历算论·智者生喜》的内容及其历算思想
　　第五节　木尼·坚赞白桑的普巴派历算思想

三、金元科学技术思想史研究

（一）研究总纲

作为两个少数民族政权，金元科学技术思想的主要特色是形成了以区域科研中心为依托的相互交流和相互争鸣的局面，除了医学外，数学有晋北、元氏封龙山、邢台紫金山等多个区域性科研中心，像郭守敬、刘秉忠、王恂、李冶、朱世杰等都与上述科研中心有密切联系。相对于南宋，在金及元初，理学尚未被纳入科场程式，因而还不能禁锢士人的创新思维。元朝中期以后，程朱理学被尊为官学，科学技术发展随之出现了衰落现象。所以如何进一步阐释理学与科学技术发展之间的内在关系，就成为此期研究的重点内容之一。

（二）研究细目

研究细目，具体如下：

　　二、马端临科技文献思想的历史价值和意义

　　第三节　谢应芳的无神论思想

　　　　一、"辟邪植正"的科学态度和科学实践

　　　　二、谢应芳反对伪科学的斗争经验和学术影响

　第六章　结论

　　　　一、金元科技思想的研究价值和历史地位

　　　　二、反思：金元科技思想的理论缺陷及其启示

　　注明：这部分曾于 2011 年获准全国哲学社会科学规划办立项，并于 2013 年结项。与前述成果相比，我们此次课题在内容和结构上又增加了四节，即第三章第四节和第五节，第四章第一节和第七节。同时，章目由原来的五章，调整为六章。字数由原来的 92 万字增加到 110 万字。

四、明及前清科学技术思想史研究

（一）研究总纲

　　明代科学技术走向综合，而同时期的欧洲科学却走向了分析。于是，传统科学技术思想体系遭遇西方近代科学技术思想的挑战。当时，欧洲科学技术在工场手工业和新航路开辟后殖民扩张的强烈刺激下，通过不断吸收阿拉伯化的中国先进科学技术成果，逐步走上了"文艺复兴"之路。这时，欧洲传教士把先进的西方近代科学技术思想介绍到中国来。对此，徐光启、李之藻等热烈受纳，而黄贞、杨光先等从"夏夷之防"的角度则采取拒斥态度。那么，如何站在科学技术传播的角度来客观地看待晚明所出现的这场中西科学技术思想文化冲突，将是本部分研究的一个难题。

（二）研究细目

　　本课题分上、下两编，研究细目，具体如下。

　上编

　第一章　绪论

　　　　一、西学东渐与中国传统科学技术思想的危机

　　　　二、明朝及清初中期传统科学技术思想的总体特征

　第二章　明朝回回科学技术思想的兴盛与发展

　　第一节　贝琳的天文历法思想

　　　　一、《七政推步》的主要内容及成就

　　　　二、贝琳天文历法思想的内在元素与文化结构

五、中国近代（1840—1919）科学技术思想史研究

（一）研究总纲

受西方近代科学技术思想发展的影响，中国传统科学技术思想体系渐渐开始解体，而随着传统科学技术思想体系的解体，新的科学技术思想开始萌芽并缓慢生长，但生长的过程却非常艰难。一方面，传统科学技术主要是数学、历法和天文领域被有限度地吸收了西方先进的科学技术思想成果；另一方面，腐朽的封建制度严重阻碍了中国传统科学技术体系向近代科学技术的转变。随着清王朝的灭亡和新文化运动的兴起，特别是中国科学社的创立和马克思主义的传入，标志着中国传统科学技术思想历史的终结。从此之后，中国近现代科学技术的发展就逐步融入世界科学技术发展的大潮流之中了。

（二）研究细目

研究细目，具体如下：

第一章　绪论

一、清朝后期的社会性质及其传统科学技术思想的发展渐转式微

二、向西方学习的艰难进程与新学逐渐成为近代科学技术发展的主流

三、如何认识中国近代科学技术思想体系中的传统因素

第二章　两次鸦片战争时期西方科学技术的引进及其成就

第一节　林则徐（1785—1850）的"为学致用"思想

第四章 中国传统科技思想通史总体框架和相关课题研究

第一节 总体研究框架和相关课题构成

一、总体研究框架

（一）总体研究框架的简要说明

提出问题和解决问题是中国传统科学技术思想通史研究的主要价值所在，同时也是我们进行课题研究的总原则。在此原则指导之下，我们将"李约瑟难题"和探索中国传统科学技术思想发展变化的内在规律作为一条主线来设计课题，于是就形成了图4-1所示的总框架。

图4-1与上面的具体研究内容略有不同，主要是在此图中，我们把"两宋科学技术思想史研究"、"吐蕃南诏大理突厥及辽和西夏科学技术思想史研究"和"金元科学技术思想史研究"合并到一个研究单元里去了。

（二）总体研究框架示意图

总体研究框架示意图，如图4-1所示。

二、相关课题构成

（一）子课题构成的说明与图示

如图4-2所示，我们按照中国传统科学技术思想发展史的内在规律，将本课题分为两个子课题：第一个子课题为中国古代科学技术思想史，第二个子课题为中国近代科学技术思想史（1840—1919）。

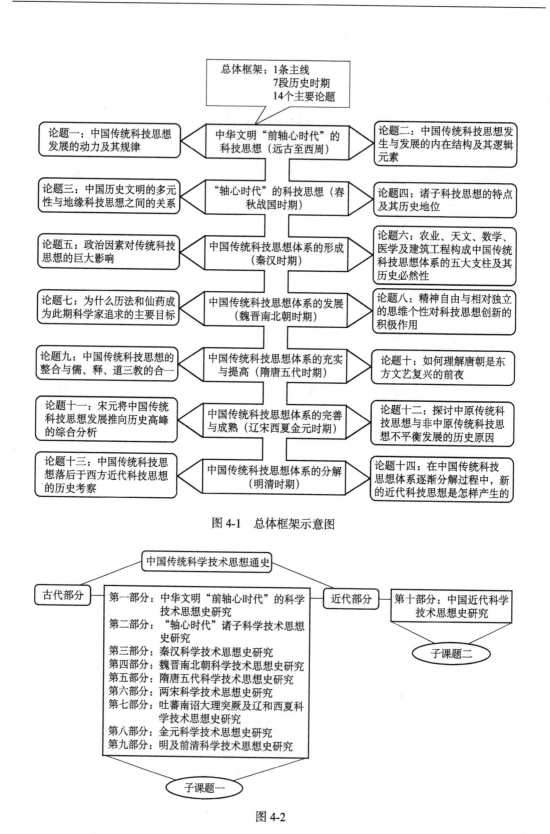

图 4-1　总体框架示意图

图 4-2

中国古代科学技术发展区别于古埃及、古希腊、古罗马及古印度科学技术的显著特点，就是它的连续性、累积性和不中断性。故学界通常把中国古代科学技术思想作为一个整体来研究，这也是很多年以来人们不重视中国科学技术思想断代研究的原因之一。当然，在这个整体中，也有历史的阶段性和曲折性。例如，董英哲先生认为，中国科学技术思想史经历了古代、近代和现代三个阶段，发展的轨迹不是一条直线，而是一条曲线。其中有高潮，也有低潮。如果说古代是一个高潮，那近代就是一个低潮，现代则面临着一个伟大的复兴。可以说，董英哲先生的观点已经成为科学思想史界的共识。由于中国传统科学技术思想史的研究范围涉及古代和近代两个阶段，因此，我们把这两个阶段设立为既相互联系又相互区别的两个子课题，是以中国科学技术思想发展历史的基本特点为前提的。当然，中国传统科学技术思想从古代的高潮转为近代的低潮，这种巨大落差给予国人很多思索，至今都是学界讨论的学术热点。

（二）中国传统社会发展曲线图与其科技发展水平的总体脉络

当然，我们在整个研究过程中，还要注意下面的事实，即与世界各国相比，我国从古代到近代和现代，其在社会形态发展的不同历史阶段呈现出一个高、低错落相间的变化规律，与之相应，其科学技术思想发展的历史也必然与之相一致，具体状况如图 4-3 所示。

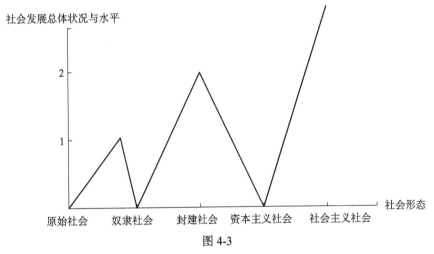

图 4-3

纵坐标上的"1"是指假定当时社会经济、文化、思想等发展的总体发展水平高度；"2"是指无论性质还是水平，
在原来"1"的基础上又上升了一个层次

从图 4-3 中可以看出，在原始社会阶段，我国社会发展的总体状况呈上升趋势，其科学技术发展水平领先于同期的世界各国；在奴隶社会阶段，与世界其他文明国家相比，我国科学技术发展的整体水平呈下降趋势；在封建社会阶段，我国科学技术的总体发展水平超过了同期的世界各国；在资本主义阶段，与西方发达国家相比，我国科学技术发展的总体水平则呈下降趋势；在社会主义阶段，我国的科学技术发展水平从总体上

呈上升趋势。

第二节　相关课题研究间内在逻辑关系

一、中国传统科学技术思想发展史的客观事实

什么是"传统科学"？目前尚没有统一的概念。根据前面胡道静先生的看法，并结合本课题的实际内容，我们认为，第一，从时段上看，是指 1840 年鸦片战争爆发之前中国古代的科学；第二，相对于近代科学来说，中国古代科学具有不同于欧洲近代科学的特点；第三，从特色上看，是指用以天人感应、阴阳五行及格物致知为核心的认知体系，来解释各种现象和讨论事物的本原、运动、发展等的独特学问，其中包括正确的认识，也包括部分错误的认识。

依此，李约瑟博士讲述了中国传统科学技术本身所客观存在的一个历史事实：中国的经验科学在许多方面长期领先于古希腊，特别是 16 世纪前的欧洲；中国科学一直在稳缓地前进，只是相对于 16 世纪后的伽利略式的科学落后了。[①]

"16 世纪前"相当于明朝中叶之前。这个时期，有学者也称为"前科学时期"，而"16—17 世纪"为"小科学时期"。[②] 两者思想产生的机制和特点不同，如图 4-4 所示。

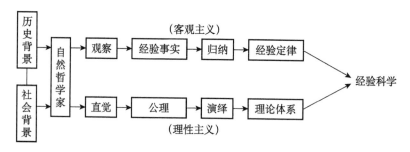

图 4-4　前科学时期科学知识产生的机制[③]

可见，李约瑟博士的认识包括"前科学时期"和"小科学时期"两个阶段。后来，经金观涛、黄欣荣、周仲壁等学者的研究证实，李约瑟博士的认识符合中国传统科学发展的实际。学界普遍认为，中国古代社会既没有出现像古埃及、古罗马帝国、古希腊等那样中断无继的悲剧现象，又没有发生西欧中世纪那样的黑暗一幕，因而中国古代科学技术就出现了连续性和累积性的发展，并形成了一个不能分割的系统整体。在这个系统整体内，古代科学思想的发展既有连续性，又显示出阶段性高潮的特点。与此相应，中国古代人们在

① 魏屹东：《科学社会学新论》，北京：科学出版社，2009 年，第 128 页。
② 魏屹东：《科学社会学新论》，北京：科学出版社，2009 年，第 69 页。
③ 魏屹东：《科学社会学新论》，北京：科学出版社，2009 年，第 69 页。

漫长的历史发展过程中，亦逐渐形成了传统的系统整体思维方式，而这种系统整体思维方式同样具有相对的稳定性和历史连续性（图4-5）。

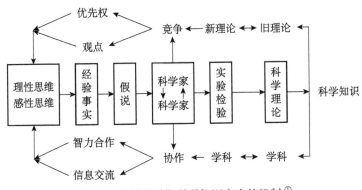

图4-5　小科学时期科学知识产生的机制[1]

然而，在欧洲文艺复兴之后，随着近代资本主义生产方式的兴起，以哥白尼日心说、哈维血液循环和牛顿力学为标志，宣告了近代科学的诞生。此时，"人类的理性开始从上帝的脚下站起来，以生产实践和科学实验为基础，以数学为工具，在形成系统的理论知识体系的过程中，也创造了全新的世界观"[2]。恩格斯认为，"真正的自然科学只是从十五世纪下半叶才开始"[3]，而近代自然科学的典型思维方式就是分析性思维，或者说是机械的形而上学思维。从西学传入我国的历程看，从明代传入的西方科学仅仅是欧洲的古代科学，而只有到了明末清初的时候，哥白尼、伽利略和开普勒等人的科学成就才传入中国，代表作是《崇祯历书》。这样，以《崇祯历书》为基准，中国古代科学技术思想构成了一个相对独立的系统单元，而近代科学技术思想则构成了另一个相对独立的系统单元。

二、相关课题研究间内在逻辑关系

诚如上述，我们可以将"中国传统科学技术思想通史"看作是一个系统整体，而"中国古代科学技术思想史"和"中国近代科学技术思想史"属于这个系统内两个既相互联系又相互区别的部分。这样，整体与部分、部分与部分之间的内在逻辑关系，如图4-6所示。

通过图4-6，我们不难看出，作为系统整体内部的两个部分之间，不是割裂和对立的关系，而是相互交叉和相互吸收的关系，这个历史过程是从明末清初开始的。

---

① 魏屹东：《科学社会学新论》，北京：科学出版社，2009年，第70页。
② 何又春等：《科学发展观的生态纪维度解析》，沈阳：沈阳出版社，2005年，第129—130页。
③ 彭国甫：《马克思主义原著选读》，湘潭：湘潭大学出版社，2007年，第78页。

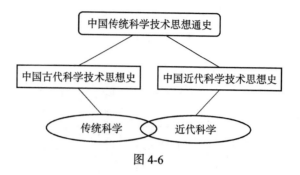

图 4-6

第五章　中国传统科学技术思想通史研究的预期目标

第一节　学术思想理论方面

一、对"李约瑟难题"的检讨

学界对"李约瑟难题"的讨论已经非常深入，成果颇多。我们认为，李约瑟博士尽管高度赞扬了中国古代的科学技术文明成就，甚至他也承认中国古代科学技术成就构成了欧洲近代科学的一个重要环节，但是在李约瑟博士看来，"欧洲近代科学"具有唯一性，因为欧洲在世界上最先出现资本主义生产，生产决定科学，所以在欧洲资本主义生产的基础之上产生了近代科学。应当承认，李约瑟博士提出的问题都是历史事实。即中国 16 世纪之前的古代科学技术发展领先于同时代的欧洲，是历史事实；而近代科学发生在欧洲，而不是中国，也是历史事实。但问题是我们如何将两个历史事实关联在一起，并形成一个理论问题。李约瑟博士的问题是：从中国 16 世纪之前的古代科学技术发展进程中为什么不能产生近代科学？换言之，李约瑟博士否认近代科学能从中国 16 世纪之前的古代科学技术发展进程中自发产生，如图 5-1 所示。

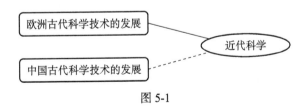

图 5-1

我们的研究结论是：即使没有欧洲近代科学的传入，中国古代科学技术发展也会按照自身演变的规律自发而缓慢地产生近代科学。因此，李约瑟博士的问题应当改为：从中国 16 世纪之前的古代科学技术发展进程中为什么不能自主而快速地产生近代科学？关于这个问题的理论依据详见后述，总之，我们在本课题研究过程中，拟对中国传统科学技术思想史中的这个学术思想理论问题从本土文化的视角进行探讨，并得出我们自己的研究结论。

二、拟初步建立中国传统科学技术思想史理论体系

中国传统科学技术思想史的理论研究比较薄弱，目前基本上还是在中国哲学的概念和范式的框架内讨论问题，中国传统科学技术思想史理论仍未形成自身的独立概念和范畴。比如，李约瑟博士的《中国古代科学思想史》（陈立夫译本）第 6 章为"中国科学之基本观念"，仅见阴阳五行和"易经"符号结构。席泽宗院士主编的《中国科学思想史》则认为"阴阳"、"五行"及"气"三者构成了中国传统科学的思维模式。毫无疑问，这些认识都很正确，对中国传统科学思想史研究起到了积极的推动作用。不过，这些概念一般都属于哲学概念，为一般思想史的探讨，还不能内在地反映中国科学思想史的特殊要求。哲学原理告诉我们，共性寓于个性之中，没有个性就没有共性，这是矛盾共性与个性关系的一个方面；同时，还有更重要的一方面，那就是共性不能全部包含个性，一般也不能全部代替个体。而正是由于个性的存在，才使一事物与他事物相互区别开来。依此，中国传统科学技术思想史如何同中国科学史、中国哲学史、中国思想史及中国文化史等学科相区别呢？我们认为，除了具体承载各自学科的历史人物有所区别外，概念和思维范式的区别肯定是客观存在的，我们只是还没有将它们挖掘出来而已。比如，"术"与"数"这一对范畴，李阳波先生曾定义说：术是"指根据时空关系量推出宇宙间一切物象的生长衰亡相互转换变化的根源"；数则是指"依据宇宙空间一切物象的生长衰亡相互转换变化的现象"[1]，这就更接近中国传统科学技术思想史的特有范畴了。

从历史上看，"数术"即原始巫术，它的起源很早，而且作为一对思维范畴一直贯穿于中国传统科学技术思想史的始终。就其内容而言，诚如有学者所言："实际上，术数可以区分为广义和狭义两种。狭义的术数，可专指预测吉凶的方术、法术；广义的术数则可包括天文、历法和堪舆等等。"[2]

又如，"常变"与"灾变"这对范畴，也属于中国传统科学技术思想史研究的基本范畴。《论语·子罕篇》云："子在川上，曰：'逝者如斯夫！不舍昼夜。'"李泽厚先生解释说："这大概是全书中最重要的一句哲学话语。儒家哲学重实践重行动，以动为体，并及宇宙；……从而它与一切以'静'为体的哲学和宗教区分开来。"[3]儒学是中国古代科学技术研究的主要指导思想，总体来看，中国传统科学技术思想的特点就是研究和阐释客观事物运动"变化"的状态和规律。中国哲学有一对范畴即"常变"，其中"常"是指"常道"，固定不变的原则，"变"是指变革，具体措施等的改变。中国传统科学技术思想史中的"常变"与此不同，仅仅从"变"的一面来看事物运动变化的两面：正常变化与异常变化。现代灾害学研究非常重视对"变化事件"的研究分析，同样，中国传统科学技术思想也非常重视对"变化事件"的研究分析。这样的例子，我们可以在任何一部古代科学技

---

① 李阳波：《李阳波中医望诊讲记》，北京：中国医药科技出版社，2012 年，第 36 页。
② 宋定国：《国学探疑》，北京：首都师范大学出版社，2013 年，第 199 页。
③ 李泽厚：《论语今读》，合肥：安徽文艺出版社，1998 年，第 226 页。

术思想的著作中找到。当然，在这些属于中国传统科学技术思想史的总体概念和范畴之外，还有每个科学家自己所讨论的独特概念和范畴，如《周易》的"大衍之数"，《黄帝内经素问》的"出三入一"、"三隧"，《黄庭经》的"泥丸九真"、"太一流珠"等。所有这些都是中国传统科学技术思想史理论体系的组成部分，也都是本课题需要阐释的思想内容。

第二节　学科建设发展方面

一、推动中国科学思想史学科的快速发展

教育部社科司科研处组在编写的《普通高等学校人文社会科学重点研究基地"十五"（2001—2005）科研规划》中，对"科学思想史"这门学科的评价如下：

（1）科学思想史理论

这是该领域最薄弱的一个方面。国内在这方面的著作和文章均不多见，林德宏的《科学思想史》是一本关于一般科学思想史的专著，首次对科学思想史进行系统的研究，揭示了科学思想发展的模式和规律，为科学思想史理论研究奠定了基础……

（2）人物科学思想研究

这一领域的研究在国内外都比较活跃。（具体内容略）

（3）国别或区域科学思想史

这也是近5年的一个热点领域，国内外中国科学思想史研究的主要成果较多。（具体内容略）

（4）学科思想史

"九五"期间，数学思想史、物理学思想史、化学思想史、天文学思想史、地学思想史、生物学思想史、医学思想史和农学思想史等学科思想的研究开展得较少，除我们在物理、生物、化学、地学上有一些原创性成果，其他学科几乎还未涉及。

（5）断代科学思想史与专题科学思想史

断代科学思想史与专题科学思想史研究在"九五"期间几乎被忽视，"十五"期间断代科学思想史和专题科学思想史的研究应得到足够的重视。我们缺乏这方面的科研成果，目前还难以与国际同行进行高水平的沟通和对话。"十五"期间这方面应有所加强。

十余年来，经过学界同仁的努力，中国传统科学技术思想史的断代和专题研究著作正在不断出现，如吕变庭教授的"中国断代科学技术思想史研究三部曲"（即《北宋科技思想研究纲要》《南宋科技思想史研究》及《金元科技思想史研究》），唐晓峰教授的《从混沌到秩序：中国上古地理思想史述论》，修圆慧先生的《中国近代科学观研究》等，但总的来看，成果还不是太多，远远不能满足中国科学思想史这门学科的发展需要。为此，我们的《中国传统科学技术思想通史》研究目标就是通过断代来打通中国传统科学技术思想史研究，其具体任务目标是：《中华文明"前轴心时代"的科学技术思想史研究》《"轴心时代"诸子科学技术思想史研究》《秦汉科学技术思想史研究》《魏晋南北朝科学技术思想史研究》《隋唐五代科学技术思想史研究》《两宋科学技术思想史研究》《吐蕃南诏大理突厥及辽和西夏科学技术思想史研究》《金元科学技术思想史研究》《明及前清科学技术思想史研究》与《中国近代科学技术思想史研究》。由此可见，我们的预期目标虽不敢说具有填补空白的学术意义，但至少可以说具有补阙的作用。所以它对中国科学思想史这门学科的建设和发展无疑具有重要的实际价值和现实作用。

二、直接培养一批研究中国断代科学思想史的专业人才

1978 年，中国科学技术大学研究生院开始招收"自然辩证法"（现在称"科学哲学和科学思想史"）专业的研究生，同时，中国科学院自然科学史研究所也开始招收科学技术史专业的研究生。从研究生开设的课程看，有汪前进研究员讲授的"物化的思想——图形文化的分析"及罗桂环讲授的"中国古代的环境保护思想"。此外，中国科学技术大学科学史和技术史专业研究生开设有"中国科学思想史"、"中国古代科技文献概论"、"中国传统科技文化概论"等基础课程，是目前我国普通高等学校系统讲授中国科学技术思想史的楷模。其他如山西大学科学哲学研究中心、西北大学中国思想文化研究所等也都开设有中国科学思想史课程。近年来，随着人们对科学思想史这门新学科的认知度越来越高，故开设科学思想史专业的普通高等学校也越来越多，与之相应，科学技术思想史方面的硕、博士毕业论文的数量亦呈增长之势，据中国知网的不完全统计，已超过 300 多篇。但这些硕、博士论文的选题范围多为现当代，古代的相对较少，而关于中国古代科学技术思想史的断代研究就更少了，总共才几篇。显然，这种研究状况和科学思想史人才的不平衡分布，已经严重影响到了中国科学思想史这门学科的整体发展水平。从这个角度看，我们可以借助本课题招收 3—5 名博士，15—20 名硕士，鼓励和引导他们进行中国传统科学技术思想史的断代或专题研究。这样，经过几年的努力就可以初步改变目前在中国科学思想史研究领域内人才分布不合理的状况，从而有助于推动中国科学思想史这门学科的健康、快速成长。

第三节　资料文献发现和利用方面

一、重视对正史中"方技传"或"方术传"所载科技人物之思想观念的梳理和挖掘

我们认为"科学思想史"是一门综合学科，从字面上讲，它的中心词是"史"，所以原则上是一门历史学科，目前很多学者将它归于"科技哲学"，只强调"科学思想"的重要，而忽视了其史学性质，不免有片面之嫌。既然研究中国传统科学技术思想史，正史（即二十五史）"方技传"是首先需要认真研究的原始文献和"中国元素"。

从《后汉书》和《三国志》开始，一直到《明史》，历朝修史大都专列"方技传"，虽然内容有缺漏，但就整体而言，还是基本上能反映中国古代科学技术历史发展的全貌。对此，吴彤教授在《中国古代正统史观中的"科技"》一文中有精辟分析，我们深受启发。吴彤教授指出：中国古代科技在本质上与超理性的术数相同。例如，《后汉书·方术传》把张衡看作是术数方技者中的至尊，而沈括的《梦溪笔谈》中亦经常谈论"术数"，如此等等。如果不讲"术数"，我们就很难深入认识和理解中国传统科学技术思想的本质。正是从这层意义上，我们强调广义的"术"与"数"构成了中国传统科学技术思想史的基本范畴。

在西方科学思想史的语境中，中国传统科学技术思想史有"内史"与"外史"之分。我们知道，在西方史学家那里，对于科学思想的发展有"内部论"（内史）和"外部论"（外史）的长期论争，"内史"论者认为，科学思想按其内在规律而独立发展，它不接受任何来自外部的指令；而且，外部的干扰只能给科学思想的发展造成伤害。"外史"论者则认为，科学思想总是在一定的社会环境中产生和发展，生产和其他社会需要决定着科学思想的产生和发展。诚然，我们在研究过程中必须将两者结合起来，避免以偏概全。但是，研究中国传统科学技术思想史必须正视"正史"的资料，因为只有"正史"的资料才能更加客观地反映中国传统科学技术思想发展的本质特征。不可否认，"正史"提供给我们的资料属于"外史"的范畴，也就是说中国古代王朝比较重视科学技术思想的"外史"性质，可能由于这个原因，很多科学家的事迹虽见载于正史，可惜他们的"内史"资料（主要指著作）却失传了，所以研究中国传统科学技术思想史需要注意这个特点。

综上所述，我们尽力将正史中所载科技人物的相关资料客观、全面地呈现出来，即是我们梳理和挖掘正史中"方技传"或"方术传"所载人物之思想观念的预期目标。

二、充分利用目前新出土和新发现的相关文献资料

截止到目前，我国取得的与本课题研究相关的重大考古成就主要有以下几个方面。

（一）先秦简书科学技术思想文献

简帛学系 20 世纪创建并取得丰硕成果的一门学科，据考古证实，我国至少在新石器时代就已经出现了毛笔。如众所知，竹木制的简牍和丝质的缯帛是先秦时期的书写载体，其广泛存在的时间约有 2000 年之久。因此，我国历代都有简牍出土，其中以汉武帝末孔子宅壁中发现的战国竹简和西晋武帝时期出土的"汲冢书"最为著名。20 世纪 70 年代以来，简牍文献大量出土，为我国早期文明的全面研究奠定了深厚的物质基础。其要者具体如下：

郭店楚墓竹简，1993 年清理发掘，主要出土文献有：属于儒家典籍的《五行》《缁衣》《性自命出》《尊德义》《六德》和《成之闻之》6 篇，以及《穷时以达》《鲁穆公问子思》《忠信之道》《语丛》与《唐虞之道》等；属于道家典籍的有《老子》（甲、乙、丙）3 篇，即《太一生水》。

上海博物馆藏战国楚竹书，1994 年购买入馆。其中有一部分古佚书最珍贵，如《孔子诗论》《性情论》《乐论》《四帝二王》《鲁邦大旱》《乐书》《彭祖》《子羔》和《恒先》等。其他还有《易经》《武王践阼》《孔子闲居》《君子为礼》《民之父母》《三德》《曹沫之陈》等 65 篇。既有儒家文献，又有道家、墨家及兵家文献。

清华大学所藏战国竹简，2008 年购买入藏，总数为 2400 余枚，内容主要有《尚书》，以及 63 篇类似于《竹书纪年》的编年体史书等。

（二）秦汉简帛科学技术思想文献

秦汉简帛的发现与研究是 20 世纪以来简帛研究当中最重要、最普遍和最深入的领域，同时利用简帛资料进行历史研究（包括科学技术思想史）亦相应地进入了一个新时期。其要者具体如下。

云梦睡虎地秦简《日书》，1975 年出土，分甲种 166 简和乙种 257 简。其内容分择日部分与非择日部分，而择日部分是主体。学界把择日部分具体又分为两类：以时间为线索的一类与以行事为线索的一类。行事类主要分动土、盖房、出行、迁徙、入官、生子、婚娶、疾病死亡、农事等。

马王堆汉墓帛书，1973 年出土，内容丰富。主要文献有：《老子》甲本及卷后佚书 4 种与《老子》乙本及卷前佚书 4 种；《周易》及卷后佚书 5 种，分两部分，即《六十四卦》及卷后佚书《二三子问》和《系辞》及卷后佚书；《五十二病方》及卷前佚书 4 种；《导引图》及卷前佚书 2 种；其他还有《相马经》《春秋事语》《战国纵横家书》《五星占》《长沙国南部地形图》等。

安徽阜阳汉简，1977 年出土，人们发现有 10 余种古籍残片，主要有《仓颉篇》120 余片，《诗经》170 余片，《周易》近 600 片，《吕氏春秋》40 余片，《万物》130 余片等。

山东银雀山汉简，1972 年出土，多为古书。主要有《孙子兵法》200 余简，其中有佚文 4 篇，即《吴问》《黄帝伐赤帝》《四变》及《地形二》；《孙膑兵法》计 30 篇；《尉缭子》

5 篇；《守法守令十三篇》计 10 篇；《六韬》计 14 组；《晏子》计 16 章；《地典》1 篇；《曹氏阴阳》10 余篇；《相狗》及《作酱》等。

湖北江陵张家山汉简，1983 年出土，为西汉早期墓葬。出土的主要科技文献有《脉书》《引书》《日书》《历谱》及《算术书》等，其中《算术书》与现传本《九章算术》前 7 篇相似，但成书更早。

（三）敦煌科学技术思想文献

敦煌科学技术思想文献是指敦煌莫高窟藏经洞发现的从十六国到北宋的多种文字的古代写本与印本，内容包括哲学、宗教、历法、医学、占卜、数学、水利、建筑、园艺等。按其性质可分为 3 类：一是学科归属比较明显的文献，如天文历法计有 55 种之多；数学（算经等）写卷计有 12 件；医学（本草、医方等）文书超过 60 件；地理志多为佚书，其中唐五代西北部分地区地志存 11 件，全国性地理总志 3 部，行记类写本 14 件等。二是被称为术数的"方技"文献，如星占类文书约有 60 号，占病类方面的卷子约 20 号，堪舆类遗书 20 多号，释梦相术类卷子约 30 号等。三是其他文书包含的科技思想资料，比较零散，此处省略。

（四）黑水城科学技术思想文献

自俄国人在 1908 年发现黑水城文献以来，西夏史研究即开始不断出现新局面。尤其是《番汉合时掌中珠》的出土及《俄藏黑水城文献》的刊布，为西夏学发展开辟了广阔的学术前景。仅就其科学技术思想文献而言，医学和占卜类文书或册叶居多，主要有《神仙方论》《治疗恶疮要语》《治热病要论》《明堂灸经第一》等，这些医方中有不少是译自中原传统医学著作，也有西夏人土制的偏方。有学者从《俄藏黑水城文献》文献中钩稽出 62 件占卜文书，内容包括易占、占星、式法、堪舆、相面、杂占等，它们对理解西夏与元代西北地区的区域科学技术思想特点大有裨益。

以上文献是我们开展"中国传统科学技术思想通史"研究必须利用的基础史料之一，而利用这些史料的目标主要是：从"外史"角度，拟对中国传统科学技术思想的传承与发展提供史料依据，同时，通过解读上述文书的相关史料，进一步深入认识和阐释古代科技人物与其所生活的整个社会文化环境之间的内在关系。

三、认真研究相关科技人物的著述

认真阅读原著，从中提炼出能够反映作者科学技术思想特色的自然观、科学观和方法论，是我们研究"中国传统科学技术思想史"的终极目标。据不完全统计，我们需要阅读的原著至少在 1000 部以上，具体数目见参考文献部分。

研究科学家本人的著作是科学思想内史的重要进路。阅读 1000 部以上的原著，是我们的预期目标，但是如何阅读原著，当然不是从原著到原著，而是从中发现问题和解决问题，特别是要用我们的研究成果来应对和回答一些当前学界争论比较大的学术问题。这样，就需要利用西方内史学家的某些思想，并将其与中国古代科学家的原著结合起来。柯瓦雷是内史论之王，他曾经说，不存在可以用来产生科学的唯一的和可转换的方法。又说，每一种科学理论都是扎根于一系列使得该理论得以形成的更深层次的假设之中的，这一系列深层背景假设就是该理论的形而上学背景。柯瓦雷的观点固然有他的不足，但是研究原著确实需要一种"形而上学背景"，即指导该理论形成的基本概念和思想范畴。例如，我们在前面讲过，通过阅读正史中的"方技传"来发现中国传统科学技术思想的总体"形而上学背景"，从而把"术"与"数"作为中国传统科学技术思想史的基本范畴，这就是一种"形而上学背景"。所以，把研究中国传统科学技术思想史的基本范畴具体和灵活地应用到对传统科学家原著的阅读和理解之中，并有所创造、有所发现，应是我们在资料文献利用方面的最主要预期目标。

四、科学利用学界已有的学术研究成果

毫无疑问，前人的研究成果是我们能够在一定时间内完成中国传统科学技术思想通史研究课题的重要保证。没有前人的研究成果，我们的研究将会困难重重。但是，反过来说，如果不能科学地利用前人的研究成果，我们的研究同样会困难重重。因为关于中国传统科学技术思想史方面的论文数量实在太多了，用数以万计的"海量"来形容，一点儿都不过分。因此，学会科学利用前人研究成果对我们的研究来说至关重要。例如，严敦杰主编的《中国古代科技史论文索引》，收录了1900—1982年的古代科学技术史论文条目8868条；梁红娇对1981—2010年全国11种期刊所发表的论文进行统计，总共发表的科技史论文为3094篇（不包括评论、译文、会讯、书评）；邹大海主编的《中国近现代科学技术史论著目录》（截止到2001年），约收录近代科技史论文有700余篇。如果计入著作，数量就更大了。在3—5年内全部收集并通读这些学术成果，对课题组成员来说，显然是难以实现的目标。所以不管是人物研究还是著作研究，我们都要求参与课题研究的成员必须学会科学利用学界已有的学术研究成果，务必将那些有代表性的尤其是综合性比较强的论文和专著进行通读或精读。具体论著目录参见后面的参考文献部分。

第六章　中国传统科学技术思想通史
研究的思路与方法

第一节　总体思路、研究视角和研究路径

一、总体思路及其学理依据、科学性和可行性

（一）确定中国传统科学技术思想通史的研究对象和性质，这是关键的第一步

　　研究对象不确定，研究内容就会杂乱无章。为此，我们经过反复酝酿，最终确定以人物或著作为纲，来贯通性地呈现中国传统科学技术思想发展和演变的历史全貌及内在规律。

　　荀况在《荀子·非相》中说："故人之所以为人者，非特以其二足而无毛也，以其有辨也。"也就是说，人之区别于动物不仅仅在于外在的形体差异，而在于有没有分辨是非的思想。在古希腊，毕达哥拉斯认为，人的灵魂有三部分，即表象、心灵与生气，他认为动物有表象和生气，但没有心灵，而心灵作为灵魂的理性部分只有人才具有。亚里士多德更进一步认为，人的灵魂中除了具有与动物一样的能生长活动的部分和感觉部分之外，还有能作为精神意识思维活动的"理性灵魂"，具有理性灵魂是人不同于动物的根本特征。所以，"思想"是人与动物区别的主因，马克思曾经指出："动物与它的生命活动是同一的，它不能区别自己和自己的生命活动。它就是它的生命活动。但是人把自己的生命活动当成自己的意志和意识的对象。他的生命活动是有意识的。"[①]人不仅是有意识的，而且还能把自己的思想意识记录下来，成为人类文明发展历史的一级阶梯。马克思又说，技术是人与自然中介的思想，是人对自然的能动关系。于是，我们可以初步认为，中国传统科学技术思想史的主体应当是那些推动中国科学技术历史进步的人（包括著作、学派）。梁启超亦说："我们作专史，尽可以个人为对象，考察某一个人在历史上有何等关系。"[②]诚如左玉河先生在《30年来的中国近代思想文化史研究》一文中所说："思想家是思想史的主体，理

---

①　马克思，恩格斯：《马克思恩格斯全集》第42卷，北京：人民出版社，1979年，第96页。
②　梁启超：《中国历史研究法》，北京：人民出版社，2008年，第145页。

当成为思想史研究的重点。"[①]

以人物或著作为纲来贯通性地呈现中国传统科学技术思想发展和演变的历史全貌及内在规律，不仅具有科学性，而且具有可行性。

第一，西汉时期，司马迁开创了以纪传体方式来书写历史人物思想的新体例，这个新体例成了后来思想史（包括科技思想史）著作编写的范本。例如，清代学者阮元编纂的《畴人传》，罗士琳的《续畴人传》，诸可宝的《畴人传三编》，黄钟骏的《畴人传四编》及华世芳的《近代畴人著述记》等。《畴人传》共选录历朝在天文、历法、数学等方面颇有成就的科学家243人，并附西方科学家37人，每人一传，有述有评，实事求是。《续畴人传》在前传的基础上补续44人，如宋代的杨辉、元代的元好问等。《畴人传三编》专门收录清代科学家补益总128人，而《畴人传四编》则续补上古至清朝的科学家275人，西方科学家153人。《近代畴人著述记》续补19世纪后期的数学家33人，如丁取忠、黄宗宪等。上述诸书收录古代中外科学家多达1000余人，搜遗补佚，功莫大焉。可惜，由于其选取领域仅限于天文、历法和数学，故农业、水利、建筑、机械等其他科技领域的杰出人物都没有涉及，所以不能反映中国传统科学技术发展的历史全貌。况且，从选取人物的代表性方面也难免良莠不齐。尽管如此，它们毕竟为古代科学技术史的书写开辟了一条路径，成就巨大。当然，科技史还不等同于思想史，两者的关系是：科技史是思想史的基础，思想史则是科技史的进一步提炼和升华。关于思想史的书写，明末清初的黄宗羲以思想评传的方式来书写《明儒学案》，开创了思想史写作的新体例。梁启超曾总结其书的特色说："著学术史有四个必要的条件：其一，叙述一个时代的学术，须把那个时代重要的各学派全数网罗，不可以爱憎为去取。其二，叙述某家学说，须将其特点提挈出来，令读者有明晰的观念。其三，要忠实传写各家真相，勿以主观上下其手。其四，要把各个人的时代和他一生经历大概叙述，看出那人的全人格。梨洲的《明儒学案》，总算具备这四个条件。"[②]这样，梁启超提出了书写思想史的四原则，另外，黄宗羲又从具体的操作层面为我们的思想史书写提供了行之有效的"法式"。所以，从这个意义上说，我们的传统科学技术思想史书写既有章可循，又有"法"可依，具有可行性。

第二，"天人关系"是中国古代哲学思想的首要问题，当然也是中国传统科学技术思想史的首要问题。韩愈在《原人》一文中说："形而上者谓之天，形而下者谓之地，命于其两间者谓之人。形于上，日月星辰皆天也；形于下，草木山川皆地也；命于其两间，夷狄禽兽皆人也。"[③]接着，他又补充解释说："人者，夷狄禽兽之主也。"[④]对于这段话需要用批判的眼光看，不过，我们在此不想分析其思想糟粕，而是想通过韩愈的语境来折射古人对天人关系的理解。如众所知，科学技术思想的内容不出天、地、人及其三者之间的关系。但韩愈的语境却使我们产生了从"平面人"向"立面人"的视角转换。比如，人

① 张海鹏：《中国历史学30年：1978—2008.》，北京：中国社会科学出版社，2008年，第259页。
② 梁启超：《中国近三百年学术史》，北京：东方出版社，1996年，第58页。
③ 韩愈：《韩愈集·文集》卷1《原人》，北京：中国戏剧出版社，2002年，第142—143页。
④ 韩愈：《韩愈集·文集》卷1《原人》，北京：中国戏剧出版社，2002年，第143页。

与"夷狄禽兽"的关系，我们就需要用立体思维去理解和把握，如图6-1所示。在韩愈看来，所谓"夷狄禽兽之主"的"人"应具备上观"日月星辰"，下察"草木山川"，中能洞悉"夷狄禽兽"之变的能力，这样的"人"恰恰就是科学家所具备的才能，在以博物为基本素质要求的中国古代学术环境里，更是如此。

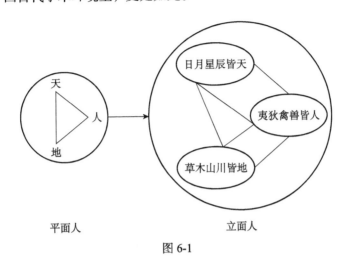

图 6-1

因此，"天人关系"的内涵之一是以博物多识传统为基础。

对此，葛兆光先生曾说："早期中国最重要的知识就是星占历算、祭祀仪轨、医疗方技之学，星占历算之学是把握宇宙的知识，祭祀仪轨之学是整顿人间秩序的知识，医疗方技之学是洞察人类自身的知识，而正是在这些知识中，发生了数术、礼乐、方技类的学问，产生了后来影响至深的阴阳、黄老、儒法等等思想。"又说："我们现在的思想史却常常忽略了数术方技与经学的知识，使数术方技的研究与经学的研究，成了两个似乎是很隔绝的专门的学科。"[①] 可以肯定，无论是"方技之学"还是"经学"，两者都属于博物之学的知识范畴。例如，《史记·太史公自序》就曾说五经中包括了天地阴阳四时五行、经济人伦、山川溪谷乃至草木鱼虫等。又如，郭璞的《尔雅·序》亦说："若乃可以博物不惑，多识于鸟兽草木之名者，莫近于《尔雅》。"所以只要抓住这个思想特点，我们就能比较客观地呈现中国传统科学技术思想史的本真，并尽量关照数术方技与经学的研究。

"天人合一"是中国传统"天人关系"思想的内核，而对于"天人合一"的内涵，学界尚有不同认识。在此，我们主要引述董仲舒的思想来论证我们以人物或著作为纲来书写中国传统科学技术思想史的科学性和可行性。董仲舒在《春秋繁露·立元神》中说："天、地、人，万物之本也。天生之，地养之，人成之，天生之以孝悌，地养之以衣食，人成以礼乐。三者相为手足，合以成体，不可一无也。"同著《王道通三》又说："人之超然万物之上，而最为天下贵也。"从"天人合一"的观念中引申出"贵人"思想，是中国传统文化的一个重要特征，突出人在自然界中的地位和作用，肯定人对于自然界的能动作用（主

---

① 葛兆光:《中国思想史》导论《思想史的写法》，上海：复旦大学出版社，2013年，第23、24页。

要是道德力量），是儒学的传统思想之一。①所以，我们以人物或著作为纲来书写中国传统科学技术思想史即体现了中国"贵人"的文化传统。

当然，如何认识中国传统科学技术思想发展历史的性质，目前还有争议。有一种观点认为，我国科学技术思想的博物传统是以人的尺度研究问题，强调整体联系，但不够深入，或可说博物传统是平面化的、非还原的、网络化的。实际上，如果全面地看问题，就会发现中国传统科学技术思想亦有立面和还原的因素，譬如，外丹的烧炼，里面便多有实验科学的元素，又如，我国科学家对光学和热学基本原理的认识，也有实验科学的元素。此外，刘徽的无限分割思想、祖暅原理、杨辉三角等，其理论思维水平都很高。所以图6-1所表达的直接用意就在于此，只不过实验或理论科学没有发展成为中国传统科学技术思想的主流，但中国传统科学技术思想内在地含有从"平面人"（经验性思维）向"立面人"（理论性和原理性思维）发展的历史趋势，这一点亦是客观存在的。

第三，学界前辈积累了丰富的书写经验，所有这一切都为我们的中国传统科学技术思想史研究创造了条件。李泽厚的《中国近代思想史论》阐述了有代表性的9位思想家的思想，把代表人物的思想与社会思潮的演进结合起来，而其另一部著作《中国现代思想史论》则阐述了"五四"以后一些重要人物的政治思想，内容拓展到了文化论战、文艺思想等过去较少涉及的领域。在科技思想史方面，董英哲先生的《中国科学思想史》是用以"点"代面的方式来叙述中国科学思想的发展历史，而这里所说的"点"其实就是科学思想的代表人物和著作。他一共描述了31位科学家和7部著作的科学思想，诚如作者所言："虽然题为《中国科学思想史》，但并不完备，只写了先秦到明清的一段。"尽管这样，此书毕竟开创了中国科学思想史的一种书写体例，确有启迪后学之功。

然而，学界因受西方内史学派的影响，主张思想史应当用观念的逻辑发展来书写。因为在他们看来，思想史的主体是观念，而不是人物或事件等，我们并不反对这种书写体例。不过，观念不能脱离历史发展的客观形态而独立存在，观念不是先验于人的"先在"，而是人的现实的思想运动过程。所以，马克思主义经典作家认为，"观念的东西不外是进入人的头脑并被改造过的物质的东西而已"，也就是说，人作为能实践、会思考的动物，自然是各种行为（包括思想观念）的主体，从这个角度讲，用具体人物的思想变化来书写中国传统科学技术思想史的发展脉络，更接近历史的真实。因此，我们比较赞同下面的说法："科学思想史就是从哲学认识论的高度，反映科学认识活动中作为认识主体的人与作为认识对象的自然界之间的关系。"（关于这一点，我们在后面的论证中还要讲到）

（二）第二步是按照中国科学技术史的发展规律，相对应地确定中国传统科学技术思想历史的分期和阶段，从而在此基础上，精心筹划我们的研究方案

关于中国科学技术发展史的规律，李约瑟、金观涛、董英哲等先辈都有比较一致的论

---

① 金景芳讲述：《周易讲座》，长春：吉林大学出版社，1987年，第354页；李建华：《伦理学与公共事务》第4卷，北京：北京大学出版社，2010年，第113页。

说，人们普遍认为，中国传统科学技术发展历史呈现出阶段性的高潮，这是一个非常重要的特点。

　　辩证唯物主义认为，事物在发生根本质变之前，总的说来系处于量变过程中。不过，在总的量变过程中，却包含着部分的质变，表现出了量变的阶段性与复杂性。而部分质变的发生，一般会使客观事物的发展运动过程出现新局面、新气象和新形式，因而出现一些新的特点，标志着过程出现了一个新的阶段。所以，总的量变过程中的部分质变反映了客观事物不仅在新旧事物之间，而且在同一事物、同一过程的各个发展阶段之间，都是阶段性与连续性的统一。据此，科技史界对中国传统科学技术思想史的分期形式多样，以按照历史过程来划分阶段的学者而言，董英哲先生将其分为先秦、秦汉、魏晋南北朝、隋唐宋元、明清，李瑶先生将其分为春秋战国、秦汉、魏晋南北朝、隋唐五代、宋辽金元、自明初至清中叶，袁运开和周瀚光二位先生将其分为原始社会、夏商西周、春秋战国、秦汉、魏晋南北朝、隋唐五代、宋元、明代、明末清初、清代等。基于对中国传统科学技术思想史发展过程及其阶段性特点的理解不同，每个人的分期都有道理，互有短长。我们认为，不管怎样分期，它一定要反映中国传统科学技术思想发展历史的内在规律。那么，中国传统科学技术思想史发展的内在规律是什么呢？经学界同仁的深入研究，大家一致认为中国传统科学技术思想史在总的"稳缓地前进"趋势下，呈现出阶段性的高潮，有大高潮，也有小高潮，此起彼伏，因而为我们展现了一幅波澜壮阔的历史画卷。对此，金观涛先生特别绘制了图 6-2，把中国传统科学技术思想呈阶段性高潮的发展特点非常清晰地展示了出来。

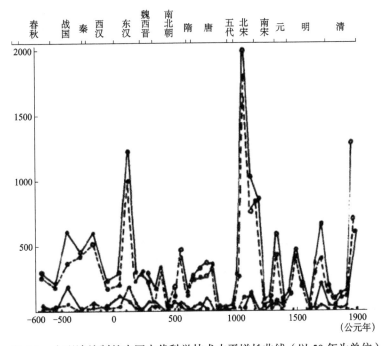

图 6-2　金观涛绘制的中国古代科学技术水平增长曲线（以 50 年为单位）

与图 6-2 相对应，我们将中国传统科学技术思想史的发展阶段分为：中华文明"前轴心时代"的科学技术思想史研究，对应于图 6-2 中的 -600 年之前；"轴心时代"诸子科学技术思想研究，即图 6-2 中的春秋、战国时期，这是一个高潮期；秦汉科学技术思想史研究，对应于图 6-2 中的秦、西汉、东汉时期，这是第二个高潮期；魏晋南北朝科学技术思想史研究，对应于图 6-2 中的魏西晋、南北朝时期，这是一个小高潮期；隋唐五代科学技术思想史研究，对应于图 6-2 中的隋、唐、五代，这是又一个小高潮；两宋科学技术思想史研究，对应于图 6-2 中的北宋和南宋，这是中国传统科学技术思想发展的最高潮，故我们将它独立为一个发展阶段，迄今为止，我们还没有看到这样进行分期的中国传统科学思想史著作；金元科学技术思想史研究，对应于图 6-2 中的元，这个阶段出现了两次小高潮；明及前清科学技术思想史研究，对应于图 6-2 中的明，这里出现了一次高潮；中国近代科学技术思想史研究，对应于图 6-2 中的后清（1840—1912），这个阶段出现了中国传统科学技术思想史的最后一次高潮。此外，由于从唐至宋，中国传统科学技术思想史逐步走向古代历史发展的顶峰，为此作出突出贡献的科学家，除了中原王朝之外，当时的周边国家和地区都积极推动着古代科学技术思想的进步，他们理应是这个整体中的一个部分。因此，我们独立规划了"吐蕃南诏大理突厥及辽西夏科学技术思想史研究"这个研究单元。可见，我们的规划基本上客观反映了中国传统科学技术思想发展历史的内在规律，具有一定的科学性和可行性。

（三）第三步是如何撷取中国传统科学技术思想史中的代表性人物和著作

这是一个比较复杂而且是目前科学思想史界还没有完全解决的大问题。因为这里涉及对中国传统科学技术思想史的分类和对其性质的认识问题，故人们采取的态度都比较慎重。例如，郭金彬先生的《中国传统科学思想史论》一书分为数学、物理学、化学、天文学、地学、生物学、农学和医学 8 门学科，李烈炎和王光二先生合著的《中国古代科学思想史要》分为农业、医学、度量衡、乐律、历法、数学和理学（属于哲学）7 门学科，前者用近代学科的分类体系来解读中国传统科学思想的发展历史，后者用中国固有的学科体系来解读中国传统科学思想的发展历史，两者各有千秋。如众所知，中国传统科学技术思想史实际上分为科学思想史与技术思想史两个有机组成部分，过去人们在很长的一段历史时期过于关注科学思想史的研究，对技术思想史则有被忽视之倾向。2004 年 5 月，王前先生出版了《中国技术思想史论》一书，这是"中国科技思想研究文库"中的一部，由于此书是以观念形态的演变为骨架来书写的，所以看不出中国传统技术思想发展的历史阶段，不免让人略感遗憾，但它对中国传统科学技术思想史的完整呈现却十分给力。同年 11 月，刘克明先生也出版了他的博士论文，书名是《中国技术思想研究——古代机械设计与方法》，与王前先生的著述相似，刘克明先生的著作亦是以逻辑的形式呈现，很难看出中国技术思想发展的历史脉络，这个现象反映了这门学科还远远没有成熟。《左传》有一句名言说"筚路蓝缕，以启山林"，讲的是创业与拓荒之艰难，所以王前、刘克明对中国技术思想史这门学科的艰辛创业，其精神可嘉，我们真心向他们表示敬意。

然后，我们再回过头来综合分析，无论是科学思想史还是技术思想史，都没有能够彻底解决中国传统科学技术思想史的性质问题。比如，像星占、堪舆、房中术之类的精华与糟粕杂糅并见的学科，究竟应该不应该批判性地被纳入到中国传统科学技术思想史的体系之内，就是一个有争论的课题。前举葛兆光先生主张研究科学技术思想史不能割舍方技学，而英国剑桥李约瑟研究所前所长何丙郁先生则对中国古代的方技学及"怪变"现象尤其关注。例如，何炳郁先生说："我在翻阅各种古籍的时候，发现一些神怪性的记载，亦曾试图找寻解释，结果发现许多所谓神怪的记述事实上都自有一套道理。"（参见氏著《古籍中的怪异记载今解》一文）新加坡国立大学的林徐典教授曾经向该校理学院建议开设"算命"这门"科学"，等等。何丙郁先生提示说："我们不该单纯站在现代的立场，而忽略了历史的背影，来探讨古代的事情，更不应仅站在西方文化所建立的现代科学来判断基于不同文化的传统科技。"（参见氏著《从另一观点看中国传统科技的发展》一文）这些说法未必都适合中国国情，但他认为研究科学技术思想史不要"忽略了历史的背影"，确有道理，对我们也颇有启示。因此，依据上述观点，我们便有信心从广义的科学角度来重新审视中国传统科学技术思想历史的发展，并适当地拓宽其研究领域。

研究思想史总要辩证地看问题和历史的看问题。我们一方面反对"站在西方文化所建立的现代科学来判断基于不同文化的传统科技"，另一方面，我们也不能无原则地将思想史的研究范围无限扩大，将其变成一门科学文化史。有基于此，我们特将依据钱学森老前辈生前所规划的"现代科学技术体系结构"，追溯其相应学科的历史源流，相应地梳理出中国传统科学技术思想发展历史的学科体系。我们认为这个方案是科学的，同时也是可行的。先看表6-1，这张表是钱学森老前辈在1983年3月28日提出来的，收录在氏著《人体科学与现代科技发展纵横观》一书中。[①] 当然，钱学森关于"现代科学技术体系结构"的认识前后略有变化，但主体思想没有改变。在此，我们之所以看好钱学森的这张体系表，并且还以此为据来重构中国传统科学技术史思想史体系，主要是基于如下几个方面的考虑：第一，这张体系表既现代又传统，其传统性方面表现为保留了古代特别是近代以来的学科分类，同时又增加了"新三论"这样的现代高端科学学科。第二，更符合中国的科学技术发展历史的客观实际，例如，"人天观"和"人体科学"就颇有中国传统科学风格，因为前已述及，"人天观"或者说"天人关系"是中国传统科学技术思想发展史的首要问题。第三，体现了综合、交叉的现代科学技术发展的特点，而它也更能体现中国传统科学技术思想"以博物"为特色的历史发展状况。于是，我们就在钱学森建构的"现代科学技术体系结构"内去选取能够代表中国传统科学技术思想发展特点的科技人物和科技著作。比如，清代学者董德宁曾说："道书之古者，《道德》《参同》《黄庭》也。"从学科的角度，把《道德》归于哲学，《周易参同契》归于化学，然《黄庭经》归于哪个学科？过去不好

---

① 钱学森：《人体科学与现代科技发展纵横观》，北京：人民出版社，1996年，第52页。

界定,现在用钱学森的"现代科学技术体系结构"一对比,将其归于"人体科学"再合适不过了。于是,像北宋的张伯端、南宋的白玉蟾、金元时期的王重阳等,都可以从"人体科学"的角度去诠释他们的思想。此外,"人天观"至少包括天人之分与天人合一两个方面,其中天人之分与否定鬼神的思想具有内在联系,据此,我们注意把那些影响比较大的无神论者作为科学思想史研究的一个重要组成部分,进行专门研究。当然,作为天人合一思想的代表如董仲舒、二程等,我们也给予一定的地位。其他如名家、阴阳家等的思维科学,孙子、李筌等的军事思想等,我们都同样予以高度重视,尽量完整地呈现中国传统科学技术思想史的发展全貌。

表 6-1 现代科学技术体系结构

	桥梁	基础科学	技术科学	工程技术	科学部门	
马克思主义哲学	自然辩证法	理、化、天、地、生	应用力学、电子学	水利工程、土木工程	自然科学	Natural Science
	历史唯物主义	……	?	?	社会科学	Social Science
	数学科学	……	计算数学		数学科学	Mathematical Science
	系统论	系统学	运筹学(控制论)	系统工程	系统科学	Systems Science
	认识论	抽象(逻辑)思维、思形象(直感)思维、维灵感(顿悟)思维、学信息学	模式识别科学方法	人工智能等	思维科学	Cognitive Science
	人天观				人体科学	Anthoropic Science
	军事哲学	军事科学		军事系统工程	军事科学	
	美学				文学艺术	

(四)第四步是当把需要研究的人物选好之后,接着就是如何将每位科学家的科学思想比较全面和客观地揭示出来

此为整个研究课题的神经中枢,这里一旦出了问题,将直接影响到本课题的质量,所以绝不能掉以轻心。人物研究是个很传统的课题,《史记》的体例是以人为主,用梁启超的话说,整个正史就是以人为主的历史。而对于科技思想史以人物为对象来书写的好处,梁启超有一段精辟的阐述,他说:

> 每一时代中须寻出代表的人物,把种种有关的事变都归纳到他身上。一方面看时势及环境如何影响到他的行为,一方面看他的行为又如何使时势及环境变化。在政治上有大影响的人如此,在学术界开新发明的人亦然。先于各种学术中求出代表的人物,然后以人为中心,把这个学问的过去、未来及当时工作都归纳到本人身上。这种作法,有两种好处:第一,可以拿着历史主眼。历史不外若干伟大人物集合而成。以

人作标准，可以把所有的要点看得清清楚楚。第二，可以培养自己的人格。知道过去能造历史的人物，素养如何，可以随他学去，使志气日益提高。[①]

对于科学人物的研究，梁启超的看法固然重要，但对于本课题而言，最核心的任务是通过一个个具体人物的研究，能够比较深入地探讨中国传统科学技术思想史发展的客观规律，并在此基础上去回应和回答"李约瑟难题"或"王琎之问"。所以我们还必须坚持唯物史观评价历史人物的基本原则，即把中国古代和近代的杰出科学人物置于时代的条件之下，对他们的成就和不足应当根据当时的历史条件进行具体的、历史的和全面的研究分析，既不能将他们看得完美无缺，又不能过分苛求于前人。总之，评价历史人物必须实事求是，一方面，不能离开当时的历史条件把古代和近代的杰出科学人物任意拔高，过分赞誉，甚至将他们理想化，忽视或否认其历史局限性；另一方面，也不能用现在的标准去衡量和要求中国古代和近代的杰出科学人物，更不能像"西方科学史家曾经很普遍地将现代的思维模式投射到他们的主人公身上，而将现在显得是非科学的部分看成无意义的或不重要的而径自抛弃"[②]。

（五）第五步是总结中国传统科学技术思想发展历史的经验、教训、特点和地位，同时回应"李约瑟难题"或回答"王琎之问"

对于中国传统科学技术思想的主要经验，学界已经讨论得非常深入了，有从社会层面讨论的，有从国家和政府层面讨论的，有从个人层面讨论的，还有从传统文化等层面讨论的，方方面面的观点和看法，异彩纷呈，百花竞艳，体现了中国传统科学技术思想史研究领域的学术活力。不过，我们认为，在总结中国传统科学技术思想的成就时，应当考虑科技管理的作用，尤其是要注意对那些在政府型科学研究过程中所产生思想的解读与阐释。在政府型的科研过程中，科学家个人与其特定公共空间的关系，目前学界研究得还不充分，正是在这个环节，我们将进行一定的创新性研究（具体内容见后）。由于中国传统科学技术思想发展没有历史性和自主性地从古代阶段进入到近代化阶段，于是人们对它进行了各种各样的反思和拷问。确实，我们需要不断对中国传统科学技术思想所固有的文化价值体系进行深层的剖析与审视，李约瑟博士曾说："假使说中国并没有产生一个亚里士多德，那是因为，阻碍现代科学技术在中国发展的那些抑制因素，早在中国可能产生像亚里士多德那样的人物以前就已经开始起作用了。"[③]那么，究竟是哪些"抑制因素"阻碍了中国传统科学技术的近代化历程呢？我们在此想转述杨振宁教授的说法，因为他的观点比较有代表性。其主要论点有五：中国的传统是入世而不是出世的，所以比较注重实际，而不注重抽象的理论架构；中国的科举制度不利于科学的发展；中国人的普遍观念是技术不重

---

① 梁启超：《中国历史研究法》，北京：东方出版社，2012年，第145页。

② 林力娜：《意大利百科全书"中国科学史"序》，《法国汉学》丛书编辑委员会编《法国汉学》第6辑《科技史专号》，北京：中华书局，2002年，第12页。

③ ［英］李约瑟著，《中国科学技术史》翻译小组译：《中国科学技术史》第1卷第1分册《总论》，北京：科学出版社，1975年，第40—41页。

要，认为是"奇技淫巧"；中国传统的思维是以归纳法为主，缺乏推演式的思维方法，而两者都是近代科学不可或缺的基本思维方式；《易经》所阐扬的"天人合一"观念，阻碍了人们的科学思维。此言一出，立刻遭到国内学界的强烈质疑，尤其是对上述第 5 个观点，屡被网友吐槽。我们知道，"人天观"本身是一个非常复杂的问题，钱学森先生在前面讲到的"现代科学技术体系结构"里，"人天观"没有对应的基础科学，即说明了以天人合一为内质的《易经》，确实还不能担当"人天观"的基础科学或者技术科学之重任。一方面，"天人合一"的思想体系十分完备；另一方面，"天人之分"的思想不成体系。所以，如何理解"人天观"与辉煌的中国传统科学技术思想成就之间的内在关系，应是我们在研究过程中需要回答的问题之一。至于中国传统科学技术思想的特点和地位，一般学者趋同于下面的认识：中国古代的辉煌科学思想成就，是在朴素辩证的元气论自然观的指导下取得的；中国传统科学技术思想重视实践经验总结，轻视理论概括与抽象；侧重于研究整体性，研究协调与协同；将自然法则引入社会，认为社会事件及人事活动亦遵循自然法则。当然，只要我们深入到中国传统科学技术思想历史的内部，仔细分解其内部各个元素之间的相互关系，就会发现现代科学技术发展越来越靠近中国传统科学技术的核心理念，正如普利高津所说："中国传统学术思想着重于研究整体性，研究协调与协同。现代科学的发展更符合中国的哲学思想。"[1]这不是美言，而是事实。从这个角度讲，中国传统科学技术思想的复兴之梦并不遥远，故有学者坦言："随着思维材料的变化，中国古代的科学思想也将改变其形式，使之能同强大的信息产业挂钩，形成信息时代的指导思维方式。"[2]在这种历史背景之下，"西方科学应当从东方吸收新的营养，而东方也必须用西方高度发展的科学技术武装自己"[3]，未来科学技术的发展必然是中西科学相互交融，这是不以人的意志为转移的历史趋势，因此，只有西方近代科学思想与中国传统科学技术思想相互补充，而不是相互对立，才能真正维护并推进人类科学文化思想的多样性，因为科学文化思想的多样性是人类科学思想得以进步和发展的主要动力，这便是中国传统科学技术思想史研究的最终结论。

二、研究视角

（一）中国传统科学技术思想通史的研究视角

从学科的相互关联度讲，科学技术思想史与科技哲学、科技史、思想史的关联程度最高，对于科学技术思想史这种"多边性"特色，董英哲先生曾有论述。因此，考察中国传统科学技术思想发展的历史过程，首先须从上述三个学科的角度着眼和入手，其次还有科学社会史的角度和史学史的角度。

---

① 湛垦华等：《普利高津与耗散结构结构理论》，西安：陕西科学技术出版社，1982 年，第 6 页；[比] 普利高津：《从存在到演化》，上海：上海科学技术出版社，1986 年，第 3 页。
② 张家诚：《地理环境与中国古代科学思想》，北京：地震出版社，1999 年，第 136 页。
③ 张家诚：《地理环境与中国古代科学思想》，北京：地震出版社，1999 年，第 139 页。

（二）从科技哲学的角度分析中国传统科学技术思想发展的历史

科学哲学诞生于 19 世纪，如众所知，近代哲学始于弗兰西斯·培根，他使哲学从自然科学中分离出来。进入 19 世纪，科学技术飞速发展，尤其是细胞学说、能量守恒与转化定律、进化论的发现，为马克思和恩格斯创立自然辩证法创造了坚实的物质基础。自然辩证法既是马克思主义的自然哲学，也是马克思主义的科技哲学。1956 年，在我国制定的科学发展远景规划中，正式创立"自然辩证法"这门学科。1990 年，改"自然辩证法"学科为"科学技术哲学"。当然，在此之后，西方又出现了以逻辑实证主义与技术自主论相结合的科技哲学。而我们在本课题研究中，取"自然辩证法"与西方科技哲学相结合的角度。

自然辩证法是一门处于自然科学和哲学社会科学边缘的交叉学科，所以它具有百科全书式学派的基本特征。改革开放以后，科学哲学成为自然辩证法改革开放的窗口，当时波普尔、库恩、爱因斯坦、瓦托夫斯基、费耶阿本德等西方科技哲学名家的著作相继翻译出版。对国内学术界影响较大的科技哲学思潮有波普尔的"科学的证伪"、库恩的"科学的历史性"及费耶阿本德的"科学的多元化"等。其中"科学的多元化"视角是我们进行中国科学技术思想观察和分析的主要切入点。

目前，文明多元论已经成为学术界的主流，如"中华文明多元一体"论、"中华文明的多元通和模式"、"中华文明多元复合发展"观等，获得学界的广泛认可即是明证。所以中国传统科学技术思想发展的"多元性"，是我们牢牢把握的一根主线，同时，我们还要从实际出发，看到中国科学技术思想发展的不平衡性。在此基础上，我们首次提出了"中国传统科学技术思想发展具有多元不均衡的显著特征"这个观点。当然，对于这个观点的论证，我们将在后面集中进行，这里从略。

（三）从科技史的角度分析中国传统科学技术思想发展的历史

科学史研究有内外之分，一般而言，"内部史"注重对自然科学体系发展过程的分析，而"外部史"则注重对科学理论产生的思想源流和社会背景的分析，二者互有短长。正如有学者所分析的那样：

> 就纯粹的内史而言，是将科学史看成科学自身的历史，而外史研究要求将科学史看成整个人类文明史的一个组成部分。由于思路的拓展和视角的转换，同一个对象被置于不同的背景之中，它所呈现出来的情状和意义也就有了相当的差异。这种差异导致了两种研究方式的对立。[①]

因此，现在科学史的发展趋势是走向内史与外史的综合，而这种综合研究便成为我们书写中国传统科学技术思想史的一个重要角度。对于这一点，台湾著名思想史家韦政通教

---

① 马来平等：《理解科学——多维视野中的自然科学》，济南：山东大学出版社，2003 年，第 336 页。

授在批评美国著名学者许华滋的中国思想史研究方法时，曾颇有感慨地说："许氏对那种把思想史当做一种单单只与思想本身发生关系的自主过程，根本不牵涉到它与其他学科关系的研究，表示反对。如果他所说的思想自主过程，是指思想史的内在发展，我认为并没有反对的必要，因为能把这一面的问题彻底弄清楚，也极其重要，它本来就是思想史的主体。如能辅之以其他领域的知识和观点，可以使主体部分的问题看得更清楚，但毕竟不能代替主体。一部接近思想的思想史，最好是做到内外兼顾，尽可能充分注意二者之间的互动关系。这种理想如只处理一个断代的研究，比较容易达到，用来处理几千年的思想史，就一定难以做到圆满。"[①]

在这里，韦政通教授肯定了采用"断代研究"能较好地解决"内外兼顾"的问题，这是一种非常有远见卓识的观点和主张。前面讲过，中国传统科学技术思想史的书写，有多种多样的形式，而每一种书写形式都有自己的特点和长处。如王琎在《中国之科学思想》一文中提出了"吾国科学思想有可发达之时期六"和"惟其来也如潮，其去也如汐，旋见旋没、从来未有能持久而光大之者"的观点。在他看来，"六个时期"即"学术原始时期（先王至西周）、学术分裂时期（春秋战国）、研究历数时期（两汉及魏晋）、研究仙药时期（南北朝及唐代）、研究性理时期（宋）及西学东渐时期（明清）"，而此"六个时期"呈"旋见旋没"的波浪式发展态势。可见，除了研究的偏向和特点不同外，中国古代科学技术发展在性质和数量上并没有显著的差异，呈周期性的震荡。王琎把各个历史时期科学技术发展的主要特征都一一指明了，在王琎看来，我们不能简单地以统一还是分裂社会来划分其科学技术发展的水平高低，因此，王琎将"两汉与魏晋"视为一个历史阶段，汉代是一个大一统时期，而魏晋则是一个分裂和战乱时期，可是我国美学大师宗白华先生就非常推崇魏晋时代的文化氛围，他说："汉末魏晋六朝是中国政治上最混乱、社会最苦痛的时代，然而却是精神史上极自由、极解放、最浓郁热情的一个时代。因此也就是最富有艺术精神的一个时代。"[②] 当然，也是一个最具有科学创新的时代。

然而，与王琎用粗线条来描绘中国科学思想之发达历史的研究进路略有不同，英国著名的中国科技史专家李约瑟博士在 1954 年出版了《中国科学技术史》第 1 卷。在这部著作里，李约瑟通过大量的史实考证，条分缕析，不仅对中国科学技术历史进行了长时段和系统性的宏观考量，而且更从质和量两个方面对其每个历史时段的科技成果进行了细致的比较和微观的描述，进而得出了"每当人们在中国的文献中查考任何一种具体的科技史料时，往往会发现它的主焦点就在宋代"[③] 的结论。在此观点的影响和启发下，自 20 世纪 80 年代起，以金观涛、樊洪业、刘青峰等学者为代表，"宋朝科技顶峰论"逐渐形成为史学界的主流思想，迎合者日众，当然，质疑声也不断。谁都无法否认，宋朝在国土资源不断被分割的历史环境里，不仅没有中断中华文明的历史传承，反而创造了科学技术的空前灿

---

① 韦政通：《中国思想史》上，长春：吉林出版集团有限责任公司，2009 年，第 5 页。
② 宗白华：《美学与艺术》，上海：华东师范大学出版社，2013 年，第 174 页。
③ ［英］李约瑟著，《中国科学技术史》翻译小组译：《中国科学技术史》第 1 卷第 1 分册《导论》，北京：科学出版社，1975 年，第 112 页。

烂与辉煌，确实令世人震惊。

毫无疑问，王琎先生的科学思想史书写在当时是一个体例创新，他虽然仍以时间为经，却没有按人物做流水账式的陈述，而是以哲学知识类型为纬，将科学思想史的发展归为6种类型史。受其影响，如王前先生的《中国技术思想史论》也采取了这种书写方式。不过，这种书写方式对处理像"宋朝科技顶峰论"这样的大问题就有点儿难以应付。另外，还有许多中国科学思想史采用一般的"通史"体例，且多偏重于科学思想史的内在发展，在这样的书写格局下，科学思想史的社会性往往被忽视了，故其对科技人物的思想形成与演变便不容易作深入的理解和体悟。基于以上考虑，我们重点从内外综合的视角来考察宋代科技高峰的形成机制问题，结果发现科技管理在此之中发挥着关键作用。于是，我们综合各种因素，构造了"宋型科技思想管理模式"，对科技思想进行管理，有开放与抑制两种方式，而宋代则较好地实现了两者的结合，但开放性是矛盾的主要方面。所以，对宋代有助于科技创新的科技思想管理经验，认真加以总结，无疑是中国传统科学技术思想史课题责无旁贷的学术研究责任。

（四）从思想史的角度分析中国传统科学技术思想发展的历史

有人说，思想的历史就是个体或群体经历的回忆。因此，思想家的思想是思想史研究的主要对象，而思想家思想发展的轨迹则是人类思想史的基本脉络。对于思想史的研究方法来说，一定要用联系的、发展的观点看待历史和思想，善于描绘思想发展的曲线，分析核心概念的变化。侯外庐先生在思想史研究方法上有两点很宝贵的经验：一方面，用科学的方法从古文献中发掘历史的隐秘，尽力发掘不被一般论著所重视的思想家；另一方面，关心历史上疑难问题的解决。用这样的思想视角，我们初步考察了中国传统科学技术思想史的发展历史，确实发现了不少"不被一般论著所重视的思想家"，如远古时期的伯益、后稷，商代的盘庚、傅说，春秋战国时期的子思，汉代的张角，魏晋时期的许逊，南北朝时期的甄鸾、道安、僧肇，隋朝的杨上善，北宋的释智圆等，在此前提下，我们亦关注"王琎之问"或"李约瑟难题"。当然，侯外庐先生对于思想史的研究，始终坚持学术自觉的原则。所以，有学者这样评价他研究思想史的方法：

> 在面对研究对象时，真诚地完整地说明自己的理论选择，呈现出自己怎样提问，如何解答问题的全部语境，这既是谨守学术道德的表现，也是学术自觉的表现。对自己的学术研究有自知之明，并坚信其价值，在这种情况下，诸多分散的具体的学术观点获得了一贯的整体的意义。[①]

可以肯定，"使诸多分散的具体的学术观点获得一贯的整体的意义"，应当是思想史书写的要义，否则观点分散甚或相互矛盾将直接折损思想史研究的价值，从而影响研究质

[①]　谢阳举等：《中国思想史研究》，北京：中国社会科学出版社，2012年，第65页。

量。此外，李良玉先生还讨论了思想史研究的方法体系，而组成这个体系的具体元素有搜集史料、验证、对比、解读、多思、多读、求是，这些方法便"构成思想史研究的全面的灵动的方法论系统"①。李良玉的思想史研究方法给我们的课题研究以许多实际的指导和帮助，例如，在"多读"方法中，李良玉提出了"三分史论，七分史料"的观点。他认为，"史论著作是前人研究的心得，它为我们提供入门的线索和理解的成果。这是一种参考，但不能代替阅读史料。只有通过搜集和检阅史料，才能发现前人认识的偏差，才能发现新的意义和新的领域"②。这样，在积极"搜集和检阅史料"的基础上，"使诸多分散的具体的学术观点获得一贯的整体的意义"，就成为我们研究中国传统科学技术思想史的重要指南。

（五）从科学社会学的角度分析中国传统科学技术思想发展的历史

科学社会学是诞生于 20 世纪 30 年代末的一门年轻学科，1935 年，美国社会学家默顿在《十七世纪英国的科学、技术和社会》一书中，首次提出科学作为一个社会系统的认识。1939 年，贝尔纳出版了《科学的社会功能》一书，全面阐释了科学的外部关系与内部问题。因此，所谓科学，在默顿等人看来，就是"科学——作为一项带来了文化和文明成果而正在进行的社会活动——与其周围的社会结构之间动态的相互依赖关系"，而"科学与社会的相互关系正是科学社会学所要探究的对象"。③简言之，科学社会学就是研究科学与整个社会即经济、社会、技术等方面的相互关系。在这里，我们需要把科学史的外史研究与科学社会学的研究路径作一区分。科学史的外史观把科学亦视为一种社会现象，它强调科学史研究重在揭示社会影响科学发展的历史规律，与之略有不同，科学社会学更侧重于探究科学对社会所产生的各种影响，尤其是负面影响。由此出发，有一批科学社会学的学者专门致力于对科学负面功能的研究，当然，他们研究的目的不是扩大这种影响，而是想方设法促使科学既能趋利避害又能高速发展。

在中国传统社会的特定背景下，科学往往是一种特殊的政治学。以天文学为例，江晓原教授曾说，《尚书·尧典》记载了帝尧的为政之要，其为政的唯一政务便是任命羲仲、羲叔、和仲、和叔 4 人去往东、南、西、北四方观测天象以定历法。《尚书·舜典》记载舜帝的第一项政务亦是"在璇玑玉衡，以齐七政"等，所以"这一现象只能从天学与古代政治的特殊关系去理解（大体说来，越是远古这种关系越密切）"④。另外，还有水利与政治的关系亦很密切。20 世纪 90 年代，"水利政治"这个概念首先出现在沃特伯里的《尼罗河谷的水利政治》一书中。而在中国远古时代有大禹治水的传说，甚至大禹由于治水的功绩被各部落拥戴为首领，并建立了夏朝，这实际上就是"水利政治"的萌芽。王建革教授著《水乡生态与江南社会：9—20 世纪》（2013）一书，他用科学社会学的研究视角，将"水利政治"这个概念引入到坝堰生态社会的话语中来，比较深刻地分析了水利与政治、

① 李良玉：《思想启蒙与文化重建》，长春：吉林人民出版社，2001 年，第 28 页。

② 李良玉：《思想启蒙与文化重建》，长春：吉林人民出版社，2001 年，第 31 页。

③ ［美］罗伯特·K. 默顿著，唐少杰、齐心等译：《社会理论和社会结构》，南京：译林出版社，2008 年，第 687 页。

④ 江晓原等：《中国天学史》，上海：上海人民出版社，2005 年，第 241—242 页。

水利与社会的关系。由此我们在选择隋唐时期的科学技术思想典籍时，特意将"敦煌写本唐开元水部式"作为一节，专门探讨国家与水利的关系，以及水利法思想的意义。可以说，我们是以科学社会学为其研究角度的。

（六）从史学史的角度分析中国传统科学技术思想发展的历史

20世纪初，梁启超不仅提出了"新史学"的主张，而且还首次倡导建立"中国史学史"体系。1922年，他在《中国历史研究法》一书中正史提出了"史学史"的概念。之后，范文澜、吕思勉、张尔田、陈垣、刘文典、傅振伦等先辈为中国史学史的发展作出了重要贡献。新中国成立后，我们用唯物史观指导史学史的研究，取得了巨大成就。改革开放以来，人们在坚持唯物史观的前提下，开始比较广泛地吸收世界上进步的史学理论和史学史方法，用以研究中国古代历史，如西方叙事学、文本阐释学、历史主义、社会史、知识考古学、比较法等。如果把这些方法和传统的考证法、归纳法、综合法及理论分析法结合起来，那么，它必将对中国传统科学技术思想史研究产生积极影响。

以福柯创立的知识考古学为例，福柯认为，一门科学就是一种话语，因此，"知识考古学"也就是话语考古学，它侧重考察各种话语的生成历史及生成机制，这种对历史现象的解读需要大的研究视野。其要点是用不断更新的现代科学理论与方法回过头去重新审视和反思过去的知识，从中发现新的和有价值的东西，进而"使我们意识中的知识量以及知识的正确性乃至知识的价值不断提升"[1]。中国传统科学技术思想史留下了大量有形和无形的文化资源，如何对这些文化资源进行整理和解读，确实需要更多元的研究路径。当然，无论怎样，对中国传统科学技术思想史进行客观的、符合当时思想史发展环境的研究和判断，这种历史主义的方法一定是我们首要的和基本的研究方法。

三、研究路径

由于本课题的复杂性和特殊性，我们设计的研究路径，如图6-3所示。

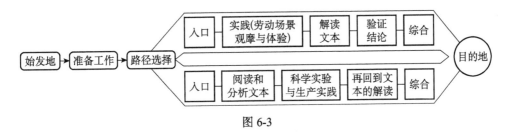

图6-3

下面对路径中的诸环节略作解释。

始发地：就是我们目前的状态，筹划中国传统科学技术思想史的研究方案。

---

[1]　曹兵武：《考古与文化》，北京：中华书局，2012年，第26页。

准备工作：实际上这是任何科学研究的基础。这里大致可分为几项内容：第一，组织团队，课题组成员分工等；第二，收集与课题相关的第一手史料，包括原著（选择我们认为可用的版本）、调查数据、文物资料、各种考古实物图片等；第三，详细考察国内外关于本课题的研究现状，尽量全面掌握其原始文献；第四，思考研究的主要线索及所要解决的问题，建立起必要的问题意识，论证解决问题的现实可能性；第五，实践场所的选择及确定能够提供研究过程中所需验证性实验的合作单位。

路径选择：中国传统科学技术思想史的学科交叉性较强，涉及的学科比较多，而每一门学科又都有自己的内容特点，这就决定了我们的研究路径不可能是单一的。比如，中医药与炼丹，具有较强的实验性，对古人的结论需要进行验证，而农业、养生等学科则需要亲自劳动体验，因而两者的入口不同，研究途径也各异。

（一）第一条路径：研究农业、养生、建筑、机械制造等学科

第一步，实践（劳动场景观摩与体验）。中国古代以农立国，在中国近代化之前的漫长岁月里，中国的产业经济主要有农耕与游牧两种类型，而农耕经济又占据优势，它是中华文化赖以生存和发展的主要经济基础。从氾胜之到徐光启，农学杰出人物在总结广大劳动人民生产实践经验的基础之上，创造了丰富的农业思想。然而，思想来源于实践，所以为了能正确解读中国古代的农业文献，我们的课题组相关成员必须深入实际，进行角色转换，亲自到有代表意义的南北方民俗村或实验场所体验或观摩其农业生产劳动的全过程，形成必要的感性认识。其他如建筑思想及机械制造思想等均仿此，过程叙述略。

第二步，当形成了一定的感性认识之后，回过来再从劳动者的角色转换为研究者的角色，进入解读文本阶段，这条路径实际上是从实践到理论。诚如李良玉先生所言，解读是思想史研究中最重要的环节，因为"思想史研究正是通过对思想的历史内容和历史线索的叙述，通过思想遗产与现实生活的密切关系的叙述，来实现文化的积累和思想的增值"[①]。这里，需要解决两种"理性认识"的对话：一种是过去的理性认识；另一种是现代或当下的理性认识。可以肯定，我们所要解读的文本，即我们研究过程中的"被解读者"，都是过去的某些思想成果，它们是"作者根据特定社会历史背景，特定事物的运动过程与规律，并且遵循特定的思维方式和心路历程，进行思想的抽象和提升的结果"[②]。与此不同，"解读者"都是生活在当代的学者，一般而言，"随着物质生产的发展和社会生活方式的变化，人们的表达方式和内容会有变化，实际生活绵绵泉涌的新的语言和文字符号，总是附载着当代生活的诸多信息，它们与思想遗产的语言信息会有一定差异。因此，每经过一定的历史阶段，人们就需要运用当代语言，重新解释过去的某些思想成果，也就是使它们的内容当代化，成为当代人能够理解和接受的东西"[③]。这是一项非常艰巨的任务，也是本课

---

① 李良玉：《思想启蒙与文化重建》，长春：吉林人民出版社，2001年，第26页。
② 李良玉：《思想启蒙与文化重建》，长春：吉林人民出版社，2001年，第26页。
③ 李良玉：《思想启蒙与文化重建》，长春：吉林人民出版社，2001年，第26页。

题的价值所在。然而，在"被解读者"与"解读者"之间天然存在着一段时空距离，因此，如何缩小这段距离，就成为我们需要解决的关键问题。而把握下面几个原则是解决上述问题的钥匙。对于其具体原则，李良玉先生总结说："解读思想必须遵守原始文本。它是使用当代语言转述因时代阻隔而仍然保留在艰深文字中的历史认识，但是不可因为使用了当代流行语言而发生对这种认识的意义上的损害或添加；它是通过对知识逻辑的心灵体验去探寻前人走过的幽径曲途，但是不能随意为前人重修知识的坦途；它是依据对动机与效果的辩证关系的深刻理解而实现对前人的精神追求的善恶的分析与评价，但是不许因为这种析评对自我生存的善恶性意义而丝毫削弱其应当体现的社会意义。"[①]以上这些具体原则无疑是我们进行本课题研究的指南，它的核心是我们须在尊重客观性的基础上尽量发掘原始文本的思想价值和意义。

第三步，验证结论。作为学术研究的基本要求，我们必须在对原始资料的大量解读和分析的前提下，形成自己的认识和结论。可以说，这是体现本课题研究价值的思想精髓。其验证的途径主要有：第一，对于某些一般性的概念和范畴，检验其是否适用于每个历史时期的思想史发展过程，如果适用，就是正确的；反之，就是不适用的，结论为错误。第二，对于某些验证性实验的具体步骤、使用材料的规范性，以及实验设计是否科学等，都要进行认真考察，看看在实验过程中是否对古人的实验环节有所改变，因为验证实验必须符合古人的本意，客观再现当时的实验场景和过程。在按照古人给出的特定条件下，如果能作出符合实验规范的结论，就证明古人的认识具有科学性，否则，就要进行否定。第三，对于那些既不能证实，也暂时不能证伪的结论，我们采取保留的态度。第四，对于那些有一定合理性但又不全面的认识，我们留给学界去争论。

第四步，综合。这是子课题研究的最后阶段，同时也是最困难的一步。有人说，质性研究（包括科学思想史）是科学与文艺的邂逅，是理性与感性的交集。在这里，研究者除了具备直观、统观、共振、同情式理解、洞见、创意，以及驾驭文字的能力等资质之外，还必须具备优越的才情和良好的科学研究素养，能够借着逻辑组织能力，把各个部分的研究成果进一步整理、剪裁，使之更加系统化和理论化。我们选聘的两位子课题负责人，完全具备上述条件，他们不仅能较好地组织本组成员有序开展科学研究，而且最终一定能出色地完成本课题所设定的研究目标和任务。

（二）第二条路径：研究中医药、炼丹、物理、天文历法等学科

第一步，阅读和分析文本。如何快速进入原始文本所构造的特定场景，这是一个必须认真对待的问题。吴彤教授以炼丹为例，为我们提供了一种有效进入文本研究的模式：从阅读文人的书画入手，发现和寻觅其中的关系。他说："关于炼丹，我们首先是从古代文人留下的诗词中寻觅到这种文人与炼丹的关系的，我们带着好奇走近文人与炼丹，从其中感受他们在炼丹过程中体验到的融入自然的情怀和心境。因此，诗词中包含着文人炼丹的

---

① 李良玉：《思想启蒙与文化重建》，长春：吉林人民出版社，2001年，第26页。

感受和意境，然后，我们再由炼丹的感受性诗词走向炼丹本身的文本，再走向炼丹本身的实践。"[①]这是从感性直观走入科学思想史研究的捷径之一，例如，为了将人们引入古人的炼丹之境，我们可以先阅读王重阳的诗，如《重阳全真集·金丹》有诗云："本来真性唤真丹，四肢为炉炼作团。不染不思除妄想，自然衮出入仙坛。"这样，由文学性的解读逐渐深入到化学性的解读。其他学科亦一样，如研究农业思想者不妨先阅读楼璹、赵孟頫及康熙在《耕织图》中所题写的诗，等等。当然，在这个阶段的行步过程中，我们可以借鉴结构主义分析文本如巴特的结构模式，以及兰克学派的一些方法。汪晖教授认为，文本不是自明存在的，因此，他强调"历史的解释产生于对话关系的建立"[②]，并且主张要恢复文本的活力，"要用各种各样的方法——考证的方法，校勘的方法，历史化的方法，理论化的方法，互文的阅读，文本内部的各种关系的解释，各种各样的调查研究，来让一个文本恢复它的活力，使之变成活的文本"[③]。而我们阅读和分析文本的目的就是"使之变成活的文本"。

第二步，科学实验与生产实践，这个环节需要河北大学医学院、化学学院等单位协助完成。研究科学思想史总要面对古人的经验，有些经验是直接从实验中得来的，那么，古人得出的实验结果可靠不可靠，则需要我们不断重复古人的实验过程。例如，姜生主编的《中国道教科学技术史·汉魏两晋卷》第15章中附录有"'五毒方'的模拟实验"及"单质砷炼制史的实验研究"等，就是很好的先例，鉴于它的特殊重要性，所以才出现了"实验科技史"这门专业学科。由于现代科学技术的发展水平越来越高，很多简单劳动条件下的手工技术都逐渐退出了历史舞台。因此，为了更深刻地理解原始文本的语境和思想内涵，典型的原始生产场景再现很有必要，比如，我们可以从"口述科技史"的角度，去聆听有经验的木工师傅讲解原始手推车及一般家具的生产制作过程。在有条件的情况下，可以组织课题组成员到太行山区的农村，观摩或亲自动手尝试木工画线、锯木、凿卯等劳动程序。还有旧农村为了盖石头屋而辛苦地上山打眼儿、放炮、起石头、抬运等劳作过程。没有劳动体验，就很难理解像盖房这种行为所包含的科学社会思想史意义，如家与宗族传承子嗣的关系等。

第三步，再回到文本的解读。"再解读"（指经典重读）是文学界非常流行的一种文本分析方式，我们认为，这种"再解读"方式也适用于中国传统科学技术思想史的个案分析研究。从前面的研究对象看，中国传统科学技术思想史涉及大量的杰出人物，他们的思想究竟应当怎样呈现？这就需要我们在反复"解读"中，不断提炼其内在的思想价值和意义。我们一再强调科学思想史有内史与外史之区分，一般研究科学思想史是先解决科学自身的内在规律，前面讲到的第二步实际上已经完成了内史的研究，第三步就应当从内史转向外史，即应当用大系统的观点把科学思想的发展与整个社会发展联系起来。由于外史的研究角度比较多，在此，我们仅以当代文学结构主义的"再解读"为例，简要说明一下

① 吴彤：《自然与文化——中国的诗、画与炼丹》，北京：清华大学出版社，2010年，第1页。
② 汪晖：《别求新声——汪晖访谈录》，北京：北京大学出版社，2009年，第65页。
③ 汪晖：《别求新声——汪晖访谈录》，北京：北京大学出版社，2009年，第65页。

"再解读"对于科学思想史研究的重要性。

在古代，我们的很多科学技术著作本身就是一篇篇优美的散文，像司马迁的《史记》、郦道元的《水经注》、沈括的《梦溪笔谈》、徐光启的《农政全书》等。与一般科学思想史解读《农政全书》不同，文学家周同宾在解读《农政全书》时，出现了如下感受，他说："书中的知识，早已普及，早已老化，失去了实际价值。今天，除了史学家，怕没几个人再去读。我倒是从头至尾看了一遍。虽然这不是文学作品，语言也缺少文采，我却读出了滋味。品咂这种滋味，有甜美，有辛酸，有历史感，有现实感，有一种复杂的不好言说的亲切和凄怆。这书，为明代上海人徐光启所编纂。徐原是儒生，一步步考上进士，一步步升为宰相，却始终心系农桑。读《农政全书》，我常常想起我百里外的老家，祖宗的埋骨地。那里仍然贫穷。我时时觉着，我的父老乡亲如今似乎仍生活在《农政全书》的时代。"[①]

当然，我们不必都为徐光启伤感。但是，把《农政全书》看作是"交织着多种文化力量的冲突场域"[②]，却是富有启发性的研究途径。我们的"再回到文本的解读"，所需要的正是这样的研究深度。

第四步，综合，与第一条路径相同，故从略。

第二节　中国传统科学技术思想通史研究问题拟采用的具体研究方法、研究手段和技术路线

一、具体研究方法及其适用性和可操作性

中国传统科学技术思想史的研究方法比较多，但为了突出方法的层级与主次，下面分类叙述。

（一）第一个层次：唯物史观

钱学森老前辈在构建"现代科学技术体系结构"时，把马克思主义哲学看作是最高层次的理论方法，列在其他一切方法之上，认为"最高、最原理、最概括的是马克思主义哲学"[③]。我们赞同钱学森的观点，马克思讲得好："我的辩证方法，从根本上说，不仅和黑格尔的辩证方法不同，而且还和它截然相反。在黑格尔看来，思维过程，即他称为观念而甚至把它变成独立主体的思维过程，是现实事物的创造主，而现实事物只是思维过程的外部表现。我的看法则相反，观念的东西不外是移入人的头脑并在人的头脑中改造过的物质的

① 周同宾：《古典的原野》，北京：人民文学出版社，2003年，第122页。
② 唐小兵：《再解读：大众文艺与意识形态》，北京：北京大学出版社，2007年，第271页。
③ 钱学森：《人体科学与现代科技发展纵横谈》，北京：人民出版社，1997年，第53页。

东西而已。"①至于"物质的东西"对于科学思想产生和发展的影响，唯物史观主张："物质生活的生产方式制约着整个社会生活、政治生活和精神生活的过程。不是人们的意识决定人们的存在，相反，是人们的社会存在决定人们的意识。"②具体而言，它包含着生产力决定生产关系，以及经济基础决定上层建筑的规律。可见，马克思站在人类发展的高度提出了科学的方法论，直到今天都是指导我们从事科学研究的有力武器。

（二）第二个层次：传统史学的研究方法

1. "通"与"变"相结合的方法

《周易·系辞下》说："易穷则变，变则通，通则久。"此处的"通"即贯通，而"变"即变化。刘勰总结文学创作的基本规律时说，文学创作的核心是"通变"，所谓"通"就是"博览精阅"、"总纲纪"和"宏大体"，其中精读前人的学术成果，积极吸收养料；所谓"变"就是"凭情以会通，负气以适变"，讲求在会通中适变，凸显自己的独特思想魅力。不独文学作品，事实上，其他著作亦是这样。也就是说，古人的创作坚持了"通变"原则，那么，我们研究和解读古人的原始文本，也自然应该采用"通变"的方法，以之与其进行对话。

所以，我们所讲的"通"是指整体的历史感，即我们把中国传统科学技术思想史的每一位具体研究对象都置于整体的历史文化背景中去考量和分析。"变"则系指研究对象发展过程中的问题起伏与转折，要之，就是寻找每个研究对象的特点，以及一个研究对象与另一个研究对象的不同，这是由矛盾的特殊性所决定的。

就中国传统科学技术思想通史的研究而言，其"通"的方面主要包括以下三个问题：第一，"王珼之问"或"李约瑟难题"；第二，中国古代科学技术成就远远领先于西方，到近代发展速度相对变缓，但总的趋势还是在前进；第三，"术"与"数"这对范畴贯穿于中国传统科学技术思想发展史的始终，是研究中国传统科学技术思想史的一条轴线，如果抽走了这条轴线，中国传统科学技术思想史就失去了它的本土化特征，因为像阴阳、五行这些概念都是在"术"与"数"这对范畴的运动变化过程中派生出来的。其"变"的方面主要研究"总的量变过程的部分质变"问题，研究中国传统科学技术思想史不同阶段的突出特点，以及杰出科学家的思维个性与其主要成就，等等。可见，"通"与"变"相结合的方法不仅可操作，而且比较适用。

2. 泛读与精读相结合的方法

有的学者也称其为"文献研究法"、"症候式阅读法"等，它是一种古老的科学研究方法。此法的目的是通过搜集、整理、分析文献，从而形成一定的科学认识。中国传统科学思想史需要大量的原始文献和今人的研究成果，要在较短时间内掌握其所研究对象的思想精髓，没有相应的阅读方法是不行的。一般而言，我们讲求泛读与精读的结

---

① 马克思：《资本论》第1卷"第二版跋"，北京：人民出版社，1975年，第24页。
② 马克思，恩格斯：《马克思恩格斯选集》第2卷，北京：人民出版社，1995年，第32页。

合或称整合。精读是指精研细读，属于分析性阅读；泛读是指广泛地阅读，即在有限的时间内大量地阅读、理解较多的材料，掌握更多的信息。我们在实际研究工作中深深体会到，科研效率的提高与泛读涉猎史料的广度密切相关，例如，背景知识的熟悉对于诠释特定科学家的思想形成具有重要意义，因为史料作为凝固的语言，是民族文化、历史与科学技术思想的沉淀，它不可能也不能够脱离社会、历史等人文背景而孤立存在。所以，"博"然后才能"专"和"精"。英国哲学家培根认为，读书有几种方法：浅尝、吞食与咀嚼消化。这里讲的实际上就是"泛读"与"精读"，以及"博"与"专"的关系。元代学者袁桷总结书读不好有五条原因，其中首要一条便是广泛地阅读而无要领。所以泛读是精读的准备，精读是泛读的深化，只专不博，专亦不深，相反，只博不专，博亦无用，两者相互依赖，相辅相成。按照这样的读书原则，我们要求课题组成员阅读原始文献必须是全本，因为今人编辑的许多古典文献，大都经过了删节，有的版本已将书中的星占、堪舆等内容统统删去了，作为面向大众的通俗读本是有益的，然而从学术的角度讲，却难以全面理解原典的思想，所以作为研究用书，我们主张读原始本而不取节选本。

当然，即使是原典，也要根据内容与我们所研究对象的关联度，分泛读和精读来整合原典。

对于阅读原典，我们特别强调针对那些有意义的"隐性话语"应进行"再解读"。恩格斯曾经指出："每一时代的理论思维，从而我们时代的理论思维，都是一种历史的产物，它在不同的时代具有非常不同的形式，同时具有非常不同的内容。"[①]这就要求带着问题对原典进行泛读和精读的整合，注重在现时代语境下，对中国传统科学思想史中所涉及的主要问题，在坚持原典文本思想的前提下，通过对原典文献的重新阐释，进而获得我们的理论依据。简言之，就是当我们面对原典文本进行阐释时，原典文本里面或多或少会参与进了我们自己的视域，而正是由于这个原因，科学研究才能不断进步，原典文本才能常读常新。

3. 独立思考与集体讨论相结合的方法

科学研究需要独立思考，而独立思考是指研究者不依赖于或盲从于他人的思想，并在自主和创造性地认识客观对象的过程中，提出独到的见解。陈白沙先生曾说："读书不为章句缚，千卷万卷皆糟粕。"[②]在陈白沙先生看来，只有"读书不为章句缚"，才能有所创新，才能走向"自得之学"。因此，他总结说："为学当求诸心必得。所谓虚明静一者为之主，徐取古人紧要文字读之，庶能有所契合，不为影响依附，以陷于徇外自欺之弊，此心学法门也。"[③]此"心学法门"指的就是独立思考，就是指科学研究的主见性、独到性、主动性和创造性。"独立思考"需要相对的封闭条件，因为"老在人堆里，会缺少反省的机会；

---

①　《马克思恩格斯选集》第4卷，北京：人民出版社，1995年，第284页。
②　陈白沙：《陈献章集》，北京：中华书局，1987年，第323页。
③　陈白沙：《陈献章集》，北京：中华书局，1987年，第68页。

思想、感觉、感情，也不能好好地整理、归纳"①。当然，独立思考一定要以问题意识为前提，没有问题意识的人很难进行独立思考的探索性研究。

在此，"问题意识"就是指研究者对自己所研究的对象有没有价值和意义的判断及思考。所以，我们可以将"问题意识"分为两段看：一段是"问题"，它是就"问题意识"的客观性而言的，因为研究对象本身总会在研究者的视野里出现困境与问题，而面对困境与问题研究者必须作出积极回应，并进行思考、分析和判断；另一段是"意识"，它是就"问题意识"的主观性而言的，因为研究者面对研究对象必须有敏感性且自觉地去关注、反思、理解和判断。比如，我们在前面讲述本课题的研究框架时，重点突出了对研究对象的"问题陈述"，这些问题有的属于全局性的问题，有的属于阶段性和局部性的问题。对这些问题我们需要在研究的过程中加以解决，并形成自己的独立见解。

独立研究固然重要，这是不是就意味着研究者可以完全把自己封闭起来进行研究呢？当然不是，研究者在整个科学研究过程中，不仅需要自己与自己对话，而且更需要自己与他人对话。从这个意义上说，讨论法即是一种研究者自己与他人进行平等对话的有效方法。不过，我们采取的讨论方式主要是由少数专家组成的小型集体研讨会。我们知道，集体讨论对于科学研究的益处主要是可以启发和活跃人的思维，开阔人的思路，促进人们思考，使新设想不断产生、补充和完善。例如，相比于独立思考，与他人讨论更容易突然形成想法，当年爱因斯坦创立狭义相对论，就得益于跟贝索进行的引人入胜的讨论。此外，在与他人的交流、讨论中，一个人的想法和观点常常会引发其他人的连锁效应，因而人们的观点和想法将会像雪球那样越滚越大。在这里，我们也反对带着自己的感情色彩去讨论问题，谦虚好学是维持集体成员在平等、和谐的气氛里发表自己对所议问题之看法的重要条件。为了顺利和较好地完成本课题的研究规划，我们准备召开几次小型的研讨会，对课题中所遇到的疑难问题进行有针对性的讨论，集体攻关，进而统一思路，聚焦观点，形成我们自己相对一致的认识和看法。总之，把独立思考与集体讨论相结合，是我们进行本课题研究的一种具体方法。

4. 考证与义理相结合的方法

考证法是一种根据事实的考核和例证的归纳，提供可信的材料，得出一定结论的研究方法，它本身包括许多内容，如文献考证法、历时遗留考证法、多重考证法、综合考证法、分析考证法等。用现代的观点看，考证法实际上是中国训诂考据传统与西方实证科学方法的有机结合。而在我国，顾炎武是考证法的始创者。他不仅遇到"有一疑义，反复参考，必归于至当；有一独见，援古证今，必畅其说而后止"，而且更注重实地考察，"足迹遍天下，所至交其贤豪长者，考其山川风俗疾苦利病，如指诸掌"（《日知录》序）。史学界基本上趋于下面的认识：根据二重考证法，原始社会传授狩猎技术是可信的。② 就考证法体系本身来讲，我们主张实物考证与文献考证的结合。这是因为：第一，目前史前考古

① 傅雷：《傅雷谈艺论学书简》，天津：天津人民出版社，2012年，第8页。
② 李正华：《国学概要》，广州：广东高等教育出版社，2012年，第117页。

已经出土了大量的石器、玉器、陶器等实物，它们对于解读中国传统科学技术思想的发生历史至为重要，充分利用这些实物将有助于我们对史前科学技术思想的直观把握和认识；第二，与出土实物相似，先秦时期的古文献也不断涌现，这些文献史料不仅改变了"疑古学派"的许多错误认识，而且使我们越来越有理由相信，中国科学技术思想在"前轴心时代"已经出现了一个较长时期的发展阶段。中国传统科学技术思想史具备了从"轴心时代"向"前轴心时代"延伸的客观条件，也就是说，当下进行"前轴心时代科学技术思想史研究"的时机已经成熟。

　　然而，无论是出土文献还是出土实物，终究都是"死物"，因此，它自身究竟隐含着什么样的思想和观念，我们若不去做发隐阐幽的工作，它就会一直静止不动地保守着自己的"隐私"。所以，除考证之外，我们还需要义理的方法。义理法是宋学的治学传统，后为梁启超、陈寅恪先生等继承并发展为枯树新芽的"义理阐释方法"（即将中国传统的义理之学与近现代西方兴起的诠释学相结合）。此法的特点是根据上下文关系及内在逻辑来推理文本的思想内涵，着眼于理解和阐释，以一种动态而开放的方法论体系和双向回流的思维方式解读意义世界与价值世界的诸多问题，往往能发前人之未发。在义理阐释者看来，不运用义理阐释法，就不能正确地解读史料，不能从宏观背景和整体上来得出正确的认识。义理法注重微言大义，考证法则注重无征不信，二者各有利弊，但又相辅相成，相资为用。我们在本课题研究过程中，既主张考证法，同时也鼓励应用义理法对某些隐晦事象之间的内在关系进行合理推测，作出能够自圆其说的观点和认识。在近代，除了梁启超和陈寅恪之外，何炳松、钱钟书等大师亦谙熟"义理阐释方法"，所以有学者认为，它"作为民国学术的一个主流方法，义理阐释方法融合中西、古今，整合诠释和实证，推动了民国时期学术兴盛与大师的诞生"[①]。可见，在新的学术背景下，我们积极地将考证与义理相结合的方法应用到中国传统科学技术思想史的研究之中，具有一定的适用性和可操作性，因为这是中国传统科学技术思想内在逻辑的体现。

（三）第三个层次：现代西方的史学方法

　　在中国传统科学技术思想史的研究方法体系里，除了前述的方法之外，我们还需要借鉴部分比较先进的现代西方史学方法，为我所用。

1. 内史与外史相结合的方法

　　关于内史与外史相结合的方法，前面已经讲得很多了，我们在此不想过多陈述。正如学界同仁所说的那样，科学思想史的研究应从内史和外史相结合的角度研究其产生、发展的机制和动力。自从默顿发表了他的博士论文《十七世纪英格兰的科学、技术与社会》之后，西方科学思想史研究迅速由内史转向外史及内史与外史的综合。默顿强调，科学与其他文化在精神气质上的一致与差异支配着科学和其他任何一种文化的关系。换句话说，"科

---

① 薛其林等：《融合中西的义理阐释方法——以民国学术研究为例》，《北方论丛》2004年第6期，第60页。

学与其他文化的融合与冲突必定能够在双方的精神气质那里找到根源"，所以"只有真正弄清楚双方精神气质上的异同，才能从根本上透彻理解科学与其他文化的关系"①。在此前提下，马来平教授非常肯定地指出："当我们在讨论科学与儒学的关系、科学与道教的关系、科学与佛学的关系、科学与民俗文化的关系以及科学与其他任何一种具体文化的关系时，从精神气质分析入手，都将是一种十分有效的方法论武器。"②在国内学界，孙慕天先生著《跋涉的理性》（2006），这是国内外第一部从内史和外史相结合的角度全面总结苏联自然科学哲学的学术著作。王巧慧先生著《淮南子的自然哲学思想》（2009），该书则是我国第一部系统研究淮南子自然哲学思想的学术专著，它成功地应用内史与外史相结合的方法，分析了《淮南子》一书的基础范畴、自然观、认识论、方法论、科学思想、技术思想等方面的内容，取得了比较良好的学术反响。可见，国内应用内史与外史相结合的方法，进行学术思想史研究，成功的范例已经不少，这表明内史与外史相结合的方法对于我们的研究工作既是适用的，又是可操作的。

2. 发生学方法

发生学方法早在18—19世纪的西方即已广泛应用于自然科学各个领域，并取得了显著成就，如康德的太阳系起源说、赖尔的地层演化学说、达尔文的物种起源说、海克尔的"生物发生律"等，无一不是应用发生学方法而提出的重要科学理论。因此，顾名思义，所谓发生学方法，就是从纵向即按时间进程来反映和揭示自然界、人类社会和人类思维形式产生、发展、演化的历史阶段、形态与规律的一种科学方法。尽管20世纪30年代我国史学界已经形成这样的研究范式，即将"史料"作为认识历史的主要媒介，用"发生学"的方法来处理史料，但是，国内学界对发生学方法的深刻认识和了解，是从20世纪80年代随着皮亚杰《发生认识论原理》一书被译介到中国之后才开始的，而该方法首先在思想史领域得到比较广泛的运用。现在，发生学从自然科学研究领域已被不断应用到人文社会科学研究领域，并成为一种具有普遍意义的研究方法。如赵敦华先生的《回到思想的本源："中-西-马"哲学纵横谈》（2006）、朱长超先生的《思维史学》（2010）、祝青山教授的《科学的本质与限度——马克思实践视域下科学观问题研究》（2013）等，都是成功运用发生学方法进行学术思想研究的典范性实例。马克思指出："研究任何事物时，都需考查它的历史起源和它的前提。"③如众所知，中国传统科学技术思想史本身就是一个发生学过程，尤其是"前轴心时期的科学技术思想"更需要发生学方法，因为从巫术到医术以及史官起源和逐渐演化等问题，都需要用发生学方法来逐个加以厘清。

3. 文本分析方法

文本分析方法是按研究需要，对一系列相关文本进行比较、分析、综合，通过诠释与推导，发现隐含在文本深处的潜在语境和语义。法国文学家巴特认为，任何文本都具有三

---

① 马来平：《科学的社会性和自主性：以默顿科学社会学为中心》，北京：北京大学出版社，2012年，第58页。
② 马来平：《科学的社会性和自主性：以默顿科学社会学为中心》，北京：北京大学出版社，2012年，第58页。
③ 马克思，恩格斯：《马克思恩格斯全集》第22卷，北京：人民出版社，1975年，第400页。

个层次：功能层、行为层（人物层）及叙述层。前已述及，先秦时期的简帛文献不断出土，这样就使得人们对诸子各家的文本有必要进行分析。即我们必须通过文本分析法，综合诸家研究之长，对先秦诸子的著作进行新的解读，并形成我们自己一以贯之的理解线索，从而对其做进一步深入的理解与把握。

当然，对原典文本的解读与分析应尽可能不将自己的认知模式、自己预设的观念系统"嵌入"到具体的解读与分析过程中，努力使解读与分析接近客观、准确和全面。

二、研究手段及其适用性和可操作性

本课题采用的主要研究手段有实地调查、现代信息技术等。

（一）实地调查

中国传统科学技术思想通史的研究时间跨度长、空间范围广，涉及的人物、地域众，需要实地调查的研究对象较多，大致可分为以下几个方面。

1. 与"中华文明"前轴心时代"的科学技术思想史研究"相关考古文化遗址的考察

史前部分主要研究黄帝、尧、舜三位杰出人物，其中与黄帝生活最密切的地方是阪泉（今北京延庆一带）和涿鹿（今河北张家口一带）。阪泉之战是黄帝时代的开始，而涿鹿之战则为尧舜时期的"霸有九州"扫清了障碍。据考古发现，张家口大约在100万年前的阳原小长梁及涿鹿泥河湾一带就已经有人类生息繁衍。我们需要到泥河湾古人类遗址群进行实地考察，拍照、收集考古信息等。

夏朝共选取了夏禹、伯益、后稷和夏启四位杰出人物，此期以大禹治水的影响最大。河南偃师二里头遗址（公元前1880—前1540）为夏朝中晚期遗址，这里发现有"四阿重屋"式宫殿建筑、手工作坊、陶窑、窖穴、墓葬等遗迹，出土有鼎、爵、凿、刀、鱼钩等青铜器。考察二里头文化遗址，对于研究夏朝科学技术思想的产生和发展具有一定的感性直观作用。

商代共选取了商汤、盘庚、傅说、武丁四位杰出人物，其中以武丁中兴为一个重要研究节点，因为这里涉及中国历史上最早有文字记载的圣人，那就是山西平陆的傅说。对于这位工匠出身的传奇名相，我们应当给予更多的关注，而目前学界对傅说思想还缺乏系统的深入研究。为了感受商代傅说的文化魅力，我们有必要亲身到现场观摩傅说庙会的过程，以加深对傅说《说命》这篇孕育了儒家、道家等学派文化的旷世之作的理解。

西周只选取了周文王，周文王对于中国传统文化的影响有目共睹，我们则需要对"文王拘而演《周易》"的被拘之处进行实地考察，从而能获取一些实物图像资料。

2. 与"吐蕃南诏大理突厥及辽和西夏科学技术思想史研究"相关内容的实地考察

这部分内容比较复杂，从学术研究的角度讲，这也是前人没有做过的事情。由于它牵涉的民族区域较多，如西藏、青海、新疆、云南、宁夏等，而课题研究本身又确实需要我们有选择地到西藏自治区藏医院天文历算所、大理学院天文学与科学技术史研究所、广西民族学院科技史研究室等单位考察学习。此外，像黑水城遗址、西藏的桑耶寺（此为藏传佛教宁玛派的祖寺）等文化古迹，也有必要根据课题需要派人进行实地考察和访谈，从而能获取一些实物图像资料或者其他信息。

3. 其他与课题研究内容相关的实地考察

因为有些内容需要拍摄实物图像，且不能从其他途径获取者，我们尽量安排实地考察，以获取第一手图像资料。

（二）现代信息技术

随着计算机被广泛应用于信息分析领域，现代化的研究手段为我们的课题研究提供了前所未有的便利条件，具体表现如下。

1. 利用电子图书

所谓电子图书，就是以数字代码方式把图、文、声、像等信息存储在磁、光、电介质上，通过计算机复制发行的大众传播体。目前，比较著名的电子图书数据库有书生之家电子图书、超星电子图书、中国电子图书网、读秀学术搜索、中美百万册书数字图书馆等，此外，还有《四库全书》《四部丛刊》《中国基本古籍库》《中国历代石刻史料汇编》等电子图书数据库，可供我们研究之用。

2. 利用绘图制表软件

计算机辅助设计（CAD）已经被广泛应用于需要设计绘图的所有领域，由于中国传统科学技术思想史需要较多建筑、水利、数学计算等方面的图例，有些可以从其他途径获取，有些则需要我们利用绘图软件来完成。此外，Excel 2003电子制表软件对于我们研究过程中所需要绘制的表格可提供便利条件。

3. 文献或实物利用

文献利用主要有两种方式：网络图书与纸质图书。网络图书已见前述，但在现实研究过程中，纸质图书利用起来更加方便。因此，我们在研究过程中还需要购买或复印一批必需的科研用书，包括部分大型的类书或丛书，如《中国科学技术典籍通汇》《中华医书集成》《学科思想史丛书》及李约瑟著的《中国科学技术史》与卢嘉锡总主编的《中国科学技术史》等。

另外，对于国家博物馆、历史博物馆、河北省博物馆、河北大学博物馆等文物保管单位公开展示的实物，可以用于我们的课题研究。

4. 地图分析

地图分析已经成为当今科学技术史研究的重要工具和手段之一，例如，通过卫星拍摄的特殊地貌监测图，对于我们考证古河道的变迁非常有价值。此外，谭其骧主编的《中国历史地图集》，起自原始社会时期，迄于清代，完整显示了中国疆域发展和形成的历史。

另外，该图集还注意考察了历代水系的变迁，是我们研究传统科学技术思想史不可或缺的学术工具。

古代遗留下来的珍贵地图，如先秦的《兆域图》、长沙马王堆 3 号墓出土的地形图、宋代的《华夷图》、明代的《广舆图》、清代的《皇舆全图》等，都将是我们研究中国传统科学技术思想史的重要手段和必要工具。

5. 图表

图表大致分两类：历史图表与专史图表。前者如《世界历史图表》和《中国历史图表》，利用这些图表可以对特定历史时期的中西科学思想的发展进行比较；后者如梁方仲先生编纂的《中国历代户口、田地、天赋统计》，对于我们了解和认识历代经济背景的变化很有帮助，这一类书籍亦系我们研究所需的重要工具。

6. 会议

河北省科学技术史学会设在河北大学宋史研究中心文献研究所，我们可充分利用这个学术平台。针对课题研究过程中出现的且又需要集合众人智慧才能更好或更有效解决的专题问题，河北省科学技术史学会将义不容辞地组织学界同仁，进行专门研讨，为本课题提供积极的智力支持。

7. 实验

有些实验性比较强的思想史研究，为了客观、真实地评价其化学药物的效果，我们需要进行适当的验证和实验。

三、技术路线及其适用性和可操作性

经过我们的反复酝酿和讨论，并根据前期研究成果，"辨章学术，考镜源流"，我们对课题的每一个阶段的目标和任务都做了明确规划和分工，甚至还准备了备用方案鉴于思想史研究的特殊性，我们强调书写过程的高度统一性。在研究过程中，课题组成员通过查阅文献，同时结合自己以往的研究心得，在明确研究主线的基础上，一共提炼出了 14 个需要研究解决的学术问题。问题就是研究的动力，更是奋斗的目标，因为科学研究过程总是从问题的提出开始的。爱因斯坦曾说："提出一个问题往往比解决一个问题更重要，因为解决问题也许仅是一个数学上或实验的技能而已，而提出新的问题，却需要有创造性的想象力，而且标志着科学的真正进步。"在问题提出之后，我们还要从史料出发，对所提出的问题作出回答。这里需要应用多种方法才能对问题提出我们的认识，既要有逻辑推理，又要有科学想象和直觉；既需要归纳，同时又离不开演绎。最后，在课题组全体成员的共同努力下，完成预定的课题研究计划和目标，向读者奉献一部多卷本和质量较高的中国传统科学技术思想通史。其具体技术路线如图 6-4 所示。

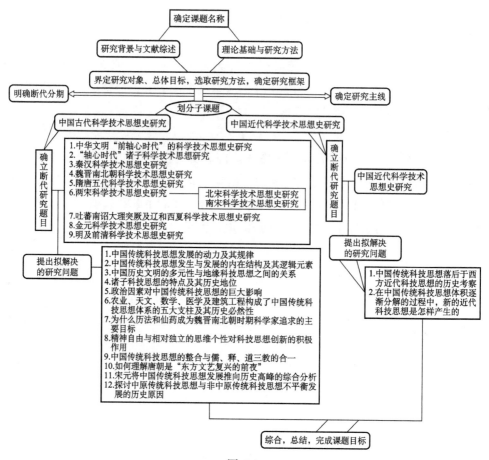

图 6-4

第七章 中国传统科学技术思想通史研究的重点难点与创新之处

第一节 拟解决的关键性问题和重点难点问题

一、关键性问题及问题的理由和依据

（一）关键性问题之一：天人关系问题不等于"天人合一"

对于这个问题，我们在前面的论证中已经多次讲过它的重要性和复杂性。

班固在《汉书·司马迁传》中，引述了司马迁对自己的学术总结，其主旨就三句话："究天人之际，通古今之变，成一家之言。"然而，仅"究天人之际"一项足以点破了中国学术思想发展的精粹。1963 年，李锦全教授在《学术研究》第 3 期上发表了《中国思想史上的'天人关系'问题》一文，他认为"中国古代学者提出的'天人关系'问题，是中国思想史研究中的一项重要课题。就今天的科学水平来说，这个问题当然不见得怎么复杂，不过是一个人与自然的关系问题而已。但是在古代，事情就不那么简单……'天人关系'在中国思想史就不单纯反映人和自然的关系问题，在这里亦交织着人与人之间的关系"。我们认为李锦全教授的认识是全面的和正确的，目前许多学术论文都简单地将中国古代的"天人关系"归结为人与自然的关系，甚至把"天人关系"等同于"天人合一"，实质上是对"天人关系"内涵的一种"遮蔽"。钱学森院士在他的"现代科学技术体系结构"里，从"马克思主义哲学"到各门具体科学之间总共构建了 8 条"桥梁"，即"自然辩证法"、"历史唯物主义"、"数学科学"、"系统论"、"认识论"、"人天观"、"军事哲学"及"美学"，其中"人天观"对应的科学部门是"人体科学"，而与之相对应的"基础科学"、"技术科学"和"工程技术"三者暂时还缺位。当然，钱学森讲"人天观"，而不讲"天人观"，在他看来，"人与天哪个放在前面还有原则性差别"。钱学森说，中国古代思想史讲天人观，人在人天关系中是被动的，这是由当时相对低下的生产力水平所决定的，但在现代条件下，无论作为航天科学家还是作为系统科学家，人在自然界面前都能够有所作为，人与天应该是互动互应的，所以在人天关系中把人放在主动地位上，则是钱学森人天观的核心思想。尽管李锦全和钱学森的表述略有不同，但承认人在天人关系中的复杂性和

人与自然之间关系的互动性却是一致的。

客观地讲，天人关系至少包括天人之分与天人合一两个方面。对此，赵家祥先生在《试论中国古代的"天人关系"思想及其理论价值和现实意义》一文中进行了比较全面的阐释。在他看来，"天人关系"的首要前提是"明天人之分"，而中国古代思想家中最早论及"天人之分"的是春秋时代郑国的子产。在此基础上，发生了人对天的诸种态度：①"消极无为"；②"人定胜天"；③"天人交相胜"；④"天人合一"。因此，我们应当把"天人关系"看作是一个由多种思想元素组成的既相互区别又相互联系、相互作用和相互影响的有机整体。

可是，我们发现在现实生活中，不能正确理解和认识"天人关系"的现象仍比较普遍，而它对中学教育的潜在影响不可轻视。下面是发表在《历史学习》2007年第10期上的一道练习题，全文如下：

> 风筝是顺应自然和利用自然现象的科学技术，是代表中国古代天人合一思想的最典型的发明之一，下列人类的说法中，能体现天人合一思想的是
> ①"天有其时，地有其财，人有其制"，"制天命而用之"。——《荀子》
> ②"天子受命于天，天下受命于天子……王者承天意以行事，与天同，大治；与天异者，大乱。"——董仲舒《春秋繁露》
> ③"天道，自然也，无为；如谴告人，是有为，非自然也。"——王充《论衡》
> ④"天之能，人固不能也；人之能，天亦有所不能也。……天人交相胜，还相用。"——刘禹锡《天论》
> A.①②③④　B.①④　C.①③④　D.①③
> 参考答案是B。

这个题干与参考答案都存在问题，因为"制天命而用之"和"天人交相胜"都不是"天人合一"思想，这是把"天人关系"的有机整体里面的一个元素和部分给取代了，用部分取代整体在逻辑上是讲不通的，而用一个部分取消或取代其他部分是错误的认识论。可见，这种对中学生的误导会造成他们对中国古代"天人关系"内容的不正确理解。事实上，这个问题的影响面比我们想象得还要更大。

回到"王珏之问"这个老话题，至于中国近代科学技术为什么落后，众说纷纭，迄今学界都没有形成一致的结论。从学术的层面讲，参与讨论问题的学者之众多，恐怕可以用"空前"这个词来形容，这就是"王珏之问"或称"李约瑟难题"的理论价值和意义。在众多答案中，杨振宁先生的答案最引人关注，惹来的争议亦最大。杨振宁先生认为在中华文化中，很早就有"天人合一"的观念，《易经》中每一卦都包含天道、地道与人道，也就是说，天的规律跟人世的规律是一回事，所以受早年易经思维方式的影响，把自然跟人归纳成同一理。而近代科学的一个特点就是要摆脱掉"天人合一"这个观念，承认人世间

有人世间的规律，有人世间复杂的现象，自然有自然界的复杂现象，这两者是两回事。杨振宁先生是一位科学家，他站在科学思维的立场，提出自己的看法，应当承认有其客观的一面。至于《易经》是否阻碍了中国科学技术的发展，则另当别论。不过，我们发现在批评杨振宁先生的观点中，有不少人就同前面所引的那道题一样，把"天人合一"看成是万能的和包罗万象的东西，好像用"天人合一"思想就能解决所有的科学问题，这种认识就走向另一个极端了。

凡此种种，都证明"天人关系"确实是研究中国传统科学技术思想史的一个关键性问题。

（二）关键性问题之二："李约瑟难题"

事实上，"李约瑟难题"不是一个完整问题，因为它只提出了问题的一半，而另一半则是：为什么现代科学越来越青睐或者说部分地回归于中国古代科学？

"李约瑟难题"在学术界的影响力很大，以至于清华大学人文学院曾国屏教授以"李约瑟难题：从科学思想比较角度的初探"作为"清华大学新生研讨课程"之一。[①] 此外，目前已出版的中国科学思想史专著中，几乎都多少有所涉及关于这个问题的内容。可见，讨论中国传统科学技术思想史，"李约瑟难题"是无论如何都绕不过去的关键问题。现在追求谁先提出"李约瑟难题"已无实际意义。我们所关心的问题是："李约瑟难题"仅仅反映了问题的一面，因此，它是一个不全面的问题，其理由和依据如下。

第一，马克思主义经典作家认为，世界同一于物质，世界上形形色色的事物和现象，都是物质的不同形态，而意识、精神则是物质的属性和机能。同时又说，物质世界的同一性是多样性的同一。这说明世界各民族对物质世界的"科学"认识尽管受各自文化传统的影响，其思维方式和书写手段互有差异和不同，但它们都是对物质世界运动变化的反映，从本源上看，它们具有同一性。现在很多人谈论中西文化，总是强调甚至夸大两者的差异性，而看不到两者的同一性。结果就出现了人们习惯把两者放在相互对立和冲突的背景上来分析中西文化的现象，更有甚者干脆用一种文化否定另一种文化，这不符合马克思主义的物质世界同一性原理。

第二，科学主义认为，不同的研究者在进行同样的观察和实验时会得到相同的观察陈述和结论，因为科学认识具有同一性。然而，后现代主义否认了存在这种客观的同一性，他们认为对同一事实不会有一致的同一解释，而是存在着多个解释。从辩证地和全面地看问题这个角度来讲，无论是科学主义还是后现代主义，都仅仅看到了问题的一个方面。例如，古今中外科学发展的历史反复证实，科学认识本身确实具有同一性，这个事实是客观存在的，不管其各自的文化传统和思维习惯有多大的差异和区别，只要是正确的科学认识总会相互符合与相互一致。以中国古代的科学发明与创造为例，最典型的实例就是圆周率

① 　郭广生：《推进创新教育：构建研究型本科人才培养体系——北京化工大学 2005 年教学工作会议论文集》，北京：高等教育出版社，2008 年，第 182 页。

的计算，中国和外国有很多人从不同途径来计算圆周率，但唯有祖冲之走在了世界最前列。又如，勾股定理，又称毕达哥拉斯定理，事实上，我国对勾股定理的描述远远早于古希腊；还有郭守敬采用 365.2425 天作为一个回归年的长度，这个数值与现在世界通用的公历值相同，却比欧洲的格里高列历早 300 年，等等。这样的事例很多，我们不再一一枚举。这些事例证明，科学认识确实具有同一性，这个事实谁也无法否认。所以有学者从兽医学的角度讨论了中西医学的同一性问题，他们认为，"中西兽医学基于不同的理论体系来认识疾病，在疾病的发生发展和变化上有不同见解，产生两大派别，但二者所针对的对象是一致的，因此必有其相同之处"①。

可是，另外，我们亦不否认人们对同一事实确实存在不一致的解释，例如，中西和西医对人体病理和生理的认识就存在着差异。由于两者对人体病理和生理的认识都不全面，因而各自都有优点与不足，所以两者应当相互补充、相辅相成。因此，我们需要用辩证的观点来认识和理解上述问题。

第三，中西科学思想的对应不是静态的对应，而是动态的阶段性对应。前面讲过，中国古代科学技术成就辉煌，远远超过了同时代的西方。所以美国学者戴维·博达尼斯说："直到 16 世纪，在每一个研究项目上，他们（指中国）都还遥遥领先于欧洲。"②把中西科学发展进行适当的比较研究是非常必要的，不过，我们在进行比较之前，需要从历史的连续性与阶段性的角度弄清中西方科学技术发展的基本特点。在西方，古希腊（公元前800—前146）是一个发展期，而古希腊文明是世界文明的源头之一，与之对应，中国已进入了春秋战国时期（公元前 770—前 221）。按照《自然科学大事年表》的统计，春秋战国时期是中国古代科学发展的第一次高峰，而这两个人类文明早期的辉煌岁月，一个在东方，一个在西方，交相辉映；古罗马（公元前 2—4 世纪末）文明持续时间较长，它虽然在发展上晚于古希腊和埃及，但古代罗马在建立和统治庞大帝国的过程中，囊括和吸收了先前发展的各古代文明的成就，并在此基础上创建了自己的文明。与古希腊科学相较，古罗马人崇尚实用，不重视理论。对此，有学者明确指出："罗马人总的国民性格是重技术轻科学，重政治轻艺术，重实际轻思想，重国家轻个人。……因此，古罗马人在有关军事工程和城市建设等方面的技术上有些发明创造，而对纯粹科学则贡献很少，使得代表希腊人自由探索精神的哲学和科学渐趋衰落。"③与之对应，中国进入了汉晋时期，学界普遍认为，这个时期是中国科学技术体系的形成期，传统的天、算、农、医四大学科体系的形成，古老技术传统的定型，实用和经验思维成为中国文化传统的主流，等等，影响至深。如果我们稍许留意，就不难发现，我们的很多文化传统与古罗马非常相近。如"在罗马帝国兴起的过程中，紧张而频繁的内外政治事务和军事斗争使他们忙于应付和解决实际问题，而很少把精力放在抽象的理论和学术方面"④，秦汉魏晋时期的情形亦如此。从这个角

① 马爱团等：《试论中西兽医学对疾病认识的同一性》，《中兽医学杂志》2005 年第 1 期，第 38 页。
② ［美］戴维·博达尼斯：《为什么现代科学在中国不曾发展起来》，《国外社会科学》1980 年第 1 期，第 71 页。
③ 田长生：《科学技术发展史》，北京：科学出版社，2012 年，第 32 页。
④ 田长生：《科学技术发展史》，北京：科学出版社，2012 年，第 32 页。

度看，古罗马文明如果后来没有被中断，那么，我们今天看到的欧洲文明是个什么样子？回答可能不尽相同，但远的不敢说，至少在思维方面，跟我们没有太大的差别。欧洲中世纪（395—1500）是一个黑暗时期，古罗马的科学与文明被埋没掉，与之对应，中国却一直连续发展，而且出现了唐宋元科学技术发展的巅峰状态。严格地讲，我们前面所讲的"中国古代科学技术成就辉煌，远远超过了同时代的西方"，主要就是指这个阶段。欧洲文艺复兴（15—18世纪）时期，此时欧洲资本主义产生并迅速成长，逐步战胜和替代了封建主义。在这一时期明显地出现了三股理性的文化潮流，即文艺复兴、宗教改革和思想启蒙，而近代科学就是在这种历史背景下产生的。社会存在决定社会意识，与之对应，我们的社会仍然是封建社会，其社会需求与西方资本主义社会的需求不一样，因而对科学技术的刺激作用亦不同。如果说欧洲近代科学是在古希腊和古罗马科学传统在经过两次断裂之后的再生，那么，中国明清科学技术发展则仍然是一种传统的延续。因此，对明清科学技术思想的定性，就不能简单地归结为"衰落"或"停止"。李约瑟博士在处理这个问题时，明显地存在着矛盾，一方面，他要维护西方近代科学的先进性，另一方面，他又不愿意看到中国近代科学的衰落。于是，他在一个地方说："从14世纪初以后，中国呈现出显著的衰退现象"；然而，在另一个地方又说：无论是以前4000年，还是近500年来，中国科学技术"事实上一点没有退步"，而是"一直在稳缓地前进"。所以我们赞同以下认识：

> 明清时期是封建社会的衰落时期，与世界科学技术的发展相比，已经走下坡路，但明末清初中西科学成就交融与会通的起步，以及传统科技仍然缓慢推进也是清晰可见的。[①]

封建社会的衰落时期并不意味着科学技术及其思想也随着衰落，科学技术发展有其相对独立性。马克思主义认为：①社会意识的发展变化与社会存在的发展变化具有不完全同步性；②社会意识的发展水平同经济发展水平具有不平衡性；③社会意识的发展具有自己的历史继承性；④各种形式的社会意识之间相互作用、相互影响。关于这个问题，我们将在后面"学术观点"创新部分再加以论述，故此从略。

然后，回头看中国古代科学与近代科学和现代科学的关系。

从思维方式的层面讲，欧洲近代科学的思维方式是机械的形而上学思维，这种思维方式有两个特点：第一，机械决定论，它认为任何一个现象或状态必然引起另一个现象或状态作为它的结果；第二，机械的"还原论"，它是指在物理学中把一切运动形式都还原为机械运动形式的思想。可见，这种自然观与中国古代的"有机自然观"是相互对立的。

第二次世界大战以后，整个欧洲科学的自然观开始向机械形而上学的反面发展。如贝塔朗菲的系统论、申农的信息论、维纳的控制论、普利高津的耗散结构论、哈肯的协同

---

① 李正华：《国学概要》，广州：广东高等教育出版社，2012年，第136页。

学、托姆的突变论等，共同构成了现代科学的一般方法体系。这种新方法的特点就是总体化和综合化，人们的现代视野已经从简单确定的还原性分析，转向了复杂不确定的整体有机综合。因此，横断性学科和交叉性学科促使人们不得不超越自己的研究局限而进行多学科的综合性研究。

于是，当人们冷静下来时就会发现，现代科学的走向越来越符合中国古代科学的思维模式。这样一来，中国古代科学思维经过西方近代形而上学思维的否定之后，经过一段时间的整合和自我改造，它在一个新的高点与现代科学思维"通电"了，这是一件令人振奋的事情。正是在这样的科学背景下，我们才提出了实现中华民族科学复兴的伟大目标。

基于以上分析，我们自然会得出结论："李约瑟难题"不是一个全面和完整的问题。

（三）关键性问题之三：中国传统科学技术思想发展具有不平衡性

事物发展的不平衡性是由矛盾的特殊性所决定的，马克思主义的矛盾发展不平衡论认为：第一，在许多矛盾构成的矛盾体系里，各种矛盾力量发展是不平衡的，有主要矛盾和次要矛盾。第二，矛盾双方是不平衡的，其地位和作用是不相同的，一般说来，其中一方是主要的，另一方面是次要的，这就是矛盾的主要方面和次要方面。其中，矛盾的主要方面是矛盾双方中起主导作用、居于支配地位的方面；而处于被支配地位的方面是矛盾的次要方面。矛盾的性质，主要是由矛盾主要方面规定的。两者的辩证关系是：矛盾的主要方面对于次要矛盾起着支配作用，然而，矛盾的次要方面也影响着矛盾的主要方面，并对矛盾总体的性质能够产生一定的影响。据此，我们认真检讨了迄今为止的中国科学史专著，基本上都是中原王朝科学思想模式。回顾中国传统科学技术思想的发展历史，中原王朝的科学技术思想确实是矛盾的主要方面，它在中国传统科学技术思想体系中居于主导和支配性的地位，我们抓住矛盾的主要方面，突出重点，没有错，但不能因为这个缘故而忽视了矛盾的次要方面也会"对矛盾总体的性质能够发生一定的影响"。从这个层面而言，我们特别增加了"吐蕃南诏大理突厥及辽和西夏科学技术思想史研究"一部分内容，其主旨在于为读者呈现一个相对完整的中国传统科学技术思想史发展全貌。

无论是李约瑟博士的多卷本《中国科学技术史》，还是卢嘉锡总主编的多卷本《中国科学技术史》，两者都有独立的"中国科学思想史"卷，可是，不知什么原因，"中国少数民族科学技术史"丛书却阙失了"中国少数民族科学技术思想史"卷。我们认为相对于中原王朝的科学技术思想发展历史，中国少数民族政权虽然在总体上不如中原王朝的科学技术思想发展那样群星灿烂，但是也不乏其具有特定民族科学思想特色的科学家，他们的思想也构成了中国传统科学技术思想体系的一个有机组成部分。诚如席泽宗院士所言：

> 矛盾的普遍性寓于矛盾的特殊性之中，对矛盾的特殊性研究得越彻底，对矛盾的

普遍性就了解得越深刻。对各民族、各地区、各国家的科学技术史研究得越透彻，对它们之间的异同、传播、交流和影响也就摸得越清楚，对科学技术发展的普遍规律也就容易找出来。①

席泽宗院士的话既高瞻远瞩，又语重心长，充满期待。至于我们所做的，就是从构建中国传统科学技术思想史研究体系的角度，更是为了振兴中国少数民族的科学技术思想史研究，我们将勇于担当重任，并通过全体同仁的勤恳努力，为我国少数民族科学技术思想史的研究事业贡献自己的一点微薄之力。

在中国古代，社会生产力的发展水平不均衡、不等齐，因而带来了生产关系的多层次性，相应地，科学技术思想发展也千差万别。基于这样的历史实际，我们只能从实际出发，客观地再现中国传统科学技术发展的全貌。

当然，我们将这个问题提炼为关键性问题，还是创新规律的客观要求。

孙洪敏先生说得好："事物的发展总是在平衡中出现不平衡，在不平衡中寻求新的平衡。平衡是创新思维把握创新对象状态常用的一个重要概念。客观事物的不断发展变化，总是在平衡与不平衡的相互依存、相互制约、相互贯通、相互渗透和相互转化中实现的，这个过程不断地对创新思维提出要求、奠定基础、开辟道路。当旧的事物向新的事物发展时，旧的平衡就需要被打破，需要被新的平衡所取代，而新的平衡取代旧的平衡时，需要创新思维的指导。"②

在这里，从书写的过程看，从以"中原王朝为中心"的书写模式转向"中心与边缘互消"的书写模式，这本身就是一种挑战。因为从观念上，我们需要一种新的动态平衡，来尽量客观和平等地展现中华民族这个大家庭里多元、复合与各自相对独立的传统科学技术思想品质和个性。

二、重点难点问题及其提炼这些问题的理由和依据

（一）重点难点问题之一："李约瑟难题"的解读与阐释之难

李约瑟博士曾提出："尽管中国古代对人类科技发展做出了很多重要贡献，但为什么科学和工业革命没有在近代的中国发生？"③前面我们讲过，这个问题实际上是一个不完整的问题，但仅就这个不完整的问题而言，迄今在学界都不能形成一致的结论。反而疑问越来越多，比如，"为什么我们的学校总是培养不出杰出人才？"这就是引起全社会热烈讨论的"钱学森之问"，即是一例。对于"李约瑟难题"的应答，李约瑟本人及金观涛等人的观点我们不必陈述。

---

① 席泽宗：《中国少数民族科学技术史》丛书序，南宁：广西科学技术出版社，1996年，第2页。
② 孙洪敏：《创新哲学研究——孙洪敏文集》，北京：社会科学文献出版社，2012年，第241页。
③ 吴宇晖：《当代西方经济学流派》，北京：科学出版社，2011年，第228页。

下面转引几个视角比较独特的看法，以起滴露折光和一叶知秋之效：

观点一：中国近代资本主义市场经济萌芽迟迟未能发展起来。小农经济本质上是排斥科学的，中国古代长期将一些民间创造斥之为"奇巧淫技"，难以为社会所接受和承认。所以当这种封建小家庭在社会上占据绝对多数的时候，即使少数人有兴趣进行科学研究，也成不了气候。[①]

观点二：由于中国人口众多，就必须全力发展农业技术，以至于到欧洲工业革命时，中国的农耕技术，远远领先于欧洲。但是，农业技术的改进所带来的收益完全被新一轮的人口增长所吞噬，而人口的增长又进一步带动农业技术的改进，如此往复，中国在较高的农业水平上维持了巨大的人口。相反，中国工业的发展却受到了有限资源的约束。这就是著名的"高水平陷阱假说"（伊懋可提出，姚洋教授等再阐释）。[②]

观点三：科学与经验由于其来源和基础不同，它们之间呈现出不同的特点，存在着本质差异，但从科学的构成看，经验与科学又紧密关联，正是这种关系导致了许多人把经验与科学混为一谈，并引起了对科学的种种误解，而这些误解只是"李约瑟难题"之所以提出并长期得不到解答的重要原因之一。[③]

由此可见，回答"李约瑟难题"并不是一件易事。

在这里，我们需要重点考察两个问题。

基本事实：西方近代科学的许多内容都是从中国传过去的（中间环节是阿拉伯人）。因此，面对中国传统科学技术思想发展史，我们既要看到西学东渐（主要是明末清初），同时又要看到东学西渐（主要是元朝），不能把这两个历史过程割裂开来，只见其一，不见其二。

问题一，东学西渐的效果是：西方人充分享用了从中国传入的许多重大发明，这些发明在一定程度上推动了文艺复兴与近代科学革命的产生，为什么？

问题二，西学东渐的效果是：当以意大利人利玛窦（Mathew Ricci，1552—1610）为代表的第一批传教士来到中国，并带来一部分西方科学技术时，中国人在对异文化排斥的同时，也拒绝了这些科学技术，为什么？

同样是面对外来文化，中西方两大文化体系对彼此的科学技术采取了完全不同且颇耐人寻味的态度，值得深思。

下面是蔡昉先生绘制的中国经济发展在数千年中的兴衰更替图（图7-1）。

[①] 张建华：《经济学——入门与创新》，北京：中国农业出版社，2005年，第81页。
[②] 姚洋：《高水平陷阱——李约瑟之谜再考察》，北京天则经济研究所编《中国经济学2003》，上海：上海人民出版社，2005年，第450页。
[③] 疏志芳等：《近十年来"李约瑟难题"研究综述》，《池州师专学报》2005年第2期，第76页。

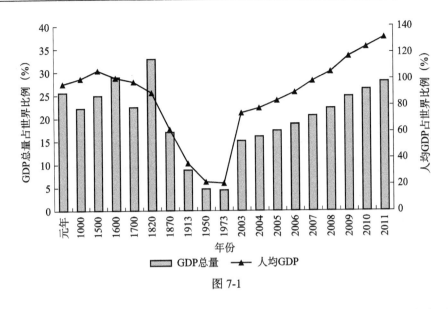

图 7-1

　　图 7-1 中显示，在 1000—1600 年，中国的人均收入大体上处于世界平均水平；至于经济规模（GDP 总量），1820 年时竟占到世界的 1/3。而正是在那个时候，中国在世界经济"大分流"中落到了停滞的国家行列，经济总量占世界比例，以及与世界平均水平相比的人均收入水平都一路下跌。

　　我们想考察的问题是：中国经济发展在数千年的兴衰更替过程中，国家的科技投入从中起到了什么作用？依此，我们试图为解答"李约瑟难题"寻找一条新的线索。这也是比较难的。

（二）重点难点问题之二：探讨中国传统科学技术思想的发生过程和特点之难

　　中国科学技术思想传统不是一朝一夕所形成的，我们必须从源头上探寻它的发生规律。

　　恩格斯在总结马克思的历史研究方法时说："马克思研究任何事物时都考虑它的历史起源和它的前提。"[①] 这个"考虑它的历史起源"方法，在自然科学领域得到了广泛应用，并取得了显著成就。如康德的天体发展史、达尔文的生物进化史，以及赫胥黎、海克尔的人类发展史等，都生动体现了这种"考虑它的历史起源"方法。中国传统科学技术思想不是从"轴心时代"才开始的，这一点毋庸置疑。我们知道，"考虑它的历史起源"方法实际上就是向前延伸研究，因此，它从客观上要求我们"走出轴心时代"。

　　现在，由"考虑它的历史起源"方法已经形成一门起源学。

　　然而，科学思想毕竟属于观念的东西，所以研究它的产生和发展过程除了需要起源学的方法外，还需要应用发生学的方法。起源学与发生学不是一门学科，我们在研究中国传

---

① 　马克思，恩格斯：《马克思恩格斯全集》第 22 卷，北京：人民出版社，1965 年，第 400 页。

统科学技术思想史的过程中需要把两者结合起来，这肯定会有一定的难度。而就我们目前所掌握的资料看，中外科学思想史学界还不曾有应用这两种研究方法进行科学思想史研究的先例。因此，作为一个方法创新，我们将把它放到后面的一个部分里再做进一步阐释，这里从略。

具体来讲，该问题涉及的难点主要有以下方面。

（1）中国传统科学技术思想产生的机制。西晋郭象《庄子·齐物论》注云："若责其所待，而寻其所由，则寻责无极。卒至于无待，而独化之理明矣。"又《大宗师》注：认为客观事物的变化"外不资于道，内不由于己"，这便是郭象的"独化"说。以往科学思想史界忽略了郭象这个人物及其他的"独化"说，由于其思想源自庄子，那么，中国古人大都缺乏从内和外两个渠道去探究客观事物发生与发展的机理，从而不能形成重逻辑的理性思维，这是否跟庄子、郭象的思想有关，则需要在课题研究过程中进行探讨和分析。

（2）从起源学的角度看，中国传统科学技术思想有一个从形象思维向逻辑思维演进的过程，此过程可以称为"历时性"。过去，学界注重逻辑思维的研究，成果丰硕。1984年，钱学森院士在《关于思维科学》一文中，提出了把形象思维学作为一门独立学科进行建设与发展的主张。近20年来，我国学者在形象思维领域推出了一批颇有影响力的专著，如李传龙先生的《形象思维研究》（1986）、杨春鼎教授的《形象思维学》（1997）、李欣复教授的《形象思维史稿》（1998）、周冠生先生的《形象思维与创新素质》（2002）、张祖英先生的《形象对话》（2007）及杨培中先生的《形象思维与工程语言》（2011）等。在此基础上，思维发生学应运而生，如张浩先生的《思维发生学》（1994）及《思维发生学——从动物思维到人的思维》（2005）等，可见，发生学重在研究人类知识结构的生成。两者纵横交叉，无疑给本课题研究增加了难度。

（3）石器时代的各种图画，揭示了人类早期思维的特征，表明形象思维支配人类祖先的时间很长，而像我国传统科学技术思想中的阴阳、五行、八卦等概念，必然亦经历了一个相当长的图画时期。

众所周知，在这个时期出现了许多远古神话，如《山海经》即是其集大成之作。也就是说，图画时期产生的是"神话思维"，而不是科学思维。学界有人常常把神话思维与科学思维对立起来，认为神话中没有科学。如英国学者西格尔说：

> 在西方，对神话的挑战至少可追溯到柏拉图，他特别从伦理道德的立场拒绝接受荷马式的神话。……到了现代，对神话的主要挑战不是来自伦理学，而是来自科学。神话被看作是解释诸神如何操控物质世界的，而非柏拉图所认为的，是讲述诸神如何立身行事。柏拉图抱怨神话中的诸神行为不轨，缺乏道德，而现代批评家们则认为神话对世界的解释不符合科学原理，因而将之摒弃。[①]

[①] ［英］Robert A. Segal 著，刘象愚译：《神话理论》，北京：外语教学与研究出版社，2013年，第176页。

不过，更多的学者已经看到以下事实：

第一，希腊神话是西方文化的源泉之一，有人描述说："这的确是一个神话世界，……然而正是在这样的世界中，几何、数学、天文、物理、化学相继诞生。……生命、自然，在人生永恒的两极之间，西方人与中国人似乎有着极大的不同。科学发达与否似乎可以追溯到这古老神话最初始的世界中。"[①]

第二，"问题便不在于神话是否具有科学性，而在于神话能否与科学和谐共存。神话被看作是'原始的科学'，或者更确切地说，是科学在前科学时代的对应物，而科学则只能是现代的。"[②]

第三，"以今天的标准来衡量，原始神话自然只是一种肤浅的、非科学的幻想，但它不是凭空而来的，它是客观世界（包括外星文明）在先民头脑中的反映，即使是超现实的反映，其中也不乏自然现象的描述，原始科学的灵感、见解和大胆猜测，孕育着科学的萌芽。"[③]

第四，"诠释学的起源受到两类因素的决定性影响，一是神话，二是科学。神话思维作为人类诞生初期的基本思维模式，以其非概念性和互渗性的特点在西方诠释学的形成和发展过程中留下了深刻的烙印。……但伴随着人类理性思维的发展，西方诠释学的起源和发展也经历着一种去神话化和科学化的过程。亚里士多德的逻辑学开启了科学思维向诠释学渗透的道路。"[④]

以上实例虽只是事实的一部分，然足以证明原始神话与原始科学的关系非常密切。据不完全统计，中国神话流传至今的，总数约3000有余[⑤]，大致可分为两类：原始神话，指先民在与大自然作斗争过程中创造出来的各种解释自然现象、人类起源，以及追述祖先活动的幻想故事；新神话，指原始社会解体以后，各历史时期陆续涌现出来的以人、神为中心的各种幻想故事。而如何从中提炼出有价值的原始科学思想，研究难度较大，不仅如此，我们还要把这些神话与各种原始图画联系起来，探讨科学技术思想产生的历史脉络，则难度就更大了。

（三）重点难点问题之三：阐述少数民族科学技术思想的产生和发展之难

主要难处在于：第一，史料相对较为匮乏，尽管这些年来中国少数民族科学技术典籍的整理和研究取得了很大成绩，如西双版纳傣族自治州贝叶文化研究中心翻译整理出版了《傣文贝叶经全集》，内容包括天文历法、农田水利、科技语文等内容；史金波研究员整理出版了《俄藏黑水城文献》及《中国藏西夏文献》等，但对于我们所研究的对象而言，还是感到史料不足。例如，西夏除了少量医药学典籍外，还没有发现其他相对专业的科学技术思想古籍，这是造成我们研究西夏科学技术思想史的一个瓶颈，好在毕竟有一些可资利

①　周岩：《百年梦幻——中国近代知识分子的心灵历程》，北京：文化艺术出版社，2013年，第15页。
②　［英］Robert A. Segal 著，刘象愚译：《神话理论》，北京：外语教学与研究出版社，2013年，第178页。
③　汪建平等：《中国科学技术史纲》，武汉：武汉大学出版社，2012年，第24页。
④　彭启福：《诠释学的起源：神话与科学》，《天津社会科学》2010年第3期，第18页。
⑤　袁珂：《中国神话传说词典》，上海：上海辞书出版社，1985年，第5页。

用的原典，它迫使我们不得不转换研究视角来探讨西夏的科学技术思想发展史，但难度较大。又如，被称为傣医药典的《档哈雅龙》，其成书与南传佛教传入云南的时间关系密切。目前，对南传佛教传入西双版纳的时间至少有 4 种说法：佛陀巡游传入说、隋末唐初传入说、宋元之际传入说和明代传入说。我们认为，《档哈雅龙》应成书于宋元之际，作者为龚麻腊别。不过，尽管现在流传的许多傣文医药学资料都这样记载，但最终结论尚需更多的史料佐证，这个就比较难了。第二，能将少数民族语言文字和我们所研究的科学技术思想史结合起来的人才非常稀少，要么懂少数民族语言文字，不懂科学技术思想史；要么懂科学技术思想史，不懂少数民族语言文字。为了既能反映我国少数民族科学技术思想历史发展的客观面貌，又不至于陷入无法完成预期研究目标的尴尬，我们选取了一条捷径：先针对已经翻译成汉语的少数民族原典进行研究，待时机成熟后，再根据新的史料对其不断补充与完善，所以这对我们来说，其艰难程度可想而知。第三，考察途径多且远，我们共有 10 个大的研究项目，"吐蕃南诏大理突厥及辽和西夏科学技术思想史"仅仅是其中一部分，为了保证总体研究任务的完成，我们不可能将更多经费投入这个课题的研究考察中去，因此，在这种情况下，我们的研究成员还要克服许多实际困难，最大限度地完成课题目标。

如前所述，中国传统科学技术思想的发生与发展具有多元不均衡性的特征，而如何较好地阐释这个特征，既是一个重点问题，同时又是一个难点问题。

第二节　问题选择、学术观点、研究方法方面的突破、创新或可推进之处

一、问题选择方面的突破、创新或可推进之处

（一）中华文明"前轴心时代"科学技术思想史问题的选择

我们知道，雅斯贝尔斯在《历史的起源与目标》一书中首先提出了"轴心时代"与"轴心突破"的概念，而"轴心突破"是指公元前 1000 年时，中国、希腊及印度人，对于宇宙和人生的体认与思维，都跨上了一个新的台阶。余英时先生将"轴心突破"说用到对诸子思想的分析上，于是就有了他新著的《论天人之际》（中华书局，2014 年版），旨在重新建构中国古代思想起源的历史脉络，阐发中国思想自先秦而来的持久而深刻的影响。平心而论，不论是"轴心时代"还是"轴心突破"，对于中国传统学术思想的研究都非常重要和有意义，但是，如果我们的研究视角仅仅停留在这个阶段，那么有很多思想史问题仍然无法解决，这恐怕就是目前"起源学"和"发生学"研究火热的主要原因之一。

回顾中国传统科学技术思想史研究，经过几代人的努力，这个学科从无到有，从小逐

步发展壮大，令人鼓舞，成绩喜人。然而，在肯定成绩的同时，我们还应当想方设法在诸多"原"问题上进一步推进中国传统科学技术思想的研究，使之更上一层楼。什么叫"原"（或元）问题？鲁枢元先生说：所谓"原"问题"即'初始的'、'本源的'、'宏阔的'的问题，在时间上先于其他所有问题，在空间上笼罩其他所有问题。它是其他所有问题的根本，决定所有问题的性质与得失，它的解决将导致其他问题的迎刃而解，其他问题只要一日存在，它就将继续存在下去"①。截止到目前，中国传统科学思想史还没有延展到对"原问题"的研究。同"思维与存在的关系问题"是哲学的原问题一样，"人和自然的关系问题"则是科学思想的原问题。而对"人和自然关系"的不同回答，便形成了各种不同的具体科学思想派别或学术类型。为此，我们就必须考察科学思想发生和发展的历史过程。有基于此，我们在研究中国传统科学技术思想史的过程中，如果把"轴心时代"作为一个标尺，那么，我们不仅要回答"轴心突破"的问题，而且更要探讨"轴心形成"的问题。没有"轴心"的形成，便没有"轴心"的突破。而考察"轴心形成"就必须将"前轴心时代"作为一个整体过程来研究。这就是我们把"中华文明'前轴心时代'科学技术思想史"独立为一个研究单元的主要理由和根据。

毫无疑问，从"原问题"的立场来考察中国传统科学技术思想史，有助于提升这门学科的研究境界。诚如周作宇先生所说：元（原）研究是学科的"问题之源与方法之源"，是对学科本身的"行有不得者皆反求诸己"。②当然，就中国传统科学技术思想史这门学科而言，从"原问题"到"元研究"，中间还有一个比较漫长的过程，尽管这样，我们还是想努力将中国传统科学技术思想史的研究一步一步地推进到"元研究"的层面，因为"元研究在某个学科的出现本质上是这个学科繁荣的表征"。③

（二）吐蕃南诏大理突厥及辽和西夏科学技术思想史问题的选择

中国文明多元发生已经成为学界的主流，尤其是在中华民族文明的起源问题上，学者们更愿意用"去中心化"的眼光来平等看待各区域文明的发生与发展。由于过去史料不足，人们还不可能像范文澜著《中国通史》那样有单独的一册（即《中国通史》第四册）来专门叙述吐蕃国、回纥、南诏和大理国的科学技术思想历史。然而，我们高兴地看到，经过各族科研人员多年的艰苦努力，像吐蕃时期、南诏及大理时期、突厥时期、西夏时期的许多前所未见的古籍史料多已整理出版，它们为中国传统科学技术思想史的全面研究奠定了坚实的基础，从而使我们有条件在以"多元非均衡"书写的总体思路下，把它作为中国传统科学技术思想体系中的一个有机组成部分，独立成一卷。从这层意义说，这是中国传统科学技术思想史编写体例的一个突破。

另外，中国少数民族科学技术史研究虽然已取得了很大成绩，但美中不足的是目前尚

---

①　鲁枢元：《陶渊明的幽灵》，上海：上海文艺出版社，2012年，第4页。
②　周作宇：《问题之源与方法之源——元教育理论探索》，北京：教育科学出版社，2000年，第3—10页。
③　陈永明等：《教师教育学科群导论》，北京：北京大学出版社，2013年，第105页。

未见到有系统的中国少数民族科学技术思想史研究专著问世。我们选择"吐蕃南诏大理突厥及辽和西夏科学技术思想史"作为一个独立的研究课题，尽管还不太全面和完整，可是它对推动中国少数民族科学技术思想史的编撰具有一定价值和意义，抛砖引玉，以图再进。

白寿彝先生在主持编纂多卷本《中国通史》时，十分强调一个重要的思想认识，那就是"中国的历史是统一的多民族国家的历史"。我们认为这个思想应当是所有研究中国各学科通史的基本原则，所以我们不仅自觉地贯彻白寿彝的修史思想，而且还具体应用到中国传统科学技术思想通史的研究和撰写之中，这对于强化和树立"一体多元史观"与文化贯通的理念，鼓励和引导人们在研究中采用一种"交叉并置的观察"，并用一种平等的和客观理性的研究视角，来研究与揭示中国传统科学技术思想的本质特点和内在规律，都会产生一定的积极作用。

（三）中国传统科学技术思想"为什么会陷入近代发展困境"问题的选择

我们的问题实际上是对"李约瑟难题"（它本身不是一个完整问题，论点见前）的另一种说法，但这种设问可能比李约瑟博士的设问更加客观一点。这是因为：中国古代科学技术取得了领先于欧洲的诸多成就，不是一个领域或几个领域的领先，而是全面领先。但这还不够，我们还应该加上一个前提，即我们是以和平为目的来利用和推广这些成果。为了说明这个问题，我们不妨举两个史例。

（1）郑和下西洋与哥伦布航海。明初，我国依然是世界上一个强大的国家，而郑和下西洋时正处在明朝的"永乐盛世"期，其船队具有强大的军事实力，即使这样，郑和也没有将其用于侵略扩张，而是采取和平外交方针，平息冲突，消除隔阂。与此相比，哥伦布、麦哲伦的航海就完全不同了，他们以奴役和前所未闻的屠杀、掠夺为目的，结果给拉丁美洲、非洲、印度和东南亚人民造成了"永久性"伤害。所以，郑和下西洋的航海壮举"将中国文化远播海外，在东亚乃至亚非建立起具有中华民族传统文化深厚底蕴的国际交往准则，凭借这些准则，在区域内建立起和平秩序，成为区域合作的基础。这是对中国汉唐王朝'德被四海'的发扬光大，与暴力掠夺的强权政治有着根本不同"（见李伯淳《郑和下西洋与哥伦布航海进行比较看中西价值差异的现代意义——纪念郑和下西洋六百周年》一文）。

（2）火药用于爆竹与火枪、火炮。中国是发明火药的国家，可是中国人发明火药之后，并没有全部用于军事，而是将其一部分用来制作烘托节日气氛的"爆竹"。为此，鲁迅先生曾写过杂文《电的利弊》（收录在《伪自由书》中），里面有一段话说："外国用火药制造子弹御敌，中国却用它做爆竹敬神；外国用罗盘针航海，中国却用它看风水；外国用鸦片医病，中国却拿来当饭吃。同是一种东西，而中外用法之不同如此，盖不但电气而已。"[①]现在看来，鲁迅的话有失偏颇，因为火药发明不久即被应用到武器上，如唐末宋初发明的火药箭，是火药应用于武器的早期形式，而指南针发明以后，也很快被广泛应用于

---

① 鲁迅：《鲁迅自编文集·伪自由书》，南京：译林出版社，2013年，第14页。

生产、军事、地形测量和航海等领域。一方面，我们确实承认西方在火器制造技术方面，后来居上，超过了我们；然而，另一方面，还应当看到，西方人不会把火药用于生活，相反，中国人除了应用于武器外，不仅"用它做爆竹敬神"，还用它治病驱魔。例如，李时珍的《本草纲目》里就载有用火药治疗皮肤病的处方。现代《中药临床手册》也载有用火药治病的医案，等等。这里的例子可能极端，但我们却看到了内在于其中的一个科学价值问题。不过，由于这个问题牵涉的内容太多，我们在此仅做简单陈述。一句话，我国传统科学技术以和平发展指导思想的价值观为其立足点，西方近代科学技术则以掠夺扩张思想的价值观为其立足点。于是，我们可以初步得出这样的认识：中国传统科学技术的发展是一种对外和平友好、对内持续发展的模式，而西方近代科学技术则是一种对外侵略、对内掠夺的模式，后来演变为对外的全面性的侵略和掠夺。当然，我们必须承认，中国从明末开始，科学技术发展水平开始落后于西方，而造成中国科学技术在近代落后的原因比较复杂，如封建统治腐朽、闭关锁国、资本主义萌芽没有成长起来等，是一个综合落后的问题。但是，西方资本主义国家的侵略和殖民掠夺是造成中国传统科学技术陷入近代发展困境的主要原因之一。所以，我们认为，"李约瑟难题"本身会导致人们对中国传统科学技术发展做悲观的解释，因为正如有学者所言，李约瑟博士是站在西方的立场，把中国传统科学技术发展看作是一个失败的例子。我们应当走出李约瑟博士的近代"魔圈"而转向现代科学的发展视域。如果用现代科学的发展视域看，西方近代科学技术的掠夺性发展模式，导致了全球性的生态灾难，从而使西方社会陷入了现代发展的困境。从罗马俱乐部开始，人们逐渐发现西方近代科学技术发展的"危害"：工业革命以来的经济增长模式所倡导的"人类征服自然"，后果是使人与自然处于尖锐的矛盾之中，并不断地受到自然的报复；传统工业化道路，已经导致全球性的人口激增、资源短缺、环境污染和生态破坏，使人类社会面临严重困境，实际上引导人类走上了一条不能持续发展的道路。[1] 只有到这时，人们才真正意识到中国传统科学技术思想的价值和意义，即以天人合一为价值理论的持续发展模式（或称绿色发展模式）。我们认为，对于中国传统科学技术思想与近代科学技术发展的关系，应当辩证地看和发展地看，即在承认落后的同时，也要看到还有西方近代科学所不及的优点，如张家诚先生以西方近代气候学为例，解释说："近代气候学基本上属于要素气候学。气候学的内容就是这些气候要素的空间分布与时间变化的规律性。但是，气候是十分复杂的自然现象，要素可在一定程度上给出近似的描写，但却不能给出十分完善的描写。因此，随着社会与生产的发展，新的要素不断出现，正说明这种不完善性正在修补。但是中国古代的气候学知识反映在生态、生产、环境的变化上，属于综合性的感性认识多，但是也不是完全不能数值化。例如，大量的物候资料、年景资料及水、旱灾害的描写，也是可以等级化的。因此，在气候'材料的整理上'，同近代气候学相比，古代气候学不是处处都不如近代的，而是有若干近代气候学所不及的优点。"[2] 所以，我们不能仅

---

① 中共中央组织部党员教育中心组织编写：《美丽中国生态文明建设五讲》，北京：人民出版社，2013年，第57页。

② 张家诚：《气候与气候学》，北京：气象出版社，2011年，第264页。

仅局限于一个历史阶段，更不能片面地夸大其"落后"的一面，而看不到它对现代科学发展的意义。

二、学术观点方面的突破、创新或可推进之处

从细节或局部讲，新观点和新见解比较多，难以尽举。于是，我们想起了章太炎先生曾经说过的话，即"作史者，当窥大体"，所谓"大体"就是整体和全局，下面我们就"大体"陈述一下几个带有全局性的学术观点。

（一）中国传统科学技术思想发展具有"一体多元非均衡发展"的模式特征

"一体多元非均衡发展"这个观点是我们提出来的，用以指导中国传统科学技术思想史研究的总原则。所谓"一体"，就是统一的中华民族，从历史上看，中华民族始终都是一个完整的整体，而整体观念也一直贯穿于中国历史的始终，这是中心；所谓"多元"，主要是指区域文明及其建立在区域文明基础上的科学技术思想发展亦具有区域性特点；所谓"非均衡"，主要是指由于地理条件、社会发展基础、文化传统等多方面原因，造成了中原王朝和历史上各少数民族政权之间科学技术发展水平的差异。这个原则要求我们必须用平等的眼光去研究和分析历史上各民族的科学技术思想发展历史，相对系统和完整地再现中国传统科学技术思想发展的历史全貌。

在研究中，我们要注意处理好以下几个关系。

1. 宗教与科学的关系问题

李约瑟博士认为道教促进了中国传统科学技术的发展，儒教和佛教的作用就小多了。针对李约瑟博士的观点，近年来，我国学者用大量事实证明儒教和佛教同样促进了中国传统科学技术的发展。从唐代以后，伊斯兰教开始传入中国，宋元以降，伊斯兰教的天文、数学、化学等科学技术成果亦不断传入进来，尽管对于伊斯兰教科学与中国传统科学技术之间的关系，学界还有不同认识，但总的来看，认同两者互相影响的学者越来越多。明代中后期，欧洲基督教传教士进入中国，他们带来了西方传统的科学技术成果，并为国人打开了认识世界的一扇窗户。然而，随着西方资本主义的侵略扩张，外国传教士把介绍西方科学技术作为一种侵略工具或者当作进行殖民统治的一种工具，例如，建医院、办学校等。在这里，我们需要客观和全面地进行评价。我们的观点是：不管各种外来宗教与中国传统文化曾经发生过怎样的矛盾与冲突，可是从中国传统科学技术思想史的角度看，它们无疑都构成了"一体多元非均衡发展"体系中的一个组成部分。

2. 中原王朝与少数民族政权之间的关系

在儒家"华夷之变"的观念下，中原王朝与历史上各少数民族政权的交往关系比较曲折和复杂。而在这种曲折发展的历史进程中，对于蒙元和清朝入主中原这样大的历史事件，究竟给中国传统科学技术思想发展带来了怎样的影响？学界看法不尽一致，多数主张

连续论，但亦有学者持中断说。比如，有学者认为，"13 世纪蒙古族建立（公元 1271 年），吞金灭宋，统一中国，却使中国的文化传统中断、知识分子与娼妓沦为同一阶层，社会处于残酷的黑暗统治之中"[①]。甚至有的文学作家更悲观地认为，"中国文化，自汉唐以来，到近代中国的文化，是个衰微期，式微期"[②]。然而，我们的观点则是：虽然中国传统文化（包括传统科学技术思想）在历史发展过程中遇到过这样或那样的灾难，但是它的发展并没有中断，而且是一直"稳步增长"。所以"一体多元非均衡发展"模式的基本前提是承认中国传统科学技术历史一直是在稳步发展，即使到明清时期，也是在缓慢推进之中。

3. 政治上的统一和分裂局面与中国传统科学技术思想发展的关系

中国古代政治局面的变化比较复杂，与之相应，中国传统科学技术思想发展亦呈现出复杂之象，两者不是线性的对应关系。例如，按照李约瑟、金观涛等学者的统计，无论在科学技术的创新质量还是数量方面，政治上的统一未必就能带来中国传统科学技术思想发展的高峰，而政治上的分裂时期亦未必一定带来中国传统科学技术思想发展的衰退或低落。如两宋是一个政治上的分裂时期，但其科学技术思想的发展却是历史的一个高峰。因为影响中国科学技术思想发展的因素较多，这就需要我们在具体的研究过程中细致分析，对其作出客观和符合历史实际的学术评价。

（二）中国传统科学技术思想发展具有"文化整合体"的特征

这个概念不是我们提出来的，但把它应用于中国传统科学技术思想史的研究，对推进中国传统科学技术思想史的研究具有重要的创新价值和意义。

我们认为，所谓"文化整合体"研究应当具有五个基本特征：综合性、系统性、多样性（或多元性）、包容性和变化性。这里，我们不对以上五个特征一一解释，只强调一点，那就是除了从总体来强化这个概念以外，在研究具体的科学家思想时，也必须坚持这个观点。因为每个科学家都不是生活在历史的文化真空里，他们的思想无论个性多么鲜明，其本质都是受到这种文化传统的影响，都是在这种文化传统的基础之上，去认识自然和驾驭自然。当然，科学研究的本质是"求真"和"求实"，但在多元文化的认识体系内，科学家在"求真"过程中难免会被打上各种宗教思想的烙印。因此，我们绝不能因为某个科学家思想中带有较多的宗教色彩，就彻底否定了其思想中的科学因素。总之，我们主张在"文化整合体"的理论框架内去把握每个科学家思想的价值和特点，不能因为"局部问题"而否定一个人思想的整体。

（三）中国传统科学技术思想的发展具有相对独立性

意识相对性原理是马克思主义哲学的基本原理之一，把这个原理具体应用到中国传统科学技术思想史的研究过程之中，便形成了本观点。

---

① 程里尧：《中国古建筑大系》3《皇家苑囿建筑》，北京：中国建筑工业出版社，2004 年，第 24 页。
② ［美］白先勇著，王晋民编选：《孤恋花》，北京：中国文联出版公司，1991 年，第 437 页。

这个观点的主要内容包括以下几个方面。

（1）中国传统科学技术思想的发展变化与社会存在的发展变化上的不完全同步性。一方面，中国传统科学技术思想的发展有时滞后于社会存在，并阻碍其发展。这个问题在讨论"李约瑟难题"时，学界多有论说。例如，阴阳五行学说延绵至今，仍在影响某些学者的思维。李约瑟博士当年就认为阴阳五行学说阻碍了中国传统科学技术思想的发展。甚至有学者更具体地指出："几乎什么都能解释、又几乎什么都不能解释的'天人相应'、'阴阳五行'学说阻碍了形式逻辑思维原则的引入。"[①]等等。另一方面，更多的先进中国传统科学技术思想则能预见未来，指导和推动社会存在的发展。例如，王安石的"三不畏"思想，不仅成为其变法的思想基础，而且直接推动着北宋科学技术发展走上了历史高峰。

（2）中国传统科学技术思想和社会经济之间在发展上的不平衡性。一般而言，中国传统科学技术思想与其社会经济状况的发展具有一致性，如两宋的经济发展水平在中国古代应当是最高的，与之相应，两宋的科学技术思想发展状况亦达到了中国传统科学技术的最高峰。但是有时候两者往往又会不一致，如隋唐经济的繁荣程度有过于秦汉，尤其是农业生产的发达造成大一统帝国农业社会的黄金时代[②]，然而，从金观涛等所绘制的"中国古代科学技术水平增长曲线表"看，秦汉的科学技术水平却远远超过了隋唐。可见，中国传统科学技术思想的发展虽然反映了一定的社会经济状况，但绝不是照镜子式的简单反射。

（3）中国传统科学技术思想的发展具有历史继承性。每一历史阶段的科学技术思想不仅是对社会现实存在的客观反映，而且同先前的科学技术思想遗产有继承关系。每一种特定的传统科学技术思想，既继承了以往成果的内容与形式，又根据新的社会存在状况的客观需要，增添了某些新的具体内容与形式。正是由于这种历史的继承性，才使中国传统科学技术思想的发展持续不断，才有其可以追溯的历史线索。

（4）中国传统科学技术思想体系内部各个环节和要素之间的相互作用和相互影响。如前所述，我们不能仅仅用社会经济条件来说明某一段历史时期传统科学技术思想的发展和演变，还需要看到科学技术思想体系内部各个组成部分和要素之间的相互作用。例如，明清之际科学技术思想的发展进入一个新的综合阶段，有学者甚至将其称为"中国传统科学技术的最后一道光彩"[③]。而这个综合阶段的到来，既有政治和经济的原因，又有文化交流、宗教思想等因素的影响，我们只有用内史和外史相结合的综合分析视角，才能比较正确地去认识它和解读它。

（5）中国传统科学技术思想对社会存在具有反作用。此处的"反作用"可分积极作用与消极作用。这里，只讲积极作用。例如，中国近代社会各种思想矛盾和冲突不断发生，而魏源的"师夷长技以制夷"思想对近代中国的社会发展和技术进步产生了积极影响和历史作用。

① 黄仓、王旭东：《医史与文明》，北京：中国中医药出版社，1993年，第160页。
② 陈秀夔：《中国财政史》，台北：正中书局，1977年，第223页。
③ 白春礼：《科学与中国十年辉煌光耀神州》9《科学的历史与文化集》，北京：北京大学出版社，2012年，第282页。

综上所述，我们不难发现，用中国传统科学技术思想的相对独立性原理，可以解释许多在研究中国传统科学技术思想发展过程中所遇到的历史疑难问题，因而对推进中国传统科学技术思想史研究具有重要的学术价值。

（四）中国传统科学技术思想是对于人们实践活动的反映

毛泽东在《实践论》一文中已经科学地解决了人类认识的来源问题，中国传统科学技术思想属于认识范畴，按常理讲，这个问题没有再成为研究问题的必要了。实则不然，因为这个问题关乎中国传统科学技术思想的根本，是一个必须一再强调的问题，是我们时刻不能丢弃的重要方法和思想武器。当然，它本身还有一些新的特点。

第一，科学思想的显著特征是创新，而创新是最重要的科学实践形式。温济泽曾解释斯大林关于科学的定义说："科学所以叫做科学，因为它不承认偶像，不怕推翻过去的东西，却能很仔细地倾听实践经验的呼声。在实践过程中，有了新的经验，就能有勇气打破旧传统、旧标准和旧原理，而建立新传统、新标准和新原理。我们用这样的精神来工作，就能使工作不断地向前发展。"[1] 所以我们判断一位科学家的思想价值主要就是看他比他的先辈提供了多少新的思想和新的认识，而这些新的思想和新的认识究竟是不是科学真理，还要放在实践中去接受检验。

第二，从发生学的角度看，我们不否认在一定条件下"诧异"对科学思想产生的影响。当我们考察古希腊自然哲学思想的产生过程时，一定会在《形而上学》一书中找出亚里士多德的一种说法，在他看来，哲学产生于诧异（或惊奇），研究哲学（当时的哲学包括自然科学）就是为了避免无知。所以像关于天体运行及宇宙如何产生的问题，在当时不是为了任何实用的目的，纯粹是为了求知。同样，我国南宋的数学家杨辉就存在两种研究数学目的：实用与求知。他的《日用算法》《乘除通变本末》《田亩比类乘除捷法》等是以实用为目的，而他的《续古摘奇算法》就不完全是为了实用的目的。仅从书名看，里面当然离不开杨辉对许多数理问题的"诧异"，如卷上载有 13 幅纵横图，即现代的幻方，里面包含着非常珍贵的组合数学思想资料。如果从原始科学思想的起源讲，那么，原始人的诧异与恐惧心理应是产生图腾崇拜的认识论根源。所以"宗教学"概念的提出者，英籍德国学者缪勒在《宗教的起源与发展》一书中说：宗教学起源于对宗教存在的诧异，"正如古希腊哲学家们对自己无法解释的幽灵显现惊讶不已一样。这就是宗教学的起点"[2]。而对于诧异与人类认识的关系，刘永佶、李春青等学者都有精深的见解，因此，我们在这里不再做进一步的评述。

美国学者加兰·E.艾伦曾说过一段发自肺腑的心里话："历史不是静止的，然而事件以及我们对事件的解释却是不断改变的。因此，一部出色的历史著作应该力图准确地提出

---

① 程民：《科学小品在中国》，北京：科学出版社，2009 年，第 131 页。
② 张禹东等：《宗教与哲学：精神－文化生活图式的两重解读》，北京：社会科学文献出版社，2009 年，第 3 页。

问题，使得其他人能够更全面地去进一步研究它们。"[1]加兰·E.艾伦的心里话，也是我们的心里话，我们真的希望上述问题和观点能"使得其他人更全面地去进一步研究它们"。

三、研究方法方面的突破、创新或可推进之处

（一）起源学与发生学相结合的方法

起源学是追溯事物秩序的发生和演化的科学，它注重历史时间概念，突出事件要素及其关联，例如，巫术咒语与祷告这两个事件之间的先后关系，我们在读道教科学家的著作时经常会遇到这两个事件，为了弄清楚两者的渊源，就需要用起源学的方法进行研究，就像"法国民族学之父"马塞尔·莫斯所做的那样。然而，考察形象（如图画）与概念之间的关系就不能用起源学的方法了，因为它需要逻辑推理，于是便有了发生学的方法。在西方，像皮亚杰的《发生认识论原理》及胡塞尔的《几何学的起源》等，都是发生学的重要著作。所谓发生学方法，就是指在研究自然和社会现象时，以分析它们的起源和发展过程为基础的一种研究方法，它主要是通过探究认识的结构生成来把握主客体的相互作用及其内在的本质和规律，如信念与信仰在科学发生过程中的作用考察，即是发生学的内容。我们相信，原始社会的先民更需要信念与信仰，这是理解原始科学思想发展的认识论基础。我们知道，从"相信"到"信念"，再从"信念"到"信仰"，然后从"信仰"中产生了诸如巫术、宗教、神灵崇拜等现象，确实需要我们从发生学的角度加以探究。可见，与起源学方法相比较，发生学方法更注重主体性与功能。

人们相信，追根溯源是历史研究的基本任务，研究中国传统科学技术思想的起源更是我们研究课题的基本任务。"人类文明越到后来就越显繁复，五光十色的外表反而掩盖了包含于其中的某些永恒不变的基本问题和精神要素，而早期形态则往往更容易彰显其本色。"[2]揭示中国传统科学技术思想"早期形态"中所"包含于其中的某些永恒不变的基本问题和精神要素"，对于推进中国科学思想史研究的意义巨大。不过，这里需要明晰更细致的方法：以今证古，以古证古及两者的结合。"以今证古"主要依靠民族学的一些"活史料"，帮助解释古代的某些精神现象，包括远古的巫术。此外，我们还需要借助于现代的一些概念，去剖析远古先民的"实践行为"，如"相信"、"信念"和"信仰"的概念。一般而言，"相信主要是对于事实、人物或知识、理论等对象的基本判断和认可"，它"只是一种思想认识、判断和倾向，不必然转化为行动"，如果出现了从思想到行动的转化，那就进入了信念层面。所以"信念就是要在相信的思想认识基础上，加上强烈的情感倾向性和行动、意志的坚定性，是融认识、情感、意志、行动为一体的综合的精神状态"，而"信仰缘于人类生存和意义找寻的需要，是人能够生存下去的价值支撑"，人们"为了活下

① ［美］加兰·E.艾伦著：《20世纪的生命科学史》，上海：复旦大学出版社，2000年，第2页。
② 张卜天：《西方科学的起源·总序》，［美］戴维·林德伯格著《西方科学的起源》原书第2版，长沙：湖南科学技术出版社，2013年，第2页。

去并且活出意义来，就必须有所信仰，无论是信仰威力巨大的自然现象，还是信仰冥冥之中的神灵和祖先，抑或信仰可以让他有所依赖的学说或教义，总之这些具有永恒性的信仰的对象，都会在一定程度上消解人们的空虚、破碎和恐惧感"[①]。这些概念看起来简单，却能在一定意义上解释原始先民文身和"异饰"自身的意义。还有大量的远古岩画，也需要借助上述概念来进行有意义的解读。例如，伽达默尔认为，图像比语言具有更原始的性质，因此，对于语言的本质必须回到图像中寻找。从我国目前所发现的大量原始岩画看，里面包含着丰富的科学思想起源与发生的历史信息，我们只要采用恰当的方法去研究它和破解它，就一定能推动中国传统科学思想史的研究不断走向深入。

"以古证古"法是中国古代学者治史的主要方法，它为中国古代学术思想的发展立下了不可磨灭的历史功绩。近年来，随着研究手段的不断更新，人们对"以古证古"法批评较多，说明这个方法也有不足。例如，有人说：

> 对于那些含义模糊且极不稳定的范畴的阐释，如何加以科学的界说，需要借助现代科学的方法，以古证古是不可能做到的。……以古证古无非两途，一是传统的疏证方法，另一途，是运用古人使用的点悟式的方法。这两途，都不可能达到科学解释范畴的目的。[②]（引文有删节）

但是，我们在阐释古人的一些观念起源时，依赖于考古学证据的支持，因为光有文献资料是不够的。事实上，即使现在，人们仍然感到"以古证古"方法有其特殊的学术价值。比如，申江先生认为，现代易学研究最缺乏"以古证古"这个环节。他说："只有先把思维方法还原到发明易学，易图的神话先民的模式而不是水平，才能循其思维轨迹，发现他们的文化符号最初的用意，即易符的原始目的。"[③]所以，我们承认现代思想史的研究从"以古证古"走向阐释学，即用分析性和逻辑性的话语来解读古代思想文本的术语、范畴。但这种演进不应当是线性的演进，更不应当用现代阐释学的方法或称"以今证古"法取代"以古证古"法。我们认为，应当把两者结合起来。因为"'现在'就是所有'过去'流入的世界，换句话说，所有'过去'都埋没于'现在'的里边，故一时代的思想……差不多可以说是由所有'过去'时代的思潮，——凑合而成的"[④]。

（二）通史与断代史研究相结合的方法

中国传统科学技术思想发展历史的显著特征之一就是连续性和阶段性的统一，与之相应，我们的研究方法亦需要进行通史与断代史的结合。

在史学界，已有许多采用通史与断代史相结合的成功范例。范文澜先生的《中国通史》自不待说，白寿彝先生总主编的《中国通史》则被称为"20世纪中国史学的压轴之

---

① 刘建军等：《信仰书简——与当代大学生谈理想信念》，北京：中国青年出版社，2012年，第54—56页。
② 罗宗强等：《四十年古代文学理论研究的反思》，《文学遗产》1989年第4期，第10—11页。
③ 申江：《时间符号与神话传说》，昆明：云南大学出版社，2012年，第56页。
④ 李大钊：《李大钊散文·今》，上海：上海科学技术文献出版社，2013年，第67页。

作"，并创造了一种新的通史编纂体例，即"新综合体"编写方式。至于专门史或学科史的通史编写方面，以前面所举《中国经济通史》的影响最大。学界公认，漆侠先生所著《中国经济通史·宋代经济史》是把通史与断代史结合的较好的一个范例。例如，王曾瑜先生评价说：

> 漆侠先生在淹贯古史的基础上，提出了中国封建时代三个阶段和两个高峰的总的理论体系，他正是在这个总的理论体系之下，展开对宋代经济史系统而详细的论述，给人一种高屋建瓴之感。由于他在相当的难度、广度，深度和高度上解决了贯通性的问题。故《宋代经济史》在解决古代经济通史和断代史的结合方面，便成为一个相当成功的范例。[1]

我们在研读漆侠先生的《宋代经济史》过程中，深深体会到了其将通史与断代史结合起来对历史上每个问题进行系统而又有深度解读的方法，对研究中国传统科学技术思想史的引领作用和关键意义。尽管我们的研究是以人物为纲，但是人物思想亦必须系统呈现。那么，如何系统呈现每个科学家思想的整体和全部？我们就需要一个适当的方法，而采用通史与断代史相结合的方法就能较好地解决上面的问题。由系统呈现每个科学家的思想，到系统呈现每个断代阶段的科学思想，再由系统呈现每个断代阶段的科学思想，到最终将整个中国传统科学技术思想系统呈现出来，层层分解，步步递进，从而实现以小见大的书写目标。

第三节　分析工具、文献资料、话语体系方面的突破、创新或推进之处

一、分析工具方面的突破、创新或推进之处

（一）图示模型分析

模型分析包括数理模型分析和图示模型分析等，在社会科学研究中，人们普遍应用的是图示模型分析。查尔斯·汉迪说："记住图像比记住概念要容易；画面停留在脑子里的时间，比技术术语更长。"[2]这就是图示模型分析比文字叙述分析更易于被人们记忆的原因，像《周易》中的八卦图、伏羲六十四卦次序图、伏羲六十四卦方位图，以及《周易参同契》中的太极图和周敦颐的太极图等，至今都是重要的思维分析工具。因此，我们在具体研究过程中，需要引入或自己创建必要的图示模型作为分析工具。

---

① 王曾瑜：《中国经济史和宋史研究的重大成果》，《晋阳学刊》1989年第4期，第56页。
② ［英］查尔斯·汉迪著：《思想者》，闾佳译，杭州：浙江人民出版社，2012年，第183页。

1. 引入李佐军先生的"人本发展理论模型"

李佐军先生的"人本发展理论模型"，具体如图 7-2 所示。

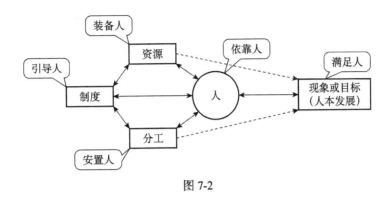

图 7-2

对于这个模型，李佐军先生在其所著的《人本发展理论：解释经济社会发展的新思路》一书中有详论，我们这里只简单引述一下框图中的概念及其应用。该图共由 5 个板块构成。

第一个板块是现象或目标。现象是指各种经济社会发展现象，目标是指行为主体想到达的目的地或想实现的愿望。括号中的人本发展根据需要既可理解为想达到的目的，又可理解为一种发展现象。"五人"中的"满足人"即反映了人类想达到的目标或想实现的愿望。现象或目标属于模型的目标部分或因变量部分。

第二个板块是人。人是指人类行为的主体，对应着"五人"中的"依靠人"。人属于模型的行为主体部分。这与大部分模型有所不同：大部分模型往往把行为主体隐藏起来，而该模型则将"人"这个行为主体放在模型的枢纽位置。

第三个板块是制度。制度是影响人类行为的约束条件之一，对应着"五人"中的"引导人"。制度属于模型的手段部分或自变量部分。制度放在最左边意味着制度对其他模块具有重要影响作用。

第四个板块是资源。资源也是影响人类行为的约束条件之一，对应着"五人"中的"装备人"，资源也属于模型的手段部分或自变量部分。资源放在最上边，意味着资源对行为主体及其他模块具有提升性影响作用。

第五个板块是分工。分工同样是影响人类行为的约束条件之一，对应着"五人"中的"安置人"。分工同样属于模型的手段或自变量部分。分工放在最下边意味着分工对其他模块具有支撑性影响作用。[1] 据此模型，李佐军先生分析了"为什么奴隶社会较原始社会进步"和"为什么中国封建社会创造了比欧洲封建社会更辉煌的文明"两个重大理论问题，对我们的实际研究有启发作用，同时，我们借助此模型可以解释中国传统科学技术思想的三次高潮及其形成原因。

---

① ［英］查尔斯·汉迪著：《思想者》，闫佳译，杭州：浙江人民出版社，2012 年，第 183 页。

2. 创建"宋代科技管理的效果分析模型"

宋代科技管理的效果分析模型，具体如图 7-3 所示。

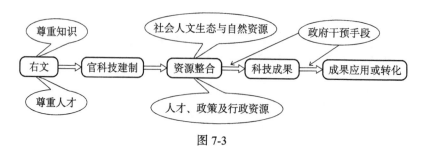

图 7-3

宋代是中国传统科学技术思想发展的最高峰，因此，认真总结此期的科学技术思想的创新经验，对于我们今天进一步激励科技创新具有一定的借鉴价值和意义。

政策是管理的灵魂，我们通过考察宋代科技创新的运作机制，从系统学角度初步构建了宋代科技管理与其资源控制图示模型。该图示模型把宋代科技创新视为一个复杂的社会系统，它以"右文"为始端，以科技成果及其应用为终端，中间环节主要由"官科技建制"来组织必要的人力和物力。政府通过一定的干预手段对成果的效果进行必要控制，以期实现对现实社会、人文生态及自然资源的优化组合，从而不断提高其整个知识群体的科技创新能力与水平。金观涛等学者曾对中国古代科学技术水平增长进行了量化分析，结果发现宋代的科技创新能力最高，它表明宋代的"官科技建制"是成功的。

据师萍、安立仁等学者研究，我国政府的科技投入存在总量相对不足和投入绩效不太理想等问题。他们认为，"在科技资金的投入和使用中，重投入、轻结果，重项目、轻绩效，缺乏全程管理观念。科技研究项目事前立项审批、预算审批与事中和事后的监督、评价、问效等缺乏协调，项目执行中和完成后，大多由项目执行单位或主管部门进行总结，缺乏从政府科技支出管理角度的规范评价和监督、支出的有效性和效率有待提高"[1]。当然，解决上述问题的途径很多，但从宋代较为先进的"官科技建制"中借鉴一些成功经验，也应是一种比较有效的途径。

（二）数理模型分析

这种分析工具是从计量史学引入到我们的研究之中的，其模型对推进中国传统科学技术思想史的研究有一定作用。据霍俊江教授介绍，计量史学是运用现代数学的手段和统计学的方法，以及现代计算机技术，对历史上的数量和数量关系（无论是显性的还是隐性的），以及由这些数量关系所构成的特定的数据结构进行定量的研究和分析，进而使定性研究与定量研究相结合，使历史研究进一步精确化和科学化的学科。该方法的最显著特征就是对所研究对象进行数量分析，包括数理模型分析。[2]

---

① 师萍、安立仁：《政府科技投入绩效评价与区域创新差异研究》，北京：中国经济出版社，2013 年，第 11 页。
② 霍俊江：《计量史学研究入门》，北京：北京大学出版社，2013 年，第 2 页。

此外，根据中国传统科学技术思想史学科的特点，西北大学的曲安京教授、纪志刚教授等从科学内史的角度寻求中国古代历法的数理模型分析，取得了较大成绩，并为我们用数理模型分析中国传统科学技术思想史创造了条件。

二、文献资料方面的突破、创新或推进之处

章太炎先生曾说："今日治史，不专赖域中典籍。凡皇古异闻，种界实迹，见于洪积石层，足以补旧史所不逮者，外人言支那事，时一二称道之，虽谓之古史，无过也。亦有草昧初启，东西同状，文化既进，黄白殊形，必将比较同异，然后优劣自明，原委始见，是虽希腊、罗马、印度、西膜诸史，不得谓无与域中矣。若夫心理、社会、宗教各论，发明天则，凑人所同，于作史尤为要领。"[①]可见，章太炎先生对地下记载及实物史料的重视，大大拓宽了史料范围，是一种新的史料观。

（一）《番汉合时掌中珠》及《俄藏黑水城文献》

西夏文字的发现是新史学的重要业绩之一，而《番汉合时掌中珠》是骨勒茂才编纂的一本西夏文与汉文对照词语集，是目前所见唯一的一部有汉字标音释义的辞典。本课题组成员梁松涛先生十几年来致力于西夏文科技文献的整理研究，为西夏科学技术思想史研究奠定了比较厚实的学术基础。

20世纪初，俄国科兹洛夫探险队将大量中国黑水城的西夏文献和文物运往圣彼得堡，其中文献部分藏东方学研究所，绘画等艺术品藏冬宫博物馆。《俄藏黑水城文献》计划出30册，目前已整理出版14册。在这里，我们要特别注意俄藏黑水城绘画与西夏科学技术思想的关系，其画面中有优雅精致的妇女绣花鞋、皮鞋、瓷器、马镫、箭镞等。如《星宿神》《金刚亥母》《阿弥陀佛的净土与药师佛及其同伴》等都是研究科学思想史的宝贵史料。正如吴焕宇先生所说："西夏王国，因其位于古丝绸之路的北方，而古丝绸则是中古时期欧洲通往中国的要道。这条路不仅是中西贸易的管道，同时也是观念、信仰及文化艺术传统交流的途径。"[②]这些"观念、信仰及文化艺术传统"无不与西夏的科学技术思想息息相关。

（二）阴山岩画及中原岩画

岩画是指古代人类描绘或刻制于洞窟石壁或露天岩石上的图像和符号，我国境内不断发现的岩画为中国传统科学技术思想史提供了新的史料，尤其是利用石器时代的岩画史料阐释原始科学思想的发生具有重要意义。

根据盖山林先生的揭示，阴山岩画主要分布于阴山山脉狼山一段，共发现了1296幅

---

① 章太炎：《章太炎自述 1869—1936》，北京：人民日报出版社，2012年，第176页。
② 吴焕宇：《俄藏黑水城绘画与我的西夏情缘》，张立宪主编《读库0604》，北京：新星出版社，2006年，第17页。

岩画；此外，阴山山脉的色尔腾山及大青山北部低山丘陵地带发现有1421幅岩画。王晓琨等在《阴山岩画研究》一书中共对2842幅阴山岩画进行了系统研究，其中对岩画年代的考证及对其内涵的阐释，极大地方便了我们的研究。

中原岩画主要分布于郑州、许昌、平顶山和南阳4个市辖区内。其岩画的年代古老，多数可追溯到史前时期，而这些岩画的社会功能可分为记录重大事件、巫术、记事符号、传授知识、记录神话与传说等，是我们研究中国传统科学技术思想发生学的重要史料依据。

（三）新发现的简帛文献

1994年和2000年，上海博物馆从香港购回1600多支战国晚期出土的竹简，包含近百种古籍，多数为佚籍，目前已整理出版不少。2000年，湖南大学岳麓书院从香港购回一批秦简，计有2098个编号，内容有《质日》《占梦书》《数书》等。2008年，清华大学收藏了2500枚战国中晚期楚简，包含约有60篇文献。2009年，北京大学收藏了有3346个编号的西汉中期竹简，包含约有20种文献，有《老子》《古医方》等。同年，浙江大学收藏了有324个编号的战国楚简，内容有《左传》《四至日》等。2010年，北京大学收藏了760余枚秦简，内容包括算术、数术方技、制衣术等。以上只是主要者，不是全部，随着战国、秦汉简帛的不断被发现，许多新的史料将会越来越丰富，而中国传统科学技术史也必定会以一种新的面貌出现。

三、话语体系等方面的突破、创新或推进之处

话语体系是特定历史阶段的产物，我们认为，中国史学选择以马克思主义唯物史观作为自己的理论基础，既是由中国特定历史条件所决定，又受世界历史背景的积极影响，是中国史学发展的正确选择。因此，中国传统科学技术思想史研究将把马克思主义唯物史观作为自己话语体系的骨骼，并在此前提下，借鉴现代西方一些比较先进的学术思想，成为我们话语体系的一个组成部分。

（一）中国传统科学技术思想史是连续性和阶段性的统一，它曾经创造了无数领先于欧洲的历史辉煌成就

这是我们整个话语体系的基本格调和主旋律，弘扬中华民族积极创造和求真求实的科学创新精神，并努力让这个精神转变成实现中华民族伟大复兴的一种内在动力，是我们研究的最终目的。以此为轴心，我们拟从中国传统科学技术思想史的学科实际出发，用符合历史特点和思想发展需要的概念、术语、范畴来构建我们的理论体系，从而使中国传统科学技术思想史研究再上一个新台阶。

（二）西方的所谓"中国威胁论"和"东西文明冲突论"经不起历史的考验，是一种谬论

我们在论证中一再申明中国传统文化的底色是以"和"为特点，像张骞出使西域、文成公主入藏、鉴真东渡、郑和下西洋等，都是以和平为目的。所以和平发展是中国几千年历史发展的基本走向，是主线，我们在研究中将全面反映和鲜明展示中华民族爱好和平的国家形象。诚如法国希拉克总统所说："这个世界变化的很快，但是世界往往忘记了，今天的世界之所以发展到这个地步，东方文明的贡献很大。以前以为西方文明贡献很大，因为东方文明大家不大了解。"东西方文明的主要表现形式不是对抗和冲突，而是和而不同。对此，吴建民先生总结说："今天的世界在国际这个村落中，大家要把各种文化中的良性素质调度出来，和而不同地融合成普世性的解决方案，当它杜绝某一个中心的时候，这种战争才有可能避免。……所以我觉得文明冲突的解决源于与文明冲突的认知，这种认知首先是心平气和的，我们承认差异，但并不一定要彼此征服。"[1]中国传统科学技术思想发展史非常鲜明地体现了中华民族多元、融合、包容、协同的历史特点，而中国传统科学技术思想能够一直连续发展，其根本原因就是我们能够以包容的态度吸收一切人类文明的先进思想和文化成果。因此，那种所谓"中国威胁论"和"东西文明冲突论"的话语经不起历史的考验，是一种谬论。

（三）重新认识"李约瑟难题"，中国传统科学技术思想不能仅仅停留在与西方近代科学相比较的历史节点上

李约瑟博士为介绍中国传统科学文明成就，让西方人更多地认识和了解中国作出了重要贡献，我们永远不会忘记他。不过，面对"李约瑟难题"的话语，我们至今都还没有突破和超越由他设定的初始条件：西方近代科学发达，创造了资本主义的工业化文明，而以自然经济为基础的中国古代农业文明却明显落伍了。西方资本主义强国已经先发展起来，与之相比，我们不否认自己被排在后发展国家之列。可是，这毕竟是历史的一个阶段，实际上，西方国家自从进入了"后现代"社会之后，便开始不断质疑和批判西方近代科学技术以"征服"为目的的发展模式，尤其是近代以静止和孤立为特点的思维方式，更为现代科学所不容，例如，爱因斯坦的相对论完全颠覆了牛顿力学的时空观，它引导科学从绝对走向相对，从孤立走向联系，从静止走向变化，从这层意义上说，近代科学已经被终结。既然近代科学已经被终结，我们为什么还总是以西方近代科学为话语来自我贬损中国的传统科学思想呢？此外，西方在 20 世纪 60 年代就因为近代科学技术所造成的实际灾害或巨大阴影而激起了"反科学运动"，因此，曾任香港中文大学新亚书院院长的金耀基先生很自信地说："相信中国的'有机哲学'可以药救西方'科学主义'的弊端。"[2]中国传统的整体思维、相对公平的科举选拔优秀人才制度等，都对现代科学发展产生了重要影响。在此

---

①　吴建民：《我的中国梦：吴建民口述实录》，北京：北京大学出版社，2013 年，第 161—162 页。
②　金耀基：《大学之理念》，北京：生活·读书·新知三联书店，2001 年，第 119 页。

前提下，吴邦惠先生在《光明日报》上撰文说："从根本上看，与其说中医落后于现代科学的发展，不如说现代科学落后于中医的实践。"[①]因此，中国传统科学与现代科学相比表现出更多正价值，其"同"的方面占主导地位，相反，中国传统科学与近代科学相比则表现出较多的负价值，其"异"的方面占主导地位。由此不难看出，对中国传统科学技术思想应正确地看和发展地看，所以"李约瑟难题"不是一个完整的问题，对此，我们必须有清醒的认识。

（四）中国传统的科学家群体不仅有一种锲而不舍的追求真理的探索精神，而且还有一种内在的造福人类的责任，于是就形成了中国传统科学的思想之魂

中国传统科学技术之所以取得了那么多世界一流的成就，原因固然很多，但科学发展的内在力量却起着不可忽视的作用。对此，英国著名科学家霍金有一段评述，他说："人们不可能阻止头脑去思考基础科学，不管这些人是否得到报酬。防止进一步发展的唯一方法是压迫任何新生事物的全球独裁政府，但是人类的创造力和天才是如此之顽强，即便是这样的政府也无可奈何，充其量不过把变化的速度降低而已。"[②]如果我们承认清朝政府拒斥西方近代科学技术也类似于"独裁政府"的话，那么，它"充其量不过把变化的速度降低而已"，因为中国传统科学家群体求真精神的顽强和执著是推动科学进步的重要力量之一。伽达默尔担心"科学的技术目的可能导致世界的瓦解"，这不是杞人忧天，我们目前所遭遇的全球问题，不能说与科学技术的畸形发展没有关系。在这种历史背景之下，科技伦理学的地位就越来越凸显了。学界普遍认为，科学家应负有双重责任：第一，要对科学研究本身的行为负责，即在科学研究中，科学家一旦意识到此类研究会威胁到人类生存，或者会对人类生活环境造成不可逆的损害，就应当自觉地约束自己的行为，甚至终止此类研究，第二，对科学家的社会行为负责，即科学家应当充分利用所掌握的知识，将自已已经认识或预见的科学研究可能带来的各种后果，理性和负责任地告诉公众。[③]如果站在科学技术伦理学的角度看待中国传统科学技术思想史上的一些现象，就必然会产生一些新的话语，例如，华佗发明的"麻沸散"失传了，至于它为什么失传，我们从另外一个角度来解读，那就是这副药方中有毒性成分，它可能会产生一定的中毒反应或药物依赖，对人体造成更大的伤害，所以后来的医家便终止了它的流传，这是一种以"仁"为本的"人道主义"精神的体现。

---

① 吴邦惠：《中医应得到现代医学的有效支持》，《光明日报》1987年2月17日。
② ［英］霍金：《公众的科学观》，上海教育出版社编《通透的思考》，上海：上海教育出版社，2012年，第235—236页。
③ 中国科学技术信息研究所：《生物技术领域分析报告：2008》，北京：科学技术文献出版社，2008年，第191页。

第八章 相关课题的结构与主要内容

第一节 中国古代科学技术思想史研究

一、主要问题和重点研究内容

（一）主要问题

按照本课题的总体规划，我们在本相关课题里需要具体解决的问题拟有以下几个方面。

1. 中国传统科学技术思想发展的动力及其规律

中国传统科学技术思想发展的动力分内动力和外动力两个方面，内动力是指科学实践与科学理论之间的矛盾运动，一切科学问题直接来源于实践。当然，不同的实践活动决定着思想认识的性质和水平，原始社会条件下的科学实践决定着原始科学思想的产生和发展具有一定的"巫术"性质。奴隶社会的商朝，巫术发展到高峰，这可由殷墟卜辞的大量出土来证明。春秋战国开始，科学开始从巫术中逐渐分离，等等。外动力是指社会诸因素与科学技术之间的相互作用规律。例如，秦汉以降，我国的官学教育比较发达，因而形成了"官僚型科学家"群体，这个群体对中国传统科学技术思想体系的形成起到了关键作用。所以，如何结合历史发展的特点，真实和客观地来揭示这个问题，是本子课题拟解决的主要问题之一。

2. 中国传统科学技术思想发生与发展的内在结构及其逻辑元素

这是一个比较复杂的问题，但又是一个颇有意义的问题。历史生态学家认为，"实际上地球上的所有环境已经受到包括更广泛意义上的所有人属在内人类活动的影响"[①]。此即"自然社会化"的内涵，从目前新旧石器的考古成就看，我国远古人类的活动遗迹确实已遍布全国各地，大体可分为六大区系：以燕山南北长城地带为重心的北方，以山东为中心的东方，以关中（陕西）、晋南、豫西为中心的中原，以环太湖为中心的东南部，以环洞庭湖与四川盆地为中心的西南部，以鄱阳湖—珠江三角洲一线为中轴的南方。这么大的活动范围和宽广视野，远古先民就是在此生活实践的基础上形成了一种"融合型"的天地人一体化思想结构，具体内容如图 8-1 所示。

---

① 付广华：《生态重建的文化逻辑——基于龙脊古壮寨的环境人类学研究》，北京：中央民族大学出版社，2013 年，第 212 页。

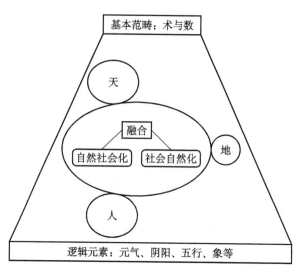

图 8-1

图 8-1 中的"社会自然化"把社会与自然等同起来，形成了道家思想，道家科学技术思想的内在结构就是以此为基础的。

3. 中国历史文明的多元性与地缘科学技术思想之间的关系

在这里，先介绍一下"地缘科学"的概念。1909 年，黑尔提出了交叉学科的概念，而且是作为一种新的方法论提出的。1940 年，哈斯金斯提出"边缘"的概念，在此前提下，一门以地理、环境及物理化学为支柱的综合学科应运而生。黄瑞农先生是我国地缘科学的重要奠基者，地缘科学研究特定地理环境对人文政治、社会风俗、思维风格等因素的影响，它与风水学有严格区别。所以中国历史文明的多元性与地缘科学技术的关系，是认识和理解中国区域科学文明的重要理论问题。例如，对于涿鹿与黄帝部族的兴起，我们就需要从地缘科学的角度来考察"涿鹿"这个地方的地理环境对黄帝部族的兴起究竟起到了什么样的作用。

4. 诸子科学技术思想的特点及其历史地位

诸子科学技术思想是理解中国传统科学技术思想形成和发展的关键，这里所说的"诸子"以《汉书·艺文志》为准："诸子十家，其可观者九家而已。""十家"即儒家、道家、阴阳家、法家、名家、墨家、纵横家、杂家、农家及小说家。除去"小说家"即为"九家"。虽然小说家被班固视为"街谈巷议，道听途说者之所造"，但从我们的史料观看，"小说家"不乏科学思想之素材，故也将其列为我们的研究对象之一。

5. 政治因素对中国传统科学技术思想的巨大影响

学界基本上达成了这样的共识：政治决定科学，政治与科学的这种关系是由"政治的品质"和"科学的政治价值"所决定的，前者决定了科学不可避免地受政治影响，后者则决定了政治对科学的影响方向。[①]从中国传统科学技术思想发展的历史看，社会

---

① 张洪波等：《科学与伪科学的分野》，合肥：合肥工业大学出版社，2006 年，第 184 页。

的安定，对科学研究的鼓励政策，自由探索风气的形成，以及有利于科学研究的组织体制等，是科学技术思想发展的必要政治条件，而腐朽落后的政治统治是造成国家科学技术思想落后的主要原因，这正好表明科学技术思想的发展需要一个适宜的政治制度和社会环境。

6. 农业、天文、数学、医学和建筑工程构成了中国传统科学技术思想体系的五大支柱及其历史必然性

中国传统科学技术思想有两个基本特点：实用与伦理化，而后一个特点常常为科学思想史界的学者所忽略。在历史上，汉武帝"独尊儒术"造成了后来儒士成为中国传统主流科学家群体的特殊局面，中国传统科学技术思想体系形成于汉代，《九章算术》《太初历》《氾胜之书》《黄帝内经》及汉代的木结构多层砖瓦建筑取代了高台建筑，奠定了具有独特民族风格的中国古代建筑体系。所有这一切无不受到儒家思想的影响，如刘徽的《九章算术》注序云："按周公制礼而有九数，九数之流，则《九章》是矣。"至于《太初历》的颁行，《汉书·律历志上》云："帝王必改正朔，易服色，所以明受命于天也。"这种科学技术思想体系的形成与汉代大一统的政治形势密切相关，当然，具体内容还需要在研究过程中客观阐释。

7. 为什么历法和仙药成为魏晋南北朝时期科学家追求的主要目标

魏晋南北朝是一个政治分裂与割据时期，在思想领域，道教官方化，儒、释、道开始出现合流的迹象，士人出现了信仰危机，同时，人性的觉醒催生了名士风流与名士崇拜。从科学技术思想的视角看，魏晋名士服食之风甚炽，仙药遂成为当时士人追求的一种消费时尚。当然，在社会动乱的年代，无论帝王还是士人，客观上更加需要借助历法和星占预知天意和吉凶。例如，刘表曾命武陵太守刘睿编撰《荆州占》；梁代撰有《天文录》30卷；北周太史令庾季才编有《灵台秘苑》120卷，使占验之术大为完备。与此同时，在颁行的10多部历法中尤以何承天和祖冲之的历法最完善。

8. 精神自由与相对独立的思维个性对科学技术思想创新的积极作用

考察中国传统科学技术思想史上的几次创新高峰，都具备了这两个条件。事实上，科学技术思想的创新，一方面需要人自身的独立意识的影响，即"人的思想具有相对独立的生存空间，一定程度上表现出无所拘束，不受固定的行为进程的限制"，又"人的思想从本质上体现出一种排他性，它以自己的思维模式为中心，不轻易接受和容纳外界强加于自己的思想及其观点"，另一方面还需要借助国家的政治体系和政治结构从制度上提供有力的保障。而我们所要解决的问题恰恰就在这里，因为外在因素诸如政治生态、文化传统及社会价值导向等对科学技术思想创新的影响作用绝不可低估。

9. 中国传统科学技术思想的整合与儒、释、道三教的合一

从两晋南北朝之后，中国传统科学技术思想又进入了一个新的整合期，这与当时隋唐的政治统一局面有关。例如，陈遵妫先生说：南北朝历法"当以元嘉历和大明历为最善，至于所谓'何承天为南朝所宗，祖冲之为北朝所法'的说法，实际未必正确。我们从历法

上也可以看出当时南北意识形态的对立，而融合南北优良历法工作的是隋的刘焯"①。又如，孙思邈的《千金要方》、李吉甫的《元和郡县志》、唐朝的《新修本草》等都是集大成之作。科学技术思想的整合与儒、释、道三教的合一趋势相辅相成，尽管唐朝中后期有一股较强烈的反佛思潮，但总的历史趋势是逐渐走向合一，而不是分化和对立。

10. 如何理解唐朝是"东方文艺复兴的前夜"

日本学者宫崎市定认为，"中国宋代实现了社会经济的跃进，都市的发达，知识的普及，与欧洲文艺复兴现象比较，应该理解为并行和等值的发展，因而宋代是十足的'东方文艺复兴时代'"②。从这个意义上，胡适先生将唐朝称为"东方文艺复兴的前夜"。丹麦学者池元莲亦有同样看法，他说："在唐朝的文艺复兴时代，儒道综合的传统性人文主义再度抬头，而且从此成为中华文化大地上的一棵常青树"，而"中华文化充分地表现了强大的同化能力，把异族的血统和文化都吸收了，都同化了，使得中华民族的文化土壤变得更为肥沃，竟能生长出唐朝那一朵富丽堂皇的文化花朵，使唐朝时代的中国成为世界上最文明的国度"③。虽然这样的认识未必全面，但唐朝中后期出现了诸多社会现象，确实需要深入研究，因为它涉及中国传统科学技术思想发展已经开始走向最高峰的问题。

11. 宋元将中国传统科学技术思想推向历史高峰的综合分析

这是学术界议论较多的问题之一，观点较多，具体如下。

如杨渭生先生说："宋人很重视前代的文化遗产，学古而不泥古，极富创造性。这正是宋代科技创新的内在动力。宋代科技各领域创造发明的大量事实完全证明了这一点。所以说，宋代科技高峰是历史的积累与创新结点上的奇葩，显现其时代特征。"④游彪先生又说："宋朝在与东南亚、阿拉伯、非洲等国家交往的过程中吸收了许多这些国家优秀的文化成果，阿拉伯的代数、几何、三角、历算等数学成就，都广为中国数学家采用。宋代科技高峰的出现，与引进这些国家先进成果有一定关系。"⑤赵美杰等认为，"宋代的道教界人士积极地参与了许多科技领域的研究工作，并且取得了一系列重大的科技成就，为宋代科技高峰的形成作出了重要的贡献"⑥。

以上观点都从一个侧面反映了宋代科技高峰形成的原因，不无道理，然而，从系统论的观点看，形成宋元科技高峰的原因应是综合的和多元的，既有政治、经济、文化、教育等方面的原因，也有思想、军事、外交、宗教等方面的原因。

12. 探讨中原传统科学技术思想与非中原传统科学技术思想不平衡发展的历史原因

不平衡是客观事物矛盾运动的普遍规律，就本问题而言，需要考虑地理条件、文化传

---

① 陈遵妫：《中国天文学史》中册，上海：上海人民出版社，2006 年，第 1038 页。
② 刘俊文：《日本学者研究中国史论著选译》第一卷，北京：中华书局，1992 年，第 1593 页。
③ ［丹麦］池元莲：《北欧缤纷：池元莲散文选》，北京：人民出版社，2000 年，第 156 页。
④ 杨渭生：《宋代文化新观察》，保定：河北大学出版社，2008 年，第 287 页。
⑤ 游彪：《宋史文治昌盛与武功弱势》，台北：三民书局，2009 年，第 354 页。
⑥ 赵美杰、周瀚光：《论宋代道教学者对科技发展的贡献》，《上海道教》2007 年第 1 期，第 31 页。

统、历代王朝的国家治理政策和措施、经济基础的发展状况、思想本身的相对独立性等因素。此外，对科学技术发展不平衡规律的表现形式与地域文化的特色结合起来探讨，既要看到不平衡发展带来的负面影响，同时又要看到不平衡发展正是多元文化产生的必要前提。

（二）重点研究内容

在前面的总体规划中，事实上已经包含了本相关课题的重点研究内容。当然，从体例上讲，"中华文明'前轴心时代'的科学技术思想史研究"与"吐蕃南诏大理突厥及辽和西夏科学技术思想史研究"是本相关课题研究的重点内容，因为这两部分没有前人的研究范例，也没有前人的研究经验可借鉴，所以从提纲的编写到研究内容的梳理，都完全依靠我们对问题较准确把握和较深入理解的程度。这就要求我们要有恰当的分析工具、正确的指导思想、扎实的史料准备，以及对问题的解读能力。总而言之，提出问题和分析问题是为了更好地解决问题，对问题剖析得越深入、越细致，就越易于我们对问题的把握和对问题的解决。

二、研究思路和研究方法

（一）研究思路

从史前文明到明清之际的"文化复兴"，在这段漫长的历史时期里，中国传统科学技术思想呈现出高潮与低落交替出现，以及连续性和阶段性相统一的曲折发展特点。据此，我们在总体问题的框架内，分成几个研究单元，每个研究单元都按照提出研究问题，以问题为引导，仔细地收集史料，并用恰当的分析方法，提出观点和看法，最后进行总结的统一思路，进行课题的研究与书写。当然，对于一些重要的问题和观点，我们可以组织适当的研讨会加以梳理和解决，以达到求同存异的目的。

（二）研究方法

本相关课题的研究方法，与前述总体框架内的研究方法一致。不过，我们需要强调的是，一定要在唯物史观的指导下分析史料，同时可借鉴一些当代西方比较先进的研究方法。另外，鉴于本子课题的特殊性，需要强调文献研究与实地调查的结合，比较分析与综合归纳的结合，以及历史与现实的结合。我们研究历史是为了总结经验教训，探索发展规律，做到古为今用。为此，我们反对把中国传统科学技术思想封闭起来进行研究，而应广泛利用人类的新科学知识，进一步扩大视野，力争取得更有价值的研究成果。

第二节　中国近代科学技术思想史研究

一、主要问题和重点研究内容

（一）主要问题

1. 中国传统科学技术思想落后于西方近代科学技术思想的历史考察

这里的"落后"是一个相对概念，因为从纵向比较，明清科学技术思想的总体趋势是缓慢上升的；从横向比较，欧洲近代科学技术促进了资本主义生产力的空前进步，与之相比，明清科学技术的发展并没有促使资本主义萌芽进一步生长，我们的差距是客观存在的。就科学技术思想体系本身而言，西方近代的发展可分为几个阶段：① 17 世纪至 18 世纪中期，科学发展以学科分化为基本特征，在此基础上，牛顿力学机械自然观的形成，以及神学自然观的复活，使科学思想受到严重束缚；②从 18 世纪后期至 19 世纪中期，事物之间相互联系的概念建立起来，辩证自然观取代了形而上学的自然观；③从 19 世纪末至今，科学发展表现为学科化与学科之间的融合与交叉两种趋势的并存，其自然观"不仅体现了关于自然界普遍联系和演化发展的特征，而且也体现了人与自然关系的新认识特性。以往的一切自然观的主要内容是关于自然的观点；而 20 世纪的辩证自然观则是包含人和社会因素的自然观，是人如何对待自然的知识、态度和伦理价值的自然观。这种辩证自然观的特征，可以称为'天人和谐'的辩证自然观"[①]。对此，如果我们客观地分析，在西方近代科学思想发展的第一个阶段，中国明清时期的实证科学思想与牛顿的机械自然观相比，并不落后；在第二个阶段，中国近代的科学思想开始出现传统与欧洲近代科学思想的冲突，经过冲突之后，人们才开始冷静和理性地反思，中国传统科学思想逐渐融入现代的辩证自然观之中。当然对于"落后"问题，在具体研究过程中，我们还要作进一步的考察与审视，因为这是一个比较复杂的问题。

2. 在中国传统科学技术思想逐渐分解过程中，新的近代科学技术思想是怎样产生的

首先，19 世纪中期，西方近代科学中数学、物理、天文、地理、化学、生物等各学科知识逐渐引入我国。其次，把技术作为突破口，开始学习西方近代的军事工业，将技术与科学对立起来，就出现了"中学为体，西学为用"的思潮，他们以为西方的近代技术完全可以建立在中国传统的道德科学之上。最后却发现"中体西用"不能使中国近代化，于是"戊戌变法"提倡新学，西方科学知识成为推动中国近代化的一种助动力。辛亥革命之后，科学与民主激荡着中国近代化的历史潮流，人们逐渐觉醒，中国的近代化不仅需要科学知识，更需要科学精神和科学方法，特别是中国科学社的成立，标志着中国传统科学技

[①]　杨德才：《自然辩证法》，武汉：武汉大学出版社，湖北人民出版社，2006 年，第 42—43 页。

术思想历史的终结，从此中国科学技术思想的发展便进入了近代化时期。

（二）重点研究内容

本子课题的重点内容是考察中国传统科学技术思想与西方近代科学技术思想之间的历史关系。

一方面，欧洲近代科学的产生不能没有中国传统科学的元素，对此，潘吉星先生很明确地说：“虽说近代科学首先在文艺复兴后期的欧洲兴起并此后传遍全球，但正如当代科学史大家李约瑟博士所说，如果没有中国等其他文化区科学技术的注入，单靠古希腊科学遗产和中世纪欧洲留下的零星资料，欧洲人是构筑不起近代科学大厦的。”[①]另一方面，在明清资本主义生产关系萌芽之后，中国古代的科学技术思想已经无法继续在封闭的社会环境中自我发展。可以肯定，在当时，中国封建社会腐朽的生产关系根本不能提供近代科学生长所需要的土壤、水分和阳光。因此，中国近代社会才出现了各种改革潮流，此起彼伏，浩浩荡荡，为中国近代科学的产生和发展开山辟路。毫无疑问，从科学思想史的发展进程来看，中国传统科学只有不断吸收外来的文明成果才能更好地传承与发展。可是，像印度、阿拉伯等国家和地区科学文明的传入，基本上都没有对中国传统科学产生根本性的影响。欧洲近代科学的传入却完全不同，它与中国传统科学一接触，马上就引起了思想界的大震动。所以，中国传统科学与欧洲近代科学相交叉的那部分内容最复杂，直到今天都是学界讨论的热点问题。

二、研究思路和研究方法

（一）研究思路

从明清之际的“思想变革”考察，中国传统科学技术思想发展的路径如下：一是“乾嘉学派”将西学作为经学的注脚，而有“西学中源”之进路；二是以徐光启、方以智等为代表的“互补派”，看到了中西方文化的差异，并试图通过办西学教育来传播西方科学知识，他们的思想主张成为中国近代科学技术思想产生和发展的新起点。鸦片战争之后，中国传统科学技术思想与西方近代科学技术思想的传入产生了剧烈的冲突，而经过洋务运动、戊戌变法和辛亥革命，尤其是“五四”新文化运动，西方近代科学技术思想已呈洪流之势，浩浩荡荡，它预示着整个中华民族“开始走向全然不同于古代文明的崭新文明境界”[②]。就在这个过程中，中国传统科学技术思想亦历史性地以一种前所未有的面貌和姿态踏上了新的历史征程。

---

① 潘吉星：《中外科学技术交流史论》，北京：中国社会科学出版社，2012年，第1页。
② 曹锡仁：《中西文化比较导论——关于中国文化选择的再探讨》，北京：中国青年出版社，1992年，第384页。

（二）研究方法

在坚持唯物史观"社会存在决定社会意识"的前提下，主要运用比较法，分析西方近代科学技术思想传入中国和中国传统科学技术思想走向近代化的历史必然性。在此，应特别注意用"现代化的视野"来解读和发现中国传统科学技术思想的历史意义。同时，运用矛盾分析法剖析"传统科学技术思想"体系中的积极因素和消极因素，扬长避短，从而使中国传统科学技术思想在新的历史条件下更好地自我完善和自我发展。

第九章 参考文献与研究资料

第一节 主要中外参考文献

一、丛书或类书及文库类

（一）古籍部分

1 （清）马国翰辑：《玉函山房辑佚书》，光绪年间本。

2 《大正新修大藏经》，新文丰出版股份有限公司 1996 年版。

3 《丛书集成》，中华书局 1985 年影印本。

4 《四部丛刊》，上海书店出版社 1987 年重印本。

5 《文渊阁四库全书》，上海古籍出版社 1987 年影印本。

6 《中国科学技术典籍通汇》，河南教育出版社 1993 年分期出版。

7 《道藏》，文物出版社、上海书店出版社、天津古籍出版社 1988 年联合影印本。

8 ［日］安居香山等撰：《纬书集成》，河北人民出版社 1994 年版。

9 邓文宽主编：《敦煌文献分类录校丛刊》，江苏古籍出版社 1998 年版。

10 何清湖、周慎等：《中华医书集成》，中医古籍出版社 1999 年版。

11 《古今图书集成》，齐鲁书社 2006 年版。

12 《俄藏黑水城文献》，上海古籍出版社 1997 年分期出版。

13 《中国方志丛书》，成文出版社 2007 年版。

14 《回族典藏全书》，甘肃文化出版社、宁夏人民出版社 2008 年联合出版。

15 《中国思想史资料丛刊》，中华书局 2014 年版。

（二）明清汉译西学部分

1 薛凤祚编：《历学会通》，1664 年抄本。

2 ［美］丁韪良编：《格物入门》，1868 年本。

3 ［英］罗斯古等著，林乐知译：《格致启蒙》，1879 年本。

4 ［英］艾约瑟译：《西学启蒙》，1886 年本。

5 ［英］傅兰雅辑译：《西学格致大全》，1897 年香港书局石印本。

6　徐建寅编，张之洞鉴定：《格致丛书一百种附十种》，1899—1901 年译书公会石印本。

（三）现代部分

1　吴国盛、李醒民主编：《科学思想文库》，四川教育出版社 1994 年版。

2　刘大椿主编：《世界科技思想论库》，华夏出版社 1994 年分期出版。

3　陈久金主编：《中国少数民族科学技术史丛书》，广西科学技术出版社 1996 年版。

4　匡亚明主编：《中国思想家评传丛书》，南京大学出版社 1999 年版。

5　郭金彬、徐梦秋主编：《中国科技思想研究文库》，科学出版社 2006 年分期出版。

6　路甬祥、汝信主编：《学科思想史丛书》，湖南教育出版社 2004 年版。

7　王绶琯、叶叔华总主编：《中国天文学史大系》，中国科学技术出版社 2009 年版。

8　刘奎林等主编：《中国思维科学丛书》，吉林人民出版社 2010 年版。

9　《剑桥科学史丛书》，复旦大学出版社 2000 年中译本。

（四）电子文献部分

1　"古籍在线"（www.gujionline.com），昆山凯希数字化软件技术开发有限公司与回龙网联合开发。

2　"中国基本古籍库光盘"，黄山书社 2005 年版。

3　"汉籍数字图书馆"（www.hanjilibrary.cn）。

二、普通古籍类

（一）校本普通古籍（原作者略，只写今撰者）

1　（清）梅文鼎撰：《梅勿庵先生历算全书》，闻妙香室藏板 1859 年版。

2　（战国）鹖冠子撰：《鹖冠子集解》，王心湛集解，上海广益书局 1939 年版。

3　（明）费信著：《星槎胜览校注》，冯承钧校注，中华书局 1954 年版。

4　（春秋战国之际）孔子的学生及其再传学生记录整理：《论语疏证》，杨树达疏证，科学出版社 1955 年版。

5　（汉）氾胜之撰：《氾胜之书今释（初稿）》，石声汉注释，科学出版社 1956 年版。

6　（春秋）邓析等：《周秦名家校注》，王启湘校注，古籍出版社 1957 年版。

7　《全上古秦汉三国六朝文》，（清）严可均辑校，中华书局 1958 年版。

8　（战国）孟轲撰：《孟子译注》，杨伯峻译注，中华书局 1960 年版。

9　（汉）佚名：《太平经合校》，王明校注，中华书局 1960 年版。

10　（战国）甘德、石申夫撰：《甘石星经辑本》，王谟辑，中华书局 1961 年版。

11　（汉）佚名：《周髀算经》点校，钱宝琮点校，中华书局 1963 年版。

12 （汉）崔寔撰：《四民月令校注》，石声汉校注，中华书局 1965 年版。

13 （宋）陈旉撰：《陈旉农书校注》，万国鼎校注，农业出版社 1965 年版。

14 （战国）商鞅撰：《商君书注释》，高亨注释，中华书局 1974 年版。

15 （南北朝）范缜撰：《神灭论注释》，甘肃人民出版社 1976 年版。

16 （明）宋应星撰：《天工开物注释》，清华大学机械厂工人理论组注释，科学出版社 1976 年版。

17 （清）王清任撰：《医林改错注释》，陕西省中医研究院注释，人民卫生出版社 1976 年版。

18 （宋）张载撰：《张载集》，张锡琛点校，中华书局 1978 年版。

19 （战国）列御寇撰：《列子集释》，杨伯峻集释，中华书局 1979 年版。

20 （春秋）管仲撰：《管子集校》，郭沫若等集校，中华书局 1979 年版。

21 （晋）皇甫谧撰：《针灸甲乙经校释》，山东中医学院校释，人民卫生出版社 1979 年版。

22 （汉）王符撰：《潜夫论集释》，胡楚生集释，台北鼎文书局 1979 年版。

23 （秦汉之际）撰者不详：《难经校释》，南京中医学校校释，人民卫生出版社 1979 年版。

24 （战国）撰者不详：《山海经校注》，袁珂校注，上海古籍出版社 1980 年版。

25 （晋）葛洪撰：《抱朴子内篇校释》，王明校释，中华书局 1980 年版。

26 （宋）陆九渊撰：《陆九渊集》，钟哲点校，中华书局 1980 年版。

27 （晋）张华撰：《博物志校证》，范宁校证，中华书局 1980 年版。

28 （宋）宋慈撰：《洗冤集录校释》，杨奉琨校释，群众出版社 1980 年版。

29 （西夏）骨勒茂才编著：《番汉合时掌中珠校补》，中国民族古文字研究会成立大会和首次学术讨论会，1980 年。

30 （战国）撰者不详：《古本竹书纪年辑证》，方诗铭等辑证，上海古籍出版社 1981 年版。

31 （宋）李觏撰：《李觏集》，王国轩点校，中华书局 1981 年版。

32 （唐）韩鄂撰：《四时纂要校释》，缪启愉校释，农业出版社 1981 年版。

33 （元）王祯撰：《王祯农书》，王毓瑚校，农业出版社 1981 年版。

34 （唐）段成式撰：《酉阳杂俎》，方南生校点，中华书局 1981 年版。

35 （清）谭嗣同撰：《谭嗣同全集》，蔡尚思、方行编，中华书局 1981 年增订再版。

36 （南北朝）贾思勰撰：《齐民要术校释》，缪启愉校释，农业出版 1982 年版。

37 （秦汉）撰者不详：《尔雅义疏》，（清）郝懿行义疏，上海古籍出版社 1983 年影印本。

38 （汉）撰者不详：《九章算术注释》，白尚恕注释，科学出版社 1983 年版。

39 （唐）李吉甫撰：《元和郡县图志》，贺次君点校，中华书局 1983 年版。

40 （清）达玛西仁撰：《白光解释金质本》，达玛西仁注释，西藏人民出版社 1983 年版。

41 史金波等：《文海研究》，中国社会科学出版社 1983 年版。

42 （清）魏源撰：《魏源集》，中华书局编辑部编，中华书局 1983 年版。

43 （吐蕃）撰者不详：《敦煌本藏医灸法残卷汉译释文》，王尧译释，《中华医史杂志》1983 年第 1—4 期。

44 （清）邹伯奇撰：《格术补》（《释邹伯奇〈格术补〉》），骆正显注释，《中国科技史料》1983 年第 2 期。

45 （明）何良臣撰：《阵纪注释》，陈秉才点注，军事科学出版社 1984 年版。

46 （周）撰者不详：《周易古经今注》，高亨注释，中华书局 1984 年版。

47 （南北朝）雷敩撰：《雷公炮炙论》，施仲安校注，江苏科学技术出版社 1985 年版。

48 （明）徐霞客撰：《徐霞客游记校注》，朱惠荣校注，云南人民出版社 1985 年版。

49 （战国前）撰者不详：《尚书今古文注疏》，孙星衍注疏，陈抗等点校，中华书局 1986 年版。

50 （汉）陆贾撰：《新语校注》，王利器校注，中华书局 1986 年版。

51 （宋）黎靖德编：《朱子语类》，王星贤点校，中华书局 1986 年版。

52 （汉）张衡撰：《张衡诗文集校》，张震泽校注，上海古籍出版社 1986 年版。

53 （南北朝）陶弘景撰：《名医别录（辑校本）》，尚志钧辑校，人民卫生出版社 1986 年版。

54 （清）严复撰：《严复集》，王栻主编，中华书局 1986 年版。

55 （唐）陆龟蒙撰：《〈耒耜经〉校注》，周昕校注，《中国农史》1986 年第 1 期。

56 （汉）毛亨、毛苌辑：《毛诗传笺通释》，陈金生点校，中华书局 1987 年版。

57 （周）周公旦撰：《周礼正义》，王文锦等点校，中华书局 1987 年版。

58 （汉）刘向编：《战国策新校注》，缪文远校注，巴蜀书社 1987 年版。

59 （宋）沈括撰：《梦溪笔谈校证》，胡道静校证，上海古籍出版社 1987 年版。

60 （春秋战国）墨翟撰：《墨子集解》，张纯一集解，成都古籍书店 1988 年版。

61 （明清之际）方以智撰：《方以智全书》，侯外庐主编，上海古籍出版社 1988 年版。

62 （唐）刘禹锡撰：《刘禹锡集笺证》，瞿蜕园笺证，上海古籍出版社 1989 年版。

63 （西夏）骨勒茂才编著：《番汉合时掌中珠》，史金波等整理，宁夏人民出版社 1989 年版。

64 （明）王廷相撰：《王廷相集》，王孝鱼点校，中华书局 1989 年版。

65 （春秋）左丘明撰：《春秋左传注》，杨伯峻注解，中华书局 1990 年版。

66 （汉）王充撰：《论衡校释》，黄晖校释，中华书局 1990 年版。

67 （唐）刘知几撰：《史通新校注》，赵吕甫校注，重庆出版社 1990 年版。

68 （三国）沈莹等：《临海异物志》（《汉魏六朝岭南植物志辑释》），缪启愉等辑释，农业出版社 1990 年版。

69 （春秋）司马穰苴撰：《司马法译注》，李零译注，河北人民出版社 1991 年版。

70 盛冬铃译注：《六韬译注》，河北人民出版社 1991 年版。

71 （汉）张陵等撰：《老子想尔注校证》，饶宗颐校证，上海古籍出版社 1991 年版。

72 （清）戴震撰：《戴震全集》，戴震研究会等编纂，清华大学出版社 1991 年版。

73 吴树平译注：《黄石公三略译注》，河北人民出版社 1991 年版。

74 郭霭春主编：《黄帝内经素问校注》，人民卫生出版社 1992 年版。

75 （汉）董仲舒撰：《春秋繁露义证》，苏舆义证，钟哲点校，中华书局 1992 年版。

76 （汉）扬雄撰：《法言注》，韩敬注解，中华书局 1992 年版。

77 （宋）秦九韶原著：《数书九章新释》，王守义遗著，李严审校，安徽科学技术出版社 1992 年版。

78 （隋）巢元方撰：《诸病源候论校注》，丁光迪等校注，人民卫生出版社 1992 年版。

79 （宋）郑樵撰：《郑樵文集》，吴怀祺校补，书目文献出版社 1992 年版。

80 （明）王阳明撰：《王阳明全集》，吴光等编校，上海古籍出版社 1992 年版。

81 （明清）王夫之撰：《王船山全集》，岳麓书社 1986—1992 年版。

82 （春秋）曾参撰：《曾子校释》，贾庆超主编，山东大学出版社 1993 年版。

83 （唐）王焘撰：《外台秘要方（校注本）》，高文铸校注，华夏出版社 1993 年版。

84 （宋）唐慎微撰：《证类本草》，尚志钧校点，华夏出版社 1993 年版。

85 王贻梁等汇校集释：《穆天子传汇校集释》，华东师范大学出版社 1994 年版。

86 马继兴集注：《神农本草经集注》，人民卫生出版社 1995 年版。

87 （三国）杨泉撰：《物理论》，（清）孙星衍校集，河南教育出版社 1995 年版。

88 （宋）王怀隐等：《太平圣惠方》，李佑生整理，海南国际新闻出版中心 1995 年版。

89 （唐）樊绰撰：《云南志补注》，向达原校，木芹补注，云南人民出版社 1995 年版。

90 ［俄］Е.И.克恰诺夫、李范文、罗矛昆等著：《圣立义海》（《圣立义海研究》），宁夏人民出版社 1995 年版。

91 （战国）屈原撰：《楚辞集校注》，金开诚校注，中华书局 1996 年版。

92 郭书春校注：《九章算术校注》，吉林教育出版社 1996 年版。

93 （汉）张仲景撰：《伤寒论校注语译》，郭霭春校注，天津科学技术出版社 1996 年版。

94 （宋）王安石撰：《王安石全集》，宁波等校点，吉林人民出版社 1996 年版。

95 （南北朝）陶弘景辑：《补辑肘后方（辑校本）》，尚志钧辑校，安徽科学技术出版社 1996 年版。

96 （明）李时珍撰：《李时珍医学全书》，夏魁周等校注，中国中医药出版社 1996 年版。

97 （元）孔国平：《测圆海镜导读》，湖北教育出版社 1996 年版。

98 （清）李善兰撰：《则古昔斋算学十三种》，上海古籍出版社 1996 年版。

99 （宋）杨辉撰：《杨辉算法》，孙宏安译释，辽宁教育出版社 1997 年版。

100 王先慎集解：《韩非子集解》，中华书局 1998 年版。

101 何宁集释：《淮南子集释》，中华书局 1998 年版。

102 （汉）扬雄撰：《太玄经集注》，刘韶军集注，中华书局 1998 年版。

103 （清）张之洞撰：《张之洞全集》，苑书义等主编，河北人民出版社 1998 年版。

104 （隋唐）孙思邈撰：《备急千金要方校释》，李景荣等校释，人民卫生出版社 1998 年版。

105 （魏晋）刘徽：《九章算术注》（《算经十书》），郭书春等校点，辽宁教育出版社 1998 年版。

106 （清）明安图撰：《〈割圆密率捷法〉译注》，罗见今译注，内蒙古教育出版社 1998 年版。

107 （春秋）孙武撰：《十一家注孙子校理》，杨炳安撰、校理，中华书局 1999 年版。

108 （明）薛已撰：《薛立斋医学全书》，盛维忠主编，中国中医药出版社 1999 年版。

109 郭霭春校注语释：《黄帝内经灵枢经校注语释》，天津科学技术出版社 1999 年版。

110 （元）任仁发撰：《浙西水利议答录》，李修生主编（全元文），江苏古籍出版社 1999 年版。

111 （晋）嵇含等撰：《岭南本草古籍三种》（《南方草木状》、《生草药性备要》、《本草求原》），朱晓光校注，中国医药科技出版 1999 年版。

112 （明）刘基撰：《刘基集》，林家骊点校，浙江古籍出版社 1999 年版。

113 （明）缪希雍撰：《缪希雍医学全书》，任春荣主编，中国中医药出版社 1999 年版。

114 （明）李中梓撰：《李中梓医学全书》，包来发主编，中国中医药出版社 1999 年版。

115 （先秦）辛计然撰：《文子疏义》，王利器疏义，中华书局 2000 年版。

116 （秦）吕不韦等撰：《吕氏春秋译注》，张双棣译注，北京大学出版社 2000 年版。

117 （吐蕃）宇妥·云丹贡布撰：《四部医典》，李多美译，西安出版社 2000 年版。

118 史金波等译注：《天盛改旧定新律令》，法律出版社 2000 年版。

119 （明）程大位撰：《算法统宗导读》，郭世荣导读，湖北教育出版社 2000 年版。

120 （战国）公孙龙撰：《公孙龙子校释》，吴毓江校释，吴兴宇标点，上海古籍出版社 2001 年版。

121 （汉）魏伯阳撰：《周易参同契校释》，萧汉升等校释，上海文化出版社 2001 年版。

122 （明）戚继光：《练兵实纪》，邱心田校释，中华书局 2001 年版。

123 （春秋）孙武撰：《孙子兵法》，余日昌注评，江苏古籍出版社 2002 年版。

124 （喀喇汗王朝）马赫穆德·喀什噶尔编著：《突厥语大词典》汉译本，民族出版社 2002 年版。

125 （汉）张机撰：《金匮要略注释》，吕志杰注释，中医古籍出版社 2003 年版。

126 （宋）范成大撰：《范成大笔记六种》，孔凡礼点校，中华书局 2003 年版。

127 （宋）苏颂撰：《苏魏公文集》，王同策等点校，中华书局 2004 年版。

128 （宋）白玉蟾撰：《白玉蟾全集校注本》，朱逸辉等校注，海南出版社 2004 年版。

129 （宋金）成无己撰：《成无己医学全书》，张国骏主编，中国中医药出版社 2004 年版。

130 （金元）元好问撰：《元好问全集》，姚奠中主编，山西古籍出版社 2004 年版。

131 （宋）钱乙等撰：《钱乙刘昉医学全书》，李志庸主编，中国中医药出版社 2005 年版。

132 （金元）王重阳撰：《王重阳集》，白如祥辑校，齐鲁书社 2005 年版。

133 （明）马欢撰：《瀛涯胜览校注》，万明校注，海洋出版社 2005 年版。

134 （战国）荀况撰：《荀子校注》，张觉校注，岳麓书社 2006 年版。

135 （战国）孟子等撰：《四书五经校注》，陈戍国校注，岳麓书社 2006 年版。

136 （宋）许叔微撰：《许叔微医学全书》，刘景超主编，中国中医药出版社 2006 年版。

137 （唐）陆羽撰：《茶经校注》，沈冬梅校注，中国农业出版社 2006 年版。

138 （宋）朱肱等撰：《朱肱庞安时医学全书》，田思胜主编，中国中医药出版社 2006 年版。

139 （金）刘守真撰：《刘完素医学全书》，宋乃光主编，中国中医药出版社 2006 年版。

140 （金）李杲撰：《李东垣医学全书》，张年顺等主编，中国中医药出版社 2006 年版。

141 （元）危亦林撰：《危亦林医学全书》，许敬生主编，中国中医药出版社 2006 年版。

142 （清）康有为撰：《康有为集》，马洪林等编校，珠海出版社 2006 年版。

143 （南北朝）郦道元撰：《水经注校注》，陈桥驿校注，中华书局 2007 年版。

144 （唐）玄奘撰：《大唐西域记校注》，季羡林等校注，中华书局 2007 年版。

145　（宋）邵雍撰：《皇极经世书》，卫邵生点校，中州古籍出版社 2007 年版。

146　（宋）李诫撰：《营造法式注释》，梁思成注释，清华大学出版社 2007 年版。

147　（宋）苏颂撰：《新仪象法要译注》，陆敬严等译注，上海古籍出版社 2007 年版。

148　（宋）陈言撰：《三因极一病证方论》，王咪咪整理，人民卫生出版社 2007 年版。

149　（元）朱世杰撰：《四元玉鉴校证》，李兆华校证，科学出版社 2007 年版。

150　（元）许衡撰：《许衡集》，王成儒点校，东方出版社 2007 年版。

151　（明）吴有性撰：《瘟疫论》，张志斌整理，人民卫生出版社 2007 年版。

152　（清）吴其浚撰：《植物名实图考校释》，张瑞贤等校，中医古籍出版社 2007 年版。

153　（明）朱橚撰：《救荒本草校释与研究》，王家葵等校注，中医古籍出版社 2007 年版。

154　（唐）李筌撰：《太白阴经新说》，张文才新说，解放军出版社 2008 年版。

155　（唐南诏）玄鉴撰：《护国司南抄》，杨世钰、赵寅松主编（大理丛书），民族出版社 2008 年版。

156　（大理国）撰者不详：《佛说长寿命经》，杨世钰、赵寅松主编（大理丛书），民族出版社 2008 年版。

157　（明）海答儿等口授：《明译天文书》，李翀、吴伯宗译，《回族典藏全书》，甘肃文化出版社 2008 年版。

158　（明）王文素撰：《算学宝鉴校注》，刘五然校注，科学出版社 2008 年版。

159　（明）吕坤撰：《吕坤全集》，王国轩、王秀梅整理，中华书局 2008 年版。

160　（宋）程颢程颐撰：《二程集》，王孝鱼点校，中华书局 2009 年版。

161　（南北朝）陶弘景撰：《陶弘景集校注》，王京州校注，上海古籍出版社 2009 年版。

162　（晋）王叔和撰：《脉经校释》，福州市人民医院编，人民卫生出版社 2009 年版。

163　（宋）胡宏撰：《胡宏集》，吴仁华点校，中华书局 2009 年版。

164　（元）忽思慧撰：《饮膳正要注释》，尚衍斌等注释，中央民族大学出版社 2009 年版。

165　（清）焦循撰：《焦循诗文集》，剑建臻点校，广陵书社 2009 年版。

166　丁四新校注：《郭店楚墓竹书老子校注》，武汉大学出版社 2010 年版。

167　（宋）苏轼撰：《苏轼全集校注》，张志烈等校注，河北人民出版社 2010 年版。

168　（宋）朱熹撰：《朱子全书》，严佐之等主编，安徽教育出版社 2010 年版。

169　（宋）洪迈撰：《夷坚志》，何卓点校，中华书局 2010 年版。

170　（宋）叶适撰：《叶适集》，刘公钝等点校，中华书局 2010 年版。

171　（清末民国之际）王国维撰：《王国维全集》，谢维扬等主编，浙江教育出版社 2010 年版。

172　（晋）释道安著：《道安著作译注》，胡中才译注，宗教文化出版社 2010 年版。

173　（战国至秦汉）撰者不详：《楚竹书与汉帛书周易校注》，丁四新校注，上海古籍出版社 2011 年版。

174　（元）八思巴撰：《〈彰所知论〉蒙汉译文研究》，乌红梅译，内蒙古教育出版社 2011 年版。

175　（元）马端临撰：《文献通考》，上海师范大学古籍研究所等点校，中华书局 2011 年版。

176　（明清之际）顾炎武撰：《顾炎武全集》，华东师范大学古籍所整理，上海古籍出版社 2011 年版。

177　（民国）孙中山撰：《孙中山全集》，中华书局 2011 年版。

178　（清）李鸿章撰：《李鸿章全集》，张明林主编，西苑出版社 2011 年版。

179　（宋）王应麟撰：《王应麟著作集成》，郑振峰等点校，中华书局 2012 年版。

180　（唐）王冰：《王冰医学全书》，山西科学技术出版社 2012 年版。

181　（魏晋）王弼等：《炎帝历史文献选编》，刘范弟等辑校，湖南大学出版社 2012 年版。

182　（唐）李淳风撰：《李淳风集》，栾贵明校，中央编译出版社 2012 年版。

183　（清）黄宗羲撰：《黄宗羲全集》，吴光执行主编，浙江古籍出版社 2012 年版。

184　（唐）欧阳询等撰：《艺文类聚》，汪绍楹校，上海世纪出版有限公司、上海古籍出版社 2012 年版。

185　（唐）柳宗元撰：《柳宗元集校注》，尹占华、韩文奇校注，中华书局 2013 年版。

186　（宋）优素甫·哈斯·哈吉甫撰：《福乐智慧》，郝关中等译，新疆人民出版社 2013 年版。

187　（明）朱载堉撰：《朱载堉集》，李天纲主编，上海交通大学出版社 2013 年版。

188　（明）李之藻撰：《天学初函》，黄曙辉点校，上海交通大学出版社 2013 年版。

189　（清）郑观应撰：《郑观应集》，夏东元编，中华书局 2013 年版。

190　（民国）陈独秀撰：《陈独秀文集》，人民出版社 2013 年版。

191　（民国）李大钊撰：《李大钊全集》，中国李大钊研究会编注，人民出版社 2013 年版。

192　（民国）任鸿隽撰：《中国近代思想家文库任鸿隽卷》，樊洪业等编，中国人民大学出版社 2013 年版。

193　（宋）魏了翁等撰：《学医随笔活法机要医经溯洄集云岐子保命集论类要合集》，《中医珍本文库影印点校》，山西科学技术出版社 2013 年版。

194　（汉）司马迁等撰：《新版点校本二十四史》，中华书局 2013 年版。

195　（三国）诸葛亮撰：《诸葛亮集》，段熙仲等校注，中华书局 2014 年版。

196　（唐）李吉甫撰：《元和郡县图志》，贺次君点校，中华书局 2014 年版。

197 （民国）鲁迅撰：《鲁迅全集》，人民文学出版社 2014 年版。

198 （晋）皇甫谧撰：《针灸甲乙经校注》，张灿玾等校注，人民卫生出版社 2014 年版。

199 （宋）杨辉撰：《增补详解九章算法释注》，吕变庭释注，科学出版社 2014 年版。

200 （明）唐顺之撰：《唐顺之集》，马美信、黄毅点校，浙江古籍出版社 2014 年版。

201 （清）冯桂芬撰：《中国近代思想家文库冯桂芬卷》，熊月之编，中国人民大学出版社 2014 年版。

202 （清）郑复光撰：《〈镜镜詅痴〉笺注》，李磊笺注，上海古籍出版社 2014 年版。

203 （清）章炳麟撰：《章太炎全集》，潘文奎等点校，上海人民出版社 2014 年版。

204 （清）沈葆桢撰：《沈葆桢信札考注》，王庆元等考注，巴蜀书社 2014 年版。

205 （晋）魏华存撰：《黄庭经集释》，（唐）梁丘子注，中央编译出版社 2015 年版。

206 （晋）嵇康撰：《嵇康集校注》，戴明扬校注，中华书局 2015 年版。

207 （宋）张伯端撰：《悟真篇集释》，中央编译出版社 2015 年版。

208 （宋）陈自明撰：《陈自明医学全书》，盛维忠主编，中国中医药出版社 2015 年版。

209 （金）张从正撰：《张子和医学全书》，徐江雁等主编，中国中医药出版社 2015 年版。

210 （元）朱震亨撰：《朱丹溪医学全书》，田思胜主编，中国中医药出版社 2015 年版。

211 （明）张介宾撰：《张景岳医学全书》，李志庸主编，中国中医药出版社 2015 年版。

212 （明）熊明遇撰：《函宇通校释》，徐光台校释，上海交通大学出版社 2015 年版。

213 （清）陈修园撰：《陈修园医学全书》，林慧光主编，中国中医药出版社 2015 年版。

214 （清）曾国藩撰：《曾国藩全集》，西安交通大学出版社 2015 年版。

215 （清）唐宗海撰：《唐容川医学全书》，王咪咪等主编，中国中医药出版社 2015 年版。

216 （清末民国）梁启超撰：《饮冰室合集》，林志钧编订，中华书局 2015 年版。

（二）非校本普通古籍（按出版时间先后排序）

1 （明）焦玉撰：《火龙经全集》，1412 年南阳石室藏本。

2 （清）梅文鼎撰：《梅氏丛书辑要》，1761 年刊本。

3 （清）李子金撰：《隐山鄙事》，《四库全书》（1782）本。

4 （清）徐有壬撰：《务民义斋算学》，1872 年刊本。

5 （清）丁取忠辑：《白芙堂算学丛书存》，长沙古荷花池精舍 1874 年版。

6　（明）黄省曾著：《理生玉镜稻品》，商务印书馆 1937 年版。

7　（宋）曾公亮等撰：《武经总要》40 卷，中华书局 1959 年影印本。

8　（清）戴煦撰：《续对数简法求表捷术之一》，中华书局 1985 年版。

9　（元）吴澄撰：《吴文正集》，台湾"商务印书馆"影印 1986 年版。

10　（元）刘因撰：《静修集》，台湾"商务印书馆"影印 1986 年版。

11　（清）邹伯奇撰：《格术补》1 卷，古荷池精舍 1877 年版。

12　（清）清圣祖敕编：《数理精蕴》，1896 年刊本。

13　（晋）道安注：《人本欲生经注》1 卷，《大正新修大藏经》第 33 册，1934 年。

14　（晋）僧肇撰：《肇论》1 卷，《大正新修大藏经》第 45 册，1934 年。

15　（清）王锡阐著：《晓庵新法》，商务印书馆 1936 年版。

16　（晋宋之际）竺道生：《妙法莲花经疏》2 卷，《续藏经》第 150 册，新文丰出版公司 1976 年版。

17　（宋）胡瑗撰，倪天隐述：《周易口义》，台湾"商务印书馆" 1983 年版。

18　（明）邢云路撰：《古今律历考十三及其他二种》，中华书局 1985 年版。

19　（宋）储泳撰：《祛疑说》，中华书局 1985 年版。

20　（宋）胡瑗撰：《洪范口义》，中华书局 1985 年版。

21　（宋）刘牧、（元）张理、（宋）雷思齐撰：《易数钩隐图》3 卷，上海古籍出版社 1989 年版。

22　（明）吴敬撰：《九章算法比类大全》，河南教育出版社 1993 年版。

23　（晋）支法存撰：《申苏方辑佚》，冯汉镛辑《古方书辑佚》，人民卫生出版社 1993 年版。

24　（元）八思巴撰：《萨迦五祖文集》（藏文），青海民族出版社 1994 年版。

25　（宋）释智圆撰：《闲居编》，《续藏经》第 101 册，新文丰出版公司 1994 年版。

26　（清）许正绶辑：《安定言行录》2 卷，《丛书集成续编》，上海古籍出版社 1994 年版。

27　（清）夏鸾翔撰：《致曲术致曲图解》，上海古籍出版社 1996 年版。

28　（清）年希尧撰：《视学》，上海古籍出版社 1996 年版。

29　（元）朱思本绘、（明）罗洪先增纂：《广舆图全书》，国际文化出版公司 1997 年版。

30　（清）安清翘撰：《钜线原本》4 卷、《一线表用》6 卷、《推步惟是》4 卷、《学算存略》3 卷，四库未收书辑刊，北京出版社 2000 年版。

31　（清）薛凤祚撰：《历学会通致用》10 卷，北京出版社 2000 年版。

32　（明）王征撰：《新制诸器图说》，海南出版社 2001 年版。

33　（清）阮元等纂：《中国古代科技行实会纂》，北京图书馆出版社 2006 年版。

34　（宋）吕本中撰：《东莱先生诗集》，北京图书馆出版社 2006 年版。

35 （大理国后期）：《佛说长寿命经》1卷，《大理丛书》，民族出版社 2008 年版（未署译者名）。

36 （明）徐光启编，潘鼐汇编：《崇祯历书附西洋新法历书增刊十种》（上、下册），上海古籍出版社 2009 年。

37 （明）茅元仪撰：《武备志》240 卷，国家图书馆出版社 2013 年影印本。

（三）近代汉译西方科技著作

1 《数理精蕴》53 卷，［法］张诚等译，四库全书本。

2 《测量法义》1 卷，［意］利玛窦口授，华蘅芳笔述，1607 年北京刊本。

3 《几何原本》6 卷，［希腊］欧几里得著，［意］利玛窦译，徐光启笔述，1607 年初刻本。

4 《同文算指前编》2 卷，［意］利玛窦口授，李之藻译述，1614 年刻本。

5 《圆容较义》1 卷，［意］利玛窦口授，李之藻演算，1614 年初刻本。

6 《远镜说》1 卷，［德］汤若望译，1626 年刻本。

7 《地震解》，［意］龙华民述，1626 年刻本。

8 《比例规解》1 卷，［意］罗雅各译，1630 年刻本。

9 《黄赤距度表》1 卷《测天约说》2 卷，［瑞士］邓玉函著，1630 年《西洋新法历书》本。

10 《大测》2 卷，［瑞士］邓玉函，［德］汤若望，徐光启编译，1631 年北京初刻本。

11 《交食历表》2 卷，［德］汤若望著，1632 年刻本。

12 《五纬表》10 卷，［意］罗雅谷著，1634 年《西洋新法历书》本。

13 《恒星出没表》2 卷，［德］汤若望著，1634 年本。

14 《崇祯历书》（《西洋新法历书》）103 卷，徐光启等主编，［西洋］龙华民等翻译，1641 年本。

15 《泰西人身说概》2 卷，［瑞士］邓玉函译，毕拱辰润笔，1643 年杭州刻本。

16 《测量全义》10 卷，［意］罗雅谷撰，［德］汤若望，徐光启译辑，1645 年刻本。

17 《比例对数表》1 卷，［波］穆尼阁译，薛凤祚述，1653 年刻本。

18 《三角算法》1 卷，［波］穆尼阁口授，薛凤祚笔述，1653 年刻本。

19 《八线表》1 卷，［意］罗雅各著，清顺治年间刻本。

20 《天步真原》3 卷，［波］穆尼阁口授，薛凤祚笔述，清顺治年间刻本。

21 《视学》2 卷，年希尧著，清初自刻本。

22 《妄推吉凶之辨》，［比］南怀仁著，1669 年刻本。

23 《验气说》1 卷，［比］南怀仁著，1671 年刻本。

24 《赤道南北两总星图说》，［比］南怀仁著，1672 年初刻本。

25 《灵台仪象志图》2 卷，［比］南怀仁主编，刘蕴德等笔受，1673 年北京刻本。

26　《新制灵台仪象志图》14 卷，［比］南怀仁主编，刘蕴德等笔受，1674 年北京刻本。

27　《康熙永年历法》33 卷，［比］南怀仁等著，1678 年北京内府刊本。

28　《策算》，［德］戴进贤译，1722 年北京刻本。

29　《历象考成》42 卷，［德］戴进贤等著，1723 年刻本。

30　《西洋算法大全》4 卷，程世禄辑，1739 年刻本。

31　《欧罗巴西镜录》，1800 年焦循手抄本。

32　《全体新论》10 卷，［美］合信口译，陈修堂笔述，1851 年广州惠爱医馆初刻本。

33　《算法全书》，［英］蒙克利编，1852 年香港刊本。

34　《物理学提要》，［美］合信著，1855 年刻本。

35　《续几何原本》9 卷，［希腊］欧几里得著，［英］伟烈亚力、李善兰笔述，1857 年初刻本。

36　《西医略论》3 卷，［英］合信著，1857 年广州惠爱医馆刻本。

37　《重学浅说》1 卷，［英］伟烈亚力译，王韬述，1858 年上海墨海书馆刻本。

38　《代数学》13 卷，［英］棣么甘著，［英］伟烈亚力译、李善兰笔述，1859 年上海墨海书馆刻本。

39　《谈天》18 卷，［英］侯失勒著，［英］伟烈亚力译、李善兰笔述，1859 年上海墨海书馆刻本。

40　《代微积拾级》18 卷，［美］罗密士著，［英］伟烈亚力、李善兰译，1859 年上海墨海书馆刻本。

41　《重学》17 卷，［英］胡威力著，［英］艾约瑟口译，李善兰笔述，1859 年松江钱氏活字本。

42　《植物学》8 卷，［英］艾约瑟等辑译，李善兰笔述，1857 年刻本。

43　《圆锥曲线说》3 卷，［英］艾约瑟译，李善兰述，1866 年金陵刻本。

44　《力学入门》1 卷、《水学入门》1 卷、《力学测算》3 卷、《声学入门》1 卷、《光学入门》1 卷、《电学入门》1 卷、《热学入门》1 卷等，［美］丁韪良著，1868 年《格物入门七种》本。

45　《中国植物学文献评论》，［俄］布勒慈奈岱著，石声汉译，1870 年国立编译馆刻本。

46　《地学浅释》38 卷，［英］雷侠儿著，［美］玛高温译，华蘅芳述，1871 年上海制造局刻本。

47　《西医眼科撮要》1 卷，［美］嘉约翰译，1871 年广州博济医局刻本。

48　《西药略释》4 卷，孔继良译，1871 年羊城博济医局刻本。

49　《化学鉴原》6 卷，［英］韦尔司著，［英］傅兰雅译，徐建寅笔述，1872 年上海制造局刻本。

50　《金石识别》12 卷，［美］代那著，［美］玛高温译，华蘅芳述，1872 年上海制造局刻本。

51　《弦切对数表》8 卷，贾步纬译述，1873 年古今算学丛书本。

52　《西国算学》1 卷，［美］基顺著，1873 年福州美华书局刻本。

53　《开方表》1 卷，贾步纬译，1874 年上海制造局刻本。

54　《声学》8 卷，［英］田大里著，［英］傅兰雅译，徐建寅笔述，1874 年上海制造局刻本。

55　《化学鉴原续编》24 卷，［英］蒲陆山著，［英］傅兰雅译，徐建寅笔述，1875 年上海制造局刻本。

56　《绘地法原》1 卷，英国人原著，［美］金楷理译，王德均笔述，1875 年上海制造局刻本。

57　《测地绘图》11 卷，［英］富路玛著，［英］傅兰雅、徐寿译，1876 年上海制造局刻本。

58　《儒门医学》3 卷，［英］海得兰著，［英］傅兰雅译，赵元益笔述，徐华封等校，1876 年上海制造局刻本。

59　《周幂知裁》1 卷，［美］布伦著，［英］傅兰雅译，徐寿笔述，1877 年上海制造局刻本。

60　《测候丛谈》4 卷，［美］金楷理口译，华蘅芳笔述，1877 年上海制造局刻本。

61　《造硫强水法》，［英］士密德著，［英］傅兰雅译，徐寿笔述，1877 年上海制造局刻本。

62　《三角数理》12 卷，［英］海麻是辑，［英］傅兰雅口译，华蘅芳笔述，1877 年上海制造局刻本。

63　《量光力器说》1 卷，［英］傅兰雅译，赵元益笔述，1879 年格致汇编本。

64　《化学鉴原补编》6 卷，［英］蒲陆山著，［英］傅兰雅译，徐建寅笔述，1879 年上海制造局刻本。

65　《电学》10 卷，［英］瑞挨德著，［英］傅兰雅译，徐建寅笔述，1880 年上海制造局刻本。

66　《虫学略论》，［英］华约翰著，［英］傅兰雅译，1880 年译书汇编本。

67　《百兽图说》，［英］韦门道译，1882 年上海益智书会刻本。

68　《西医内科全书》16 卷，［美］嘉约翰译，孔庆高笔述，1882 年广州博济医局刻本。

69　《化学考质》，［德］富里西尼乌司著，［英］傅兰雅、徐寿译，1883 年上海制造局刻本。

70　《矿物图说》1 卷、《金石略辨》，［英］傅兰雅著，1884 年上海益智书会刻本。

71　《形学备旨》10 卷，［美］鲁米斯著，［美］狄考文选译，1884 年上海美华书馆刻本。

72　《炎症论略》1 卷，［美］嘉约翰译，1884 年广州博济医局刻本。

73　《地理质学启蒙》7 卷，［英］赫德辑，［英］艾约瑟译，1886 年总税务司署刻本。

74　《动物学启蒙》8 卷，［英］赫德辑，［英］艾约瑟译，1886 年总税务司署刻本。

75　《地志启蒙》4 卷，［英］赫德著，［英］艾约瑟译，1886 年总税务司署刻本。

76　《身理启蒙》1 卷，［英］艾约瑟译，1886 年总税务司署刻本。

77　《西国天学源流》1 卷，［英］伟烈亚力译，王韬笔录，1889 年上海刻本。

78　《妇科精蕴图说》5 卷，［美］妥玛氏著，［美］嘉约翰、孔庆高译，1889 年广州博济医局刻本。

79　《化学卫生论》4 卷，［英］真司腾著，［英］罗以司增订，［英］傅兰雅、栾学谦译，1890 年上海格致书室刻本。

80　《万国药方》8 卷，［英］思诀尔著，［美］洪士提反译，1890 年上海美华书馆本。

81　《格致质学》10 卷，［美］史砥尔著，［美］潘慎文译，1894 年上海益智书会刻本。

82　《代数术》25 卷，［英］华里司著，［英］傅兰雅译，华蘅芳述，1896 年上海玑衡堂刻本。

83　《论吸铁电气杂理》，［英］瑞挨德著，［英］傅兰雅译，徐建寅笔述，1896 年上海鸿文书局刻本。

84　《论热电气》，［英］瑞挨德著，［英］傅兰雅译，徐建寅笔述，1896 年上海鸿文书局刻本。

85　《数学理》9 卷，［英］棣么甘著，［英］傅兰雅译，赵元益笔述，1897 年上海积山书局刻本。

86　《西医产科心法》2 卷，［英］梅滕更著，刘廷桢译，1897 年杭州广济医局刻本。

87　《植楮法》1 卷，［日］初濑川健增著，1897 年上海农学会石印本。

88　《决疑数学》10 卷，［英］伽罗威著，［英］傅兰雅、华蘅芳译，1897 年上海飞鸿阁本。

89　《演算法天生法指南》5 卷，［日］会田安明著，1898 年上海算学书局刻本。

90　《弧三角阐微》5 卷，［爱尔兰］欧礼斐著，1898 年同文馆聚珍本。

91　《通物电光》4 卷，［美］莫耳登著，［英］傅兰雅译，王季烈笔述，1899 年上海制造局刻本。

92　《数学启蒙》2 卷，［英］伟烈亚力、李善兰译，1899 年京都官书局刻本。

93　《心算教授法》，［日］金泽长吉著，董瑞椿译，1900 年南洋公学刻本。

94　《农学丛书二集》20 卷，［日］津田仙等著，沈纮等译，1900 年上海农学报社本。

95　《物理学三编》，［日］饭盛挺造编，［日］藤田丰八译，王季烈编，1900 年上海江南制造局刻本。

96　《算式新法》14 卷，［美］好斯敦等著，［英］傅兰雅译，华蘅芳述，1901 年上海石印本。

97 《算学条目及教授法》2卷，[日]藤泽利嘉太郎著，王国维译，1901年教育世界社刻本。

98 《化学体积分剂》1卷，[英]傅兰雅口译，徐寿笔述，1901年上海日新社刻本。

99 《普通动物学》，[日]五岛清太郎等著，樊炳清译，1901年上海教育世界社刻本。

100 《蔬菜栽培法》1卷，[日]福羽逸人著，林壬译，1901年江南总农会石印本。

101 《果树栽培全书》3卷，[日]福羽逸人著，沈纮译，1901年江南总农会石印本。

102 《达尔文天择篇》，[英]达尔文著，马君武译，1902年少年新中国社石印本。

103 《八线对数简表》1卷，泰西人原书，贾步纬校述，1903年上海制造局刻本。

104 《农业微菌论》，[日]佐佐木祐太郎述，[日]粮文太郎译，1903年江南总农会刻本。

105 《时学及时刻学》，[日]河村重固著，范迪吉等译，1903年上海会文学社刻本。

106 《数理问答》1卷，[西洋]佘宾王著，1903年上海土山湾印书馆刻本。

107 《初等算术新书》，日本富山房编，范迪吉等译，1903年上海会文学社刻本。

108 《有机化学》，[日]龟高德平著，范迪吉等译，1903年上海会文学社刻本。

109 《分析化学》，[日]内藤游等著，范迪吉等译，1903年上海会文学社刻本。

110 《霉菌学》，[日]井上正贺著，范迪吉等译，1903年上海会文学社刻本。

111 《植物学新书》，日本富山房编，范迪吉等译，1903年上海会文学社刻本。

112 《植物营养论》，[日]稻垣乙丙著，范迪吉等译，1903年上海会文学社刻本。

113 《溥通新代数》6卷，徐虎沉选译，1903年上海石印本。

114 《气中现象学》，[日]小林义直著，范迪吉等译，1903年上海会文学社刻本。

115 《地文学新书》，日本富山房编，范迪吉等译，1903年上海会文学社刻本。

116 《除虫菊栽培制造法》1卷，[日]牧野万之照著，沈纮译，1903年江南总农会石印本。

117 《应用卫生学》，裘德生等译，1903年上海基督教育会刻本。

118 《饮食卫生学》，[美]爱母爱尔好而布尔苦著，[日]山田章太郎译，罗振常重译，1903年上海教育世界出版所本。

119 《学校卫生学》，[日]三岛通良著，周起凤译，1903年上海广智书局本。

120 《农具图说》3卷，[法]兰涉尔芒著，吴尔昌译，1903年江南总农会刻本。

121 《麦作全书》1卷，[日]杉田文三著，罗振常译，1903年江南总农会石印本。

122 《译学馆初等代数讲义》，丁福保译，1904年京师译学馆刻本。

123 《微积学》2卷，[美]路密司著，刘光照译，1905年上海美华书馆刻本。

124 《矿物学教科书》，[英]窦乐安译，1905年上海协和书局刻本。

125 《最新无机化学》，[瑞典]新常富讲授，习观枢等译，1905年山西大学堂本。

126 《化学理论解说》，吴传绂译，1906年上海中国图书公司刻本。

127 《近世物理学教科书》9 卷，［日］中村清二著，学部图书馆译，1906 年京师官书局刻本。

128 《笔算数学》3 卷，［美］狄考文辑译，邹立文笔述，1906 年刻本。

129 《地质学教科书》，陈文哲等编译，1906 年上海昌明公司刻印。

130 《初等平面几何》，［日］菊池大麓编，任允译，1906 年东京教科书编译社刻本。

131 《生理》，［日］铃木龟寿讲授，江苏师范生编译，1906 年南京江苏宁署学务处刻本。

132 《新体中学代数学教科书》，周藩译，1907 年上海科学书局刻本。

133 《植物学教科书》，［英］窦乐安著，1907 年上海协和书局刻本。

134 《化学方程式》，［日］藤井乡三郎编，尤金镛译，1908 年上海翰墨林书店刻本。

135 《肺痨病预防法》，［日］竹中成宪著，丁福保译，1908 年上海医学书局本。

136 《濮尔班克斯发明种植学》，［英］莫安仁译，徐惟岱笔述，1908 年上海广学会刻本。

137 《园艺要论》，［日］池田伴亲著，［日］西师意译，1908 年东京东亚公司本。

138 《人体寄生虫病编》，［日］小西俊三著，丁福保译，清宣统光绪年间上海医学书局本。

139 《四原原理》，［美］哈岱著，顾澄译，1909 年上海学部图书局刻本。

140 《人体解剖学》，陈滋纂译，1909 年上海新学会社刻本。

141 《最新实验化学》，［美］马福生著，史青译，1910 年上海科学社刻本。

142 《农用昆虫学教科书》，［日］小贯信太郎著，胡朝阳译，1910 年上海新学会社刻本。

143 《最小二乘法》，［美］M.摩立门著，顾澄译，1910 年上海学部图书局刻本。

144 《欧氏内科学》，［英］欧司勒著，［英］高似兰译，1910 年上海博医会刻本。

145 《种茶良法》，［英］高葆真著，1910 年上海广学会刻本。

146 《化学实验新本草》，丁福保译，1909 年上海医学书局本。

147 《算学公式及原理》1 卷，［日］白井医督著，清光绪末上海文明书局刻本。

148 《天演学图解》，［英］霍德著，吴敬恒译，1911 年上海文明书局本。

149 《预防传染病之大研究》，丁福保译，1911 年上海文明书局本。

150 《作物生理学》，吴球等译，1911 年上海新学会社刻本。

151 《临床病理学》，［日］田中祐吉著，丁福保译，1912 年上海医学书局本。

152 《种葡萄法》12 卷，［美］赫思满著，［美］舒高第口译，陈洙笔述，1912 年上海制造局刻本。

153 《皮肤病学》，［日］筒井八百珠著，丁福保译，1912 年上海虹桥疗养院刻本。

154 《天演辨证二种》，［美］潘慎文登译，曹迈豪等述，1913 年上海商务印本。

155 《果树栽培全书》3 卷，［日］福羽逸人著，沈纮译，1901 年江南总农会石印本。

156 《生命世界》1 卷，［英］华莱士著，［英］莫安仁口译，许家惺笔述，1913 年上海广学会刻本。

157 《组织学总论》，［日］二村领次郎著，丁福保译，1913 年上海文明书局医学书局本。

158 《生理卫生学》，［英］李惹著，［英］节丽春译，1913 年上海广学会刻本。

159 《喉痧新论》，丁福保译，1913 年上海医学书局本。

160 《病原细菌学》，［日］佐佐木秀一著，丁福保译，1914 年上海医学书局本。

161 《棉树栽培新法》，［美］德嘉著，刘靖夫等译，1914 年上海商务本。

162 《生物之过去未来》，［日］横山又次郎著，胡克犹等译，1914 年上海文明书局本。

163 《西洋医学史》，丁福保译，1914 年上海医学书局印本。

164 《胎教》，宋铭之译，1914 年上海中华书局本。

165 《急救疗术》，高士兰译，1915 年上海博医会刻本。

166 《豪慈儿科学》，富马利译，1915 年上海博医会刻本。

167 《虾蟹类》，［美］邓肯著，［美］潘慎文、陆咏笙译，1916 年上海牛津图书公司刻本。

168 《心理疗法》，［日］井上圆了著，卢谦译，1917 年上海医学书局本。

169 《人种改良学》2 卷，陈寿凡编译，1919 年上海商务印本。

170 《诊断学》，［日］下平用彩著，汤尔和译，1919 年上海商务本。

171 《神经衰弱之大研究》，丁福保等译，1919 年上海医学书局本。

三、今人论著

（一）专著部分

1 ［日］三上义夫著：《中日数学发展史》（ *The Development of Mathematics in China and Japan* ），德国莱比锡 1913 年版。

2 ［日］新城新藏著：《东汉以前中国天文学史大纲》，大同大学科学社 1926 年版。

3 ［日］三上义夫著，林科棠译：《中国算学之特色》，商务印书馆 1933 年版。

4 ［法］葛兰言著：《中国人的思想》，巴黎阿尔班·米歇尔出版社 1934 年版。

5 ［日］三上义夫著：《中国思想·科学（数学）》，东京岩波书店 1934 年版。

6 ［日］中尾万三著：《中国思想·科学（本草）》，东京岩波书店 1934 年版。

7 ［日］富士川游著：《中国思想·科学（医学）》，东京岩波书店 1934 年版。

8 ［日］新城新藏著：《中国思想·科学（天文）》，东京岩波书店 1934 年版。

9 ［德］佛克尔著，［日］小和田译：《中国人的世界观念：他们关于天文学、宇宙论以及自然哲学的思辨》，东京生活社 1939 年版。

10 ［日］薮内清著：《隋唐历法史研究》，东方文化研究所 1944 年版。

11　［日］薮内清著：《天工开物研究》，东方文化研究所 1953 年版。

12　范行准著：《中国预防医学思想史》，人民卫生出版社 1953 年版。

13　吕振羽著：《中国政治思想史》，人民出版社 1955 年版。

14　［英］李约瑟著：《中国科学技术史》第 1 卷，英国剑桥大学出版社 1954 年初版。

15　［英］李约瑟著：《中国科学技术史》第 2 卷《中国科学思想》，英国剑桥大学出版社 1956 年初版。

16　［日］村上嘉实著：《中国的仙人：抱朴子的思想》，平乐寺书店 1956 年版。

17　王栻著：《严复传》，上海人民出版社 1957 年版。

18　［日］冈西为人编：《宋以前医籍考》，人民卫生出版社 1958 年版。

19　石峻等著：《中国近代思想史论文集》，上海人民出版社 1958 年版。

20　［日］薮内清等著，吴杰等译：《〈天工开物〉研究论文集》，商务印书馆 1959 年版。

21　漆侠著：《王安石变法》，上海人民出版社 1959 年版。

22　中国农业科学院南京农学院中国农业遗产研究室编：《中国农学史》，科学出版社 1959 年版。

23　杨荣国著：《初学集：中国古代思想史》，生活·读书·新知三联书店 1961 年版。

24　周辅成著：《论董仲舒思想》，上海人民出版社 1961 年版。

25　［日］能田忠亮著：《周髀算经研究》，东方文化学院京都研究所 1963 年版。

26　湛之编：《杨万里、范成大研究资料汇编》，中华书局 1964 年版。

27　钱宝琮等著：《宋元数学史论文集》，科学出版社 1966 年版。

28　方豪著：《李之藻研究》，台湾“商务印书馆”1966 年版。

29　［日］薮内清：《中国文明的形成》，东京岩波书店 1974 年版。

30　［日］村上嘉实著：《六朝思想史》，平乐寺书店 1974 年版。

31　［日］薮内清：《中国的天文历法》，东京平凡社 1975 年再版。

32　凌鸿勋、高宗鲁合编：《詹天佑与中国铁路》，“中央研究院”近代史研究所 1977 年版。

33　王友三编：《中国无神论资料选注与浅析》，南京大学哲学系中国哲学史教研室 1977 年。

34　凌琴如著：《苏轼思想探讨》，台湾“中华书局”1977 年版。

35　［日］山田庆儿著：《朱子的自然学》，东京岩波书店 1978 年版。

36　李迪著：《蒙古族科学家明安图》，内蒙古人民出版社 1978 年版。

37　刘再复、金秋鹏、汪子春著：《鲁迅和自然科学》，科学出版社 1979 年版。

38　汪奠基著：《中国逻辑思想史》，上海人民出版社 1979 年版。

39　［德］文树德著：《中国古代的医学伦理学：人类学历史的研究》，加利福尼亚大学出版社 1979 年版。

40　李泽厚著：《中国近代思想史论》，人民出版社 1979 年版。

41　《中国古代农业科技》编纂组：《中国古代农业科技》，农业出版社 1980 年版。

42　洪家义著：《吕不韦评传》，南京大学出版社 1980 年版

43　［日］山田庆儿著：《授時暦の道·中國中世の科學と國》，おすず書房 1980 年版。

44　［日］廖温仁著：《中国中世医学史》，科学书院出版社 1981 年版。

45　燕国材著：《先秦心理思想研究》，湖南人民出版社 1981 年版。

46　张立文著：《朱熹思想研究》，中国社会科学出版社 1981 年版。

47　邓潭洲著：《谭嗣同传记》，上海人民出版社 1981 年版。

48　徐义君著：《谭嗣同思想研究》，湖南人民出版社 1981 年版。

49　姜义华著：《章太炎思想研究》，上海人民出版社 1985 年版。

50　商务印书馆编辑部编：《论严复与严译名著》，商务印书馆 1982 年版。

51　曾枣庄著：《苏轼评传》，四川人民出版社 1982 年出版

52　湖南省船山学社编：《王船山研究参考资料》，湖南省船山学社 1982 年。

53　中国科学院《自然辩证法通讯》杂志社编：《科学传统与文化——中国近代科学落后的原因》，陕西科学技术出版社 1983 年版。

54　历史研究编辑部：《明清人物论集》，四川人民出版社 1983 年版。

55　胡玉衡、李育安著：《荀况思想研究》，中州书画社 1983 年版。

56　恩格斯著，于光远等译编：《恩格斯自然辩证法》，人民出版社 1984 年版。

57　燕国材著：《汉魏六朝心理思想研究》，湖南人民出版社 1984 年版。

58　周连宽著：《大唐西域记史地研究丛稿》，中华书局 1984 年版。

59　任应秋著：《任应秋论医集》，人民卫生出版社 1984 年版。

60　姜国柱著：《李觏思想研究》，中国社会科学出版社 1984 年版。

61　［美］亨德森：《中国宇宙论的发展与衰亡》，哥伦比亚大学出版社 1984 年版。

62　张剑霞著：《范成大研究》，台湾学生书局 1985 年版。

63　洪天赐编：《科技与医药论集》，马来西亚雪兰莪中华大会堂 1985 年版。

64　赵国华编：《中国古代化学史研究》，北京大学出版社 1985 年版。

65　刘长林著：《内经的哲学和中医学的方法》，科学出版社 1985 年版。

66　何丙郁等：《敦煌残卷占云气书研究》，台湾艺文印书馆 1985 年版。

67　［德］文树德著：《中国医学思想史》，加利福尼亚大学出版社 1985 年版。

68　［日］森田传一郎著：《中国古代医学思想研究》，东京雄山阁出版社 1985 年版。

69　潘吉星编：《李约瑟文集》，辽宁科学技术出版社 1986 年版。

70　王河、王咨臣编写：《明代杰出的科学家宋应星》，江西人民出版社 1986 年版。

71　席汉宗、吴德铎主编：《徐光启研究论文集》，学林出版社 1986 年版。

72　河南省社会科学院哲学研究所、河南省社会科学院、《中州学刊》编辑部编：《二

程思想研究文集》，河南人民出版社 1986 年版。

73　薛化元著：《晚清"中体西用"思想论（1861—1900）》，台北弘文馆出版社 1987 年版。

74　［日］石田秀美：《气流扎れる身体》，平和出版社 1987 年版。

75　无锡教育学院徐霞客研究室、无锡教育学院学报编辑部编：《徐霞客研究》，南京大学出版社 1987 年版。

76　吴文俊主编：《中国数学史论文集》，山东教育出版社 1987 年版。

77　杨维增编著：《宋应星思想研究及诗文注译》，中山大学出版社 1987 年版。

78　吴文俊主编：《秦九韶与〈数书九章〉》，北京师范大学出版社 1987 年版。

79　燕国材著：《唐宋心理思想研究》，湖南人民出版社 1987 年版。

80　沈铭贤著：《新科学观》，江苏科学技术出版社 1988 年版。

81　陈平著：《陈平集：封闭、冲击、演化》，黑龙江教育出版社 1988 年版。

82　［英］马丁·约翰逊著：《艺术与科学思维》，工人出版社 1988 年版。

83　王立新著：《胡宏》，东大图书股份有限公司 1988 年版。

84　薛永年著：《王履》，上海人民美术出版社 1988 年版。

85　章念驰著：《章太炎生平与学术》，生活·读书·新知三联书店 1988 年版。

86　张志元主编：《中国历代名医百家传》，人民卫生出版社 1988 年版。

87　林保淳著：《严复：中国近代思想启蒙者》，台北幼狮文化事业公司 1988 年版。

88　沈渭滨主编：《近代中国科学家》，上海人民出版社 1988 年版。

89　朱建民著：《张载思想研究》，文津出版社 1988 年版。

90　孔国平编著：《李冶传》，河北教育出版社 1988 年版。

91　沈福林著：《兵家思想研究》，军事科学出版社 1988 年版。

92　李迪、郭世荣编著：《清代著名天文数学家梅文鼎》，上海科学技术文献出版社 1988 年版。

93　陈瑞春编著：《普及中医的陈修园》，中国科学技术出版社 1988 年版。

94　燕国材著：《明清心理思想研究》，湖南人民出版社 1988 年版。

95　章继光著：《曾国藩思想简论》，湖南人民出版社 1988 年版。

96　［日］坂出祥伸著：《中国古代养生思想の综合的研究》，平和出版社 1988 年版。

97　丘亮辉编：《〈天工开物〉研究——纪念宋应星诞辰 400 周年论文集》，中国科学技术出版社 1988 年版。

98　宋子良主编：《理论科技史》，湖北科学技术出版社 1989 年版。

99　潘吉星著：《天工开物校注及研究》，巴蜀书社 1989 年版。

100　程宜山著：《张载哲学的系统分析》，学林出版社 1989 年版。

101　王鸿钧、孙宏安著：《中国古代数学思想方法》，江苏教育出版社 1989 年版。

102　［日］能田忠亮著：《东洋天文学史论丛》，日本恒星社厚生阁 1989 年再版。

103　［日］山田庆儿编：《中国古代科学史论》，京都人文科学研究所 1989 年版。

104　郑炳林：《敦煌地理文书汇辑校注》，甘肃教育出版社 1989 年版。

105　屈守元、卞孝萱撰：《刘禹锡研究》，贵州人民出版社 1989 年版。

106　郭文韬、曹隆恭著：《中国近代农业科技史》，中国农业科技出版社 1989 年版。

107　赵洪钧编著：《近代中西医论争史》，安徽科学技术出版社 1989 年版。

108　陈鼓应主编：《明清实学思潮史》，齐鲁书社 1989 年版。

109　陈慈玉著：《近代中国的缫丝工业 1860—1945 年》，"中央研究院"近代史研究所 1989 年版。

110　白莉民著：《西学东渐与明清之际教育思潮》，教育科学出版社 1989 年版。

111　［美］萨顿著：《科学的历史研究》，科学出版社 1990 年版。

112　杜石然主编：《第三届国际中国科学史讨论会论文集》，科学出版社 1990 年版。

113　马继兴著：《中医文献学》，上海科学技术出版社 1990 年版。

114　杨文衡著：《范成大评传》，山东教育出版社 1990 年版。

115　郑锡煌：《朱思本》，山东教育出版社 1990 年版。

116　中正著：《中国古代思想史略》，黑龙江人民出版社 1990 年版。

117　李龙牧著：《五四时期思想史论》，复旦大学出版社 1990 年版。

118　［澳］何丙郁：《从理气数观点谈子平推命法》，香港大学出版社 1990 年版。

119　杜石然主编：《第三届国际中国科学史讨论会论文集》，科学出版社 1990 年版。

120　李伯聪著：《扁鹊和扁鹊学派研究》，陕西科学技术出版社 1990 年版。

121　阎崇年主编：《戚继光研究论集》，知识出版社 1990 年版。

122　李经纬、鄢良编著：《西学东渐与中国近代医学思潮》，湖北科学技术出版社 1990 年版。

123　杨翠华、黄一农编：《近代中国科技史论集》，"中央研究院"近代史研究所、清华大学历史研究所 1991 年版。

124　王安邦主编：《中州古代医家评传》，中州古籍出版社 1991 年版。

125　［日］安居香山著，田人隆译：《纬书与中国神秘思想》，河北人民出版社 1991 年版。

126　林徐典编：《学业》第 3 期，新加坡国立大学中文系出版 1991 年版。

127　郭金彬著：《中国科学百年风云——中国近现代科学思想史论》，福建教育出版社 1991 年版。

128　唐明邦著：《李时珍评传》，南京大学出版社 1991 年版。

129　［日］山田庆儿等主编：《中国古代科学史论（续编）》，京都大学人文科学研究所 1991 年版。

130　［法］马克著：《中国古代的宇宙观与占卜：〈五行大义〉》，法国远东学院 1991 年版。

131　关增建著：《中国古代物理思想探索》，湖南教育出版社 1991 年版。

132　苏克福等主编：《苏颂与〈本草图经〉研究》，长春出版社 1991 年版。

133　管成学等著：《苏颂与〈新仪象法要〉研究》，吉林文史出版社 1991 年版。

134　杨俊光著：《惠施公孙龙评传》，南京大学出版社 1992 年版。

135　欧阳炯著：《吕本中研究》，文史哲出版社 1992 年版。

136　许苏民著：《李光地传论》，厦门大学出版社 1992 年版。

137　张志健主编：《王国维学术思想研究》，教育科学出版社 1992 年版。

138　刘国良著：《中国工业史：近代卷》，江苏科技出版社 1992 年版。

139　陈美东等主编：《中国科学技术史国际学术讨论会论文集》，中国科学技术出版社 1992 年版。

140　中国畜牧兽医学会编：《中国近代畜牧兽医史料集》，中国农业出版社 1992 年版。

141　薄树人主编：《中国传统科技文化探胜》，科学出版社 1992 年版。

142　翟廷晋著：《孟子思想评析与探源》，上海社会科学院出版社 1992 年版。

143　林庆元、郭金彬著：《中国近代科学的转折》，鹭江出版社 1992 年版。

144　陈新谦、张天录编著：《中国近代药学史》，人民出版社 1992 年版。

145　张柏春著：《中国近代机械简史》，北京理工大学出版社 1992 年版。

146　汪家君著：《近代历史海图研究》，测绘出版社 1992 年版。

147　史兰华主编：《中国传统医学史》，科学出版社 1992 年版。

148　李开著：《戴震评传》，南京大学出版社 1992 年版。

149　陈万鼐著：《朱载堉研究》，故宫博物院出版社 1992 年版。

150　葛荣晋著：《王廷相》，东大图书股份有限公司 1992 年版。

151　张文彦等主编：《自然科学大事典》，科学技术文献出版社 1992 年版。

152　陈信传等研译：《〈数书九章〉今译及研究》，贵州教育出版社 1992 年版。

153　［日］天野元之助著，彭世奖、林广信译：《中国古农书考》，中国农业出版社 1992 年版。

154　［日］石田秀实：《中国医学思想史》，东京大学出版会 1992 年版。

155　孙小礼、张祖贵主编：《科学技术与生产力发展概论》，广西教育出版社 1993 年版。

156　侯外庐著：《中国近代启蒙思想史》，人民出版社 1993 年版。

157　辛旗著：《中国历代思想史》，文津出版社 1993 年版。

158　李大钧、吴以岭主编：《易水学派研究》，河北科学技术出版社 1993 年版。

159　李申著：《中国古代哲学与自然科学》，中国社会科学出版社 1993 年版。

160　庄添全等主编：《苏颂研究文集》，鹭江出版社 1993 年版。

161　马涛著：《吕坤思想研究》，当代中国出版社 1993 年版。

162　王凤贤、丁国顺著：《浙东学派研究》，浙江人民出版社 1993 年版。

163 钟肇鹏、周桂钿：《桓谭王充评传》，南京大学出版社 1993 年版。

164 吴文俊主编：《刘徽研究》，陕西人民教育出版社、九章出版社 1993 年版。

165 谭其骧主编：《中国历代地理学家评传第三卷（清近现代）》，山东教育出版社 1993 年版。

166 曾近义主编：《中西科学技术思想比较》，广东高等教育出版社 1993 年版。

167 ［日］中尾万三著：《中国药一百种之化学实验》，上海中医学院出版社 1993 年再版。

168 杨鑫辉著：《中国心理学思想史》，江西教育出版社 1994 年版。

169 沈毅著：《中国清代科技史》，人民出版社 1994 年版。

170 周瀚光、孔国平著：《刘徽评传》，南京大学出版社 1994 年版。

171 孙中堂编著：《中医内科史略》，中医古籍出版社 1994 年版。

172 许凌云著：《刘知几评传》，南京大学出版社 1994 年版。

173 张大可著：《司马迁评传》，南京大学出版社 1994 出版。

174 吴国盛：《科学思想指南》，四川教育出版社 1994 年版。

175 张劲夫主编：《海外学者论中国》，华夏出版社 1994 年版。

176 蔡振生著：《张之洞教育思想研究》，辽宁教育出版社 1994 年版。

177 李明友著：《一本万殊：黄宗羲的哲学与哲学史观》，人民出版社 1994 年版。

178 刘树勇等撰写：《中国古代科技名著》，首都师范大学出版社 1994 年版。

179 何萍等：《中国传统科学方法的嬗变》，浙江科学技术出版社 1994 年版。

180 陈桥驿著：《郦道元评传》，南京大学出版社 1994 年版。

181 周瀚光、孔国平著：《刘徽评传〈附秦九韶李治杨辉朱世杰评传〉》，南京大学出版社 1994 年版。

182 张志建著：《严复学术思想研究》，商务印书馆 1995 年版。

183 朱伯崑著：《易学哲学史》，华夏出版社 1995 年版。

184 王星光著：《中国科技史求索》，天津人民出版社 1995 年版。

185 祝瑞开主编：《宋明思想和中华文明》，学林出版社 1995 年版。

186 王永祥著：《董仲舒评传》，南京大学出版社 1995 年版。

187 干祖望著：《孙思邈评传》，南京大学出版社 1995 年版。

188 马来平等：《中国科技思想的创新》，山东科技出版社 1995 年版。

189 周湘斌、赵海琦编著：《中国宋辽金夏思想史》，人民出版社 1995 年版。

190 朱亚宗：《中国科技批评史》，国防科技大学出版社 1995 年版。

191 陈正夫、何植靖著：《许衡评传》，南京大学出版社 1995 年版。

192 ［法］谢和耐著，耿昇译：《中国社会史》，江苏人民出版社 1995 年版。

193 李瑶著：《中国古代科技思想史稿》，陕西师范大学出版社 1995 年版。

194 ［日］山田庆儿著：《中國醫學の思想的風土》，东京潮出版社 1995 年版。

195　段志文著：《中国近代科技文化史论》，浙江大学出版社 1996 年版。

196　余明侠著：《诸葛亮评传》，南京大学出版社 1996 年版。

197　商聚德著：《刘因评传》，南京大学出版社 1996 年版

198　赵慧芝主编：《科学家传》，海南出版社 1996 年版。

199　龚杰著：《张载评传》，南京大学出版社 1996 年版。

200　卞孝萱、卞敏著：《刘禹锡评传》，南京大学出版社 1996 年版。

201　何亚平、张钢著：《文化的基频——科技文化史论稿》，东方出版社 1996 年版。

202　孙宏安著：《中国古代科学教育史略》，辽宁教育出版社 1996 年版。

203　陈久金著：《回回天文学史研究》，广西科学技术出版社 1996 年版。

204　许抗生著：《老子评传》，广西教育出版社 1996 年版。

205　李春茂著：《皇甫谧评传》，兰州大学出版社 1996 年版。

206　余明侠著：《诸葛亮评传》，南京大学出版社 1996 年版。

207　潘富恩、马涛著：《范缜评传附何承天评传》，南京大学出版社 1996 年版。

208　龚杰著：《张载评传》，南京大学出版社 1996 年版。

209　姜国柱著：《李觏评传》，南京大学出版社 1996 年版。

210　潘富恩著：《程颢程颐评传》，广西教育出版社 1996 年版。

211　唐玲玲、周伟民著：《苏轼思想研究》，文史哲出版社 1996 年版。

212　王渝生主编：《第七届国际中国科学史会议文集》，大象出版社 1996 年版。

213　王云度著：《刘安评传》，南京大学出版社 1997 年版。

214　李娟芬、李彦忠编著：《中国著名科学家及思想方法论》，黑龙江科学技术出版社 1997 年版。

215　冯契著：《冯契文集：智慧的探索》，华东师范大学出版社，1997 年。

216　董光壁主编：《中国近现代科技史》，湖南教育出版社 1997 年版。

217　邱树森著：《贺兰集》，江苏古籍出版社 1997 年版。

218　刘洪涛著：《数算大师：梅文鼎与天文历算》，辽宁人民出版社 1997 年版。

219　沈康身著：《〈九章算术〉导读》，湖北教育出版社 1997 年版。

220　阎万英编著：《中国农业思想史》，中国农业出版社 1997 年版。

221　刘乃和主编：《洪皓马端临与传统文化》，中国青年出版社 1997 年版。

222　侯外庐、邱汉生、张岂之主编：《宋明理学史》，人民出版社 1997 年版。

223　黄瑞亭主编：《中国近现代法医学发展史》，福建教育出版社 1997 年版。

224　冯契著：《中国古代哲学的逻辑发展》，华东师范大学出版社 1997 年版。

225　钟祥财著：《中国农业思想史》，上海社会科学院出版社 1997 年版。

226　蒋希文、吴雁南总编：《王阳明国际学术讨论会论文集》，贵州教育出版社 1997 年版。

227　［日］山田庆儿著：《本草と夢と錬金術と・物質的想像力の現象學》，东京朝日

新闻社 1997 年版。

228　葛剑雄：《中国古代的地图测绘》，商务印书馆 1998 年版。

229　郑建明著：《张仲景评传》，南京大学出版社 1998 年版。

230　杨泽波著：《孟子评传》，南京大学出版社 1998 年版。

231　卢央：《京房评传》，南京大学出版社 1998 年版。

232　吴文俊主编：《中国数学史大系》，北京师范大学出版社 1998 年版。

233　木斋著：《苏东坡研究》，广西师范大学出版社 1998 年版。

234　刘宗华、李珂著：《李治》，中国国际广播出版社 1998 年版。

235　居新宇编著：《朱载堉》，中国国际广播出版社 1998 年版。

236　张广军编著：《刘焯》，中国国际广播出版社 1998 年版。

237　张广军编著：《李善兰》，中国国际广播出版社 1998 年版。

238　张广军编著：《明安图》，中国国际广播出版社 1998 年版。

239　赵荣、杨正泰著：《中国地理学史》，商务印书馆 1998 年版。

240　吾淳著：《中国科学思想史》，安徽科学技术出版社 1998 年版。

241　吴淳著：《中国思维形态》，上海人民出版社 1998 年版。

242　李俨、钱宝琮著：《李俨钱宝琮科学史全集》，辽宁教育出版社 1998 年版。

243　邓瑞全、王冠英编著：《中国伪书综考》，黄山书社 1998 年版。

244　李志超著：《天人古义：中国科学史论纲》，大象出版社 1998 年版。

245　白奚著：《稷下学研究：中国古代的思想自由与百家争鸣》，生活·读书·新知三联书店 1998 年版。

246　唐明邦著：《陈抟邵雍评传》，南京大学出版社 1998 年版。

247　刘寿永主编：《易经难经新释》，中医古籍出版社 1998 年版。

248　徐有富著：《郑樵评传》，南京大学出版社 1998 年版。

249　王承仁、刘铁君著：《李鸿章思想体系研究》，武汉大学出版社 1998 年版。

250　卢嘉锡总主编：《中国科学技术史》，科学出版社 1998 年版。

251　秦家伦等主编：《王学之思：纪念王阳明贵阳"龙场悟道"四百九十周年论文集》，贵州民族出版社 1999 年版。

252　［日］田中淡编：《中国技术史研究》，京都大学人文科学研究所 1998 年版。

253　藏世俊著：《康有为大同思想研究》，广东高等教育出版社 1999 年版。

254　陈大舜等编著：《中医临床医学流派》，中医古籍出版社 1999 年版。

255　高建国著：《中国减灾史话》，大象出版社 1999 年版。

256　陈美东主编：《中华文化通志·科学技术典》，上海人民出版社 1999 年版。

257　宋正海、孙关龙主编：《中国传统文化与现代科学技术》，浙江教育出版社 1999 年版。

258　张家诚著：《地理环境与中国古代科学思想》，地震出版社 1999 年版。

259 李经纬、林照庚主编：《中国医学通史》，人民卫生出版社 1999 年版。

260 许结著：《张衡评传》，南京大学出版社 1999 年版。

261 刘永平主编：《张衡研究》，西苑出版社 1999 年版。

262 詹同济编著：《詹天佑创业著作精选和创业哲学思想研究》，广东省地图出版社 1999 年版。

263 邓铁涛著：《中医近代史》，广东高等教育出版社 1999 年版。

264 颜世安著：《庄子评传》，南京大学出版社 1999 年版。

265 纪志刚主编：《孙子算经张邱建算经夏侯阳算经导读》，湖北教育出版社 1999 年版。

266 华觉明著：《中国古代金属技术：铜和铁造就的文明》，大象出版社 1999 年版。

267 李玉洁著：《先秦诸子思想研究》，中州古籍出版社 1999 年版。

268 杨国荣著：《科学的形上之维——中国近代科学主义的形成与衍化》，上海人民出版社 1999 年版。

269 丁四新著：《郭店楚墓竹简思想研究》，东方出版社 2000 年版。

270 徐建平主编，江苏省如皋市政协学习文史委员会编：《胡瑗》，中国文史出版社 2000 年版。

271 张柏春著：《明清测天仪器之欧化：十七、十八世纪传入中国的欧洲天文仪器技术及其历史地位》，辽宁教育出版社 2000 年版。

272 北京大学中国传统文化研究中心编：《文化的馈赠：汉学研究国际会议论文集》，北京大学出版社 2000 年版。

273 王渝生著：《中国近代科学的先驱——李善兰》，科学出版社 2000 年版。

274 陈广忠著：《淮南子科技思想》，安徽大学出版社 2000 年版。

275 陈美东：《王锡阐研究文集》，河北科学技术出版社 2000 年版。

276 郭世荣著：《算法统宗导读》，湖北教育出版社 2000 年版。

277 汪凤炎著：《中国传统心理养生之道》，南京师范大学出版社 2000 年版。

278 汪广仁、徐振亚著：《海国撷珠的徐寿父子》，科学出版社 2000 年版。

279 纪志刚著：《杰出的翻译家和实践家——华蘅芳》，科学出版社 2000 年版。

280 袁运开、周瀚光主编：《中国科学思想史》，安徽科学技术出版社 2000 年版。

281 天熙敬主编：《中国近现代技术史（上、下）》，科学出版社 2000 年版。

282 路甬祥总主编：《中国古代科学技术史纲》，辽宁教育出版社 2000 年版。

283 孙美贞：《吴澄理学思想研究》，中国社会科学院研究生院 2000 年博士学位论文。

284 何丙郁著：《何丙郁中国科技史论集》，辽宁教育出版社 2001 年版。

285 顿宝生、王盛民主编：《雷公炮炙论通解》，三秦出版社 2001 年版。

286 葛兆光著：《中国思想史》，复旦大学出版社 2001 年版。

287 张立文著：《朱熹评传》，南京大学出版社 2001 年版。

288 罗炽著：《方以智评传》，南京大学出版社 2001 年版。

289 郑良树著：《商鞅评传》，南京大学出版社 2001 年版。

290 蓬莱旅游度假区管理委员会编：《戚继光研究论集》，华文出版社 2001 年版。

291 卢连章著：《程颢程颐评传》，南京大学出版社 2001 年版。

292 陈寅恪著：《隋唐制度渊源略论稿》，生活·读书·新知三联书店 2001 年版。

293 段治文著：《中国现代科学文化的兴起 1919—1936》，上海人民出版社 2001 年版。

294 邢兆良著：《中国传统科学思想研究》，江西人民出版社 2001 年版。

295 李迪主编：《数学史研究》第 7 辑，内蒙古大学出版社 2001 年版。

296 姜义华著：《章炳麟评传》，南京大学出版社 2002 年版。

297 徐定宝著：《黄宗羲评传》，南京大学出版社 2002 年版。

298 施觉怀著：《韩非评传》，南京大学出版社 2002 年版。

299 《法国汉学》丛书编辑委员会编：《法国汉学》第 6 辑《科技史专号》，中华书局 2002 年版。

300 王鲁民著：《中国古代建筑思想史纲》，湖北教育出版社 2002 年版。

301 吾淳著：《古代中国科学范型：从文化、思维和哲学的角度考察》，中华书局 2002 年版。

302 山西省珠算协会编：《王文素与算学宝鉴研究》，山西人民出版社 2002 年版。

303 萧萐父、许苏民著：《王夫之评传》，南京大学出版社 2002 年版。

304 李书增等著：《中国明代哲学》，河南人民出版社 2002 年版。

305 吕立汉、潘玉花主编：《刘基文化论丛：刘基研究论文集》，延边大学出版社 2002 年版。

306 席泽宗著：《古新星新表与科学史探索：席泽宗院士自选集》，陕西师范大学出版社 2002 年版。

307 姜生、汤伟侠主编：《中国道教科学技术史·汉魏两晋卷》，科学出版社 2002 年版。

308 陈凡、张明国著：《解析技术：技术、社会、文化的互动》，福建人民出版社 2002 年版。

309 李瑚著：《魏源研究》，朝华出版社 2002 年版。

310 陈其泰、赵永春著：《班固评传》，南京大学出版社 2002 年版。

311 吴怀祺主编：《中国史学思想通史》，黄山书社 2002 年版。

312 张义德著：《叶适评传》，南京大学出版社 2002 年版。

313 ［美］杨振宁著：《杨振宁文录：一位科学大师看人与这个世界》，海南出版社 2002 年版。

314　［美］田浩编：《朱熹的思维世界》，陕西师范大学出版社 2002 年版。

315　吾淳著：《古代中国科学范型：从文化、思维和哲学的角度考察》，中华书局 2002 年版。

316　乐爱国著：《儒家文化与中国古代科技》，中华书局 2002 年版。

317　郑暋曒：《段成式的〈酉阳杂俎〉研究》，中国社会科学院研究生院 2002 年博士学位论文。

318　卢嘉锡总主编，陈美东著：《中国科学技术史·天文卷》，科学出版社 2003 年版。

319　［韩］金永植著：《朱熹的自然哲学》，华东师范大学出版社 2003 年版。

320　陈美东著：《郭守敬评传》，南京大学出版社 2003 年版。

321　徐新照著：《中国兵器科学思想探索》，军事谊文出版社 2003 年版。

322　陈美东、胡考尚主编：《郭守敬诞辰七百七十周年国际纪念活动文集》，人民日报出版社 2003 年版。

323　代钦著：《儒家思想与中国传统数学》，商务印书馆 2003 年版。

324　钱超尘、温长路主编：《李时珍研究集成》，中医古籍出版社 2003 年版。

325　查有梁等著：《杰出数学家秦九韶》，科学出版社 2003 年版。

326　郑晓江主编：《江右思想家研究》，中国社会科学出版社 2003 年版。

327　谢庆奎著：《政治改革与政府创新：谢庆奎论文选》，中信出版社 2003 年版。

328　王前、金福：《中国技术思想史论》，科学出版社 2004 年版。

329　李醒民著：《中国现代科学思想潮》，科学出版社 2004 年版。

330　中华中医药学会编：《国际张仲景学术思想研讨会论文集》，中华中医药学会 2004 年。

331　钱超尘、温长路主编：《张仲景研究集成》，中医古籍出版社 2004 年版。

332　祖慧著：《沈括评传》，南京大学出版社 2004 年版。

333　方广锠著：《道安评传》，昆仑出版社 2004 年版。

334　［美］R·柯林斯著，吴琼等译：《哲学的社会学：一种全球的学术变迁理论》，新华出版社 2004 年版。

335　［美］本杰明·史华兹著，程钢译：《古代中国的思想世界》，江苏人民出版社 2004 年版。

336　陈静著：《自由与秩序的困惑：〈淮南子〉研究》，云南大学出版社 2004 年版。

337　邱若宏著：《传播与启蒙：中国近代科学思潮研究》，湖南人民出版社 2004 年版。

338　李志军著：《西学东渐与明清实学》，巴蜀书社 2004 年版。

339　孙开泰著：《邹衍与阴阳五行》，山东文艺出版社 2004 年版。

340　鲍世斌著：《明代王学研究》，巴蜀书社 2004 年版。

341 熊月之著：《冯桂芬评传》，南京大学出版社 2004 年版。

342 肖林榕等编：《中医临床思维》，中国医药科技出版社 2004 年版。

343 严世芸主编：《中医学术发展史》，上海中医药大学出版社 2004 年版。

344 张光直、徐苹芳著：《中国文明的形成》，新世界出版社、耶鲁大学出版社 2004 年版。

345 吴卫著：《器以象制象以圜生——明末中国传统升水器械设计思想研究》，清华大学 2004 年博士学位论文。

346 周松芳著：《刘基研究》，中山大学 2004 年博士学位论文。

347 徐复观著：《中国思想史论集续篇》，上海书店出版社 2004 年版。

348 朱丹琼：《科学个案研究与中国科学观的发展》，陕西人民出版社 2005 年版。

349 钟国发著：《陶弘景评传》，南京大学出版社 2005 年版。

350 方旭东著：《吴澄评传》，南京大学出版社 2005 年版。

351 周尚兵：《唐代的技术进步与社会变革》，首都师范大学 2005 年博士学位论文。

352 萧公权著；汪荣祖译：《康有为思想研究》，新星出版社 2005 年版。

353 王兴国主编：《船山学新论》，湖南人民出版社 2005 年版。

354 范景中、曹意强主编：《美术史与观念史》，南京师范大学出版社 2005 年版。

355 澳门中国哲学会主编：《中医基础理论的哲学思考》，中医古籍出版社 2005 年版。

356 朱逸辉编：《白玉蟾真人评介集》，香港银河出版社 2005 年版。

357 尚启东撰辑，尚煦整理：《华佗考》，安徽科学技术出版社 2005 年版。

358 史兰华、张在同主编：《扁鹊仓公王叔和志》，山东人民出版社 2005 年版。

359 盖建民著：《道教科学思想发凡》，社会科学文献出版社 2005 年版。

360 王组成著：《中国地理学史》，商务印书馆 2005 年版。

361 陈蒲清著：《鬼谷子详解》，岳麓书社 2005 年版。

362 蒋广学、何卫东著：《梁启超评传》，南京大学出版社 2005 年版。

363 陈其泰、刘兰肖著：《魏源评传》，南京大学出版社 2005 年版。

364 江志伟著：《世界珠坛的一代宗师：算神大位》，安徽美术出版社 2005 年版。

365 翟锦程著：《先秦名学研究》，天津古籍出版社 2005 年版。

366 王一方著：《医学人文十五讲》，北京大学出版社 2006 年版。

367 卢央著：《葛洪评传》，南京大学出版社 2006 年版。

368 李桂杨著：《养心亭随笔》，西南师范大学出版社 2006 年版。

369 张灏著：《烈士精神与批判意识：谭嗣同思想的分析》，新星出版社 2006 年版。

370 钱超尘、温长路著：《王清任研究集成》，中医古籍出版社 2006 年版。

371 李经纬、张志斌主编：《中医学思想史》，湖南教育出版社 2006 年版。

372 李帆著：《章太炎、刘师培、梁启超清学史著述之研究》，商务印书馆 2006

年版。

373　张荣明著：《从老庄哲学至晚清方术——中国神秘主义研究》，华东师范大学出版社 2006 年版。

374　张岂之主编：《中国学术思想史编年》，陕西师范大学出版社 2006 年版。

375　钱超尘、温长路主编：《孙思邈研究集成》，中医古籍出版社 2006 年版。

376　姜国柱著：《中国军事思想通史》，中国社会科学出版社 2006 年版。

377　杨直民编著：《农学思想史》，湖南教育出版社 2006 年版。

378　李创同著：《科学哲学思想的流变：历史上的科学哲学思想家》，高等教育出版社 2006 年版。

379　李经纬、张志斌主编：《中医学思想史》，湖南教育出版社 2006 年版。

380　童书业著，童教英增订：《先秦七子思想研究》，中华书局 2006 年版。

381　吴光主编：《从民本走向民主：黄宗羲民本思想国际学术研讨会论文集》，浙江古籍出版社 2006 年版。

382　刘克明著：《中国技术思想研究——古代机械设计与方法》，巴蜀书社 2006 年版。

383　陈卫平、李春勇著：《徐光启评传》，南京大学出版社 2006 年版。

384　皮后锋著：《严复评传》，南京大学出版社 2006 年版。

385　傅新毅著：《玄奘评传》，南京大学出版社 2006 年版。

386　刘泽华、葛荃编：《中国政治思想史研究》，湖北教育出版社 2006 年版。

387　李穆南主编：《时空探索的天文历法》，中国环境科学出版社 2006 年版。

388　马雪芹著：《一代医宗——朱震亨传》，浙江人民出版社 2006 年版。

389　王渝生著：《中国算学史》，上海人民出版社 2006 年版。

390　张秀丽：《章太炎医学思想研究》，北京中医药大学 2006 年博士学位论文。

391　皮国立著：《医通中西：唐宗海与近代中医危机》，东大图书股份有限公司 2006 年版。

392　郑晓江主编：《六经注我：象山学术及江右思想家研究》，社会科学文献出版社 2006 年版。

393　厚宇德著：《溯本探源：中国古代科学与科学思想史专题研究》，中国科学技术出版社 2006 年版。

394　江苏省政协文史委员会编：《孙中山生平与思想研究：江苏省纪念孙中山先生诞辰 140 周年学术研讨会论文集》，海河大学出版社 2007 年版。

395　郭文韬、严火其著：《贾思勰王祯评传》，南京大学出版社 2007 年版。

396　许结著：《张衡评传》，南京大学出版社 2007 年版。

397　刑春如主编：《天文历法研究》，辽海出版社 2007 年版。

398　徐品方、孔国平著：《中世纪数学泰斗：秦九韶》，科学出版社 2007 年版。

399　骆正军著：《柳宗元思想新探》，湖南大学出版社 2007 年版。

400　邢兆良著：《朱载堉评传》，南京大学出版社 2007 年版。

401　林庆元著：《林则徐评传》，南京大学出版社 2007 年版。

402　王兆春著：《中国古代军事工程技术史》，山西教育出版社 2007 年版。

403　王维著：《百科全书式的学者：邹伯奇》，广东人民出版社 2007 年版。

404　王树连编著：《中国古代军事测绘史》，解放军出版社 2007 年版。

405　（明）朱橚原著，王家葵等校注：《救荒本草校释与研究》，北京，中医古籍出版社 2007 年版。

406　谢清果著：《先秦两汉道家科技思想研究》，东方出版社 2007 年版。

407　胡子宗等著：《墨子思想研究》，人民出版社 2007 年版。

408　白才儒著：《道教生态思想的现代解读：两汉魏晋南北朝道教研究》，社会科学文献出版社 2007 年版。

409　胡飞著：《中国传统设计思维方式探索》，中国建筑工业出版社 2007 年版。

410　李夏著：《帛书〈黄帝四经〉研究》，山东大学 2007 年博士学位论文。

411　佟健华等著：《中国古代数学教育史》，科学出版社 2007 年版。

412　孔令宏、韩松涛著：《丹经之祖：张伯端传》，浙江人民出版社 2007 年版。

413　陈美东著：《中国古代天文学思想》，中国科学技术出版社 2007 年版。

414　刘长林著：《中国象科学观：易、道与兵、医》，社会科学文献出版社 2007 年版。

415　傅海伦编著：《中外数学史概论》，科学出版社 2007 年版。

416　李建民著：《发现古脉：中国古典医学与数术身体观》，社会科学文献出版社 2007 年版。

417　乐爱国著：《宋代的儒学与科学》，中国科学技术出版社 2007 年版。

418　朱洁著：《乱世文宗洪迈》，江西高校出版社 2007 年版。

419　张敬文：《从现代物理学理论发展探讨孙思邈修道养生观》，北京中医药大学 2007 年博士学位论文。

420　耿云志主编：《中国近代科学与科学体制化》，四川人民出版社 2008 年版。

421　孙德高著：《王阳明事功与心学研究》，西南交通大学出版社 2008 年版。

422　黄永锋著：《道教服食技术研究》，东方出版社 2008 年版。

423　陈昌武著：《柳宗元评传》，南京大学出版社 2008 年版。

424　邢舒著：《陆九渊研究》，人民出版社 2008 年版。

425　皮国立著：《近代中医的身体观与思想转型：唐宗海与中西医汇通时代》，生活·读书·新知三联书店 2008 年版。

426　吴光著：《天下为主——黄宗羲传》，浙江人民出版社 2008 年版。

427　张立文著：《心学之路——陆九渊思想研究》，人民出版社 2008 年版。

428　陈玲著：《〈唐会要〉的科技思想》，科学出版社 2008 年版。

429　陈德安主编：《中国道家道教教育思想史》，社会科学文献出版社 2008 年版。

430　陈卫平、李春勇著：《徐光启评传》，南京大学出版社 2006 年版。

431　[荷] 安国风著，纪志刚、郑诚、郑方磊译：《欧几里得在中国：汉译〈几何原本〉的源流与影响》，江苏人民出版社 2008 年版。

432　华山原著：《中古思想史论集》，学苑出版社 2008 年版。

433　曲安京著：《中国数理天文学》，科学出版社 2008 年。

434　汪凤炎著：《中国心理学思想史》，上海教育出版社 2008 年版。

435　王继平主编：《曾国藩的思想与事功》，湘潭大学出版社 2008 年版。

436　孙宏安著：《中国古代数学思想》，大连理工大学出版社 2008 年版。

437　王志艳主编：《探险解密：揭开近现代中国的科技谜团》，北京燕山出版社 2008 年版。

438　李存山著：《中国传统哲学纲要》，中国社会科学出版社 2008 年版。

439　陈万求著：《中国传统科技伦理思想研究》，湖南大学出版社 2008 年版。

440　沈云波：《学不可以已：〈荀子〉思想研究》，复旦大学 2008 年博士学位论文。

441　席泽宗主编：《中国科学思想史》，科学出版社 2009 年版。

442　王水照著：《苏轼评传》，南京大学出版社 2009 年版。

443　朱亚非编著：《戚继光志》，山东人民出版社 2009 年版。

444　林振武著：《中国传统科学方法研究》，科学出版社 2009 年版。

445　[德] 文树德著：《什么是医学：东西方的治疗之道》，加利福尼亚大学出版社 2009 年版。

446　魏屹东著：《科学社会学新论》，科学出版社 2009 年版。

447　夏剑钦、熊焰著：《魏源研究著作述要》，湖南大学出版社 2009 年版。

448　林家有等著：《孙中山社会建设思想研究》，中山大学出版社 2009 年版。

449　朱钧侃等著：《徐霞客评传》，南京大学出版社 2009 年版。

450　常秉义著：《周易与中医》，中央编译出版社 2009 年版。

451　李健胜著：《子思研究》，陕西师范大学出版社 2009 年版。

452　刘衡如等编著：《〈本草纲目〉研究》，华夏出版社 2009 年版。

453　韩吉绍著：《知识断裂与技术转移：炼丹术对古代科技的影响》，山东文艺出版社 2009 年版。

454　任晓兰著：《张之洞与晚清文化保守主义思潮》，法律出版社 2009 年版。

455　陈苏镇主编：《中国古代政治文化研究》，北京大学出版社 2009 年版。

456　陈来著：《竹帛〈五行〉与简帛研究》，生活·读书·新知三联书店 2009 年版。

457　韦政通著：《中国思想史》，吉林出版集团有限责任公司 2009 年版。

458　[日] 栗山茂久著：《身体的语言：古希腊医学和中医之比较（经典与书写）》，

上海书店出版社 2009 年版。

459　马丽丽：《王应麟学术思想研究》，南开大学 2009 年博士学位论文。

460　李小花：《魏晋南北朝时期佛教对科学的影响》，中央民族大学大学 2009 年博士学位论文。

461　吴智著：《先秦诸家主流技术思想之分析》，东北大学 2009 年博士学位论文。

462　吴慧著：《僧一行研究：盛唐的天文、佛教与政治》，上海交通大学 2009 年博士学位论文。

463　任守景主编：《墨子研究论丛》，齐鲁书社 2010 年版。

464　邢兆良著：《墨子评传》，南京大学出版社 2010 年版。

465　马连儒著：《陈独秀思想论稿》，人民出版社 2010 年版。

466　祝彦著：《陈独秀思想评传》，福建人民出版社 2010 年版。

467　李兆华主编：《中国数学史基础》，天津教育出版社 2010 年版。

468　乐爱国著：《朱子格物致知论研究》，岳麓书社 2010 年版。

469　邓克铭著：《王阳明思想观念研究》，台北大学出版中心 2010 年版。

470　彭少辉著：《元代的科学技术与社会》，河南大学出版社 2010 年版。

471　俞景茂编著：《小儿药证直诀临证指南》，人民军医出版社 2010 年版。

472　刘云柏著：《中国管理思想通史》，上海人民出版社 2010 年版。

473　叶贤恩著：《庞安时传》，湖北科学技术出版社 2010 年版。

474　吴怀祺著：《郑樵研究》，厦门大学出版社 2010 年版。

475　祝平一主编：《中国史新论：科技与中国社会分册》，"中央研究院"，联经出版事业股份有限公司 2010 年版。

476　贾维著：《谭嗣同研究著作述要》，湖南大学出版社 2010 年版。

477　张志庄编著：《朱载堉密率方法数据探微》，中国戏剧出版社 2010 年版。

478　周济著：《中西科学思想比较研究：识同辨异探源汇流》，厦门大学出版社 2010 年版。

479　姜生、汤伟侠主编：《中国道教科学技术史·南北朝隋唐五代卷》，科学出版社 2010 年版。

480　［美］爱德华·格兰特：《近代科学在中世纪的基础》，湖南科学出版社 2010 年版。

481　蒋广学主编：《古代百科学术与中国思想的发展》，南京大学出版社 2010 年版。

482　宋华著：《近代中国科学救国思潮研究》，人民出版社 2010 年版。

483　解文超著：《明代兵书研究》，天津人民出版社 2010 年版。

484　方志远著：《王阳明评传》，中国社会出版社 2010 年版。

485　唐晓峰著：《从混沌到秩序：中国上古地理思想史述论》，中华书局 2010 年版。

486　卢兴基著：《失落的"文艺复兴"：中国近代文明的曙光》，社会科学文献出版社 2010 年版。

487 胡秋原著：《古代中国文化与中国知识分子》，中华书局 2010 年版。

488 ［美］葛艾儒著：《张载的思想：1020—1077》，上海古籍出版社 2010 年版。

489 李烈炎、王光著：《中国古代科学思想史要》，人民出版社 2010 年版。

490 朱海伍：《李鸿章洋务思想研究》，吉林大学 2010 年博士学位论文。

491 王英：《气与感——张载哲学研究》，复旦大学 2010 年博士学位论文。

492 林美君著：《王焘〈外台秘要〉针灸文献研究》，北京中医药大学 2010 年博士学位论文。

493 朱忆天著：《康有为的改革思想与明治日本》，上海人民出版社 2011 年版。

494 贾征著：《潘季驯评传》，南京大学出版社 2011 年版。

495 李迪著：《梅文鼎评传》，南京大学出版社 2011 年版。

496 经盛鸿著：《詹天佑评传》，南京大学出版社 2011 年版。

497 胡道静著：《胡道静文集·古籍整理研究》，上海人民出版社 2011 年版。

498 谢和耐著：《明清间耶稣会士入华与中西汇通》，东方出版社 2011 年版。

499 胡方林主编：《中医历代名医医案选讲》，中国中医药出版社 2011 年版。

500 张荣明著：《中国古代气功与先秦哲学》，上海人民出版社 2011 年版。

501 宋春生等主编：《古代中医药名家学术思想与认识论》，科学出版社 2011 年版。

502 豆宏健、傅涛、王成德主编，《心理学》，兰州大学出版社，2011 年。

503 陈美东、华同旭主编：《中国计时仪器通史》，安徽教育出版社 2011 年版。

504 潘吉星著：《宋应星评传》，南京大学出版社 2011 年版。

505 孔繁著：《荀子评传》，南京大学出版社 2011 年版。

506 刘建军等著：《李大钊思想评传》，福建人民出版社 2011 年版。

507 俞美玉编：《刘基研究资料汇编》，人民出版社 2011 年版。

508 祁润兴著：《陆九渊评传》，南京大学出版社 2011 年版。

509 吴立群著：《吴澄理学思想研究》，上海大学出版社 2011 年版。

510 张大可著：《许衡评传》，南京大学出版社 2011 年版。

511 马洪林著：《康有为评传》，南京大学出版社 2011 年版。

512 冯天瑜、何晓明著：《张之洞评传》，南京大学出版社 2011 年版。

513 梁绍辉著：《曾国藩评传》，南京大学出版社 2011 年版。

514 郭继承著：《中国近代民族危机下的现代性选择与构建：李大钊思想新解》，中国政法大学出版社 2011 年版。

515 吴爱萍著：《从康梁到孙中山：清末民初宪政理念与实践研究》，天津人民出版社 2011 年版。

516 张祥浩、魏福明著：《王安石评传》，南京大学出版社 2011 年版。

517 王剑编著：《李时珍大传》，中国中医药出版社 2011 年版。

518　苏中立、涂光久主编：《百年严复：严复研究资料精选》，福建人民出版社 2011 年版。

519　马来平主编：《中西文化会通的先驱"全国首届薛凤祚学术思想研讨会"论文集》，齐鲁书社 2011 年版。

520　［英］鲍尔、［意］布奇编，许加彪译：《新闻科学与社会：新闻和公共关系中的科学传播》，中国时代经济出版社 2011 年版。

521　黄时鉴著：《黄时鉴文集：东海西海——东西文化交流史（大航海时代以来）》，中西书局 2011 年版。

522　张宏敏著：《刘基思想研究》，浙江人民出版社 2011 年版。

523　［英］布兰德著，王纪卿译：《李鸿章传》，湖南文艺出版社 2011 年版。

524　汤用彤著：《汉魏两晋南北朝佛教史（增订本）》，北京大学出版社 2011 年版。

525　张立新著：《虚空与实在：文、史、哲视野中的先秦思想文化》，中国社会科学出版社 2011 年版。

526　薛克翘著：《佛教与中国古代科技》，中国国际广播出版社 2011 年版。

527　张荣明著：《中国古代气功与先秦哲学》，上海人民出版社 2011 年版。

528　周瀚光、孔国平著：《刘徽评传》，南京大学出版社 2011 年版。

529　王进玉著：《敦煌学和科技史》，甘肃教育出版社 2011 年版。

530　田合禄、田峰著：《周易真原：中国最古老的天学科学体系》，山西科学技术出版社 2011 年版。

531　张其成著：《张其成讲读〈周易〉象数易学》，广西科学技术出版社 2011 年版。

532　龚传星著：《周公思想研究》，四川大学 2011 年博士学位论文。

533　刘燕飞著：《苏轼哲学思想研究》，河北大学 2011 年博士学位论文。

534　王洪霞：《胡瑗易学思想研究》，山东大学 2011 年博士学位论文。

535　彭启福：《陆九渊新学诠释学思想研究》，华东师范大学 2011 年博士学位论文。

536　高润浩著：《中国古代军事谋略文化》，白山出版社 2012 年版。

537　［美］斯特龙伯格著：《西方现代思想史》，金城出版社 2012 年版。

538　杜石然等编著：《中国科学技术史稿》，北京大学出版社 2012 年版。

539　李新伟著：《〈武经总要〉研究》，花木兰文化出版社 2012 年版。

540　郭书春著：《中国传统数学史话》，中国国际广播出版社 2012 年版。

541　潘吉星著：《中外科学技术交流史论》，中国社会科学出版社 2012 年版。

542　王钱国忠、钟守华编著，李约瑟文献中心策划：《李约瑟大典·传记学术年谱长编事典》，中国科学技术出版社 2012 年版。

543　林丹著：《日用即道：王阳明哲学的现象学阐释》，光明日报出版社 2012 年版。

544　梁二平、郭湘潭玮著：《中国古代海洋文献导读》，海洋出版社 2012 年版。

545　徐苹芳著：《徐苹芳文集——中国历史考古学论集》，上海古籍出版社 2012

年版。

546　杜昇云等主编：《中国古代天文学的转轨与近代天文学》，中国科学技术出版社2012年版。

547　尚志丛著：《传教士与西学东渐》，山西教育出版社2012年版。

548　仁人著：《大同思想研究》，九州出版社2012年版。

549　欧阳哲生著：《五四运动的历史诠释》，北京大学出版社2012年版。

550　王汎森著：《章太炎的思想——兼论其对儒学传统的冲击》，上海人民出版社2012年版。

551　雷广臻著：《中国近代思想史论》，北京师范大学出版社2012年版。

552　江荣海主编：《中国政治思想史九讲》，北京大学出版社2012年版。

553　中国中医科学院研究生院主编：《孟庆云讲中医经典》，科学出版社2012年版。

554　胡霜等主编：《中医心理学》，山东人民出版社2012年版。

555　许康编：《湖南历代科学家传略》，湖南大学出版社2012年版。

556　高晨阳著：《中国传统思维方式研究》，科学出版社2012年版。

557　沈寂主编：《陈独秀研究》第4辑，黄山书社2012年版。

558　陆敬严著：《中国古代机械文明史》，同济大学出版社2012年版。

559　王宏斌著：《晚清海防地理学发展史》，中国社会科学出版社2012年版。

560　侯春燕著：《科学诉求与人文视域：任鸿隽科学文化思想研究》，三晋出版社2012年版。

561　陈独秀、李大钊等编撰：《新青年精粹》，中国画报出版社2012年版。

562　戚其章著：《晚清社会思潮演进史》，中华书局2012年版。

563　梁启超著；任浩之译：《李鸿章传》，武汉出版社2012年版。

564　曹德本主编：《中国政治思想史》，高等教育出版社2012年版。

565　张杰著：《中国古代空间文化渊源》，清华大学出版社2012年版。

566　孔国平等著：《中国近代科学的先行者华蘅芳》，科学出版社2012年版。

567　陈于柱著：《区域社会史视野下的敦煌禄命书研究》，民族出版社2012年版。

568　何堂坤著：《中国古代手工业工程技术史》，山西出版传媒集团、山西教育出版社2012年版。

569　白杨著：《诸葛亮治蜀与蜀汉政治生态演变研究》，中国社会科学出版社2012年版。

570　汪建平、闻人军著：《中国科学技术史纲》，武汉大学出版社2012年版。

571　蒋朝君著：《道教科技思想史料举要——以〈道藏〉为中心的考察》，科学出版社2012年版。

572　曲相奎主编：《中华五千年思想家评传》，中国纺织出版社2012年版。

573　［日］沟口雄三著，赵士林译：《中国的思想》，中国财富出版社2012年版。

574 樊小蒲等编著：《科学名著与科学精神》，光明日报出版社 2012 年版。

575 刘道广等著：《图证〈考工记〉：新注、新译及其设计学意义》，东南大学出版社 2012 年版。

576 《首届皇甫谧故里拜祖大典暨〈针灸甲乙经〉学术思想国际研讨会》论文集，2012 年。

577 郭朋著：《中国佛教思想史》，社会科学文献出版社 2012 年版。

578 曾雄生著：《中国农学史》，福建人民出版社 2012 年版。

579 许钦彬著：《易与古文明》，社会科学文献出版社 2012 年版。

580 侯春燕著：《科学诉求与人文视域：任鸿隽科学文化思想研究》，三晋出版社 2012 年版。

581 ［荷］科恩著，张卜天译：《科学革命的编史学研究》，湖南科学技术出版社 2012 年版。

582 杨军、卢丙生著：《东方智慧：中国思想与思想家》，世界知识出版社 2012 年版。

583 张觉著：《韩非子考论》，知识产权出版社 2012 年版。

584 吴照云主编：《中国管理思想史》，经济管理出版社 2012 年版。

585 修圆慧编：《中国近代科学观研究》，黑龙江大学出版社 2012 年版。

586 任法融编：《周易参同契释义》，东方出版社 2012 年版。

587 周桂钿著：《董仲舒研究》，人民出版社 2012 年版。

588 徐道彬著：《皖派学术与传承》，黄山书社 2012 年版。

589 《纪念郑观应先生诞辰一百七十周年学术研讨会论文集》，2012 年。

590 张后铨著：《招商局与汉冶萍》，社会科学文献出版社 2012 年版。

591 戚其章著：《晚清社会思潮演进史》，中华书局 2012 年版。

592 ［意］米尼尼著：《利玛窦——凤凰阁》，大象出版社 2012 年版。

593 陈得芝著：《蒙元史研究导论》，南京大学出版社 2012 年版。

594 洪万生主编：《中国人的科学精神》，黄山书社 2012 年版。

595 张西平等编：《东亚与欧洲文化的早期相遇：东西文化交流史论》，华东师范大学出版社 2012 年版。

596 李扬帆著：《涌动的天下：中国世界观变迁史论 1500—1911》，知识产权出版社 2012 年版。

597 雷金贵等编：《数值计算方法理论与典型例题选讲》，科学出版社 2012 年版。

598 刘峰、刘天君编著：《〈诸病源候论〉导引法还原》，人民军医出版社 2012 年版。

599 赵云波著：《严复科学思想研究》，山西大学 2012 年博士学位论文。

600 贾争卉著：《安清翘科学思想与科学成就研究》，山西大学 2012 年博士学位论文。

601 崔伟著：《李觏易学视野下的经世之学》，山东大学 2012 年博士学位论文。

602 丁宏著：《春秋战国中原与楚文化区科技思想比较研究》，山西大学 2012 年博士学位论文。

603 王霞著：《朱熹自然观研究》，安徽大学 2012 年博士学位论文。

604 张睿：《崔寔思想研究》，南开大学 2012 年博士学位论文。

605 李世凯：《王廷相心性思想研究》，中国社会科学院研究生院 2012 年博士学位论文。

606 ［日］桥本敬造著，王仲涛译：《中国占星术的世界》，商务印书馆 2012 年版。

607 王芳编著：《博学多才祖冲之》，中国社会出版社 2012 年版。

608 叶小琴编著：《八思巴》，云南教育出版社 2012 年版。

609 孙鹏昆著：《中国画"天人合一"思想研究》，哈尔滨工业大学出版社 2012 年版。

610 李志庸主编：《中西比较医学史》，中国医药科技出版社 2012 年版。

611 李晓春著：《张载哲学与中国古代思维方式研究》，中华书局 2012 年版。

612 尚智丛著：《传教士与西学东渐》，山西教育出版社 2012 年版。

613 茅家琦著：《桑榆读史笔记：认识论、人生论与中国近代史》，南京大学出版社 2012 年版。

614 彭战果编：《无执与圆融——方以智三教会通观研究》，民族出版社 2012 年版。

615 包莉秋著：《功利与审美的交光互影：1895—1916 中国文论研究》，西南交通大学出版社 2012 年版。

616 中国地质学会徐霞客研究分会、江阴市人民政府编：《徐霞客研究》第 24 辑，地质出版社 2012 年版。

617 ［日］沟口雄三著，赵士林译：《中国的思想（修订版）》，中国财富出版社 2012 年版。

618 傅璇琮、施孝峰主编：《王应麟学术讨论集 2011》，清华大学出版社 2012 年版。

619 区建铭著：《保罗·蒂里希与朱熹：关于人类困境问题的比较研究》，厦门大学出版社 2012 年版。

620 李志刚、冯达文主编：《近代人物与近代思潮》，巴蜀书社 2012 年版。

621 范行准著：《明季西洋传入之医学》，上海人民出版社 2012 年版。

622 彭平一编：《思想启蒙与文化转型：近代思想文化论稿》，岳麓书社 2012 年版。

623 ［美］艾尔曼著，赵刚译：《从理学到朴学——中华帝国晚期思想与社会变化面面观》，江苏人民出版社 2012 年版。

624 ［美］里尔斯等著：《技术的历程：科学革命时期》，浙江教育出版社 2013 年版。

625 杨雄威主编：《中国基督教青年学者论坛》，上海大学出版社 2013 年版。

626 徐振韬主编：《中国古代天文学词典》，中国科学技术出版社 2013 年版。

627 王震中著：《中国文明起源的比较研究》，中国社会科学出版社 2013 年版。

628 陈久金著：《中国古代天文学家》，中国科学技术出版社 2013 年版。

629 金霞著：《依礼求利：李觏经世思想研究》，人民出版社 2013 年版。

630 胡适著：《胡适文存》，首都经济贸易大学出版社 2013 年版。

631 张岂之编：《中国思想文化史》，高等教育出版社 2013 年版。

632 周言著：《王国维与民国政治》，九州出版社 2013 年版。

633 林志宏著：《民国乃敌国也：政治文化转型下的清遗民》，中华书局 2013 年版。

634 熊铁基、梁发主编：《第二届全真道与老庄学国际学术研讨会论文集》，华中师范大学出版社 2013 年版。

635 何俊著：《西学与晚明思想的裂变》，上海人民出版社 2013 年版。

636 吴漫编：《学术的体悟与穷究：宋明学术史论稿》，大象出版社 2013 年版。

637 吴守贤，全和钧主编：《中国古代天体测量学及天文仪器》，中国科学技术出版社 2013 年版。

638 薛国中著：《逆鳞集——中国专制史文集》，世界图书出版公司 2013 年版。

639 姜国柱著：《中国认识论史》，武汉大学出版社 2013 年版。

640 何炼成等著：《走向近代化的思想轨迹——名人名著经济思想》，社会科学文献出版社 2013 年版。

641 赵炎峰著：《先秦名家哲学研究》，中国社会科学出版社 2013 年版。

642 方晓阳，陈天嘉编：《中国传统科技文化研究》，科学出版社 2013 年版。

643 周昌忠著：《科学的哲学基础》，科学出版社 2013 年版。

644 席龙飞著：《中国造船通史》，海洋出版社 2013 年版。

645 张国刚著：《文明的对话中西关系史论：张国刚卷》，北京师范大学出版社 2013 年版。

646 李生滨著：《晚清思想文化与鲁迅》，中国社会科学出版社 2013 年版。

647 ［日］武田雅哉著，任钧华译：《近代中国的幻想科学》，北京联合出版公司 2013 年版。

648 欧阳跃峰著：《李鸿章和他的幕僚们》，团结出版社 2013 年版。

649 杨文衡著：《十七世纪的现代学者：徐霞客及其游记》，海天出版社 2013 年版。

650 徐建芳著：《苏轼与〈周易〉》，中国社会科学出版社 2013 年版。

651 ［日］斯波义信著，布和译：《中国都市史》，北京大学出版社 2013 年版。

652 陈全功著：《黄帝内经的哲学智慧》，东方出版社 2013 年版。

653 谢路军著：《中国佛教脉络》，中国财富出版社 2013 年版。

654 王冠辉著：《王阳明评传》，华中科技大学出版社 2013 年版。

655 黄克武著：《近代中国的思潮与人物》，九州出版社 2013 年版。

656 赵敏著：《中国古代农学思想考论》，中国农业科学技术出版社 2013 年版。

657 负红阳等主编：《中外思想史》，陕西师范大学出版社 2013 年版。

658 刘巍著：《中国学术之近代命运》，北京师范大学出版社 2013 年版。

659 曾长秋、周含华编著：《中国思想通史纲要》，湖南人民出版社 2013 年版。

660 刘峰编著，中国佛学院研究部主编：《刘峰著作全集》，社会科学文献出版社 2013 年版。

661 《纪念刘徽注〈九章算术〉1750 周年国际学术研讨会》论文集，2013 年。

662 张玉法著：《近代变局中的历史人物》，九州出版社 2013 年版。

663 郭赤婴著：《中国古代思想源流评介》，旅游教育出版社 2013 年版。

664 邓在虹编著：《解析梦境世界》，安徽文艺出版社 2013 年版。

665 ［韩］郑光著：《蒙古字韵研究：训民正音与八思巴文字关系探析》，民族出版社 2013 年版。

666 ［日］小林正美著，王皓月译：《六朝佛教思想研究》，齐鲁书社 2013 年版。

667 吕志杰著：《仲景医学心悟八十论》，中国医药科技出版社 2013 年版。

668 章启群著：《星空与帝国：秦汉思想史与占星学》，商务印书馆 2013 年版。

669 邢超著：《致命的倔强：从洋务运动到甲午战争》，中国青年出版社 2013 年版。

670 王鼎杰著：《李鸿章时代：1870—1895》，当代中国出版社 2013 年版。

671 张宏杰著：《中国国民性演变历程》，湖南人民出版社 2013 年版。

672 《中国针灸学会王焘学术思想研讨会论文集》，2013 年。

673 叶峻主编：《人天观研究》，人民出版社 2013 年版。

674 乐爱国著：《为天地立心：张载自然观》，海天出版社 2013 年版。

675 单国强著：《古书画史论集续编》，浙江大学出版社 2013 年版。

676 耿云志编：《近代思想文化论集》，中国社会科学出版社 2013 年版。

677 北京中医药大学主编：《中医各家学说》，上海科学技术出版社 2013 年版。

678 刘志靖、王继平著：《曾国藩研究著作述要》，湖南大学出版社 2013 年版。

679 苏同炳著：《中国近代史上的关键人物》，百花出版社 2013 年版。

680 魏彦红主编：《董仲舒研究文库》第 1 辑，巴蜀书社 2013 年版。

681 鲁学军著：《通经明道，康国济民：李觏思想研究》，复旦大学出版社 2013 年版。

682 ［澳］舒斯特著，安维复译：《科学史与科学哲学导论》，上海科学技术出版社 2013 年版。

683 赵洪联著：《中国方技史》，上海人民出版社 2013 年版。

684 辛德勇著：《历史的空间与空间的历史：中国历史地理与地理学史研究》，北京师范大学出版社 2013 年版。

685 周建武主编：《逻辑学导论：推理、论证与批判性思维》，清华大学出版社 2013 年版。

686 张星平、张再康主编：《中医各家学说》，科学出版社 2013 年版。。

687 龚育之著：《科学与人文的交融》，科学出版社 2013 年版。

688 钟玉发著：《阮元学术思想研究》，中国社会科学出版社 2013 年版。

689 何爱华著：《扁鹊·华佗·服石及其他》，中国协和医科大学出版社 2013 年版。

690 吴漫著：《学术的体悟与穷究：宋明学术史论稿》，大象出版社 2013 年版。

691 白寿彝主编：《中国通史》，上海人民出版社 2013 年版。

692 冯祖贻著：《魏晋玄学及一代儒士的价值取向》，中央民族大学出版社 2013 年版。

693 赵洪联著，《中国方技史》，上海人民出版社，2013 年。

694 湖南省博物馆编：《马王堆汉墓帛书》，岳麓书社 2013 年版。

695 袁振保著：《中华民族的思维方式》，光明日报出版社 2013 年版。

696 张培瑜著：《中国古代历法》，中国科学技术出版社 2013 年版。

697 刘志靖、王继平著：《曾国藩研究著作述要》，湖南大学出版社 2013 年版。

698 徐振韬主编：《中国古代天文学词典》，中国科学技术出版社 2013 年版。

699 吕立汉、李飞林主编：《刘基文化论丛 3》，延边大学出版社 2013 年版。

700 李满林主编：《葛洪生态健康文化研究》，华中师范大学出版社 2013 年版。

701 方宝璋著，《先秦管理思想：基于先秦工具视角的研究》，经济管理出版社 2013 年版。

702 曾长秋、周含华编著：《中国思想通史纲要》，湖南人民出版社 2013 年版。

703 祁志祥著：《社会理想与社会稳定》，社会科学文献出版社 2013 年版。

704 马勇编：《重新认识近代中国》，社会科学文献出版社 2013 年版。

705 谢清果主编：《道家科技思想范畴引论》，宗教文化出版社 2013 年版。

706 胡化凯著：《中国古代科学思想二十讲》，中国科学技术大学出版社 2013 年版。

707 王振山著：《〈周易参同契〉解读》，宗教文化出版社 2013 年版。

708 徐炳主编：《黄帝思想与道、理、法研究》，社会科学文献出版社 2013 年版。

709 白寿彝总主编：《中国通史》，上海人民出版社 2013 年版。

710 雪珥著：《李鸿章政改笔记》，线装书局 2013 年版。

711 ［法］谢和耐著：《中国与基督教——中西文化的首次撞击》，商务印书馆 2013 年版。

712 周亨祥、周淑萍著：《中国古代军事思想发展史》，海天出版社 2013 年版。

713 杜升云主编：《中国古代天文学的转轨与近代天文学》，中国科学技术出版社 2013 年版。

714 陈久金著：《中国少数民族天文学史》，中国科学技术出版社 2013 年版。

715 陈来著：《诠释与重建：王船山的哲学精神》，北京大学出版社 2013 年版。

716 何贻焜著：《曾国藩评传》，中国文史出版社 2013 年版。

717　盖建民著：《道教金丹派南宗考论：道派、历史、文献与思想综合研究》，社会科学文献出版社 2013 年版。

718　王彩霞主编：《拯救人类的医学发现》，军事医学科学出版社 2013 年版。

719　卢央著：《中国古代星占学》，中国科学技术出版社 2013 年版。

720　聂馥玲著：《晚清经典力学的传入——以〈重学〉为中心的比较研究》，山东教育出版社 2013 年版。

721　程国政编注：《中国古代建筑文献集要》，同济大学出版社 2013 年版。

722　黄志凌著：《〈道藏〉内景理论研究》，广州中医药大学 2013 年博士学位论文。

723　赵娜：《茅元仪〈武备志〉研究》，华中师范大学 2013 博士学位论文

724　李晓敏：《王符〈潜夫论〉研究》，华中师范大学 2013 年博士学位论文。

725　张必胜：《〈代数学〉和〈代微积拾级〉研究》，西北大学 2013 年博士学位论文。

726　董英哲著，《先秦名家四子研究》，上海古籍出版社 2014 年版。

727　康香阁、梁涛主编：《荀子思想研究》，人民出版社 2014 年版。

728　哈磊著：《传统华佗五禽戏》，安徽科学技术出版社 2014 年版。

729　关剑平、［日］中村修也主编：《陆羽〈茶经〉研究》，中国农业出版社 2014 年版。

730　余英时著：《论天人之际：中国古代思想起源试探》，中华书局 2014 年版。

731　雷恩海、路尧著：《皇甫谧》，甘肃教育出版社 2014 年版。

732　潘桂娟主编：《陈自明》，中国中医药出版社 2014 年版。

733　王庸著：《中国地理学史》，上海三联书店 2014 年版。

734　丁地树、刘现林著：《先秦诸子军事思想》，湖北人民出版社 2014 年版。

735　周瀚光主编：《中国佛教与古代科技的发展》，华东师范大学出版社 2014 年版。

736　王刚著：《明清之际东传科学与儒家天道观的嬗变》，山东大学 2014 年博士学位论文。

737　孙金荣著：《〈齐民要术〉研究》，山东大学 2014 年博士学位论文。

738　张瑞：《朱熹风水思想的历史学研究》，山东大学 2014 年博士学位论文。

739　范中义著：《戚继光评传》，解放军出版社 2014 年版。

740　朱东安著：《曾国藩传》，辽宁人民出版社 2014 年版。

741　葛仁考著：《元朝重臣刘秉忠研究》，人民出版社 2014 年版。

742　许苏民著：《顾炎武》，南京大学出版社 2014 年版。

743　何千之著：《鲁迅思想研究》，生活·读书·新知三联书店 2014 年版。

744　钱泽南：《黄帝内经太素学术思想研究》，北京中医药大学 2014 年博士学位论文。

745　杨爱东：《东传科学与明末清初实学思潮——以方以智的实学思想为中心》，山东大学 2014 年博士学位论文。

746 徐炳主编：《黄帝思想与先秦诸子百家》，社会科学文献出版社 2015 年版。

747 路卫兵著：《怪才宰相王安石》，中华书局 2015 年版。

748 马勇著：《盗火者：严复传》，东方出版社 2015 年版。

749 马勇著：《民国遗民：章太炎传》，东方出版社 2015 年版。

750 华强著：《章太炎》，南京大学出版社 2015 年版。

751 徐炳主编：《黄帝思想与先秦诸子百家》，社会科学文献出版社 2015 年版。

752 中山大学西学东渐文献馆主编：《西学东渐研究》第 5 辑，商务印书馆 2015 年版。

（二）今人论文（大体按发表时间先后排序）

1 黄节：《徐光启传》，《国粹学报》1906 年第 7 期；《圣教杂志》1934 年第 6 期。

2 赤松：《道咸以来畴人合赞》，《国粹学报》1907 年总 27 号。

3 田北湖：《石炭考》，《国粹学报·地理篇》1908 年第 6 期。

4 任鸿隽：《说中国无科学的原因》，《科学》1915 年创刊号。

5 李俨：《中国算术史余录》，《东方杂志》1917 年第 11 期。

6 周仲衡：《中国种痘考》，《中华医学杂志》1918 年第 1 期。

7 陈邦贤：《中国医学史》，《中华医学杂志》1919 年第 1—4 期增刊；1920 年第 2—4 期增刊；1921 年第 4 期增刊。

8 钱宝琮：《方程算法漂流考》，《学艺》1921 年第 2 期。

9 王琎：《中国古代陶业之科学观》，《科学》1921 年第 9 期。

10 姚士鳌：《述大兴刘献廷先生之地理学说——谈〈广阳杂记〉》，《地学杂志》1922 年第 8—9 合期。

11 章鸿钊：《中国地质学之过去及未来》，《史地学报》1922 年第 4 期。

12 冯友兰：《为什么中国没有科学——对中国哲学的历史及其后果的一种解释》，《国际伦理学》1922 年第 3 期。

13 章鸿钊：《中国古代之地质思想及十年来地质调查事业之经过》，《地学杂志》1922 年第 2 期。

14 王琎：《中国之科学思想》，《科学》1922 年第 10 期。

15 谢家荣：《中国陨石之研究》，《科学》1923 年第 8 期。

16 徐震池：《商余求原法》（附钱宝琮考证），《科学》1925 年第 2 期。

17 张荫麟：《张衡别传》，《学衡》1925 年第 40 期。

18 向达：《纸自中国传入欧洲考略》，《科学》1926 年第 6 期。

19 李俨：《敦煌石室〈算书〉》，《中大季刊》1926 年第 2 期。

20 湛约翰著，向达译：《中国古代天文学考》，《科学》1926 年第 12 期。

21 杨克明：《茶学——我国茶之小史产地》，《农史月刊》1926 年第 9 期。

22 杨百城：《古代脑学之阐明》，《医学杂志》（山西）1926 年第 30 期。

23　朱文鑫：《中国历法源流》，《中国天文学会会刊》1927 年。

24　郭光武：《医圣张仲景与中国固有的医学》，《民国医学杂志》1927 年第 11 期。

25　高鲁：《玉盘日晷考》，《中国天文学会会刊》1927 年。

26　丁颖：《中国作物原始》，《农声》1927 年第 83—85 合期。

27　贺圣鼐：《中国印刷术沿革史略》，《东方杂志》1928 年第 18 期。

28　李俨：《永乐大典算书》，《图书馆学季刊》1928 年第 2 期。

29　万国鼎：《古农书概论》，《农林新报》1928 年第 133 期。

30　《十七世纪传教士所绘中国之地图》，《圣教杂志》1928 年第 1 期插图。

31　李俨：《近代中算著述记》，《图书馆学季刊》1928 年第 4 期。

32　［德］Hirth. F 著，蒋荫楼译：《中国的罗盘针考》，《国立中山大学语言历史学研究所周刊》1928 年 3 集第 29 期。

33　刘朝阳：《中国天文史学之一重大问题——周髀算经之年代》，《国立中山大学语言历史学研究周刊》1929 年第 94—96 合期。

34　杨代芳：《中国森林史考略》，《林学》1929 年第 1 期。

35　沈仲圭：《发明血炭粉者为数百年前之汉医》，《广济医刊》1929 年 5 月第 5 期。

36　钱宝琮：《九章算术补注》，1929 年第 2 期。

37　王治心：《中国古代科学上的发明》，《协大学术》1930 年第 1 期。

38　顾颉刚：《洪水之传说及治水等之传说》，《史学年报》1930 年第 2 期。

39　李俨：《珠算制度考》，《燕京学报》1931 年第 10 期。

40　［日］藤田八丰著，杨维新译：《中国印刷起源》，《图书馆季刊》1932 年第 2 期。

41　方文培：《中国植物学发展史略》，《科学世界》1932 年第 2 期。

42　龙非子：《开封之铁塔》，《中国营造学社汇刊》1932 年第 4 期。

43　［日］松本文三郎著，汪馥泉译：《古代中国铁器之研究》，《青年界》1932 年第 5 期。

44　李俨：《中国数学史导言》，《学艺》1933 年百号纪念增刊。

45　容肇祖：《山海经研究的进展》，《民俗》1933 年第 116—118 合期。

46　黄中成：《家禽的原始与历史》，《禽声月刊》1933 年第 9 期。

47　张国淦：《中国方志考》，《国闻周报》1933 年第 1—14 期。

48　徐瀛芳：《五行论》，《国医公报》1933 年第 8 期。

49　［日］内藤虎次郎著，吴晗译：《地理学家朱思本》，《国立北平图书馆馆刊》1933 年第 2 期。

50　谢诵穆：《古代医学与宗教之关系考》，《中医杂志》1933 年第 5 期；1933 年第 6 期。

51　顾学裘：《中国科学思想论》，《科学世界》1934 年第 6 期。

52　竺可桢：《近代科学先驱徐光启》，《圣教杂志》1934 年 23 卷；《交大季刊》1934

年第 14 期；《申报月刊》1934 年第 3 号。

53 　齐思和：《黄帝之制器故事》，《史学年报》1934 年第 1 期。

54 　陈登原：《一千五百年前之中国科学家》，《文化月刊》（上海）1934 年第 9 期。

55 　褚绍唐：《中国地图史略》，《地学季刊》1934 年第 4 期。

56 　钱宝琮：《戴震算学天文著作考》，《国立浙江大学科学报告》1934 年 1 第 1 期。

57 　刘敦桢：《易县清西陵（附图）》，《中国营造学社汇刊》1934 年第 3 期。

58 　龙非了：《穴居杂考》，《中国营造学社会刊》1934 年第 1 期。

59 　闻一多：《天问释天》，《清华学报》1934 年第 4 期。

60 　朱枕木：《中国古代建筑装饰之雕与画》，《中国建筑》1934 年第 1 期。

61 　蔡斗恒：《水经注之研究》，《国学会编》1934 年第 2 期。

62 　陈朝爵：《禹贡三江说论辩》，《国学论衡》1934 年第 3 期。

63 　黄祖森：《中国塔之建筑》，《中国建设》1934 年第 5 期。

64 　周仰钊：《我国度量衡制之史的研究》，《河南建设》1934 年第 1 期。

65 　韩云岑：《中国之古科学》，《科学世界》1935 年第 9 期。

66 　杨子良：《黄帝内经之研究》，《现代中医》1935 年第 1 期。

67 　李建芳：《论近百年来中国不能变为工业国之历史原因》，《文化建设》1935 年第 5 期。

68 　一良：《中国古代社会中的酒》，《食货》1935 年第 7 期。

69 　全汉生：《清末的"西学源出中国"说》，《岭南学报》1935 年第 2 期。

70 　汪胡桢：《运河之沿革》，《水利》1935 年第 2 期。

71 　周筱斋：《中国医学源流和沿革及研究之途径》，《国医公报》1935 年第 4 期；1935 年第 7 期；1935 年第 8 期。

72 　钱基博：《华蘅芳传》，《江苏教育》1935 年第 5—6 合期。

73 　周济：《新医东渐史之研究》，《中西医药》1936 年第 2 卷第 4 期；1936 年 2 第 5 期；1936 年第 6 期。

74 　陈可忠：《中国化学发展史》，《（上海）申报》1936 年 5 月 24 日 7 版；1936 年 5 月 25 日 6 版。

75 　陶希圣：《齐民要术里田园的商品生产》，《食货》1936 年第 4 期。

76 　吴世昌：《中国古代旅行之研究》（江绍源著），《史学集刊》1936 年第 2 期。

77 　熊正文：《纸在宋代的特殊用途》，《食货》1937 年第 12 期。

78 　姚宝猷：《中国丝绢西传考》，《史学专刊》1937 年第 1 期。

79 　钱宝琮：《中国数学中之整数勾股形研究》，《数学杂志》1937 年第 3 期。

80 　超然：《中国科学发达史资料》，《学术》1940 年第 1 期。

81 　王璞子：《中国建筑之特征及演变》，《中和》1940 年第 2 期。

82 　杨宽：《伯益考》，《齐鲁学报》1941 年第 1 期。

83 陈省身：《中国算学之过去与现在》，《科学》1941 年第 5—6 合期。

84 李涛：《帝王庙与十大名医》，《中华医学杂志》1041 年第 2 期。

85 束世澂：《中国上古天文学史发凡》，《史学季刊》1941 年第 2 期。

86 高鲁：《中国历史上的日蚀》，《科学世界》1941 年第 6 期。

87 ［日］青山定雄著，林丝译：《明代地图之研究》，《中和》1941 年第 47 期。

88 耿鉴庭：《鉴真和尚考》，《中华医学杂志》1941 年第 12 期。

89 刘操南：《海岛算经源流考》，《（重庆）益世报》1942 年 12 月 10 日 4 版文史副刊 21 期。

90 李乐山：《中国古代之公路交通》，《建设》（南京）1942 年第 4 期。

91 黄文弼：《河源探察略述》，《文史杂志》1942 年第 2 期。

92 吴云瑞：《李时珍传略注》，《中华医学杂志》1942 年第 10 期。

93 张孟闻：《中国生物分类学史简述》，《思想与时代》1942 年第 10 期。

94 李书华：《中国科学研究的过去和未来》，《东方杂志》1943 年第 1 期。

95 李广平：《二十四史之中国人体研究》，《力行月刊》1943 年第 2 期。

96 周匡：《中国古代的农学》，《建设》（南京）1943 年第 6 期；1943 年第 3 卷第 2 期；1943 年第 4 期。

97 ［德］罗越著，顾华译：《商代灰色陶器之材料》，《中德学志》1943 年第 1—2 合期。

98 姚鉴：《汉代文物的西渐》，《中央亚细亚》1943 年第 1 期。

99 余云岫：《流行性霍乱与中国旧医学》，《中华医学杂志》1943 年第 6 期。

100 周匡：《中国古代的科学思想》，《建设（南京）》1944 年第 1 期；1944 年第 6 期。

101 李俨：《上古中算史》，《科学》1944 年第 9—12 合期。

102 孙兆乾：《中国农具之史的考察》，《中农月刊》1944 年第 7 期。

103 刘仙洲：《王征与我国第一部机械工程学》，《真理杂志》1944 年第 2 期；《机械工程学报》1958 年第 3 期。

104 周淮水：《中国心理测试探源》，《东方杂志》1944 年第 5 期。

105 谷霁光：《宋元时代造船事业之进展》，《文史杂志》1944 年第 5—6 合期。

106 梁思成：《记五台山佛光寺建筑》，《中国营造学社汇刊》1945 年第 1 期；1945 年第 2 期。

107 陶礼雍：《黄帝与黄帝内经》，《新中华医药月刊》1945 年第 9—10 合期。

108 宝璋：《史前织布考》，《纺织染工程》1946 年第 2 期。

109 张孟闻：《中国科学史举隅》，《图书季刊》1947 年新第 1—2 合期。

110 王愚：《华佗——中国古代的手术大夫》，《人物杂志》1947 年第 4 期。

111 王愚：《毕昇——活字版印刷术的发明者》，《人物杂志》1947 年第 2 期。

112 严敦杰：《宋元算术丛书》，《科学》1947 年第 4 期。

113 夏康农：《论科学思想在中国的发展》，《科学时代》1948 年第 3 期。

114 竺可桢等：《地理学家徐霞客》，《图书季刊》1948 年第 1—2 合期。

115 洪贯之：《中国古代本草著述史略》，《西南药刊》1948 年第 1—2 合期。

116 董华农：《中国古代脉学的新认识》，《医药研究月刊》1948 年 2 卷 5—6 合期；1948 年第 1—2 合期。

117 朱伯康：《论中国科学技术之发展与中断》，《科学》1949 年第 4 期。

118 全汉升：《清末汉阳铁厂》，《科学社会论丛一》1949 年 12 月。

119 杨达夫：《从史记扁鹊传说到 X 光透视法》，《天津医药》1950 年第 3—4 合期。

120 钱伟长：《中国古代的科学创造》，《新华月报》1951 年第 3 卷第 5 期；《人民周报》1951 年第 6 期。

121 钱宝琮：《中国古代数学的成就》，《科学大众》1951 年第 10 期。

122 梁思成：《中国的世界第一——赵州桥》，（上海）《大公报》1951 年 3 月 2 日 1 版。

123 梁思成：《中国的世界第一——造屋——骨架结构法》，（上海）《大公报》1951 年 3 月 6 日 1 版。

124 王键：《中国古代化学上的成就》，《科学通报》1951 年第 11 期。

125 梁思成：《五台佛光寺》，《工程建设》1951 年第 18 期。

126 韩丙告：《中国的世界第一——铸造技术——油腊法》，（上海）《大公报》1951 年 5 月 9 日 2 版。

127 裴维蕃：《中国古代关于农作物的保护》，《农业科学通讯》1951 年第 5 期。

128 潘光旦：《从印本书籍展览会看印刷事业的发展》，《新观察》1952 年第 22 期。

129 介孙：《我国古代的大科学家——沈括》，《科学画报》1952 年第 9 期。

130 张秀民：《中国印刷术的发明及其对亚洲各国的影响》，《光明日报》1952 年 9 月 30 日 3 版；《文物参考资料》1952 年第 4 期。

131 安志敏：《中国史前农业的发展》，《历史教学》1952 年第 4 期。

132 刘朝阳：《中国古代天文历法史研究的矛盾形势的今后出路》，《天文学报》1953 年第 1 期。

133 李涛：《北宋时代的医学》，《中华医史杂志》1953 年第 4 期。

134 汪良寄：《宋元流行最广的方书惠民和剂局方》，《中华医史杂志》1953 年第 2 期。

135 钱临照：《我国先秦时代的科学著作——墨经》，《科学大众》1954 年第 12 期。

136 袁翰青：《造纸在我国的发展和起源》，《科学通报》1954 年第 12 期。

137 李光璧：《明代手工业的发展（丝织、棉织、烧造、矿冶、造纸、印刷）》，《历史教学》1954 年第 7 期。

138 郭人民：《杰出的探险家与外交家——张骞》，《新史学通讯》1954 年 5 月号。

139 许莼舫：《郭守敬的三角术研究和其他发明》，《科学大众》1954 年第 4 期。

140 赵玉青、孔淑贞：《中国的医圣扁鹊——秦越人》，《中华医史杂志》1954 年第

3 期。

141　王明：《蔡伦与中国造纸术的发明》，《考古学报》1954 年 8 期。

142　李涛：《李时珍和本草纲目》，《中华医史杂志》1954 年第 3 期；《科学通报》1954 年第 9 期；《中医杂志》1954 年第 2 期；《健康报》1954 年 10 月 22 日 2 版。

143　冯家昇：《火药的发明、发展及西传》，《化学通报》1954 年第 11 期。

144　刘广洲：《从史籍中看中国人民的优良卫生传统》，《中级医刊》1954 年第 10 期。

145　云中：《我国古代几项伟大工程建设》，《地理知识》1954 年第 5 卷第 7 期。

146　李涛：《中国医学史发展大纲》，《中华医学杂志》1954 年第 40 卷第 2 期；《北京中医》1954 年第 5 期。

147　李俨：《中国数学发展情形》，《数学通报》1955 年第 7 期；1956 年第 5 期；《新华月报》1955 年第 11 期。

148　李涛：《中国对于近代几种基础医学的贡献》，《中华医史杂志》1955 年第 2 期。

149　姜长英：《中国航空史料》，《航院学报》1955 年第 2—3 期；1956 年第 1—4 期；1957 年第 1—3 期。

150　陈邦贤：《史记医学史料汇辑》，《中华医史杂志》1955 年第 7 卷第 1 期。

151　中华医学会医史学会上海分会：《中国历代名医及其论述简表》，《新中医药》1955 年第 6 卷第 6 期。

152　江世荣等：《江苏的三处元梁殿》，《文物参考资料》1955 年第 12 期。

153　李涛：《中国对于近代几种基础医学的贡献》，《中华医史杂志》1955 年第 7 卷第 2 期。

154　严敦杰：《修订本中国算术史介绍》，《图书简介》1955 年 7 月号。

155　袁翰青：《徐寿——我国近代化学的启蒙者》，《化学通报》1955 年 2 月号。

156　杨岳霖：《中国历史上的技术制图》，《东工学报》1955 年第 2 期。

157　周尧：《中国古代在昆虫研究上的成就》，《昆虫知识》1955 年第 1 卷第 2 期。

158　章巽：《我国古代的海上交通》，《地理知识国》1955 年 6 卷第 11 期。

159　朱偰：《我国伟大的海塘工程》，《科学大众》1955 年第 1 期。

160　杨宽：《试论中国古代冶铁技术的发明和发展》，《文史哲》1955 年第 2 期。

161　陈邦贤：《赵学敏及他著的〈本草纲目拾遗〉》，《药学通报》1955 年第 3 卷第 9 期。

162　钟耀华：《我国古代城市建筑的一些优良传统》，（上海）《新民报晚刊》1955 年 2 月 13 日 5 版。

163　张赞臣：《祖国药物的成就》，《上海中医药杂志》1955 年 12 月号。

164　王锦光：《关于我国历史上物理学的成就的参考文件》，《物理通报》1955 年第 1 期；1958 年第 1 期。

165　竺可桢：《百家争鸣与发掘我国古代科学遗产》，《人民日报》1956 年 7 月 15 日 7 版。

166　卢绳：《承德外八庙建筑》，《文物参考资料》1956 年第 10 期；1956 年第 11 期。

167　尤方：《中国自然科学史第一次科学研讨会》，《科学通报》1956 年第 8 期。

168　徐静明：《从罗盘谈到地磁》，《光明日报》1956 年 9 月 10 日 3 版。

169　王德隽：《我国伟大的针灸学家——皇甫谧》，《大众医学》1956 年第 1 期。

170　任继愈：《中国古代医学和哲学的关系——从黄帝内经来看中国古代医学的科学成就》，《历史研究》1956 年第 5 期；1963 年第 6 期。

171　许莼舫：《中国古代的四种级数算法》，《数学教学》1956 年第 1 期。

172　林子青：《印度医学对于中国医学的影响》，《现代佛学》1956 年第 6 期。

173　刘仙洲：《中国在计时器方面的发明》，《天文学报》1956 年第 4 卷第 2 期；《清华大学学报》1957 年第 3 卷第 2 期。

174　李迪：《中国古代数学家对面积的研究》，《数学通报》1956 年第 7 期。

175　罗福颐：《祖国最古的医方》，《文物参考资料》1956 年第 9 期；《中医杂志》1956 年第 12 期。

176　何洛：《祖国古算中的直观性》，《数学通报》1956 年第 9 期。

177　李俨：《祖冲之》，《科学大众》1956 年第 9 期。

178　冉小峰：《论〈华佗中藏经〉的药剂技术》，《上海中医药杂志》1956 年 11 月号。

179　朱晟：《医药上的丹剂与炼丹术的历史》，《中华医药杂志》1956 年第 42 卷第 6 期。

180　刘秉正：《我国古代关于磁现象的发展》，《物理通报》1956 年第 8 期。

181　钱宝琮：《授时历法略论》，《天文学报》1956 年第 4 卷第 2 期。

182　张创献：《论〈九针〉的成长及其现实意义》，《上海中医药杂志》1956 年 3 月号。

183　郭学聪：《论达尔文学说在中国的传播》，《遗传学集刊》1956 年第 1 期。

184　沈康身：《中国古算题的世界意义》，《数学通报》1957 年第 6 期。

185　耿鉴庭：《中国饮食治疗简史》，《中医杂志》1957 年第 8 期。

186　陈大谊：《从鸦片战争到 1861 年的中国军事工业》，《云南大学学报》1957 年 3 月。

187　傅振伦：《中国活字印刷术的发明和发展》，《史学月刊》1957 年第 8 期。

188　银河：《我国古代发明的潜望镜》，《物理通报》1957 年第 7 期。

189　李时岳：《1895—1896 年民族工业的发展》，《史学月刊》1957 年第 12 期。

190　孙毓棠：《十九世纪后半叶中国近代工业的发生——中国近代工业史资料第一辑（1840—1895）》，《经济研究》1957 年 2 月总第 12 期。

191　曾绍耆：《中国古代的"气质学说"和"体型学说"》，《中华医学杂志》1957 年第 43 卷第 7 期。

192　汪企张：《中医东渐论略》，《新中医药》1957 年第 8 卷第 2 期。

193　李迪：《清初蒙古族数学家——明安图》，《内蒙古日报》1957 年 10 月 21 日 3 版。

194　马继兴：《宋代的人体解剖图》，《医学史与保健组织》1957 年第 1 卷第 2 期。

195　张家驹：《宋初水利建设》，《历史教学问题》1957 年第 3 期。

196　姚家超：《谈宋代大数学家秦九韶》，《天津日报》1957 年 6 月 3 日 4 版。

197　刘仙洲：《中国古代对原动力的利用》，《人民中国通讯》1957 年第 10 期。

198　华钟彦：《"七月"诗中的历法问题》，《历史研究》1957 年第 2 期。

199　郑澄：《伟大的数学家梅文鼎》，《数学教学》1957 年第 8 期。

200　薛培元：《宋代农田水利的开发》，《北京农业大学学报》1957 年第 3 卷第 1 期。

201　柳子明：《中国古代农学与唯物主义思想》，《湖南农学院学报》1957 年第 2 期。

202　孙敬之：《"管子"中的地理学思想》，《地理学资料》1957 年第 1 期。

203　许莼舫：《中国古代的简捷算法》，《数学教学》1958 年第 8 期。

204　周仁：《我国传统工业制瓷工艺略述》，《文物参考资料》1958 年第 2 期。

205　王德隽：《中国针灸学史大纲》，《中医杂志》1958 年第 5 期。

206　卢南乔：《古代杰出的民间工艺家——鲁·公输班》，《文哲史》1958 年第 12 期。

207　祝玉隆：《中药度量衡和演进》，《上海中医药杂志》1958 年 5 月号。

208　吴子振：《中国古代浸析法采铜的成就》，《北京钢铁学院学报》1958 年第 5 期。

209　周世德：《我国冶炼钢铁的历史》，《人民日报》1958 年 11 月 22 日 7 版。

210　张仲葛：《中国畜牧业发展史》，《中国畜牧学杂志》1958 年第 3 期。

211　范行准：《答何爱华先生的商榷》，《上海中医药杂志》1958 年 1 月号。

212　智天成：《我国纺织业史上对于植物纤维的利用》，《历史教学》1958 年第 6 期。

213　赵世暹：《读"水经注疏"疑义举例》，《地理学报》1958 年第 24 卷第 4 期。

214　延培：《我国古代杰出的纺织家黄道婆》，《旅行家》1958 年第 3 期。

215　邓铁涛：《清代王清任在临床医学上的贡献》，《中医杂志》1958 年第 7 期。

216　赵勋皋：《从内经看祖国医学的预防思想》，《江苏中医》1958 年第 9 期。

217　李俨：《中国数学的历史发展》，《数学通报》1959 年第 10 期。

218　引溪：《儿科之祖——钱乙》，（上海）《新民晚报》1959 年 6 月 17 日 6 版。

219　杨崇州：《古代科学发明水力冶铁鼓风机"水排"及其复原》，《文物》1959 年第 5 期。

220　刘敦愿：《论（山东）龙山文化陶器的技术和艺术附录：山东即墨城汇黑色陶器制品制作技术初步调查》，《山东大学学报》（历史版）1959 年第 3 期。

221　友于：《管子地员篇的思想体系》，《光明日报》1959 年 5 月 28 日 3 版史学第 162 期。

222　陆仁寿：《我国古代的物候观测》，《上海师范学院学报》1959 年第 4 期。

223　诸方受：《中医伤科和骨科的发展简史》，《中医杂志》1959 年第 5 期。

224　黄国安：《介绍〈中国古代科学家〉》，《科学通报》1959 年第 22 期。

225　杨崇洲，《世界上最早的水力纺———水转大纺车》，《文物》1959 年第 12 期。

226　任继愈：《春秋时代天文学和老子的唯物主义思想》，《北京大学学报（人文科学版）》1959 年第 4 期。

227　严敦杰：《中国古代自然科学的发展及其成就》，《科学寒号鸟集刊》1960 年第

3 期。

228 棉玲：《朴素的运筹学思想》，《人民日报》1960 年 12 月 7 日 8 版。

229 周仁、李家治：《中国历代名窑陶瓷工艺的初步科学总结》，《考古学报》1960 年第 1 期。

230 陈娟娟：《时代的改机》，《故宫博物院院刊》1960 年第 2 期。

231 蔡景峰：《古代名医——陶弘景》，《中医杂志》1960 年第 6 期封 3；《北京日报》1961 年 11 月 3 日 3 版。

232 薄树人：《中国古代的恒星观测》，《科学史集刊》1960 年第 3 期。

233 陈茂定：《沈括的〈梦溪笔谈〉中的化学知识》，《化学通报》1960 年第 4 期。

234 王锦光：《我国十七世纪青年科学家黄履庄》，《杭州大学学报》（物理专号）1960 年第 1 期。

235 于倬云：《故宫三大殿》，《故宫博物院院刊》1960 年总第 2 期。

236 王业健：《甲午战争以前的中国铁路事业》，《中央研究院历史语言研究所集刊 31》1960 年。

237 周辅成：《论〈淮南子书〉的思想》，《安徽史学》1960 年第 2 期。

238 勤农：《唐代的医科学校》，（上海）《新民晚报》1960 年 12 月 4 日 6 版。

239 西北工业大学工程力学专业 1212 班：《材料力学发展史（第一部分中国古代）》，《西北工业大学学报》1960 年第 1 期。

240 李经纬：《古代名医——孙思邈》，《中医杂志》1960 年第 5 期。

241 严敦杰：《科学史研究论今昔》，《科学报》1961 年 6 月 23 日第 151 期 2 版。

242 唐锡仁：《地图学家裴秀》，《北京日报》1961 年 12 月 15 日 3 版。

243 刘和惠：《关于中国历史上棉纺织生产工具的几个问题》，《光明日报》1961 年 7 月 24 日 4 版。

244 梁思成：《中国的佛教建筑》，《现代佛学》1961 年第 2 期；《清华大学学报》1961 年第 8 卷第 2 期。

245 张秀民：《清代泾县翟氏的泥活字印本》，《文物》1961 年第 3 期。

246 甘泽：《徐光启和广东，兼谈他的生卒日期和简朴的生活作风》，《羊城晚报》1961 年 1 月 6 日 3 版。

247 梅荣照：《隋唐时代的数学家王孝通》，《科学报》1961 年 8 月 8 日第 55 期 2 版。

248 尚志钧：《〈本草经集注〉对于药物炮炙和配制的贡献》，《哈尔滨中医》1961 年第 4 卷第 3 期。

249 胡道静：《祖国古典科学的重要著作——〈梦溪笔谈〉》，《文汇报》1961 年 3 月 3 日 3 版。

250 佘大奴：《我国古代的渔业》，《科学大众》1961 年第 9 期。

251 茅以升：《我国早期杰出的铁路工程师詹天佑》，《建筑学报》1961 年第 5 期。

252　胡马：《我国现存就古的玻璃用器——汉代玻璃碗和扣子》，《羊城晚报》1961年4月6日3版。

253　篮桐：《四川古代的制盐业》，《成都晚报》1961年8月12日3版。

254　史树青：《古代科技事物四考》，《文物》1962年第3期。

255　万国鼎：《贾思勰〈齐民要术〉》，《中国农报》1962年第4期。

256　芷菌：《古代船只》，《羊城晚报》1962年10月6日3版。

257　俞长荣：《试论张元素的科学术成就》，《中医杂志》1962年第5期。

258　梁思成：《广西容县真武阁的"杠杆结构"》，《建筑学报》1962年第7期。

259　黄盛璋：《历史上黄、渭与江、汉间水陆联系的沟通及其贡献》，《地理学报》1962年第28卷第4期。

260　宿白：《南宋的雕版印刷》，《文物》1962年第1期。

261　孙筱祥：《中国传统园林艺术创造方法的探讨》，《园林学报》1962年1卷1期。

262　刘敦祯：《鲁班营造正式》，《文物》1962年第2期。

263　阙助吾：《徐光启的重农思想》，《辽宁日报》1962年12月23日3版。

264　张浚森：《指南车的秘密》，《科学大众》1962年第10期。

265　严菱舟：《关于〈太平圣惠方〉》，《中医杂志》1962年第8期。

266　向达：《记现存几个古本大唐西域记》，《文物》1962年第1期。

267　茅以升：《中国石拱桥》，《人民日报》1962年3月4日5版。

268　章楷：《从〈补家书〉看三百年前浙西农民的施肥技术》，《浙江农业科学》1962年第2期。

269　李宏金：《规和矩的历史》，《天津日报》1962年1月17日4版。

270　王锦光：《明末爱国科学家——方以智》，《科学画报》1962年第12期。

271　张秀民：《清代的木活字（1644—1911）》，《图书馆》，1962年第2—3期。

272　赵承泽：《煤炭科学史话》，《北京日报》1962年3月15日2版；1963年3月22日2版。

273　李锦全：《中国思想史上的"天人关系"问题》，《学术研究》1963年第3期。

274　梁昌兰：《水力机械的发明和发展》，《水利与电力》1963年第3期。

275　龚升：《从刘徽割圆谈起》，《数学通报》1963年第5期。

276　时彬：《中国古画上的颜料》，《北京晚报》1963年3月13日3版。

277　席泽宗：《试论王锡阐的天文工作》，《科学史集刊》1963年第6期。

278　亦农：《中国古代的水车》，《成都晚报》1963年2月15日3版。

279　陈万里：《中国历代烧制陶器的成就与特点》，《文物》1963年第6期。

280　曹婉如：《鲁迅的地质学思想》，《北京晚报》1963年7月3日3版。

281　马堪温：《祖国清代杰出的医学家王清任》，《科学史集刊》1963年第6期。

282　唐水：《我国古代伟大工程——坎儿井》，《北京晚报》1963年4月6日3版。

283　李约瑟等著，王奎克节译：《〈三十六水法〉——中国古代关于水溶液的一种早期炼丹文献》，《科学史集刊》1963 年第 5 期。

284　浙江丝绸史料编集室：《机械缫丝工业的兴起》，《浙江丝绸》1963 年第 2 期。

285　［法］谢和耐：《文字在中国的心理形态及其功能》，载库恩主编《各民族的文字和心理》，阿尔芒·科兰出版社 1963 年版。

286　潘吉星：《世界上最早的植物纤维纸》，《文物》1964 年第 11 期；《化学通报》1974 年第 5 期。

287　陕西省博物馆：《西安市西效高窑村出土秦高奴铜石权》，《文物》1964 年第 9 期。

288　张子高、杨根：《镔铁考》，《科学史集刊》1964 年第 7 期。

289　［法］谢和耐：《中国和朝鲜于公元前 5—前 3 世纪的思想演变》，《纪尧姆·布岱学会会刊》1964 年第 3 期。

290　史筠：《蒙古族学者明安图在我国科学史上的成就》，《民族团结》1964 年第 2—3 合期。

291　《各家学说概论——摘自中医学院试用教材第二版〈各家学说讲义〉总论》，《中医杂志》1964 年第 2 期；1964 年第 3 期。

292　刘仙洲：《有关我国古代农业机械发明史的几项新资料》，《农业机械学报》1964 年第 3 期。

293　沈康身：《王孝通开河筑堤题分析》，《杭州大学学报（自然科学版）》1964 年第 4 期。

294　汪子春：《我国古代动物标本的制作》，《生物学通报》1964 年第 5 期。

295　杨诗兴：《我国古代的家畜饲养标准》，《甘肃农业大学学报》1964 年第 2 期。

296　沈康身：《我国古代测量技术的成就》，《科学史集刊》1965 年第 8 期。

297　余学干：《历史上若干治理黄河流派的探讨》，《人民日报》1965 年 11 月 2 日 5 版。

298　陈学文：《中国古代蔗糖工业的发展》，《史学月刊》1965 年第 3 期。

299　杨焕成：《济源县发现一座元代建筑》，《文物》1965 年第 4 期。

300　席泽宗：《朝鲜朴燕岩〈热河日记〉中的天文学思想》，《科学史集刊》1965 年第 8 期。

301　席泽宗：《敦煌星图》，《文物》1966 年第 3 期。

302　钱宝琮：《宋元时期数学与道学的关系》，载《宋元数学史论文集》，科学出版社 1966 年版。

303　［日］伊藤秀一：《近代中国科学技术地位思想史的考察》，《东洋学术研究》1966 年第 8 期。

304　姜长英：《飞行器在中国的出现》，《航空知识》1966 年第 1 期。

305　［新加坡］蓝丽蓉：On the Existing Fragments of Yang Hui's Hsiang Chieh Suan Fa.Archive for History of Exact Sciences，1969，6.

306　〔美〕席文:《传统中国医疗的社会关系》,《日本医学杂志》1970 年第 4 期。

307　〔法〕谢和耐:《中国的第二次"复兴"》,载《语言、技术、自然和社会文集》,巴黎克林西克出版社 1971 年版。

308　陕西省博物馆文馆会写作小组:《从西安南郊出土的医药文物看唐代医药的发展》,《文物》1972 年第 6 期。

309　何祚庥:《长沙马王堆一号汉墓出土的药物》,《新医药学杂志》1973 年第 2 期。

310　于人:《景德镇历代青花的特点》,《景德镇陶瓷》1973 年第 2 期。

311　史树青:《我国古代的金错工艺》,《文物》1973 年第 6 期。

312　刘仙洲:《我国古代慢炮、地雷和水雷自动发火装置的发明》,《文物》1973 年第 11 期。

313　茅以升:《介绍五座古桥——珠浦桥、广济桥、洛阳桥、宝带桥及灞桥》,《文物》1973 年第 1 期。

314　季贺:《人类对形的认识和发展》,《自然辩证法杂志》1974 年第 3 期。

315　卫群:《〈齐民要术〉和我国古代微生物学》,《微生物学报》1974 年第 2 期。

316　佚明:《祖冲之创造的〈大明历〉》,《文汇报》1974 年 5 月 5 日 2 版。

317　裴震:《徐霞客的科学成就》,《文汇报》1974 年 11 月 25 日 3 版。

318　杨斌:《王夫之的物质不灭原理》,《科学普及资料》1974 年第 11 期。

319　裴震:《设计赵州桥的石匠——李春》,《文汇报》1974 年 10 月 23 日 2 版。

320　钟建星:《灵渠的开凿及其在历史上的作用》,《光明日报》1974 年 2 月 6 日 3 版。

321　杨纪珂:《世界上最早的太阳视运行轨道椭圆学说——谈沈括〈梦溪笔谈〉第 128 条》,《中国科学技术大学学报》1975 年第 5 期。

322　何作庥:《我国法学的光辉思想-唯物主义的"元气"学说》,《中国科学》1975 年第 5 期。

323　中国科技大学物理系理论小组:《唯物主义自然观是科技发展的有力武器》,《安徽日报》1975 年 3 月 18 日 2 版。

324　夏廉博:《我国古代对天气与健康关系的认识》,《气象》1975 年第 4 期。

325　周始民:《〈神农本草经〉中的化学知识》,《化学通报》1975 年第 3 期。

326　李鼎:《怎样分析〈儒医〉》,《新中医》1975 年第 4 期。

327　杨鸿勋:《仰韶文化居住建筑发展问题的探讨》,《考古学报》1975 年第 1 期。

328　陈振文、王骧:《沈括的法治思想和自然科学成就》,《新华日报》1975 年 1 月 6 日 3 版。

329　史毅:《北宋时期的著名科学家——沈括》,《自然辩证法杂志》1975 年第 1 期。

330　王曾喻:《谈宋代的造船业》,《文物》1975 年第 10 期。

331　王正周:《〈齐民要术〉在植物学上的成就》,《植物学杂志》1975 年第 3 期。

332　潘吉星:《故宫博物馆藏若干古代书法用纸之研究——中国造纸技术史专题研究

之三》，《文物》1975 年第 10 期。

333 柳流：《"割圆术"的创造和"无为论"的破产》，《大连工学院学报》1975 年第 2 期。

334 上海博物馆、复旦大学光学系：《解开西汉古镜"透光"之谜》，《复旦学报（自然科学版）》1975 年第 3 期。

335 谭其骧：《马王堆汉墓出土地图所说明的几个历史地理问题》，《文物》1975 年第 6 期。

336 曹婉如、唐锡仁：《我国古代地震资料的科学价值》，《自然科学争鸣》1975 年第 2 期。

337 曾文彬：《从〈本草纲目〉看我国古代生物科学的发展》，《厦门大学学报》（自然科学版）1975 年第 2 期。

338 徐振韬：《从帛书〈五星占〉看"先秦浑仪"的创造》，《考古》1976 年第 2 期。

339 王振铎：《介绍一千八百年前的张衡地震仪》，《文物》1976 年第 10 期。

340 刘再复等，《鲁迅和自然科学》，《科学通报》1976 年第 4 期。

341 华觉明：《中国古代钢铁冶炼技术》，《金属学报》1976 年第 2 期。

342 邢润川：《我国历史上关于石油的一些记载》，《化学通报》1976 年第 4 期。

343 中国科学院上海生物研究所、湖南医学院马王堆古尸研究小组：《马王堆一号汉墓古尸肌肉等组织保存程度的研究》，《中国科学》1976 年第 2 期。

344 罗志腾：《试论贾思勰的思想和他在酿酒发酵上的成就》，《西北大学学报》1976 年第 1 期。

345 海洋科技情报研究所理论组：《我国古代对海潮的利用》，《海洋战线》1976 年第 1 期。

346 孙狄：《我国古代人民与自然条件决定论的斗争》，《科学通报》1976 年第 8 期。

347 梁多俊、杨毓骧：《中国古代少数民族在科学上的成就》，《科学实验》1976 年第 11 期。

348 陕西天文台天文史整理研究小组：《我国历史上第一次天文大地测量及意义——关于张遂（僧一行）的子午线测量》，《天文学报》1976 年第 2 期。

349 谷为进：《我国历史上耕作制度的变革》，《中国农业科学》1976 年第 4 期。

350 孟繁兴：《略谈就应县木塔的抗震性能》，《文物》1976 年第 11 期。

351 张曾淯：《地质学发展史中的两种世界观的斗争》，《中国科学》1976 年第 5 期。

352 张元生：《我国少数民族丰富多彩的天文历法》，《中央民族学院学报》1977 年第 4 期。

353 郑一钧：《郑和下西洋对我国海洋科学的贡献》，《海洋科学》1977 年第 2 期。

354 李迪：《邹伯奇对光学的研究》，《物理》1977 年第 5 期。

355 徐斯年：《试论鲁迅的〈科学史教篇〉》，《辽宁师范学报（哲学社会科学版）》

1978 年第 2 期。

356　傅振伦:《方志——史料的宝库》,《历史研究》1978 年第 5 期。

357　华觉明、王安才:《中国古代的失腊法》,《铸工》1978 年第 3 期。

358　耿鉴庭:《长沙出土的两件古代制药工具》,《新中医》1978 年第 3 期．

359　徐俊良、蒋猷龙:《中国的蚕桑》,《地理知识》1978 年第 1 期。

360　华觉明:《中国古代钢铁技术的创造性成就》,《钢铁》1978 年第 2 期。

361　朱寿康:《揭开古剑不锈之谜》,《科学画报》1978 年第 10 期。

362　范楚玉:《笔谈我国古代科学技术成就——高度发展的我国古代农业科学技术》,《文物》1978 年第 1 期。

363　张觉人:《略论古代的化学制药——炼丹术》,《浙江中医学院学报》1978 年第 1 期。

364　谭家健、李淑琴:《"杞人忧天"与宇宙问题的争论》,《天津师院学报》1978 年第 1 期。

365　王永厚:《我国古代的麻类栽培》,《麻类科技》1978 年第 3 期。

366　张驭寰:《铁花刹——中国建筑史札记之一》,《建筑技术》1978 年第 9 期。

367　李迪:《中国古代关于气象仪器的发明》,《大气科学》1978 年第 1 期。

368　汪世清:《方以智在我国古代物理学上的贡献》,《物理》1978 年第 3 期。

369　茅以升:《笔谈我国古代科学技术成就——姿态万千的我国古代桥梁》,《文物》1978 第 1 期。

370　华北农业大学农业科学技术史研究组:《精耕细作——我国古代农业科学技术的优良传统(一)(二)》,《中国农业科学》1978 年第 1 期;1978 年第 2 期。

371　周魁一:《先秦传说中大禹治水及其含义的初步解释》,《武汉水利电力学院学报》1978 年第 3—4 合期。

372　周世德:《笔谈我国古代技术成就——先进的我国古代造船技术》,《文物》1978 年第 1 期。

373　韩瀚:《中国陶瓷——钧窑》,《人民中国》1978 年第 5 期。

374　王世仁:《中国近代建筑与建筑风格》,《建筑学报》1978 年第 4 期。

375　姜春华:《评李东垣的学术思想》,《新医药杂志》1978 年第 11 期。

376　洪昌文:《我国近代的化学家——徐寿》,《历史教学》1979 年第 11 期。

377　胡道静:《李约瑟和〈中国科学技术史〉》,《百科知识》1979 年第 4 辑。

378　傅玉璋:《我国古代的机械人》,《历史教学》1979 年第 11 期。

379　[法]谢和耐:《17 世纪基督徒和中国人世界观之比较》,《第欧根尼》杂志 1979 年第 105 期。

380　诸葛计:《宋慈及其〈洗冤集录〉》,《历史研究》1979 年第 4 期。

381　沈庆法:《叶天士对奇经八脉的认识与运用》,《上海中医药杂志》1979 年第 3 期。

382　任应秋：《〈内经〉的学术思想》，《浙江中医药》1979 年 5 卷 8 月号。

383　何兆武：《论宋应星的思想》，《中国史研究》1979 年第 1 期。

384　刘丰：《宋应星和他的〈天工开物〉》，《百科知识》1979 年第 3 辑。

385　张志哲：《印刷术发明于隋朝的新证》，《社会科学》（甘肃）1979 年第 4 期。

386　李国栋：《指南针的历史意义和作用》，《自然杂志》1979 年第 8 期；《新华月报（文摘版）》1979 年第 11 期。

387　马大猷：《中国声学三十年：古代声学》，《声学学报》1979 年第 4 期。

388　张保丰：《我国古代丝绸品的质量、朝夕相处和检查》，《丝绸》1979 年第 5 期。

389　唐力新：《茶的传播》，《茶叶》1979 年第 2 期。

390　伊世同：《临安晚唐钱宽墓天文图解析》，《文物》1979 年第 12 期。

391　严敦杰：《明代珠算家程大位简介》，《珠算》1979 年试刊号。

392　李致森等：《根据我国古代日蚀记录探讨古代地球自转速率的变化》，《北京天文台台刊》1979 年第 3 期。

393　薄树人、陈久金：《李约瑟〈中国科学技术史〉评介——天文学部分》，《自然杂志》1979 年第 4 期；《新华月报》（文摘版）1979 年第 5 期。

394　何绍庚：《中国近代科学技术史中的几个问题》，载《科技史文集》（三），上海科学技术出版社 1980 年版。

395　［丹麦］华道安：《公元三世纪刘徽关于锥体体积的推导》，《科学史译丛》1980 年第 2 期。

396　刘威：《论严译〈天演论〉在我国的影响》，《博物》1980 年第 1 期。

397　辛夫等：《历代蜀医考（二）——唐慎微与〈证类本草〉》，《成都中医学院学报》1980 年第 2 期。

398　任应秋：《关于中医有没有理论的问题（在河南中医学院的讲演）》，《河南中医学院学报》1980 年第 4 期。

399　孙溥泉：《巢元方及其〈诸病源候论〉》，《陕西中医》1981 年第 1 期。

400　蔡宾牟等：《试论中国古代的物理学的产生、发展及其特点》，《华东师范大学学报（自然科学版）》1981 年第 2 期。

401　白永波：《雷敩与〈雷公炮炙论〉的研究》，《江西中医药》1981 年第 4 期。

402　［法］谢和耐：《静坐的技术、宗教和哲学——论理学派的静坐》，《法兰西远东学院学报》1981 年第 69 卷。

403　戴念祖：《中国物理学史略》，《物理》1981 年第 10 期；1981 年第 12 期。

404　吴佐忻：《章太炎的〈医沽〉眉批按语》，《中华医学杂志》1981 年第 4 期。

405　李兆华：《〈张邱建算经〉中的等差数列问题》，《内蒙古师院学报（自然科学版）》1982 年第 1 期。

406　席泽宗：《中国科学思想史的线索》，《中国科技史料》1982 年第 2 期

407　陆明:《我国近百年来的医学教育》,《中华医史杂志》1982 年第 4 期。

408　夏东元:《郑观应是揭开"民主"与"科学"序幕的思想家》,《江海学刊》1982 年第 4 期。

409　[日]汤浅光朝:《中国近代科技史(解说与年表)》,《中国科技史料》1982 年第 4 期。

410　姚蜀平:《近代物理学在中国的兴起》,《物理》1982 年第 8 期。

411　王仰之:《我国早期的地质教育》,《中国科技史料》1982 年第 1 期。

412　何丙郁:《契合自然熔铸各科的学说》, University of Hong Kong Supplement to the Gazette, Vol.XXIX No.4, 28th April, 1982.

413　陈庆坤:《西学东来的桥梁与进化论的哲学》,《中国哲学史研究》1982 年第 2 期。

414　胡滨等:《李鸿章和轮船招商局》,《历史研究》1982 年第 4 期。

415　束景南:《杨泉哲学思想与天文思想新探》,《学术月刊》1982 年第 10 期。

416　戴念祖:《中国近代科学技术落后的三大原因》,载《科学传统与文化——中国近代科学落后的原因》,陕西科学技术出版社 1983 年版。

417　吴正铠等:《中国古代生物防治小考》,《农业考古》1983 年第 1 期。

418　钱超尘:《论杨上善的世界观及其"一分为二"的思想》,《医学与哲学》1983 年第 1 期。

419　陈亚兰:《清代君主集权政治对科学技术的影响》,《自然辩证法通讯》1983 年第 3 期。

420　洪世年:《中国近代气象学大事记》,《中国科技史料》1983 年第 2 期。

421　钱宝琮:《〈九章算术〉及其刘徽注与哲学思想的关系》,载《钱宝琮科学史论文选集》,科学出版社 1983 年版。

422　丘亮辉:《中国近代冶金技术落后原因初探》,《自然辩证法研究通讯》1983 年第 2 期。

423　邹德秀:《中国近代农业科学落后原因探讨》,《自然辩证法研究通讯》1983 年第 2 期;《大自然探索》1983 年第 1 期。

424　孙孝恩、修明月:《徐寿、华蘅芳与近代科技》,《史学月刊》1983 年第 5 期。

425　[法]马若安:《李善兰的有限和公式》,《科学史译》1983 年第 2 期。

426　[日]岛一著,魏常海译:《孔孟和荀子在天人论方面的异同》,《中国哲学史研究》1983 年第 1 期。

427　王渝生:《李善兰:中国近代科学家的先驱》,《自然辩证法通讯》1983 年第 5 期。

428　刘克辉:《中国古代植物引种的实践和理论》,《福建农业科技》1983 年第 5 期。

429　胡孚琛:《中国科学史上的〈周易参同契〉》,《文史哲》1983 年第 6 期。

430　申振钰:《自然辩证法传入中国的前夜》,载《中国自然辩证法研究历史与现状》,知识出版社 1983 年版。

431 陈麟书：《从认识论角度看中国近几百年来科学技术落后的历史原因》，《四川大学学报（哲社版）》1983 年第 3 期。

432 ［日］田久川：《中国古代天文历算科学在日本的传播和影响》，《社会科学辑刊》1984 年第 1 期。

433 张汝舟：《中国古代天文历法表解》，《贵州大学学报（哲学社会科学版）》1984 年第 1 期。

434 成东：《焦玉的真实身份和他的〈火攻书〉》，《中国科技史料》1984 年第 1 期。

435 ［美］席文：《为什么科学革命没有在中国发生——是否没有发生？》，译文载《科学与哲学研究资料》1984 年第 1 期。

436 杨直民：《中国传统农学与实验农学的重要交汇——就清末〈农学丛书〉谈起》，《农业考古》1984 年第 1 期。

437 金秋鹏：《墨子科学思想的探讨》，《自然科学史研究》1984 年第 1—4 期。

438 王祖陶：《中国近代的化学教育》，《中国科技史料》1984 年第 2 期。

439 周静芬：《洋务派建筑铁路》，《浙江师院学报》1984 年第 3 期。

440 何绍庚：《明安图的级数回求法》，《自然科学史研究》1984 年第 3 期。

441 赵匡华：《狐刚子及其对中国古代化学的卓越贡献》，《自然科学史研究》1984 年第 3 期。

442 陈瑞平：《郭守敬的水利思想》，《自然科学史研究》1984 年第 4 期。

443 ［德］莫利茨等：《古代中国科学思想的形成》，译文载《国外社会科学》1984 年第 6 期。

444 王绍良等：《任仁发及其治理太湖的理论》，《中国水利》1984 年第 12 期。

445 查有梁：《中国古代物理中的系统观测与逻辑体系及对现代物理的启发》，《大自然探索》1985 年第 1 期。

446 朱鸿铭：《王叔和的学术思想及其伟大贡献》，《安徽中医学院学报》1985 年第 2 期。

447 赵匡华：《中国古代化学中的矾》，《自然科学史研究》1985 年第 2 期。

448 李仁述：《朱震亨易水思想初探》，《陕西中医学院学报》1985 年第 4 期。

449 蔡景峰：《论民族医学史的研究》，《民族研究》1985 年第 5 期。

450 马勇：《邹衍与阴阳五行学说》，《社会科学研究》1985 年第 6 期。

451 何浩：《许行及其农家思想》，《江汉论坛》1984 年第 7 期。

452 ［法］马克：《六朝时九宫置法的传授》，载《密教和道教研究》第 3 册 1985 年版。

453 李铁君：《从近代中医理论的论争看多学科研究中医的意义》，《中医药学报》1985 年第 4 期。

454 李兆华：《李善兰的垛积运算之探讨》，《天津师大学报》1985 年数学专辑。

455 《近现代史研究近况》,《中国科技史料》1985 年第 4 期。

456 李兆华:《戴煦关于对数研究的贡献》,《自然科学史研究》1985 年第 4 期。

457 周山:《邓析的名辩思想》,《学术月刊》1985 年第 12 期。

458 陈美东:《刘洪的生平、天文学成就和思想》,《自然科学史研究》1986 年第 2 期。

459 陈新谦:《我国近代对中药的研究》,《中药材》1986 年第 3—6 期。

460 苏冠文:《试论中国古代物理成就在汉语成语中的反映》,《宁夏大学学报(自然科学版)》1986 年第 3 期。

461 许康:《有关清末"长沙数学学派"的几项史料发现及史实考辩》,《湖南数学年刊》1986 年第 1 期。

462 罗见今:《中国近代数学和数学教育的先驱者——李善兰、华蘅芳》,《辽宁省师范大学学报》1986 年增刊。

463 赵晓雷:《盛宣怀与汉冶萍公司》,《史学月刊》1986 年 9 月第 5 期。

464 李亚东:《徐寿——引进科学的先驱》,《自然杂志》1986 年第 7 期。

465 刘九生:《张角符水咒说疗病考》,《新疆大学学报(哲学社会科学版)》1987 年第 1 期。

466 李恩昌等:《从科学史的角度看发展中医的基本方法——兼论近代中医发展缓慢的原因》,《医学与哲学》1987 年第 2 期。

467 [法]梅塔椰:《关于近代中文植物学词汇的演变》,《香港大学中文系集刊》1987 年第 2 期。

468 樊洪业:《中国近代科学社会史研究的几个问题》,《自然辩证法通讯》1987 年第 3 期。

469 郭永芳:《近代中国对西方科学传入后的影响》,《科学技术与辩证法》1987 年第 3 期。

470 陈桥驿:《晚清地理学家杨守敬》,《书林》1987 年第 4 期。

471 高晨阳:《范缜的形神论与玄学的体用观》,《文史哲》1987 年第 3 期。

472 郭世荣等:《戴煦对欧拉数的研究》,《自然科学史研究》1987 年第 4 期。

473 马自毅:《进化论在中国的早期传播与影响——19 世纪 70 年代至 1898 年》,《中国文化研究集刊》1987 年第 5 辑。

474 黄煌等:《近百年来中医学的发展理论》,《医学与哲学》1987 年第 12 期。

475 李养正:《魏华存与〈黄庭经〉》,《中国道教》1988 年第 1 期。

476 候吉侠:《中国近代科学技术发展缓慢的内在因素》,《西安工业学院学报》1988 年第 2 期。

477 樊洪业:《从"格致"到"科学"》,《自然辩证法通讯》1988 年第 3 期。

478 咸金山:《我国近代稻作育种事业述评》,《中国农业》1988 年 2 月第 1 期。

479 曲守成:《洋务运动与近代东北工业》,《齐齐哈尔师范学院学报》1988 年第 1 期。

480 聂宝璋：《轮船的引进开发中心国近代化》，《近代史研究》1988 年第 2 期。

481 郭书春：《关于中国古代数学哲学的几个问题》，《自然辩证法研究》1988 年第 3 期。

482 管成学：《苏颂和他的〈新仪象法要〉》，《文献》1988 年第 4 期。

483 李亚宁：《试析宋应星的技术观和自然观的关系——兼论中国传统哲学的历史性变化》，《四川师范大学学报（社会科学版）》1988 年第 4 期。

484 阮青等：《严复科学观述要》，《广州研究》1988 年第 9 期。

485 杜石然：《试从科技史角度看中日两国近代化道路的异同》，载林自新编《科技史的启示》，内蒙古人民出版社 1988 年版。

486 郑永福：《关于〈天演论〉的几个问题》，《史学月刊》1989 年第 2 期。

487 李春生：《明清至解放前营养学发展史概》，《中华医史杂志》1989 年第 19 卷第 2 期。

488 牛家藩：《试论清代兽医本草学的发展特色》，《中国农业》1989 年第 4 期。

489 许中才：《中国古代"物理实验"初探》，《渝州大学学报（自然科学版）》1989 年第 4 期。

490 王绍良：《贾让三策——综合治理黄河的方略》，《水利天地》1989 年第 5 期。

491 江洪：《洋务运动与近代军事工业——江苏省近代兵工史综述（1862—1949）》，《江苏文史资料》1989 年第 28 辑。

492 ［法］詹嘉玲、聿夫：《数 π 在中国的历史》，《科学史译丛》1989 年第 1 期。

493 覃雨甘：《夏禹何能划九州》，《贵州文史丛刊》1989 年第 2 期。

494 彭世奖：《试述吴其浚在农业上的贡献》，《古今农业》1989 年第 2 期。

495 王星光：《吴其濬（亦作"浚"，〈新华字典〉通用）的科学方法与精神》，《中州学刊》1989 年第 2 期。

496 秦佩珩：《试论清代矿冶的发展》，《淮北煤师院学报》1989 年第 3 期。

497 程方平：《唐代科技发展之特点》，《青海师范大学学报（哲学社会科学版）》1989 年第 3 期。

498 朱济：《论李鸿章与中国近代工业化的抉择》，《人文杂志》1989 年第 3 期。

499 王燮山：《中国近代力学的先驱顾观光及其力学著作》，《物理》1989 年第 1 期。

500 廖正衡等：《论西方化学在近代中国的传播与中日比较》，《科学技术与辩证法》1989 年第 4 期。

501 江晓原：《王锡阐的生平、思想和天文学活动》，《自然辩证法通讯》1989 年第 4 期。

502 王萍：《十七至十九世纪西方历学输入中国的背景与影响》，载《新编中国科技史——演讲文稿选辑（上）》，银禾方化事业公司 1989 年版。

503 董光璧：《移植、融合、还是革命？——论中国传统科学的近代化》，《自然辩证法通讯》1990 年第 1 期。

504　张继禹：《正一道经箓义理略论》，《中国道教》1990 年第 1 期。

505　东方朔：《近代中国科技落后的方法论原因》，《社会科学报》1990 年第 2 期。

506　纪志刚：《华蘅芳〈积较术〉的矩阵算法研究》，《内蒙古师大学报（自然科学汉文版）》1990 年第 2 期。

507　赵匡华：《近年中国古代化学史研究方法之进步》，《文物保护与考古科学》1990 年第 2 期。

508　王渝生：《李善兰研究》，载梅荣照主编《明代数学史论文集》，江苏教育出版社 1990 年版。

509　何云坤、周济：《严复科学思想初探》，《厦门大学学报》1990 年第 2 期。

510　魏宗禹：《尸佼思想简论》，《山西大学学报（哲学社会科学版）》1990 年第 2 期。

511　罗见今：《明安图计算无穷级数的方法分析》，《自然科学史研究》1990 年第 2 期。

512　董光璧：《传统科学向近代科学转变过程中的中西文化冲突》，《自然辩证法研究》1990 年第 3 期。

513　李应兰：《〈雷公炮炙论〉在中药鉴别上的成就》，《中药材》1990 年第 5 期。

514　段治文：《近代中国科学观发展三形态》，《历史研究》1990 年第 6 期。

515　［法］柏睿讷等：《沈括与科学》，《科学史辑刊》1990 年第 4 期。

516　董卓超：《中国近代纺织厂建筑》，《中国近代纺织史研究资料汇刊》1990 年第 9 辑。

517　周启澄：《中国近代沿江纺织基地——汉口（武汉）》，《中国近代纺织史研究资料汇刊》1990 年第 9 辑。

518　纪志刚：《华蘅芳〈积较术〉的矩阵算法思想》，《内蒙古师大学报》1990 年第 2 期。

519　孙小云等：《中国古代炼丹术及其在化学史上的地位》，《河北师范大学学报》1990 年第 2 期。

520　邢兆良：《晚明社会思潮与宋应星的科学思想》，《孔子研究》1990 年第 2 期。

521　黄世瑞：《〈粤中蚕桑刍言〉与珠江三角洲"桑基鱼塘"》，《中国科技史料》1990 年第 2 期。

522　王永贵：《近代采矿业的兴起及作用》，《山东师大学报》1990 年第 5 期。

523　周宏佐：《近代中国绢纺工业》，《丝绸史研究》1990 年第 3 期。

524　［美］程贞一：《古代中国对自然步骤的抽象认识》，载《中国科学技术史国际学术讨论会论文集》1990 年，中国科学技术出版社 1992 年版。

525　吴民贵：《沈葆桢与福建船政局》，《湘潭大学学报》1990 年第 3 期。

526　李民：《殷墟的生态环境与盘庚迁殷》，《历史研究》1991 年第 1 期。

527　汪国权、胡宗刚：《清代植物学家吴其濬的科学思想与方法》，《植物研究资料汇编》1990 年第 1 期。

528　程遥：《中国古代三才农学理论初探》，《学术交流》1991 年第 1 期。

529　刘克明：《中国近代工程图学的引进及其教育》，《教育科学研究》1991 年第 2 期。

530　刘殿升：《中国古代生物命名的双名法思想》，《化石》1991 年第 3 期。

531　乐爱国：《〈管子〉的农学思想初探》，《管子学刊》1991 年第 4 期。

532　吴德辉：《谈〈天演论〉》，载《科技史文集》上海三联书店 1991 年版。

533　席泽宗等：《孔子思想与科技》，载《中国图书文史论集》，正中书局 1991 年版。

534　何丙郁：《算命是一门科学么？》，载林徐典编《新加坡国立大学中文系学报·学丛》第 3 期，新加坡国立大学中文系学报 1991 年版。

535　何丙郁：《从另一观点看中国传统科技的发展》，《大自然探索》1991 年第 1 期。

536　江晓原：《天文·巫咸·灵台——天文星占与古代中国的政治观念》，《自然辩证法通讯》1991 年第 3 期。

537　刘钝：《清初民族思潮的嬗变及其对清代天文数学的影响》，《自然辩证法通讯》1991 年第 3 期。

538　屈宝坤：《晚清社会对科学技术的几点认识的演变》，《自然科学史研究》1991 年第 3 期。

539　刘逸：《略论梅文鼎的投影理论》，《自然科学史研究》1991 年第 3 期。

540　邹宏佑：《中国近代染整业的发生和发展》，《中国近代纺织史研究资料汇编》1991 年第 11 辑。

541　张素亮、韩祥临：《李善兰与牛顿早期微积分的比较》，《曲阜师范大学学报》1991 年第 2 期。

542　张志明：《中国近代的历法之争》，《近代史研究》1991 年第 5 期。

543　张信磊：《孙中山农业近代化思想浅论》，《河南大学学报》1991 年第 4 期。

544　林庆元：《孙中山与中国近代科学》，《福建师范大学学报》1991 年第 4 期。

545　杨建军：《洋务运动时期中国军事工业发展的特点和作用》，《经济军事研究》1991 年第 5 期。

546　［法］多罗菲也娃-李希特曼：《〈国风〉：一个地理学的图解》，《远东远西》1991 年第 13 期。

547　周岩：《中国近代煤炭技术兴衰的社会根源》，载《科学技术的时代回响——全国首届科技与社会学术讨论会文集》，陕西科技出版社 1991 年版。

548　景永时：《西北近代科技开发述论》，《宁夏社会科学》1992 年第 1 期。

549　覃纯初：《略论巢元方对开放性创伤的病因学贡献》，《浙江中医药大学学报》1992 年第 1 期。

550　王鸿祯：《中国地质学发展简史》，《地球科学》1992 年第 1 期。

551　潘伯高：《中国古代物理思想的萌芽及主要成就》，《安庆师范学院学报（自然科学版）》1992 年第 1 期。

552　范楚玉：《陈旉的农学思想》，《自然科学史研究》1992 年第 2 期。

553　柴慧垆：《项名达数学思想述评》，《自然科学史研究》1992 年第 2 期。

554　安毅：《中国近现代社会对科学的认知和认知解释》，《宁夏社会科学》1992 年第 2 期。

555　甘向阳：《清代数学家董祐诚及其〈割圆连比例术图解〉》，《数学通报》1992 年第 3 期。

556　王荣彬等：《戴煦、项名达、夏鸾翔对迭代法的研究》，《自然科学史研究》1992 年第 3 期。

557　赵敏：《略论中国古代农学思想史的研究》，《大自然探索》1992 年第 4 期。

558　孟宪俊：《技术哲学的历史发展及其在中国》，《科学技术与辩证法》1992 年第 4 期。

559　蔡景峰：《论苏颂德医学思想和方法的特点》，《自然科学史研究》1992 年第 4 期。

560　曹育：《我国最早的一部生理学译著——〈身理启蒙〉》，《中国科技史料》1992 年第 3 期。

561　董光璧：《论中国科学的近代化》，中国科学技术史国际讨论会论文集。

562　于希贤：《试论中西地理思想的差异及中国古代地理学的特点》，《云南地理环境研究》1993 年第 1 期。

563　周琼：《试论桓谭、王充和范缜无神论思想的相承与发展》，《楚雄师专学报》1993 年第 1 期。

564　张登本：《巢元方男科病理学贡献及其临床意义》，《陕西中医学院学报》1993 年第 1 期。

565　方匀：《明安图研究》，《内蒙古师大学报（自然科学汉文版）》1993 年第 1 期。

566　王鸿生：《中国近代科学落后的原因的研究》，《中国人民大学学报》1993 年第 2 期。

567　刘钝：《关于李淳风斜面重差术的几个问题》，《自然科学史研究》1993 年第 2 期。

568　霍有光：《中国近代金矿开采概貌》，《西安地质学院学报》1993 年第 2 期。

569　冯立升：《中国少数民族科学史研究》，《内蒙古师范大学学报（自然科学汉文版）》1993 年第 3 期。

570　许康：《丁取忠和〈白芙堂算学丛书〉》，《中国科技史料》1993 年第 3 期。

571　李迪：《中国天文史研究》，《内蒙古师范大学学报》1993 年第 3 期。

572　李迪：《〈九章算术〉与刘徽研究》，《内蒙古师范大学学报》1993 年第 3 期。

573　黄顺力：《严复与章太炎进化论思想的比较》，《福建论坛》1993 年第 4 期。

574　曲安京：《李淳风等人盖天说日高公式修正案研究》，《自然科学史研究》1993 年第 4 期。

575 易宪容：《儒家思想对中国古代医学思维模式的影响》，《贵州社会科学》1993年第4期。

576 赵吉惠：《荀况史战国末期黄老之学的代表》，《哲学研究》1993年第5期。

577 苑书义：《孙中山设计的农业近代化模式》，《近代史研究》1993年第9期。

578 杜石然：《中国之近代科学技术（1582—1911）》，《文化之翻訳可能性》，（日本）人文书院，1993年。

579 王志毅：《1840年前后中国水域之汽船推进装置》，《船史研究》1993年第6期。

580 宋子良：《安庆内军械所和中国第一艘蒸汽船》，《船只研究》1993年第6期。

581 廖育群：《中国古代医学对呼吸、循环机理认识之误》，《自然辩证法通讯》1994年第1期。

582 徐鼎新：《中国近代企业的科技力量与科技效应》，《近代史研究》1994年第1期。

583 张永山：《武丁南征与江南"铜路"》，《南方文物》1994年第1期。

584 徐刚：《试论中国古代化学对哲学的若干影响》，《上饶师专学报》1994年第1期。

585 曹柏荣、朱成全：《略论儒学对中国古代科学技术的影响》，《上海海运学院学报》1994年第2期。

586 卢敬华等：《中国古代气象灾害》，《成都气象学院学报》1994年第2期。

587 陈方：《论科学精神传统（注）》，《江汉石油职工大学学刊》1994年第2期。

588 段治文：《论康有为的科学文化观》，《浙江社会科学》1994年第3期。

589 朱亚宗：《徐霞客：科学主义的奇人》，《自然辩证法研究》1994年第3期。

590 纪荣荣：《试论近代中西科学思想的三大差别：兼论中国近代科技的落后》，《阜阳师范学学报（社科版）》1994年第3期。

591 黄龙祥：《从〈五十二病方〉"灸期泰阴、泰阳"谈起——十二"经脉穴"源流考》，《中医杂志》1994年第3期。

592 乐爱国：《〈管子〉的阴阳五行说与自然科学》，《管子学刊》1994年第3期。

593 王力军：《简述李之藻的治学观及其西学图籍》，《浙江社会科学》1994年第3期。

594 ［法］柏睿讷：《从沈括〈梦溪笔谈〉之棋局都数，看中国有关大数的绝妙算法及记录》，载《GDR论丛》1994年版。

595 张家诚：《中国古代科学思想对地学未来发展的影响》，《地理研》1994年第4期。

596 ［美］程贞一：《清代中西文化交流初期康熙帝对天文学的影响》，载《第二届中国少数民族科技史国际学术讨论会论文集》（1994年），社会科学文献出版社1996年版。

597 张大庆：《中国近代解剖学史略》，《中国科技史料》1994年第4期。

598 曹仁和：《论薛已的整体疗伤观》，《南京中医学院学报》1994年第4期。

599 王荣彬：《刘焯〈皇极历〉插值法的构造原理》，《自然科学史研究》1994年第4期。

600 游修龄：《试释〈氾胜之书〉"田有六道，麦为首种"》，《中国农史》1994年第

4 期。

601 詹同济：《詹天佑在维护路权及法规建设上的贡献》,《学术研究》1994 年第 4 期。

602 田正平、李笑贤：《论中国近代留学教育的兴起》,《教育研究》1994 年第 5 期。

603 王荣彬：《中国古代历法三次差插值法的造术原理》,《西北大学学报（自然科学版）》1994 年第 6 期。

604 董光璧：《论易学对科学的影响》,《自然辩证法研究》1994 年第 7 期。

605 李玉银等：《魏伯阳破风法——诸仙导引图四十九方浅析》,《中国气功》1994 年第 9 期。

606 李有林：《韩非和荀子思想研究》,清华大学 1994 年硕士学位论文。

607 赵家祥：《试论中国古代的"天人关系"思想及其理论价值和现实意义》,《江汉论坛》1994 年第 11 期。

608 邹大海：《刘徽的无限思想及其解释》,《自然科学史研究》1995 年第 1 期。

609 莫绍揆：《对李冶〈测圆海镜〉的新认识》,《自然科学史研究》1995 年第 1 期。

610 甄志亚：《试论中国近代医学的文化背景、特点与趋势》,《中华医史杂志》1995 年第 1 期。

611 邹大海：《刘徽的无限思想及其解释》,《自然科学史研究》1995 年第 1 期。

612 赵元芳等：《中国古代化学研究若干问题》,《平顶山师专学报》1995 年第 1 期。

613 葛松林：《中国古代农业技术哲学思想初探》,《科学技术与辩证法》1995 年第 2 期。

614 李崇新：《〈穆天子传〉西行路线考》,《西北史地》1995 年第 2 期。

615 纪志刚：《刘焯二次内插算法及其在唐代的历史演变》,《西北大学学报（自然科学版）》1995 年第 2 期。

616 戴铭：《杨上善针灸学术思想研究》,《中国针灸》1995 年第 2 期。

617 何丙郁：《从科技史观点谈易数》,载《中国科学史论文集》,联经出版事业公司 1995 年版。

618 王荣彬：《中国古代历法推没灭术意义探秘》,《自然科学史研究》1995 年第 3 期。

619 杨双璧：《从"格致"到"科学"：中国近代科技观的演变轨迹》,《贵州社会科学》1995 年第 5 期。

620 马来平：《严复论束缚中国科学发展的封建文化无"自由"特征》,《哲学研究》1995 年第 3 期。

621 王荣彬：《中国古代历法的中心差算式之造术原理》,《西北大学学报（自然科学版）》1995 年第 4 期。

622 廖育群：《宋慈与中国古代司法检验体系评说》,《自然科学史研究》1995 年第 4 期。

623 范家伟：《从脚气病论魏晋南北朝时期印度医学之传入》,《中华医史杂志》1995

年第 4 期。

624　郭金彬：《研究中国传统科学思想》，《科学技术与辩证法》1995 年第 5 期。

625　王明红等：《中国古代物理思想注释》（1），《高等函授学报（自然科学版）》1995 年第 6 期。

626　王星光：《吴其濬的科学方法与思想》，载王星光著《中国科学史求索》，天津人民出版社 1995 年版。

627　赖德霖：《"科学性"与"民族性"——近代中国的建筑价值观》，《建筑师》1995 年第 62 期。

628　袁运开：《沈括的自然科学成就与科学思想》，《自然杂志》1996 年第 1 期。

629　郭绍林：《欧阳询与〈艺文类聚〉》，《洛阳师专学报》1996 年第 1 期。

630　许康等：《丁取忠〈舆地经纬度里表〉评析》，《船山学刊》1996 年第 1 期。

631　雍履平：《吴有性〈瘟疫论〉学术思想初探》，《辽宁中医杂志》1996 年第 1 期。

632　张钟静：《试论〈九章算术〉的问题设计》，《自然科学史研究》1996 年第 2 期。

633　闫琪等：《巢元方学术思想浅析》，《长春中医学院学报》1996 年第 2 期。

634　王荣彬：《中国古代历法推没灭术算理分析》，《纯粹数学与应用数学》1996 年第 2 期。

635　黄健等：《中国古代的物理疗法》，《中国科技史料》1996 年第 2 期。

636　魏露苓：《明清植物谱录中的农林园艺技术》，《农业考古》1996 年第 3 期。

637　纪志刚：《华蘅芳的方程论研究》，《自然科学史研究》1996 年第 3 期。

638　祁和晖：《夏禹之有无及族属地望说商兑》，《西南民族学院学报（哲学社会科学版）》1996 年第 3 期。

639　金景芳：《〈尚书·盘庚〉新解》，《社会科学战线》1996 年第 3 期。

640　江晓原：《〈周髀算经〉——中国古代唯一的公理化尝试》，《自然辩证法通讯》1996 年第 3 期。

641　罗汉军：《中国科学思想发展基本线索》，《广西大学学报（哲学社会科学版）》1996 年第 4 期。

642　杨才德：《中国近百年科学技术史的分期及其划时代事件》，《科学技术与辩证法》1996 年第 5 期。

643　刘益东：《中国创造性思维研究的兴起与发展》，《自然辩证法研究所》1996 年第 8 期。

644　陈俱：《沈葆桢的科技观》，《船史研究》1996 年第 10 期。

645　周瀚光：《试论中国科学思想史研究的意义和价值》，载《第七届国际中国科学史会议文集》，大象出版社 1996 年版。

646　［法］詹嘉玲著，耿界译：《18 世纪中国和法国的科学领域的接触》，《清史研究》1996 年第 2 期。

647　杜石然：《魏晋南北朝时期的历法》，《自然科学史研究》1996 年第 2 期。

648　尹志华：《吴筠的生命哲学思想初探》，《宗教学研究》1996 年第 2 期。

649　詹石窗：《刘牧〈易数钩隐图〉略析》，《宗教学研究》1996 年第 3 期。

650　何丙郁：《研究中国科学史的新途径——奇门遁甲与科学》，载王渝生主编《第七届国际中国科学史会议文集》，大象出版社 1996 年版。

651　宓汝成：《中国近代工程技术界的一代宗师詹天佑》，《中国科技史料》1996 年第 17 卷第 3 期。

652　曾凡炎：《洋务派对中国早期铁路建设的贡献》，《贵州师范大学学报》1996 年第 3 期。

653　王翼勋：《秦九韶演纪积年法初探》，《自然科学史研究》1997 年第 1 期。

654　罗耀九：《严复的天演思想对社会转型的催酶作用》，《厦门大学学报（哲社版）》，1997 年第 1 期。

655　钮卫星、江晓原：《何承天改历与印度天文学》，《自然辩证法通讯》1997 年第 1 期。

656　于船：《从〈神农本草经〉看中国古代动物毒物学知识》，《中兽医医药杂志》1997 年第 1 期。

657　雷丽萍：《寇谦之与陶弘景道教改革研究》，《许昌师专学报》1997 年第 1 期。

658　任定成：《中国近现代科学的社会文化轨迹》，《科学技术与辩证法》1997 年第 2 期。

659　李群：《贾思勰与〈齐民要术〉》，《自然辩证法研究》1997 年第 2 期。

660　周瀚光：《试论隋唐时期的科学观》，《中国哲学史》1997 年第 3 期。

661　郭文韬：《王祯农学思想略论》，《古今农业》1997 年第 3 期。

662　李思孟：《中国古代有生物进化思想吗？》，《自然辩证法通讯》1997 年第 3 期。

663　孔慧红：《〈五十二病方〉祝由之研究》，《中华医史杂志》1997 年第 3 期。

664　黄秦安：《论封建政治皇权对中国古代数学发展的影响》，《陕西师范大学学报（哲学社会科学版）》1997 年第 4 期。

665　冯锦荣：《明末熊明遇〈格致草〉内容探析》，《自然科学史研究》1997 年第 4 期。

666　杨小明：《黄宗羲的科学研究》，《中国科技史料》1997 年第 4 期。

667　戴建平：《梁启超科学形象初论》，《社会科学辑刊》1997 年第 5 期。

668　曲安京：《〈周髀算经〉的盖天说：别无选择的宇宙结构》，《自然辩证法研究》1997 年第 8 期。

669　［法］詹嘉玲：《十七十八世纪中国文人眼中的数学史——中国的传统和欧洲的贡献》，载刘钝、韩琦等编《科史薪传》，辽宁教育出版社 1997 年版。

670　杨国荣：《科玄之战与科学主义走向》，《传统文化与现代化》1997 年第 5 期。

671　曲安京：《〈周髀算经〉的盖天说：别无选择的宇宙结构》，《自然辩证法研究》

1997 年第 8 期。

672　萧正洪：《清代西部地区的人口与农业选择》，《陕西师范大学学报（哲社版）》1998 年第 1 期。

673　薛其林：《促进近代中国科技转型的两次理论争锋》，《湘潭师范学院学报》1998 年第 1 期。

674　黄世瑞：《我国最早"师夷长技以制夷"的实验》，《中国科技史料》1998 年第 1 期。

675　刘清泉：《鲁迅的早期科学技术观探究》，《厦门大学学报》1998 年第 1 期。

676　胡凤媛：《王冰〈素问注〉养生思想探析》，《安徽中医学院学报》1998 年第 1 期。

677　齐春晓：《试析康有为的科技思想》，《北方论丛》1998 年第 1 期。

678　田森：《清末数学教育对中国数学家的职业化影响》，《自然科学史研究》1998 年第 2 期。

679　王青建：《〈古筹算考释〉研究》，《自然科学史研究》1998 年第 2 期。

680　华林甫：《论郦道元〈水经注〉的地名学贡献》，《地理研究》1998 年第 2 期。

681　萧正洪：《论清代西部农业技术的区域不平衡》，《中国历史地理论丛》1998 年第 2 辑。

682　周汝英：《中国古代地理方位标志法探索》，《史学月刊》1998 年第 3 期。

683　杜音：《论公孙龙与后期墨家的正名学说》，《北京师范大学学报（社会科学版）》1998 年第 3 期。

684　刘辉：《后现代主义对科学中心地位的颠覆》，《科学哲学》1998 年第 4 期。

685　高宏林：《李子金关于三角函数造表法的研究》，《自然科学史研究》1998 年第 4 期。

686　李长莉：《徐寿、徐建寅父子所代表的科学传统》，《南京社会科学》1998 年第 4 期。

687　王前：《略论中国传统科学思想的现代价值》，《科学技术与辩证法》1998 年第 4 期。

688　唐晓峰：《两幅宋代"一行山河图"及僧一行的地理观念》，《自然科学史研究》1998 年第 4 期。

689　黄秦安：《中国古代数学的社会文化透视》，《陕西师范大学学报（哲学社会科学版）》1998 年第 4 期。

690　杨同卫等：《〈齐民要术〉所体现的中国古代农业朴素的可持续发展系统观》，《科学技术与辩证法》1998 年第 5 期。

691　周魁一：《贾让治河三策及其卓越的自然观》，《科学世界》1998 年第 11 期。

692　［德］法布瑞茨·普里格迪奥：《中国炼丹术从外丹到内丹的转移》，载《中国科技典籍研究：第 2 届中国科技典籍国际会议论文集》，1998 年。

693　［德］阿梅龙：《从明清时期水利专家的著作看治黄基本思想》，载《中国科技典籍研究：第一届中国科技典籍国际会议论文集》，大象出版社 1998 年版。

694　王荣彬：《戴煦的数学成就》，《数学史研究文集》1998 年第 6 辑。

695　张秉伦、胡化开：《中国古代"物理"一词的由来与词义演变》，《自然科学史研究》1998 年第 1 期。

696　吴必虎：《徐霞客的生命路径及其区域景观多样性背景》，《北京大学学报（哲学社会科学版）》1998 年第 3 期。

697　罗桂环：《近代西方对中国生物的研究》，《中国科技史料》1998 年第 4 期。

698　李根蟠：《读〈氾胜之书〉札记》，《中国农史》1998 年第 4 期。

699　闫志佩：《李善兰和我国第一部〈植物学〉译著》，《生物学通报》1998 年第 9 期。

700　刘克明、杨叔子：《中国古代机械设计思想初探》，《机械技术史》1998 年第 10 期。

701　曲安京：《宋代太乙术数中的历法钩沉》，《自然科学史研究》1999 年第 1 期。

702　赵慧玲：《朱震亨及其针灸学术思想探析》，《北京针灸骨伤学院学报》1999 年第 1 期。

703　邓红梅等：《中国近代数学和起步与西方化》，《青海师范大学学报》1999 年第 1 期。

704　胡化凯：《五行说对中国古代物理认识的影响》，《管子学刊》1999 年第 1 期。

705　刘朝晖：《中国古代医学与儒家。道家思想》，《青岛教育学院学报》1999 年第 2 期。

706　徐克谦：《论惠施思想的独特个性》，《中州学刊》1999 年第 2 期。

707　苗金干：《洋务运动与中国的近代民族工业》，《文教资料》1999 年第 2 期。

708　刘克明等：《中国古代机械设计思想的科学成就》，《中国机械工程》1999 年第 2 期。

709　王扬宗：《〈六合丛谈〉中的近代科学知识及其在清末影响》，《中国科技史料》1999 年第 3 期。

710　朱炳贵：《朱思本——我国传统制图学成就达到高峰的奠基人》，《地图》1999 年第 3 期。

711　黄秦安：《论中国古代数学的神秘文化色彩》，《陕西师范大学学报（哲学社会科学版）》1999 年第 3 期。

712　张涛：《桓谭易学思想初探》，《管子学刊》1999 年第 3 期。

713　王承文：《早期灵宝经与汉魏天师道——以敦煌本〈灵宝经目〉注录的灵宝经为中心》，《敦煌研究》1999 年第 3 期。

714　刘长林：《杨上善论人与天地相应》，《医古文知识》1999 年第 3 期。

715　苗菁：《范成大思想初探》，《聊城师范学院学报（哲学社会科学版）》1999 年第

3 期。

716 朱泓：《中国古代居民种族人类学研究的回顾与前瞻》，《史学集刊》1999 年第 4 期。

717 徐寿生：《李杲脾胃阴阳升降理论探讨》，《安徽中医学院学报》1999 年第 4 期。

718 张九辰：《中国近代对"地理与文化关系"的讨论及其影响》，《自然辩证法通讯》1999 年第 4 期。

719 钟萍：《近代新疆农地资源的开发和利用》，《中国连续史地研究》1999 年第 4 期。

720 欧阳维诚：《试论〈周易〉对中国古代数学模式化道路形成及发展的影响——兼论李约瑟之谜》，《周易研究》1999 年第 4 期。

721 霍有光：《清代综合治理黄河下游水患的系统科学思想》，《灾害学》1999 年第 4 期。

722 刘兴林：《司马迁的生命意识与〈史记〉悲剧精神》，《武汉大学学报（哲学社会科学版）》1999 年第 6 期。

723 盖建民：《从敦煌遗书看佛教医学思想及其影响——兼评李约瑟的佛教科学观》，《佛学研究（中国佛教文化研究所学报）》1999 年第 8 期。

724 周霞等：《"天人合一"的理想与中国古代建筑发展观》，《建筑学报》1999 年第 11 期。

725 李维武：《中国科学主义思潮的百年回顾》，《哲学动态》1999 年第 12 期。

726 吴坤仪：《略论中国近代科学家徐寿父子的科技成就与科技精神》，载王渝生主编《第七届国际中国科学史会议文集》，大象出版社 1999 年版。

727 周济：《林则徐科学思想初探》，载王渝生主编《第七届国际中国科学史论文集》，大象出版社 1999 年版。

728 杨小明：《中国古代没有生物进化思想吗？——兼与李思孟先生商榷》，《自然辩证法通讯》2000 年第 1 期。

729 陈坚：《"惠施十事"新解读》，《江南社会学院学报》2000 年第 1 期。

730 戴铭：《杨上善〈太素〉"门——关阖枢"理论初探》，《上海中医药杂志》2000 年第 1 期。

731 徐振亚：《徐寿父子对中国近代化学的贡献》，《大学化学》2000 年第 1 期。

732 杨东晨等：《论伯益族的历史贡献和地位》，《中南民族学院学报（人文社会科学版）》2000 年第 2 期。

733 冉苒：《郭守敬治水的思维特征》，《华中师范大学学报（自然科学版）》2000 年第 2 期。

734 唐继凯：《中国古代天文历法与律吕之学——中国传统律吕之学及律历合一学说初探》，《交响·西安音乐学院学报》2000 年第 3 期。

735 张伟兵：《试评贾让三策在治黄史上的历史地位》，《人民黄河》2000 年第 3 期。

736　高林广：《陆龟蒙诗学思想论略》，《集宁师专学报》2000 年第 3 期。

737　王勋陵：《中国古代在认识和保护生物多样性方面的贡献》，《生物多样性》2000 年第 3 期。

738　王晖：《周文王克商方略考》，《陕西师范大学学报（哲学社会科学版）》2000 年第 3 期。

739　汤勤福：《太虚非气：张载"太虚"与"气"之关系新说》，《南开学报》2000 年第 3 期。

740　吴建新：《陈澧、邹伯奇的自然科学观》，《广东教育学院学报》2000 年第 4 期。

741　贾洪波：《中国古代建筑的屋顶曲线之制》，《故宫博物院院刊》2000 年第 5 期。

742　胡臻：《李杲阴火热病的实质及证治规律探讨》，《浙江中医学院学报》2000 年第 5 期。

743　阎润鱼：《近代中国唯科学主义思潮评析》，《教学与研究》2000 年第 10 期。

744　曲铁华：《中国近代科学教育发展嬗变及启示》，《东北师大学报》2000 年第 6 期。

745　罗一楠：《简论梁启超对物质科学与精神文化关系的探讨》，《长白学刊》2000 年第 6 期。

746　朱长久：《陈独秀的科学思想探析》，《安庆师范学院学报》2000 年第 3 期。

747　徐振亚：《谭嗣同科学思想浅析》，《中国科技史料》2000 年第 3 期。

748　刘元满：《近代活字印刷在东方的传播与发展》，《北京大学学报》2000 年第 3 期。

749　衣保中：《近代东北地区林业开发及其对区域环境的影响》，《吉林大学社会科学学报》2000 年第 3 期。

750　从飞：《王泰医学思想探讨》，《中国中医基础医学杂志》2000 年第 12 期。

751　［法］马克：《敦煌数占小考》，载《法国汉学》第 5 辑《敦煌学专号》，中华书局 2000 年版。

752　潘红丽、潘有发：《王文素的级数论》，《数学史研究》2001 年第 7 辑。

753　曹胜斌：《论中国古代科学技术的终结之宗教根源》，《长安大学学报（社会科学版）》2001 年第 1 期。

754　周艺等：《沈葆桢荒政思想述评》，《柳州师专学报》2001 年第 1 期。

755　胡化凯：《是运动不灭还是物质不灭——王夫之运动守恒思想质疑》，《自然科学史研究》2001 年第 1 期。

756　晁福林：《论荀子的"天人之分"说》，《管子学刊》2001 年第 1 期。

757　王海林：《徐有壬的幂级数代数符号系统研究》，《内蒙古师范大学学报（自然科学汉文版）》2001 年第 1 期。

758　刘克明等：《中国古代机械制造中的数理设计方法及其应用》，《机械研究与应用》2001 年第 1 期。

759　盛邦跃：《试论中国古代农业思想中"民本意识"及启示》，《南京农业大学学报

（社会科学版）》2001 年第 1 期。

760　郭华光：《试论中国古代数学衰落的原因及启示》，《数学教育学报》2001 年第 2 期。

761　姜振寰：《中国近现代科学技术史研究的方法论问题》，《自然科学史研究》2001 年第 2 期。

762　张柏春：《中国近现代科学史研究的若干内容与视角》，《自然科学史研究》2001 年第 2 期。

763　刘春燕：《元代水利专家任仁发及其〈水利集〉》，《上海师范大学学报（哲学社会科学版）》2001 年第 2 期。

764　杨舰：《中国近现代史科学技术史研究的意义与方法问题》，《自然科学史研究》2001 年第 2 期。

765　张九辰：《中国地理学近代化过程中的理论研究》，《自然科学史研究》2001 年第 3 期。

766　张其成：《邵雍：从物理之学到性命之学》，《孔子研究》2001 年第 3 期。

767　汪昭义：《郑复光：清代首撰光学专著的实验物理学家》，《黄山高等专科学校学报》2001 年第 3 期。

768　刘玉建：《论魏氏月体纳甲说及其对虞氏易学的影响》，《周易研究》2001 年第 4 期。

769　冯月香：《马端临及其文献观》，《图书馆理论与实践》2001 年第 4 期。

770　王梅：《〈植物名实图考〉药学思想探讨》，《中医研究》2001 年第 4 期。

771　粟新华：《水在古代物理实验中的妙用》，《邵阳师范高等专科学校学报》2001 年第 5 期。

772　朱清海：《中国古代生物循环变化思想初探》，《自然辩证法通讯》2001 年第 6 期。

773　白奚：《邹衍四时教令思想考索》，《文史哲》2001 年第 6 期。

774　卿上淉：《范缜〈神灭论〉思想新探》，《内江师范学院学报》2001 年第 6 期。

775　马金华：《论康有为的科学思想》，山东师范大学 2001 年硕士学位论文。

776　强海滨：《庄子心理健康思想研究》，陕西师范大学 2001 年硕士学位论文。

777　［法］梅塔椰：《论宋代本草与博物学著作中的理学"格物"观》，载《法国汉学》第 6 辑《科技史专号》，中华书局 2002 年版。

778　饶胜文：《中国古代军事地理大势》，《军事历史》2002 年第 1 期。

779　岳天雷：《王廷相的实学思想及其精神品格》，《河南社会科学》2002 年第 1 期。

780　敖光旭：《章太炎的"学隐"思想及其渊源》，《近代史研究》2002 年第 1 期。

781　潘德荣：《经典与诠释——论朱熹的诠释思想》，《中国社会科学》2002 年第 1 期。

782　关增建：《李淳风及其〈乙巳占〉的科学贡献》，《郑州大学学报（哲学社会科学版）》2003 年第 1 期。

783 颜玉怀：《氾胜之农业经营管理思想探析》，《西北农林科技大学学报（社会科学版）》2002 年第 2 期。

784 刘克明、杨叔子：《〈老子〉技术思想初探》，《哈尔滨工业大学学报（社会科学版）》2002 年第 2 期。

785 潘沁：《中国古代科学思维方式的特质》，《河南教育学院学报（哲学社会科学版）》2002 年第 2 期。

786 邓可卉：《韩显符及其天文仪器研究》，《内蒙古师范大学学报（自然科学汉文版）》2002 年第 2 期。

787 杨效雷：《清代学者焦循独特的易学构架》，《周易研究》2002 年第 2 期。

788 曲安京：《祖冲之是如何得到 π=355/113 的？》，《自然辩证法通讯》2002 年第 3 期。

789 张惠民：《祖冲之家族的天文历算研究及其贡献》，《陕西师范大学学报（自然科学版）》2002 年第 4 期。

790 张立：《科学“乃儒流实事求是之学”——略论阮元科学思想的实学精神及其局限》，《北京大学学报（哲学社会科学版）》2002 年第 3 期。

791 卜风贤：《周秦两汉时期农业灾害时空分布研究》，《地理科学》2002 年第 4 期。

792 陶世龙等：《地质思想在古代中国之萌芽》，《地质学史论丛》2002 年第 4 期。

793 李斌成：《中国传统农学思想中蕴含的形式美——农学与美学关系新探》，《西北农林科技大学学报（社会科学版）》2002 年第 6 期。

794 何海涛：《道教天人观与古代科技》，厦门大学 2002 年硕士学位论文。

795 刘玲娣：《〈抱朴子外篇〉与葛洪思想研究》，华中师范大学 2002 年硕士学位论文。

796 仰和芝：《戴震的人学思想研究》，湘潭大学 2002 年硕士学位论文。

797 陈友良：《理性化的思考与启蒙——严复思想体系初探》，福建师范大学 2002 年硕士学位论文。

798 马雨林：《从陶器看史前人类的科学创造》，《史前研究》2002 年第 00 期。

799 王前：《中国科学思想史研究的若干理论问题》，《大连理工大学学报》2003 年第 1 期。

800 李志军：《中国近代科学思想的变革历程》，《江汉论坛》2003 年第 1 期。

801 查有梁：《秦九韶数学思想方法》，《自然辩证法研究》2003 年第 1 期。

802 方旭东：《吴澄的格物致知说》，《江淮论坛》2003 年第 1 期。

803 余治平：《董仲舒的祥瑞灾异之说与谶纬流变》，《吉首大学学报（社会科学版）》2003 年第 2 期。

804 金生杨：《论魏了翁的易学思想》，《周易研究》2003 年第 3 期。

805 冯天瑜：《利玛窦创译西洋术语及其引发的文化论争》，《深圳大学学报（人文社会科学版）》2003 年第 3 期。

806　王瑞明：《论马端临的史学思想》，《华中师范大学学报（人文社会科学版）》2003 年第 3 期。

807　孔令宏：《王重阳与全真北宗的思想略论》，《杭州师范学院学报（社会科学版）》2003 年第 3 期。

808　［德］丁慕妮：《农家：一个专门分支的形成——周至南北朝与农业相关的文献》，载《第三届中国科技典籍国际会议论文集》，大象出版社 2006 年版。

809　［瑞士］鲁道夫·费斯特：《玉泉：作为快感和痛感的一种源泉——古代和中古医学和道家文献中的前列腺体验》，载《第三届中国科技典籍国际会议论文集》，大象出版社 2006 年版。

810　［美］席文：《一个研究古代科技史的文化多面性的方法》，《第三届中国科技典籍国际会议论文集》2003 年。

811　哈斯朝鲁：《忽思慧〈饮膳正要〉养生论》，《内蒙古民族大学学报（自然科学版）》2003 年第 1 期。

812　张惠民：《中国古代历法中内插法的应用与发展》，《西南师范大学学报（自然科学版）》2003 年第 2 期。

813　王乃昂等：《邹衍的地理学说及与〈五藏山经〉之关系》，《地理科学》2003 年第 2 期。

814　张其成：《王清任学术思想研究》，《医古文知识》2003 年第 2 期。

815　石云里等：《邢云路测算回归年长度问题之再研究》，《自然科学史研究》2003 年第 2 期。

816　盖建民：《陶弘景〈养性延命录〉医学养生思想探微》，《江西中医院学报》2003 年第 2 期。

817　乐爱国：《〈周易〉对中国古代数学的影响》，《周易研究》2003 年第 3 期。

818　张学智：《王夫之的格物致性与由性生知》，《北京大学学报（哲学社会科学版）》2003 年第 3 期。

819　乐爱国：《儒学与中国古代农学——从孔子反对"樊迟学稼"说起》，《孔子研究》2003 年第 4 期。

820　康中乾：《僧肇"空"论解义》，《南开学报》2003 年第 4 期。

821　施丁：《刘知几"实录"论》，《史学理论研究》2003 年第 4 期。

822　林殷等：《从〈黄帝内经太素〉论杨上善对命门学说的贡献》，《北京中医药大学学报》2003 年第 4 期。

823　宋克夫：《论唐顺之的学术思想》，《华侨大学学报（哲学社会科学版）》2003 年第 4 期。

824　粟新华等：《中国古代趣味物理实验补遗》，《邵阳学院学报》2003 年第 5 期。

825　向彬：《欧阳询的书学思想管见》，《美与时代》2003 年第 5 期。

826　江高鑫：《论王充对天人感应论的批判》，《赣南师范学院学报》2003 年第 5 期。

827　杨绪敏：《论刘知几处世思想的成因与史学思想的渊源》，《史学月刊》2003 年第 7 期。

828　李志军：《中国近代科学思想的变革历程》，《江汉论坛》2003 年第 10 期。

829　蒋谦等：《简论中国古代数学中的"黄金分割率"》，《自然辩证法研究》2003 年第 11 期。

830　徐栩：《朱棣〈救荒本草〉中的科学思想探析》，郑州大学 2003 年硕士学位论文。

831　刘剑锋：《竺道生顿悟思想研究》，华南师范大学 2003 年硕士学位论文。

832　李琼琼：《嵇康思想研究》，湖南大学 2003 年硕士学位论文。

833　肖剑平：《章太炎哲学思想的发展与完成》，湘潭大学 2003 年硕士学位论文。

834　马义泽：《张从正医学心理学思想探讨》，山东师范大学 2003 年硕士学位论文。

835　金丽：《中国古代医学心理思想之研究》，河北医科大学 2003 年硕士学位论文。

836　刘录民：《中国古代农业标准问题研究》，西北农林科技大学 2003 年硕士学位论文。

837　王彦霞：《尸子合辑校注译论》，河北师范大学 2003 年硕士学位论文。

838　沈忠环：《中国古代数学第一次高峰期出现的原因探析》，《陕西师范大学学报（自然科学版）》2004 年第 1 期。

839　蔡亦骅：《邓析"两可说"的博弈论分析》，《自然辩证法研究》2004 年第 1 期。

840　隋淑芬：《商鞅社会理想探析》，《首都师范大学学报（社会科学版）》2004 年第 1 期。

841　关增建：《祖冲之对计量科学的贡献》，《自然辩证法通讯》2004 年第 1 期。

842　张其成：《李时珍对人体生命的认识》，《中华医史杂志》2004 年第 1 期。

843　李迪：《邹伯奇科学论著遗稿》，《中国科技史料》2004 年第 1 期。

844　邓文宽：《敦煌具注历日与〈四时纂要〉的比较研究》，《敦煌研究》2004 年第 1 期。

845　郑铁生：《〈鬼谷子〉谋略思想及学术价值》，《福州大学学报（哲学社会科学版）》2004 年第 2 期。

846　晁福林：《孟子"浩然之气"说探论》，《文史哲》2004 年第 2 期。

847　宋克夫：《论唐顺之的天机说》，《湖北大学学报（哲学社会科学版）》2004 年第 2 期。

848　周群：《刘基儒学思想刍议》，《浙江工贸职业技术学院学报》2004 年第 2 期。

849　曹晓飞等：《沈括〈梦溪笔谈〉及其科学思想》，《浙江工业大学学报（社会科学版）》2004 年第 2 期。

850 东峰：《中国古代传统农学学理内涵与启示》，《社会科学战线》2004 年第 3 期。

851 周曙光等：《论宋应星的技术思想》，《宜春学院学报》2004 年第 3 期。

852 王民：《严复"天演"进化论对近代西学的选择与汇释》，《东南学术》2004 年第 3 期。

853 罗中枢：《论葛洪的修道思想和方法》，《世界宗教研究》2004 年第 4 期。

854 张芳：《徐光启的水利思想》，《古今农业》2004 年第 4 期。

855 王兴文：《试论宋代改革与科技创新的思想互动》，《自然辩证法通讯》2004 年第 4 期。

856 赵冠峰：《张衡地动仪文献蠡读——对地动仪功能的重新认识》，《自然科学史研究》2004 年第 4 期。

857 张登本：《王冰与运气学说》，《河南中医学院学报》2004 年第 5 期。

858 李玉清：《试析成无己阐释〈伤寒论〉的辩证思维方法》，《四川中医》2004 年第 5 期。

859 孔令宏：《中国古代科学技术思想中的机变论》，《自然辩证法研究》2004 年第 6 期。

860 宋伟等：《中国古代动物福利思想刍议》，《大自然》2004 年第 6 期。

861 王庆节：《老子的自然观念：自我的自己而然与他者的自己而然》，《求是学刊》2004 年第 6 期。

862 张泽洪：《论白玉蟾对南宋道教科仪的创新——兼论南宗教团的雷法》，《湖北大学学报（哲学社会科学版）》2004 年第 6 期。

863 王汝发：《再谈"中国古代数学中的'黄金分割率'"——与蒋谦、李思孟先生商榷》，《自然辩证法研究》2004 年第 7 期。

864 董青等：《李杲寒凉思想初探》，《河南中医》2004 年第 11 期。

865 厚宇德：《郑复光与法拉第谁更早具有地磁场思想》，《光明日报》2004 年 12 月 3 日。

866 李健胜：《子思研究》，辽宁师范大学 2004 年硕士学位论文。

867 裴鼎鼎：《王夫之意象理论探微》，河北师范大学 2004 年硕士学位论文。

868 王雷松：《王阳明"致良知"思想研究》，河南大学 2004 年硕士学位论文。

869 石增礼：《中国古代建筑类型与分类》，浙江大学 2004 年硕士学位论文。

870 陈卓：《吕坤道论思想探析》，陕西师范大学 2004 年硕士学位论文。

871 李朝军：《论吴其濬》，河南大学 2004 年硕士学位论文。

872 潘丽云：《论梅文鼎的数学证明》，内蒙古师范大学 2004 年硕士学位论文。

873 孙小泉：《论刘知几的学术风格》，曲阜师范大学 2004 年硕士学位论文。

874 尹兴国：《〈穆天子传〉的成书时间、性质和价值》，西北师范大学 2004 年硕士学位论文。

875　李文林：《中国古代数学的发展及其影响》，《中国科学院院刊》2005 年第 1 期。

876　刘明：《论徐光启的重农思想及其实践——兼论〈农政全书〉的科学地位》，《苏州大学学报》2005 年第 1 期。

877　赵书刚：《吴有性〈瘟疫论〉对传染病学的创新性贡献浅释》，《中医药学刊》2005 年第 1 期。

878　邱春林：《宋应星的造物思想评析》，《装饰》2005 年第 1 期。

879　陈斌惠：《〈周髀算经〉光程极限数值由来新探》，《自然科学史研究》2005 年第 1 期。

880　曹一：《〈周髀算经〉的自洽性分析》，《上海交通大学学报（哲学社会科学版）》2005 年第 2 期。

881　杨树栋：《机械工程——中国古代技术进步的标志》，《山西大学学报（哲学社会科学版）》2005 年第 1 期。

882　蔡方鹿：《魏了翁的实学思想及对湘蜀文化的沟通》，《湖南大学学报（社会科学版）》2005 年第 1 期。

883　赵敏：《中国古代农业管理思想新论》，《湖南农业大学学报（社会科学版）》2005 年第 2 期。

884　罗新慧：《从上博简〈子羔〉和〈容成氏〉看古史传说中的后稷》，《史学月刊》2005 年第 2 期。

885　贝京：《唐顺之本色论重析》，《浙江学刊》2005 年第 2 期。

886　刘芹英：《中国古代数学成就与机械化数学思想评价》，《新乡师范高等专科学校学报》2005 年第 2 期。

887　黄健等：《浅析张从正的中医心身医学思想》，《中华中医药杂志》2005 年第 2 期。

888　张泽洪：《北魏道士寇谦之的新道教论析》，《四川大学学报（社会科学版）》2005 年第 3 期。

889　孙理军等：《王冰以道释医以医述道学术思想特征诠释》，《中医药学刊》2005 年第 3 期。

890　肖屏：《〈考工记〉设计思想研究》，《湖北美术学院学报》2005 年第 4 期。

891　王鹏飞：《张衡候风地动仪功能测试和感震原理的探讨》，《自然科学史研究》2005 年第 4 期。

892　吕建福：《佛教世界观对中国古代地理中心观念的影响》，《陕西师范大学学报（哲学社会科学版）》2005 年第 4 期。

893　李春勇：《徐光启的科学思想及其影响》，《上海行政学院学报》2005 年第 5 期。

894　刘刚：《"武丁中兴"的原因初探》，《安阳工学院》2005 年第 5 期。

895　王素美：《刘因对哲学时空与审美时空的转换》，《河北大学学报（哲学社会科学版）》2005 年第 5 期。

896　王兴文等：《苏颂与〈新仪象法要〉再探讨》，《自然辩证法通讯》2005 年第 6 期。

897　谢新年等：《吴其浚及其〈植物名实图考〉对植物学的贡献》，《河南中医学院学报》2005 年第 6 期。

898　王芙蓉：《两晋灾害及其相关问题研究》，江西师范大学 2005 年硕士学位论文。

899　董亚峥：《李冶思想的语境分析》，山西大学 2005 年硕士学位论文。

900　卢立建：《任鸿隽科学思想述论》，山东师范大学 2005 年硕士学位论文。

901　曲岩：《王廷相"气本论"思想研究》，河南大学 2005 年硕士学位论文。

902　崔善锋：《康有为的变革思想》，山东大学 2005 年硕士学位论文。

903　李海艳：《华蘅芳"格致"思想浅析》，华东师范大学 2005 年硕士学位论文。

904　郑庆田：《论竺道生佛性思想的理论特色》，西南师范大学 2005 年硕士学位论文。

905　魏志波：《中国哲学中自然规律观念的演变与科学发展》，华中科技大学 2005 年硕士学位论文。

906　雷丽萍：《寇谦之的道教改革及其历史地位》，中央民族大学 2005 年硕士学位论文。

907　黄鸿春：《晚明气论自然观探微》，广西大学 2005 年硕士学位论文。

908　［德］雷恩：《历史上的呼应：〈墨经〉与古代欧洲的力学思想》，载傅汉思等主编《中国科技典籍研究第三届中国科技典籍国际会议论文集》，大象出版社 2006 年版。

909　任现志：《钱乙"脾主困"及其脾胃学术思想探析》，《中医文献杂志》2006 年第 1 期。

910　孔令宏：《中国古代科学技术思想中的感通论》，《湖北大学学报（哲学社会科学版）》2006 年第 2 期。

911　方光华：《中国思想史研究方法刍议》，《中国社会科学院院报》2005 年 11 月 15 日；《新华文摘》2006 年第 2 期。

912　杨光：《中国古代化学的成就及缺憾》，《阜阳师范学院学报（自然科学版）》2006 年第 2 期。

913　王工一：《论〈九章算术〉和中国古代数学的特点》，《丽水学院学报》2006 年第 2 期。

914　刘笑敢：《"反向格义"与中国哲学研究的困境——以老子之道的诠释为例》，《南京大学学报（哲学·人文科学·社会科学版）》2006 年第 2 期。

915　孙开泰：《阴阳家邹衍的"天人合一"思想——"阴阳"是开启"五行"的钥匙》，《管子学刊》2006 年第 2 期。

916　朱松美：《中国古代生物和谐思想及其实践的哲学基础》，《莱阳农学院学报（社会科学版）》2006 年第 2 期。

917　韩文琦：《沈葆桢与中国海防近代化建设》，《军事历史研究》2006 年第 2 期。

918　张振尊等：《钱乙学术思想对现代中医儿科学的指导意义》，《中医儿科杂志》2006 年第 3 期。

919　陈居渊：《论焦循的易学与堪舆学》，《周易研究》2006 年第 3 期。

920　盖建民：《道教物理学思想略析》，《杭州师范学院学报（社会科学版）》2006 年第 3 期。

921　纪文静：《中国古代医学中的生态伦理思想》，《柳州师专学报》2006 年第 3 期。

922　张惠民：《元代朱世杰的高次招差术研究》，《陕西师范大学学报（自然科学版）》2006 年第 3 期。

923　张柏春等：《中国古代机械与器物的图像表达》，《故宫博物院院刊》2006 年第 3 期。

924　王东涛：《论中国古代建筑的平面与外观形象及其文化特色》，《河南大学学报（社会科学版）》2006 年第 3 期。

925　孙小淳：《宋代改历中的"验历"与中国古代的五星占》，《自然科学史研究》2006 年第 4 期。

926　赵仕强等：《试论庞安时〈伤寒总病论〉对温病学的影响》，《中医文献杂志》2006 年第 4 期。

927　施威：《晚明科学思想及其历史意义——以徐光启为例》，《科学技术与辩证法》2006 年第 5 期。

928　罗见今：《徐有壬〈测圆密率〉对正切数的研究》，《西北大学学报（自然科学版）》2006 年第 5 期。

929　陈国代：《朱震亨格物致知的思想来源》，《中医药学刊》2006 年第 4 期。

930　刘志龙：《成无己辨证论治思想探析》，《新中医》2006 年第 12 期。

931　李文锋：《〈尸子〉研究》，山东师范大学 2006 年硕士学位论文。

932　张秀丽：《章太炎与近代自然科学》，山东师范大学 2006 年硕士学位论文。

933　张新萍：《王充思想融合性研究》，郑州大学 2006 年硕士学位论文。

934　陆继萍：《王充思想的体系诠释和重建》，云南师范大学 2006 年硕士学位论文。

935　刘亮：《论葛洪的养生思想》，中央民族大学 2006 年硕士学位论文。

936　石佳：《李鸿章与直隶荒政》，河北师范大学 2006 年硕士学位论文。

937　徐丽君：《任鸿隽的科学救国思想研究》，山西大学 2006 年硕士学位论文。

938　阎秋凤：《论许衡的理学思想及其影响》，郑州大学 2006 年硕士学位论文。

939　吕凌：《钱乙五行思想研究》，辽宁中医药大学 2006 年硕士学位论文。

940　罗来文：《胡宏哲学思想研究》，南昌大学 2006 年硕士学位论文。

941　陈炜：《任鸿隽科学思想研究》，国防科学技术大学 2006 年硕士学位论文。

942　孔慧红：《〈五十二病方〉与巫术文化》，陕西师范大学 2006 年硕士学位论文。

943　胡火金：《天热合一——中国古代农业思想精髓》，《农业考古》2007 年第 1 期。

944　郭书春：《关于刘徽的割圆术》，《高等数学研究》2007年第1期。

945　郭新和：《〈鬼谷子〉中的阴阳思想及相关问题》，《殷都学刊》2007年第1期。

946　郑杰祥：《商汤伐桀路线新探》，《中原文物》2007年第2期。

947　陈来：《竹简〈五行〉篇与子思思想研究》，《北京大学学报（哲学社会科学版）》2007年第2期。

948　宁晓玉：《试论王锡阐宇宙模型的特征》，《中国科技史杂志》2007年第2期。

949　查有梁：《落下闳的贡献对张衡的影响》，《广西民族大学学报（自然科学版）》2007年第3期。

950　孙承晟：《明清之际西方光学知识在中国的传播及其影响——孙云球〈镜史〉研究》，《自然科学史研究》2007年第3期。

951　张福汉：《〈数术记遗〉与珠算起源研究》，《西安外事学院学报》2007年第4期。

952　李正民：《论元好问的价值观》，《江苏大学学报（社会科学版）》2007年第4期。

953　陈正奇：《吕不韦与〈吕氏春秋〉及其农业科学价值》，《西安财经学院学报》2007年第6期。

954　乐爱国：《北宋儒学背景下沈括的科学研究》，《浙江师范大学学报（社会科学版）》2007年第6期。

955　毛瑞方等：《明代西洋三书的域外史记载与世界性意识——读〈瀛涯胜览〉〈星槎胜览〉〈西洋番国志〉》，《淮北煤炭师范学院学报（哲学社会科学版）》2007年第6期。

956　侯春燕：《任鸿隽科学救国思想初探》，《河北师范大学学报（哲学社会科学版）》2007年第6期。

957　阴山等：《羑里：周文王的智慧操练》，《中华遗产》2007年第7期。

958　白如祥：《王重阳心性思想论纲》，《理论学刊》2007年第7期。

959　李丛：《盱江医家陈自明学术特色探析》，《江苏中医药》2007年第8期。

960　张友和：《剖析宋代医家朱肱的学术思想》，《内蒙古中医药》2007年第10期。

961　刘邦凡：《论推类逻辑与中国古代科学》，《哲学研究》2007年第11期。

962　李永乐：《李中梓治疗泄泻学术思想探析》，《河南中医》2007年第11期。

963　张莉：《试论刘徽的数学思想方法》，《自然辩证法研究》2007年第12期。

964　李涛：《中国传统科技思想对现代科技创新的启示——以吴文俊的数学机械化研究为例》，《科技管理研究》2007年第11期。

965　何亚玲：《〈考工记〉的设计思想研究》，载曹和平、林文勋主编《东陆学林》第16辑，云南大学出版社2007年版。

966　苏黎等：《中国传统农学思想之自然观》，《全球化视阈中的科技与社会——全国科技与社会（STS）学术年会论文集》2007年。

967　陈柏华等：《夏启其人新论》，《文学前沿》2007年。

968　王华梅：《周秦时期黄河中下游地区植被分布及其变迁——以〈诗经〉十五国风

为线索》，陕西师范大学 2007 年硕士学位论文。

969　安正发：《皇甫谧研究》，西北师范大学 2007 年硕士学位论文。

970　刘春霞：《刘禹锡自然观研究》，东华大学 2007 年硕士学位论文。

971　熊思量：《宋慈与〈洗冤集录〉之研究》，福建师范大学 2007 年硕士学位论文。

972　王林燕：《胡宏史学思想研究》，华中科技大学 2007 年硕士学位论文。

973　王晓茹：《论朱载堉〈乐律全书〉的舞乐思想》，福建师范大学 2007 年硕士学位论文。

974　王成娟：《黄省曾研究》，浙江大学 2007 年硕士学位论文。

975　喻艳：《张之洞的实业教育思想研究》，西南大学 2007 年硕士学位论文。

976　侯北辰：《孙思邈"释梦－辨证－六字诀调治"诊疗法初探》，北京中医药大学 2007 年硕士学位论文。

977　曹燕：《〈尔雅〉动物专名研究》，内蒙古大学 2007 年硕士学位论文。

978　郑诚：《何承天天学研究》，上海交通大学 2007 年硕士学位论文。

979　姜春兰：《论鸠摩罗什的佛经翻译理论与实践》，天津理工大学 2007 年硕士学位论文。

980　云玉芬：《〈黄帝内经〉中"心"的形气神研究》，北京中医药大学 2007 年硕士学位论文。

981　仇道滨：《商鞅思想与学术研究》，山东大学 2007 年硕士学位论文。

982　潘云：《王祯〈农书〉农业生态思想研究》，南京农业大学 2007 年硕士学位论文。

983　蒋磊：《〈算经十书〉称数法研究》，南京师范大学 2007 年硕士学位论文。

984　牟宗国：《慎到学派及其思想研究》，山东大学 2007 年硕士学位论文。

985　杨雄：《吕坤气学思想研究》，湘潭大学 2007 年硕士学位论文。

986　殷陈亮：《任鸿隽的科学思想及其对中国科学的贡献》，中南大学 2007 年硕士学位论文。

987　张爱华：《谭嗣同"仁学"思想研究》，黑龙江大学 2007 年硕士学位论文。

988　陈志杰：《李中梓的医学学术思想研究》，河北医科大学 2007 年硕士学位论文。

989　辛松：《曾国藩的科技思想探究》，国防科学技术大学 2007 年硕士学位论文。

990　杨丽容：《从〈吕氏春秋〉看吕不韦的治国思想》，华南师范大学 2007 年硕士学位论文。

991　于力：《商鞅的"变法理论"研究》，吉林大学 2007 年硕士学位论文。

992　王东生：《徐光启：科学、宗教与儒学的奇异融合》，山东大学 2007 年硕士学位论文。

993　黄义华：《吴澄"和会朱陆"的思想研究》，首都师范大学 2007 年硕士学位论文。

994　张丽:《儒家人本科技观对我国古代科学技术发展的影响研究》,湖南大学 2007 年硕士学位论文。

995　朱新林:《僧肇思想述评》,西藏民族学院 2007 年硕士学位论文。

996　李锐:《试析郑观应的海防思想》,湖南师范大学 2007 年硕士学位论文。

997　陈可吟:《〈鬼谷子〉中蕴含的逻辑思想》,河南大学 2007 年硕士学位论文。

998　黄克剑:《惠施"合同异"之辩发微》,《哲学研究》2008 年第 1 期。

999　朱一文:《从"以率消息"看刘徽圆周率的产生过程》,《自然科学史研究》2008 年第 1 期。

1000　姚晓瑞:《中国古代地缘政治空间结构过程及模式研究》,《人文地理》2008 年第 1 期。

1001　王靖轩等:《〈齐民要术〉中的地主"治生之学"产生背景研究》,《古今农业》2008 年第 1 期。

1002　赵逵夫:《论纵横家的历史地位与〈鬼谷子〉的思想价值》,《中州学刊》2008 年第 1 期。

1003　刘野:《范缜〈神灭论〉中的心理学思想》,《燕山大学学报(哲学社会科学版)》2008 年第 1 期。

1004　张树青:《儒、释、道的科技观比较研究》,《白城师范学院学报》2008 年第 2 期。

1005　盖建民:《略论玄教门人朱思本的地图科学思想》,《宗教学研究》2008 年第 2 期。

1006　熊铁基:《试论王重阳的"全真"思想》,《世界宗教研究》2008 年第 2 期。

1007　周松芳等:《刘基与谶纬术数关系平议》,《浙江社会科学》2008 年第 2 期。

1008　薛松等:《张景岳阴阳思想探析》,《山西中医》2008 年第 2 期。

1009　朱新林:《邹衍五行说考论》,《江南大学学报(人文社会科学版)》2008 年第 2 期。

1010　梁泽兴:《从中国古代建筑看阴阳五行系统理论》,《西安欧亚学院学报》2008 年第 2 期。

1011　赵小平:《关于一道习题的思考》,《历史学习》2008 年第 3 期。

1012　尼米聪等:《试论郭守敬的科学思想与思维特征》,《邢台学院学报》2008 年第 3 期。

1013　侯倩男:《刘秉忠的科技兴国思想初探》,《邢台学院学报》2008 年第 3 期。

1014　李建伟:《中国古代的物理先驱》,《职大学报》2008 年第 4 期。

1015　李裴:《李筌〈阴符经〉注疏的美学思想》,《宗教学研究》2008 年第 4 期。

1016　刘邦凡:《论推类与中国古代农学》,《农业考古》2008 年第 4 期。

1017　李华瑞:《王安石变法的再思考》,《河北学刊》2008 年第 5 期。

1018　叶瑜等：《唐宗海治疗血症特色》，《中医药学报》2008 年第 5 期。

1019　赵国华：《戚继光军事思想探论》，《理论学刊》2008 年第 5 期。

1020　邓玉文：《杨辉的数学教育思想及其现代意义》，《数学教学研究》2008 年第 5 期。

1021　郑第腾飞：《科技思想语境下的道家》，《社会科学报》2008 年 8 月 7 日。

1022　杨光：《中国古代化学对物质研究的成果及误区》，《宿州学院学报》2008 年第 6 期。

1023　刘康德：《刘安治国三要素：天、人与"器物"》，《安徽大学学报（哲学社会科学版）》2008 年第 6 期。

1024　陈永灿：《陈言审因用方治疗健忘的学术特色》，《浙江中医杂志》2008 年第 8 期。

1025　李婷婷等：《汤若望与中国近代科学的历史命运》，《自然辩证法研究》2008 年第 8 期。

1026　杨俊中：《中国古代农业生态保护思想探析》，《安徽农业科学》2008 年第 15 期。

1027　李西泽：《春秋战国与古希腊时期科学思想比较研究》，昆明理工大学 2008 年硕士学位论文。

1028　卜超：《司马迁〈史记〉人学思想研究》，青岛大学 2008 年硕士学位论文。

1029　胡卫东：《张仲景治未病思想研究》，浙江中医药大学 2008 年硕士学位论文。

1030　赵艳玫：《吴筠神仙思想浅论》，华东师范大学 2008 年硕士学位论文。

1031　卞粤：《徐光启农业思想研究》，苏州大学 2008 年硕士学位论文。

1032　齐鹏：《方以智科学观研究》，山东大学 2008 年硕士学位论文。

1033　陈建文：《郑观应思想研究》，山东大学 2008 年硕士学位论文。

1034　朱一文：《百鸡术的历史研究》，上海交通大学 2008 年硕士学位论文。

1035　宋天宇：《顾炎武经世致用思想初探》，东北师范大学 2008 年硕士学位论文。

1036　冯利兵：《中国古代农业减灾救荒思想研究》，西北农林科技大学 2008 年硕士学位论文。

1037　雷思鹏：《墨家逻辑思想研究》，西北师范大学 2008 年硕士学位论文。

1038　张文波：《京房八宫易学探微》，山东大学 2008 年硕士学位论文。

1039　许伟：《白玉蟾内丹思想研究——兼及白玉蟾雷法》，四川省社会科学院 2008 年硕士学位论文。

1040　孙洪伟：《〈考工记〉设计思想研究》，武汉理工大学 2008 年硕士学位论文。

1041　林琼华：《茅元仪研究》，浙江大学 2008 年硕士学位论文。

1042　付华超：《〈齐民要术〉生态农学思想研究》，长安大学 2008 年硕士学位论文。

1043　李巍：《名实与指物——论公孙龙的形上思考》，兰州大学 2008 年硕士学位论文。

1044　陈仲先：《〈天工开物〉设计思想研究》，武汉理工大学 2008 年硕士学位论文。

1045　张举英：《董仲舒〈天人三策〉研究》，山东大学 2008 年硕士学位论文。

1046　刘克明：《秦代技术思想初探》，《秦俑博物馆开馆三十周年国际学术研讨会暨秦俑学第七届年会会议论文集》2009 年。

1047　李印权：《浅谈中国古代数学起源和发展》，《第三届数学史与数学教育国际研讨会论文集》2009 年。

1048　龚光明等：《略论中国古代生物多样性观念及其在灾害防治中的作用》，《农业考古》2009 年第 1 期。

1049　沈顺福：《后期墨家形而上学研究》，《管子学刊》2009 年第 1 期。

1050　李学功：《重新认识古文〈尚书·说命〉与傅说思想的意义》，《河南大学学报（社会科学版）》2009 年第 1 期。

1051　于赓哲：《被怀疑的华佗——中国古代外科手术的历史轨迹》，《清华大学学报（哲学社会科学版）》2009 年第 1 期。

1052　章伟文：《张伯端内丹学思想探微》，《中国哲学史》2009 年第 1 期。

1053　郝强收：《李中梓治疗积聚思想探微》，《辽宁中医药大学学报》2009 年第 1 期。

1054　赵中国：《邵雍先天学的两个层面：象数学与本体论——兼论朱熹对邵雍先天学的误读》，《周易研究》2009 年第 1 期。

1055　徐远：《王清任调气活血组方思想的内涵及临床应用》，《北京中医药大学学报》2009 年第 1 期。

1056　王平：《宋朝李诫编修〈营造法式〉对古代建筑标准化的贡献》，《标准科学》2009 年第 1 期。

1057　唐晓峰：《"反向格义"与中国地理学史研究》，《南京大学学报（哲学·人文科学·社会科学版）》2009 年第 2 期。

1058　贾洪波：《中国古代木结构建筑体系的特征及成因说辨析——兼申论其与中国传统文化人本思想的关系》，《南开学报（哲学社会科学版）》2009 年第 2 期。

1059　汤彬如：《赵爽的数学哲学思想》，《南昌教育学院学报》2009 年第 2 期。

1060　潘佳宁：《道安翻译思想新探》，《沈阳师范大学学报（社会科学版）》2009 年第 2 期。

1061　王志刚等：《先秦时期士的人生追求——以苏秦为例》，《宝鸡文理学院学报（社会科学版）》2009 年第 2 期。

1062　姚敏：《中国古代生物分类学的发展》，《三峡大学学报（人文社会科学版）》2009 年第 2 期。

1063　高红成：《李善兰对微积分的理解和应用》，《中国科技史杂志》2009 年第 2 期。

1064　李均明：《〈保训〉与周文王的治国理念》，《中国史研究》2009 年第 3 期。

1065　戴建业：《"类例既分，学术自明"——论郑樵文献学的"类例"思想》，《图书情报知识》2009 年第 3 期。

1066 胡以存：《诸葛亮北伐的战略分析》，《黄石理工学院学报（人文社会科学版）》2009 年第 3 期。

1067 郭树群：《朱载堉的应用律学思维与理论律学思维索隐》，《天籁（天津音乐学院学报）》2009 年第 3 期。

1068 王鹏等：《纵横家的联盟思想及启迪——以〈鬼谷子〉、〈战国策〉为中心》，《国际政治科学》2009 年第 3 期。

1069 郑怡楠：《瓜州石窟群唐玄奘取经图研究》，《敦煌学辑刊》2009 年第 4 期。

1070 邸利会：《李子金对西方历算的反应》，《中国科技史杂志》2009 年第 4 期。

1071 程雅君：《纯正道医、高尚先生——金代医家刘完素道医思想辨析》，《宗教学研究》2009 年第 4 期。

1072 王传超：《古代农书中天文及术数内容的来源及流变——以〈四时纂要〉为中心的考察》，《中国科技史杂志》2009 年第 4 期。

1073 曾振宇等：《李淳风"军气占"考论》，《历史研究》2009 年第 5 期。

1074 李素云等：《唐宗海之经脉气化观浅析》，《中国针灸》2009 年第 5 期。

1075 马来平：《薛凤祚科学思想管窥》，《自然辩证法研究》2009 年第 7 期。

1076 李建明：《戚继光"有限发展"火器技术问题初探》，《自然辩证法研究》2009 年第 7 期。

1077 柳亚平等：《朱震亨及其门人痰证诊疗思想探讨》，《中国中医基础医学杂志》2009 年第 12 期。

1078 武廷海：《从形势论看宇文恺对隋大兴城的"规画"》，《城市规划》2009 年第 12 期。

1079 程志立等：《〈神农本草经〉养生方药构成及其思考》，《北京中医药大学学报》2009 年第 12 期。

1080 刘世海：《论墨子的科学技术思想》，武汉科技大学 2009 年硕士学位论文。

1081 朱桂祯：《华佗养生思想及养生方法研究》，长春中医药大学 2009 年硕士学位论文。

1082 翟晓佩：《试论荀况的"明辩"思想》，西南大学 2009 年硕士学位论文。

1083 滕艳辉：《宋代历法定朔算法及精度分析》，西北大学 2009 年硕士学位论文。

1084 韩庆伟：《苏秦史料研究》，南昌大学 2009 年硕士学位论文。

1085 王远秋：《王国维的"境界说"研究》，新疆大学 2009 年硕士学位论文。

1086 赵瑞占：《缪希雍学术思想及临床经验总结》，新疆医科大学 2009 年硕士学位论文。

1087 高皓彤：《〈饮膳正要〉研究》，陕西师范大学 2009 年硕士学位论文。

1088 高巧林：《朱震亨中医心理学思想》，山东师范大学 2009 年硕士学位论文。

1089 孙金华:《胡宏内生外王思想研究》,河南大学 2009 年硕士学位论文。

1090 曹晓飞:《沈括思想研究》,西北师范大学 2009 年硕士学位论文。

1091 李瑞国:《任鸿隽科学思想及其教育意义》,苏州大学 2009 年硕士学位论文。

1092 刘磊:《陆九渊经典诠释思想研究》,河南大学 2009 年硕士学位论文。

1093 全超:《魏了翁理学思想评析》,东北师范大学 2009 年硕士学位论文。

1094 卢美芳:《陈自明对张仲景妇科诊治思想之继承与发展》,北京中医药大学 2009 年硕士学位论文。

1095 乔飞:《吕本中诗学思想研究》,山东师范大学 2009 年硕士学位论文。

1096 侯庆双:《张伯端内丹思想研究》,云南师范大学 2009 年硕士学位论文。

1097 王伟:《杨泉自然哲学思想新探》,上海师范大学 2009 年硕士学位论文。

1098 王笑梦:《嵇康〈声无哀乐论〉研究》,华东师范大学 2009 年硕士学位论文。

1099 李瑶:《晋唐时期中医美容方剂的历史考察》,中国中医科学院 2009 年硕士学位论文。

1100 张德纯:《中国古代的"有机农业"》,《第八届全国绿色环保肥料(农药)新技术、新产品交流会论文集》2009 年。

1101 陈晓红:《郑复光及其〈费隐与知录〉》,《中国科普理论与实践探索——〈全民科学素质行动计划纲要〉论坛暨第十六届全国科普理论研讨会文集》2009 年。

1102 白欣等:《清代力学家邹伯奇对求解物体重心问题的研究》,《中外力学思维纵横——第四届全国力学史与方法论学术研讨会论文集》2009 年。

1103 赵安启等:《中国古代建筑朴素的绿色观念概说》,《西安建筑科技大学(社会科学版)》2010 年第 1 期。

1104 吴从祥:《从〈论衡〉看王充与谶纬之关系》,《西南交通大学学报(社会科学版)》2010 年第 1 期。

1105 李哲:《从〈容斋随笔〉看洪迈的历史哲学思想》,《盐城师范学院学报(人文社会科学版)》2010 年第 1 期。

1106 高少才:《魏伯阳的养生术研究》,《光明中医》2010 年第 1、2 期。

1107 陈立柱:《刘知几史学变革观研究》,《合肥师范学院学报》2010 年第 2 期。

1108 左铨如等:《祖冲之大衍法新解》,《扬州大学学报(自然科学版)》2010 年第 3 期。

1109 彭少辉:《朱思本科技思想初探》,《江苏科技大学学报(社会科学版)》2010 年第 3 期。

1110 曾峥等:《数学文化传播的利玛窦模式及其影响》,《数学教育学报》2010 年第 6 期。

1111 王剑等:《试论李时珍医道文化思想体系》,《亚太传统医药》2010 年第 7 期。

1112 蔡林波:《陶弘景的形神论及思想史意义》,《东岳论丛》2010 年第 11 期。

1113　宁晓玉：《比较视野下的中国古代天文理论的探讨》,《科学文化评论》2010 年第 2 期。

1114　付艾妮等：《对王焘"重灸轻针"思想之历史成因的再认识》,《山东中医药大学学报》2010 年第 2 期。

1115　黄黎星：《再论京房"六十律"与卦气说》,《黄钟（中国·武汉音乐学院学报）》2010 年第 2 期。

1116　王福利等：《王廷相音乐思想管窥》,《音乐艺术（上海音乐学院学报）》2010 年第 2 期。

1117　徐中原等：《郦道元〈水经注〉生态思想管窥》,《江南大学学报（人文社会科学版）》2010 年第 2 期。

1118　贾庆军：《李之藻眼中的西学——兼论其实学思想》,《宁波大学学报（人文科学版）》2010 年第 2 期。

1119　牛雄：《中国古代天文思想与城市营造》,《华中建筑》2010 年第 3 期。

1120　孔德立：《子思五行说的来源》,《齐鲁学刊》2010 年第 3 期。

1121　徐义华：《武丁治国与傅说其人》,《殷都学刊》2010 年第 3 期。

1122　刘洪等：《徐寿与〈格致汇编〉及其对科学传播事业的贡献》,《编辑学报》2010 年第 3 期。

1123　孟庆云：《刘完素医学思想研究》,《江西中医学院学报》2010 年第 3 期。

1124　杨明等：《〈妇人大全良方〉中陈自明妊娠护理思想探析》,《环球中医药》2010 年第 3 期。

1125　郑炳林等：《唐玄奘西行路线与瓜州伊吾道有关问题考察》,《敦煌学辑刊》2010 年第 3 期。

1126　郭永琴：《商汤桑林祷雨与礼乐文明》,《邢台学院学报》2010 年第 4 期。

1127　雷兴辉：《道学思想方法与秦九韶的〈数书九章〉》,《西安文理学院学报（社会科学版）》2010 年第 4 期。

1128　王鹏飞：《评唐代李淳风"占风情"方法》,《自然科学史研究》2010 年第 4 期。

1129　刘巍等：《张从正攻邪理论研究》,《山东中医杂志》2010 年第 4 期。

1130　左东岭：《论刘基诗学思想的演变》,《文学评论》2010 年第 5 期。

1131　高玉春：《著名天文学家佛学家僧一行》,《高校社科动态》2010 年第 5 期。

1132　高金金等：《钱乙〈小儿药证直诀〉调理脾胃思想探析》,《广州中医药大学学报》2010 年第 6 期。

1133　李健：《唐宋时期科技发展与唐宋变革》,《中州学刊》2010 年第 6 期。

1134　陈勇：《冯桂芬变法思想刍议》,《长白学刊》2010 年第 6 期。

1135　袁国卿：《张仲景中药炮制学术思想探析》,《中国中药杂志》2010 年第 6 期。

1136　丁为祥：《董仲舒天人关系的思想史意义》,《北京大学学报（哲学社会科学版）》

2010 年第 6 期。

　　1137　卢红蓉等：《钱乙〈小儿药证直诀〉脏腑病机的特点研究》，《时珍国医国药》2010 年第 7 期。

　　1138　李汇洲等：《〈吕氏春秋〉与中国古代天文历法》，《理论月刊》2010 年第 8 期。

　　1139　崔存明：《荀子思想研究模式的反思与重构》，《哲学动态》2010 年第 10 期。

　　1140　张晋光：《徐霞客的生态观考论》，《旅游学刊》2010 年第 11 期。

　　1141　何凡能等：《历史时期气候变化对中国古代农业影响研究的若干进展》，《地理研究》2010 年第 12 期。

　　1142　孔祥勇：《刘完素火热论学术思想探析》，《吉林中医药》2010 年第 12 期。

　　1143　王尔亮等：《王履外感热病学术思想初探》，《上海中医药杂志》2010 年第 12 期。

　　1144　牛奔：《探究宋代成为我国古代科学技术发展高峰的原因》，《青年文学家》2010 年第 16 期。

　　1145　李丰琼：《董仲舒阴阳五行哲学思想研究》，西南大学 2010 年硕士学位论文。

　　1146　黄振：《许叔微学术思想探析》，北京中医药大学 2010 年硕士学位论文。

　　1147　潘世华：《顾炎武〈日知录〉中的实学思想》，四川师范大学 2010 年硕士学位论文。

　　1148　苏娜：《探究中国古代天文仪器设计中的哲学智慧》，东北大学 2010 年硕士学位论文。

　　1149　王玲：《〈尚书·盘庚上〉疑难新解》，广西民族大学 2010 年硕士学位论文。

　　1150　李为：《〈韩非子〉的道法思想研究》，重庆大学 2010 年硕士学位论文。

　　1151　陈鑫：《僧肇认识论思想》，西北大学 2010 年硕士学位论文。

　　1152　聂艳莲：《李冶研究》，扬州大学 2010 年硕士学位论文。

　　1153　马倩倩：《许衡理学思想研究》，山东大学 2010 年硕士学位论文。

　　1154　牛艳娇：《论刘禹锡的天人观》，郑州大学 2010 年硕士学位论文。

　　1155　黄田镔：《陈修园脾胃学术思想研究》，福建中医药大学 2010 年硕士学位论文。

　　1156　王进常：《李吉甫与〈元和郡县图志〉研究》，河北师范大学 2010 年硕士学位论文。

　　1157　刘剑锋：《竺道生佛性思想研究》，苏州大学 2010 年硕士学位论文。

　　1158　袁晓文：《王阳明和王夫之的知行观比较研究》，曲阜师范大学 2010 年硕士学位论文。

　　1159　杨丽娜：《杨泉哲学思想研究》，陕西师范大学 2010 年硕士学位论文。

　　1160　孟迎俊：《〈尔雅·释草〉名物词研究》，广西师范大学 2010 年硕士学位论文。

　　1161　张彦灵：《唐宋时期医学人物神化现象研究》，陕西师范大学 2010 年硕士学位论文。

　　1162　江向东：《〈公孙龙子·指物论〉新诠》，《中国哲学史》2011 年第 1 期。

1163　吴天钧：《贾思勰的农学思想及其当代价值》，《农业考古》2011 年第 1 期。

1164　孙文军等：《从血府逐瘀汤看王清任治疗焦虑症的思想》，《吉林中医药》2011 年第 1 期。

1165　朱茜：《论申不害"由名而术"之政治思想》，《求索》2011 年第 1 期。

1166　赵海旺：《刘知几的史料理论成就》，《史学集刊》2011 年第 1 期。

1167　陈建平：《由建构与算理看戴震的〈勾股割圆记〉》，《自然科学史研究》2011 年第 1 期。

1168　薄芳珍等：《晚清物理学译著中数学符号的演变》，《内蒙古师范大学学报（自然科学版）》2011 年第 2 期。

1169　李相武等：《浅析陆羽推崇越窑的原因》，《农业考古》2011 年第 2 期。

1170　王军：《朱载堉乐律学研究指导思想辨析》，《黄钟（中国·武汉音乐学院学报）》2011 年第 2 期。

1171　杨国荣：《物·势·人——叶适哲学思想研究》，《南京大学学报（哲学·人文科学·社会科学版）》2011 年第 2 期。

1172　姚春鹏：《刘完素医易思想初探》，《周易研究》2011 年第 2 期。

1173　马来平：《利玛窦科学传播功过新论》，《自然辩证法研究》2011 年第 2 期。

1174　李亮等：《〈回回历法〉交食精度之分析》，《自然科学史研究》2011 年第 3 期。

1175　陈勇：《冯桂芬兴农思想析论》，《石家庄经济学院学报》2011 年第 3 期。

1176　闫利春：《胡瑗〈周易口义〉的天道观与性情论》，《周易研究》2011 年第 3 期。

1177　秦草：《中国文明时代诞生的阵痛——夏启与有扈氏"甘之战"刍议》，《唐都学刊》2011 年第 3 期。

1178　高日阳：《孙思邈"治未病"思想探析》，《中医研究》2011 年第 3 期。

1179　王兴文等：《魏了翁科技思想初探》，《自然辩证法通讯》2011 年第 4 期。

1180　刘庆艳等：《冯桂芬社会整合思想探析》，《忻州师范学院学报》2011 年第 4 期。

1181　侯钢：《秦九韶"大衍总数术"中问数化定数算法解析》，《自然科学史研究》2011 年第 4 期。

1182　陈侃理：《京房的〈易〉阴阳灾异说》，《历史研究》2011 年第 6 期。

1183　马强：《烈士之学：浅析谭嗣同的自然科学思想》，《文史博览（理论）》2011 年第 6 期。

1184　苏娜：《中国古代天文仪器的造物思想研究》，《艺术与设计（理论）》2011 年第 7 期。

1185　韩佳瑞等：《〈神农本草经〉之三品分类浅析》，《中医杂志》2011 年第 23 期。

1186　吕变庭：《唐朝对于两宋的历史意义——以科学思想为视角的观察》，载《宋史研究论丛》，河北大学出版社 2011 年版。

1187　张蝶：《关于中国古代天文文献的基础研究》，辽宁大学 2011 年硕士学位论文。

1188　王睿：《隋唐科技教育研究》，东北师范大学 2011 年硕士学位论文。

1189　李吉燕：《张从正神情学说研究》，成都中医药大学 2011 年硕士学位论文。

1190　邢文芳：《〈太白阴经〉遁甲篇研究》，浙江大学 2011 年硕士学位论文。

1191　祝涛：《华蘅芳〈学算笔谈〉研究》，上海交通大学 2011 年硕士学位论文。

1192　王志伟：《华蘅芳的科技观研究》，山西大学 2011 年硕士学位论文。

1193　刘轶明：《项名达、戴煦、邹伯奇、夏鸾翔的开方术研究》，天津师范大学 2011 年硕士学位论文。

1194　马步飞：《释智圆儒佛汇通思想研究》，陕西师范大学 2011 年硕士学位论文。

1195　郭艳：《刘禹锡精神世界的发展演变探析》，陕西师范大学 2011 年硕士学位论文。

1196　梁伟伟：《〈鬼谷子〉研究》，山东师范大学 2011 年硕士学位论文。

1197　宋成：《宋应星自然哲学思想研究》，吉林大学 2011 年硕士学位论文。

1198　高登：《戚继光兵儒合一思想研究》，山东师范大学 2011 年硕士学位论文。

1199　张健：《关于中国古代地理文献的基础研究》，辽宁大学 2011 年硕士学位论文。

1200　张守煜：《惠施逻辑思想研究》，黑龙江大学 2011 年硕士学位论文。

1201　孙丽丽：《段成式研究》，杭州师范大学 2011 年硕士学位论文。

1202　陈尧：《魏源经世致用思想研究》，黑龙江大学 2011 年硕士学位论文。

1203　鄢丽：《李时珍的医学哲学思想研究》，武汉科技大学 2011 年硕士学位论文。

1204　樊育蓓：《太湖流域史前稻作农业发展研究》，南京农业大学 2011 年硕士学位论文。

1205　徐春野：《魏晋南北朝道教对科技发展的影响》，山东大学 2011 年硕士学位论文。

1206　化国宇：《从神农到许行：先秦农家学派法文化事项考察》，《河南财经政法大学学报》2012 年第 1 期。

1207　赵芃：《魏华存与山东道教》，《中华文化论坛》2012 年第 1 期。

1208　金鑫：《论王履中医思想与写生观》，《美术向导》2012 年第 1 期。

1209　李勇：《邢云路对〈授时历〉日躔过宫推步的改进》，《天文学报》2012 年第 1 期。

1210　林榕杰：《诸葛亮北伐目的新论——以多重战略目的及其实现程度为中心》，《东方论坛》2012 年第 1 期。

1211　李凭：《黄帝历史形象的塑造》，《中国社会科学》2012 年第 3 期。

1212　楼益圣：《朱震亨的房中养生思想》，《养生月刊》2012 年第 3 期。

1213　刘立萍等：《基于肾藏精理论解析〈神农本草经〉之益精药》，《中华中医药杂志》2012 年第 3 期。

1214　王玉民：《中国古代历法推算中的误差思想空缺》，《自然科学史研究》2012 年第 4 期。

1215 李纯:《天人观念下中国古代建筑审美特征的嬗变》,《郑州大学学报（哲学社会科学版）》2012 年第 4 期。

1216 朱化珍等:《张景岳〈新方八阵〉配伍规律研究》,《中华中医药杂志》2012 年第 4 期。

1217 鄂兰秀等:《〈饮膳正要〉蒙医学理念探析》,《内蒙古医学院学报》2012 年第 4 期。

1218 薛志清:《从阶下之囚到大汉丞相——张苍的"相貌"与社会流动关系之探究》,《河北北方学院学报（社会科学版）》2012 年第 5 期。

1219 吴海霞:《危亦林针灸学术思想探讨》,《江西中医学院学报》2012 年第 5 期。

1220 刘长东:《落下闳的族属之源暨浑天说、浑天仪所起源的族属》,《四川大学学报（哲学社会科学版）》2012 年第 5 期。

1221 李丽等:《沈括科学研究的文化底蕴》,《自然辩证法通讯》2012 年第 6 期。

1222 徐春娟等:《中医妇科学奠基者陈自明学术思想的现代研究》,《江西中医学院学报》2012 年第 6 期。

1223 万薇薇:《论谢应芳的入世思想》,《文教资料》2012 年第 18 期。

1224 李翠娟等:《许叔微临证思维方法研究》,《中医杂志》2012 年第 24 期。

1225 何平:《17 世纪欧洲对中国科学思想的影响》,《全球史评论》2012 年。

1226 何文丽:《自然科学数学化的缺失对中国近代科学落后的影响——"李约瑟难题"探析》,成都理工大学 2012 年硕士学位论文。

1227 夏金波:《〈尔雅·释地〉及其注文之文化阐释》,湖北大学 2012 年硕士学位论文。

1228 刘亮:《江西许真君信仰研究》,江西师范大学 2012 年硕士学位论文。

1229 李冰:《李觏〈易论〉思想研究》,湖南师范大学 2012 年硕士学位论文。

1230 张飒:《戴震的社会秩序思想研究》,安徽大学 2012 年硕士学位论文。

1231 郝毓业:《徐霞客旅游思想初探》,东北师范大学 2012 年硕士学位论文。

1232 柳伟:《康有为欧洲游记研究》,江西师范大学 2012 年硕士学位论文。

1233 廖晓羽:《陈修园医学教育思想研究》,福建中医药大学 2012 年硕士学位论文。

1234 王伟:《宋代理学与宋代科学——以朱熹理学为例》,陕西师范大学 2012 年硕士学位论文。

1235 徐照伟:《墨子义利观研究》,山东师范大学 2012 年硕士学位论文。

1236 杨璐璐:《吴澄哲学思想研究》,安徽大学 2012 年硕士学位论文。

1237 邹易良:《李中梓脉学思想及其数据库建立》,北京中医药大学 2012 年硕士学位论文。

1238 施万喜:《缪希雍脾胃学术思想研究》,福建中医药大学 2012 年硕士学位论文。

1239 刘素平：《朱肱〈类证活人书〉的伤寒学术思想研究》，辽宁中医药大学 2012 年硕士学位论文。

1240 郭应彪：《宋代天学机构及天学灾异观研究》，湖南科技大学 2012 年硕士学位论文。

1241 曾群弟：《陆龟蒙〈笠泽丛书〉研究》，广西师范大学 2012 年硕士学位论文。

1242 王肇锶：《葛洪"气"思想研究——以〈抱朴子·内篇〉为主》，上海师范大学 2012 年硕士学位论文。

1243 任渝燕：《汉唐时期医学的功用观》，陕西师范大学 2012 年硕士学位论文。

1244 赵莹莹：《何承天研究》，西北师范大学 2012 年硕士学位论文。

1245 张洪江：《鬼谷先生与〈鬼谷子〉纵横思想浅析》，河北师范大学 2012 年硕士学位论文。

1246 慕君黎：《从逻辑到哲学：对公孙龙思想的解读》，上海社会科学院 2012 年硕士学位论文。

1247 赵得良：《张仲景"病痰饮者，当以温药和之"大法研究》，黑龙江中医药大学 2012 年硕士学位论文。

1248 赵玲玲：《先秦农家研究》，辽宁师范大学 2012 年硕士学位论文。

1249 张龙梅：《墨子"天志""明鬼"思想研究》，青岛大学 2012 年硕士学位论文。

1250 徐亦梅：《甄鸾〈笑道论〉研究》，华东师范大学 2012 年硕士学位论文。

1251 潘淑芳：《郑樵文献学思想研究》，江西师范大学 2012 年硕士学位论文。

1252 沈莹：《元人刘因研究》，云南大学 2012 年硕士学位论文。

1253 王启迪：《试论徐光启的科学贡献和宗教思想》，南京师范大学 2012 年硕士学位论文。

1254 张超：《王廷相气理之学探微》，辽宁大学 2012 年硕士学位论文。

1255 钱志宇：《孙中山的土地思想研究》，山东大学 2012 年硕士学为论文。

1256 黄晓燕：《吕坤社会救济思想研究》，苏州大学 2012 年硕士学位论文。

1257 杨忠刚：《曾国藩洋务思想研究》，齐齐哈尔大学 2012 年硕士学位论文。

1258 孟明明：《王廷相的气本论和认识论》，郑州大学 2012 年硕士学位论文。

1259 康建祥：《孙思邈养生思想初探》，山东中医药大学 2012 年硕士学位论文。

1260 陈艳霞：《康有为社会进化思想研究》，西北大学 2012 年硕士学为论文。

1261 王伟：《僧肇"无知"与"般若"关系探究》，华东师范大学 2012 年硕士研究论文。

1262 黄鸿谞：《试论〈淮南子〉的科技思想》，武汉科技大学 2012 年硕士学位论文。

1263 蔡铁权：《我国近代物理学和物理教育的兴起及早期发展》，《全球教育展望》2013 年第 1 期。

1264 王树声：《宇文恺：划时代的营造巨匠》，《城市与区域规划研究》2013 年第

1 期。

1265　石云里:《从〈宣德十年月五星凌犯〉看回回历法在明朝的使用》,《自然科学史研究》2013 年第 2 期。

1266　廖名:《清华简〈说命（上）〉考释》,《史学史研究》2013 年第 2 期。

1267　陈泽林:《中医罐疗法溯源——〈五十二病方〉角法研究》,《天津中医药》2013 年第 2 期。

1268　赵杏根:《陈旉〈农书〉中的生态思想》,《文史杂志》2013 年第 2 期。

1269　翁攀峰:《黄钟正律与谁合———关于朱载堉和康熙不同观点的物理证明》,《广西民族大学学报（自然科学版）》2013 年第 3 期。

1270　柴永昌:《申不害思想新论》,《宁夏社会科学》2013 年第 3 期。

1271　郭树群:《京房六十律"律值日"理论律学思维阐微》,《音乐研究》2013 年第 4 期。

1272　洪眉等:《中国古代机械计时仪器嬗变及衰弱的原因探析》,《自然辩证法研究》2013 年第 4 期。

1273　徐昭峰等:《商汤灭夏战争的军事战略思想探析》,《辽宁师范大学学报（社会科学版）》2013 年第 4 期。

1274　康宇:《汉代象数易学的发展及其对古代科技的影响》,《科学技术哲学研究》2013 年第 4 期。

1275　李锐:《清华简〈傅说之命〉研究》,《深圳大学学报（人文社会科学版）》2013 年第 6 期。

1276　张必胜:《李善兰微积分思想研究》,《贵州大学学报（自然科学版）》2013 年第 6 期。

1277　傅幻石:《父乙就是傅说》,《山西日报》2013 年 7 月 17 日。

1278　刘建明:《出土简帛中的神话人物探析——兼论中国古代地理参照的源头及变迁》,《商丘师范学院学报》2013 年第 8 期。

1279　黄岩杰等:《钱乙调理脾胃的辨证论治理论体系》,《中华中医药杂志》2013 年第 12 期。

1280　江旅冰:《论秦汉前中原古代地理发展成就》,《安徽农业科学》2013 年第 19 期。

1281　吴天钧:《王祯〈农书〉的农学思想及其当代价值》,《安徽农业科学》2013 年第 36 期。

1282　周天生:《朱世杰数学思想的历史审视》,《兰台世界》2013 年第 36 期。

1283　刘媛媛:《道家思想与中国古代科学》,《第十五届中国科协年会第 23 分会场:转型与可持续发展研讨会论文集》2013 年。

1284　王启龙:《八思巴对中国文化的贡献》,《西北民族论丛》2013 年。

1285　赵逊:《先秦道家技术思想及其现代启示》, 太原科技大学 2013 年硕士学位论文。

1286 白永军:《老子"无为"思想研究》,河南大学 2013 年硕士学位论文。

1287 刘永娟:《张载工夫论研究》,山东大学 2013 年硕士学位论文。

1288 刘楠:《清代畴人梅文鼎研究》,兰州大学 2013 年硕士学位论文。

1289 王大庆:《论张载的天人合一思想》,安徽师范大学 2013 年硕士学位论文。

1290 李静:《论唐代道士吴筠》,华中师范大学 2013 年硕士学位论文。

1291 刘方玉:《王应麟〈困学纪闻〉研究》,哈尔滨师范大学 2013 年硕士学位论文。

1292 李梅:《〈许叔微伤寒论著三种〉的学术思想研讨》,山东中医药大学 2013 年硕士学位论文。

1293 杨喜涛:《郭象"独化"思想研究》,西北师范大学 2013 年硕士学位论文。

1294 陈昊:《嵇康的养生论思想及其美学意义》,山东大学 2013 年硕士学位论文。

1295 葛萍:《道安般若思想研究》,安徽大学 2013 年硕士论文。

1296 潘雯雯:《郭象性论研究》,浙江大学 2013 年硕士学位论文。

1297 王诗洋:《苏轼科学思想与科学活动初探》,山西大学 2013 年硕士学位论文。

1298 张瑞玲:《僧肇般若思想研究》,安徽大学 2013 年硕士学位论文。

1299 井雷:《〈太玄〉象数与汉代易学卦气说》,山东大学 2013 年硕士学位论文。

1300 刘刚:《从辨证论治思路看张仲景的实证精神》,北京中医药大学 2013 年硕士学位论文。

1301 张文:《程颢思想与生态学建构的中国资源》,山东大学 2013 年硕士学位论文。

1302 弓永艳:《唐廷枢科技思想与科技实践研究》,山西大学 2013 年硕士学位论文。

1303 杨闯:《〈天问〉三代人物考论》,渤海大学 2013 年硕士学位论文。

1304 田淑芳:《李鸿章的社会整合与控制思想研究》,安徽大学 2013 年硕士学位论文。

1305 陈玉领:《唐顺之的出处及其思想转向》,东北师范大学 2013 年硕士学位论文。

1306 方莉:《孟子"情"观念研究》,南京大学 2013 年硕士学位论文。

1307 王远秋:《陈独秀的文化思想研究》,渤海大学 2013 年硕士学位论文。

1308 邵晗:《论李大钊的马克思主义观及其理论效应》,河南大学 2013 年硕士学位论文。

1309 宋爱伦:《王清任〈医林改错〉研究》,南京师范大学 2013 年硕士学位论文。

1310 郭诺明:《王阳明"万物一体"思想研究》,江西师范大学 2013 年硕士学位论文。

1311 魏文山:《商鞅与〈商君书〉研究》,南昌大学 2013 年硕士学位论文。

1312 陈辉焱:《庄子养生思想研究》,华南理工大学 2013 年硕士学位论文。

1313 张永杰:《庄子的大地和天空——庄子"虚静说"的存在论美学意义阐释》,辽宁大学 2013 年硕士学位论文。

1314　王珏：《年希尧〈视学〉研究》，中央美术学院 2013 年硕士学位论文。

1315　王付刚：《墨子兼爱思想研究》，河北经贸大学 2013 年硕士学位论文。

1316　李民芬：《关于李善兰翻译〈几何原本〉的研究》，内蒙古师范大学 2013 年硕士学位论文。

1317　王晓燕：《戴震基本思想及其对程朱理学的批判》，西北师范大学 2013 年硕士学位论文。

1318　李春颖：《邓析逻辑思想研究》，燕山大学 2013 年硕士学位论文。

1319　张倩：《梁启超权利思想研究》，中国计量学院 2013 年硕士学位论文。

1320　孙淑敏：《魏源经世致用文论思想辨析》，辽宁大学 2013 年硕士学位论文。

1321　李富祥：《王充〈论衡〉的命理学思想新探》，浙江师范大学 2013 年硕士学位论文。

1322　王敏超：《从史前工具制造来看人对形式的审美认知》，山东大学 2013 年硕士学位论文。

1323　邱仰聪：《宋代以后中国古代数学发展盛衰的原因分析》，《湖北函授大学学报》2014 年第 1 期。

1324　聂金娜等：《基于五运六气理论试析王冰论疫》，《中国中医基础医学杂志》2014 年第 1 期。

1325　王坚：《"本之于天"与"主于实用"：论薛凤祚的思想转向及其价值》，《清华大学学报（哲学社会科学版）》2014 年第 1 期。

1326　庞光华：《论落下闳与浑天说》，《五邑大学学报（社会科学版）》2014 年第 1 期。

1327　刘峨：《桓谭及其思想的当代价值与研究路径》，《常州大学学报（社会科学版）》2014 年第 1 期。

1328　郭震：《近代中国化学教科书的出版与内容特点分析》，《课程·教材·教法》2014 年第 2 期。

1329　韩尽斌：《试论吴有性杂气论乃现代病因学思想之萌芽》，《江苏中医药》2014 年第 2 期。

1330　汪德飞：《〈救荒本草〉科学思想略论》，《自然辩证法研究》2014 年第 3 期。

1331　王鹏辉：《龚自珍和魏源的舆地学研究》，《历史研究》2014 年第 3 期。

1332　齐晓东等：《"数学宗师"赵爽的科学创造与历史价值》，《兰台世界》2014 年第 3 期。

1333　董杰：《试析王锡阐的"爻限"与三角函数造表法》，《中国科技史杂志》2014 年第 4 期。

1334　段俊平：《尧帝的〈击壤歌〉与管理的最高境界》，《北方牧业》2014 年第 6 期。

1335　刘舟等：《庞安时学术思想及相关的自然气候因素探析》，《现代中医药》2014 年第 6 期。

1336 王雅克：《〈大藏经〉"阿含部"中的地理文献及其思想初探》,《中华文化论坛》2014 年第 4 期。

1337 黄秦安：《论中国古代数学文化与教育的特点及对当代的启迪》,《数学教育学报》2014 年第 4 期。

1338 李笑岩：《商周官学中的前诸子思想》,《中国文化研究》2014 第 4 期。

1339 刘娟等：《詹天佑铁路建设思想与实践研究》,《兰台世界》2014 年第 4 期。

1340 邵培仁等：《传播模式论：〈论语〉的核心传播模式与儒家传播思维》,《浙江大学学报（人文社会科学版）》2014 年第 4 期。

1341 赵敏：《以农至道：中国古代农学思想的天人之学》,《中国农史》2014 年第 5 期。

1342 季鸿崑：《中国古代化学实践中的醋》,《楚雄师范学院学报》2014 年第 6 期。

1343 徐刚：《大建筑家宇文恺的建筑设计思想初探》,《兰台世界》2014 年第 9 期。

1344 郝新媛：《黄省曾〈种芋法〉研究》,《安徽农业科学》2014 年第 1 期。

1345 段晓华：《章太炎对中医学术发展的评价》,《北京中医药大学学报》2014 年第 1 期。

1346 熊樱菲：《中国古代不同时期陶瓷绿釉化学组成的研究》,《中国陶瓷》2014 年第 8 期。

1347 罗晓雪：《中国古代地理空间环境与聚落选址简析》,《城市地理》2014 年第 12 期。

1348 王建国等：《试论古都西安的地理环境优势》,《渭南师范学院学报》2014 年第 22 期。

1349 马孝文等：《中国古代降雨机制思想认识初探》,《兰台世界》2014 年第 23 期。

1350 周晓瑜：《论近代科学为什么没有在中国诞生》,《经营管理者》2014 年第 25 期。

1351 闵浩等：《中国儒道两家的动物保护思想的当代意义》,《法制与社会》2014 年第 31 期。

1352 张江卉：《先秦时期的科技思想研究》,陕西科技大学 2014 年硕士学位论文。

1353 马草：《柳宗元美学思想研究》,山东师范大学 2014 年硕士学位论文。

1354 马金英：《张景岳论治痰证的学术思想研究》,甘肃中医学院 2014 年硕士学位论文。

1355 刘畅：《朱熹生态伦理思想及其当代价值》,山东师范大学 2014 年硕士学位论文。

1356 宋立顺：《李觏土地制度改革思想研究》,吉林大学 2014 年硕士学位论文。

1357 刘家炜：《柳宗元廉政思想的探析》,湖南师范大学 2014 年硕士学位论文。

1358 张志文：《崔寔与〈四民月令〉研究》,江西师范大学 2014 年硕士学位论文。

1359 梁爽：《〈内经〉色诊理论研究》,山东中医药大学 2014 年硕士学位论文。

1360　王帅：《许衡"四书学"思想研究》，曲阜师范大学 2014 年硕士学位论文。

1361　辛小娇：《王阳明治理思想研究》，南京大学 2014 年硕士学位论文。

1362　孙鹏：《论魏源"师夷长技以制夷"思想的历史影响及现实意义》，沈阳师范大学 2014 年硕士学位论文。

1363　宋海燕：《〈列子〉思想及其文学价值研究》，扬州大学 2014 年硕士学位论文。

1364　褚雯：《〈鬼谷子〉与道家道教关系研究》，南京大学 2014 年硕士学位论文。

1365　刘兴林：《论司马迁的史〈易〉会通》，山东大学 2014 年硕士学位论文。

1366　王贵涛：《二程易哲学思想研究》，山东师范大学 2014 年硕士学位论文。

1367　郑亮：《叶适社会控制思想研究》，重庆师范大学 2014 年硕士学位论文。

1368　姚立娟：《王夫之的成性论思想研究》，陕西师范大学 2014 年硕士学位论文。

1369　张敬敬：《陈修园临床经验研究》，福建中医药大学 2014 年硕士学位论文。

1370　李哲宇：《相火理论及古今医案研究》，南京中医药大学 2014 年硕士学位论文。

1371　侯倩男：《论刘秉忠的思想及其在元初的重大作为》，河北师范大学 2014 年硕士学位论文。

1372　何丹：《胡宏心性哲学研究》，河南大学 2014 年硕士学位论文。

1373　田倩倩：《二程经学思想研究——以〈遗书〉和〈经学〉为中心》，南京大学 2014 年硕士学位论文。

1374　韩贺舟：《邵雍易哲学研究》，山东大学 2014 年硕士学位论文。

1375　王静：《薛凤祚中西科学会通思想探微》，山东大学 2014 年硕士学位论文。

1376　孙兆林：《略论杨上善与王冰阴阳观》，山东中医药大学 2014 年硕士学位论文。

1377　杨寒松：《〈黄帝内经〉阴阳思想的哲学源流及其理论的内涵与特点》，北京中医药大学 2014 年硕士学位论文。

1378　史悦：《类、类逻辑和中国古代医学的类逻辑思维研究》，燕山大学 2014 年硕士学位论文。

1379　郑伟：《两晋时期占卜研究》，吉林大学 2014 年硕士学位论文。

1380　肖海云：《道安〈二教论〉研究》，苏州大学 2014 年硕士学位论文。

1381　马月：《王符边防思想研究》，苏州大学 2014 年硕士学位论文。

1382　姬智：《〈黄帝内经〉"气"理论哲学思想的研究》，广州中医药大学 2014 年硕士学位论文。

1383　白钰舟：《晚清时期气象科技发展述论》，河南师范大学 2014 年硕士学位论文。

1384　金雪婷：《〈三天内解经〉研究》，华东师范大学 2014 年硕士学位论文。

1385　沈东：《孙中山社会救助思想研究》，华东师范大学 2014 年硕士学位论文。

1386　李章：《王安石治道思想研究》，中共中央党校 2014 年硕士学位论文。

1387　李梁：《从郦道元所记汉魏时期的漕运看〈水经注〉的军事地理价值》，郑州大学 2014 年硕士学位论文。

1388　徐玲：《中国古代植物的文化意义生成方式研究》，北京林业大学 2014 年硕士学位论文。

1389　韩玉芬问，周瀚光答：《中国科学思想史研究的开拓和创新》，《广西民族大学学报》2015 年第 1 期。

1390　彭兆荣：《我国传统物理中的"非物质"形态》，《云南师范大学学报（哲学社会科学版）》2015 年第 1 期。

1391　戴念祖：《中国古代候气盛衰史述评——兼谈"候气伟哉论"论之误》，《自然科学史研究》2015 年第 1 期。

1392　张建斌：《皇甫谧〈针灸甲乙经〉学术框架的解构》，《中医针灸》2015 年第 1 期。

1393　刘芳：《〈四时纂要〉的道教倾向研究》，《管子学刊》2015 年第 1 期。

1394　张升等：《徐有壬〈测圆密率〉中差系数的表示》，《内蒙古师范大学学报（自然科学汉文版）》2015 年第 1 期。

1395　黄超：《从中国西南地区村镇中发掘古代科技文化遗产——以中国古代镍白铜作为考察对象》，《广西民族大学学报（自然科学版）》2015 年第 2 期。

1396　冯震宇等：《关于中国科技史研究中的疏漏——孙元化与明末军事技术及相关问题》，《北京科技大学学报（社会科学版）》2015 年第 2 期。

1397　张小芳：《先秦儒家农业思想简论》，《农业考古》2015 年第 3 期。

1398　王玉民：《观象占卜昭示天命——"天人合一"观念下的中国古代天文星占学》，《文史知识》2015 年第 3 期。

1399　张雷：《老官山汉墓医简选译》，《中医药临床杂志》2015 年第 3 期。

1400　高雁晋：《哲学思想对中国建筑的影响》，《中国建材科技》2015 年第 3 期。

1401　张兆鑫等：《梅文鼎的无神论思想研究》，《自然辩证法通讯》2015 年第 3 期。

1402　杨国桢等：《中国传统海洋文明与海上丝绸之路的内涵》，《厦门大学学报（哲学社会科学版）》2015 年第 4 期。

1403　马孝文等：《董仲舒、王充气象思想比较研究》，《兰台世界》2015 年第 4 期。

1404　胡火金：《论清代农学的实用性趋向——以杨屾"天地水火气"五行为例》，《苏州大学学报（哲学社会科学版）》2015 年第 4 期。

1405　周雷：《明代王履艺术思想论》，《黑龙江教育学院学报》2015 年第 5 期。

1406　张丽等：《王叔和〈脉经〉阴阳脉法初探》，《中华中医药杂志》2015 年第 7 期。

1407　张瑶等：《中国古代物理学实验的特点》，《高师理科学刊》2015 年第 7 期。

1408　许盈等：《中国古代医学的劝学思想略论》，《中医药导报》2015 年第 9 期。

1409　阮瑞：《先秦时期管理心理思想论述》，《当代经济》2015 年第 14 期。

1410　钟玲玲：《吕坤政治伦理思想探析》，浙江财经大学 2015 年硕士学位论文。

第二节 基本文献资料的总体分析和代表性文献资料的概要

一、基本文献资料的总体分析

按照本课题的特殊需要，我们将基本文献资料分为三大类型：第一类型为"丛书或类书及文库类参考文献"，下面又细分为"古籍部分"（共筛选出 15 种基本文献）、"明清汉译西学部分"（共筛选出 6 种基本文献）、"现代部分"（共筛选出 9 种基本文献）及"电子文献部分"（3 种）四小部分；第二类型为"普通古籍类参考文献"，下面又分"校本普遍古籍"（共筛选出 217 种基本文献）、"非校本普通古籍"（共筛选出 37 种基本文献）和"近代汉译西方科技著作"（共筛选出 176 种基本文献）三小部分；第三类型为"今人论著"，下面又分"专著部分"（共筛选出 752 种基本文献）和"论文部分"（共筛选出 1410 种基本文献）两小部分。当然，没有列入的基本文献还有不少，比如，由于历史的原因，从 20 世纪 60—70 年代中期这一时段的科技思想文献，我们基本上都没有列入；又如，个别外国原始文献因查找实在不便，故暂时没有能列入本课题的基本文献之内。尽管如此，我们认为，目前所列出的各种基本文献资料基本上涵盖了中国传统科学技术思想史的方方面面，具有一定的广泛性和专业性，能够客观反映中国传统科学技术思想发展历史的全貌，同时亦能较好地满足本课题研究之需。

（一）第一类型为"丛书或类书及文库类参考文献"

"盛世修史，知往鉴来"是中国史学的一个优良传统，所以"每逢盛世，修史必兴"，也就成了"自然之理"（高天佑先生语）。而我们今天能够看到的很多历史原典，多是依靠"盛世修史"才流传下来的，尤其是中国古代科技文献更是如此。从文献的视角看，最能代表"盛世修史"成就的莫过于丛书的编撰了。据《中国丛书综录》统计，中国的丛书约有 2797 种，现在已经远远超出这个数字。而我们根据研究需要仅选出与中国传统科学技术思想有关的丛书 33 种，包括"古籍部分"15 种、"明清汉译西学部分"6 种、"现代部分"9 种及"电子文献部分"3 种。

1. "古籍部分"参考文献

我们把 15 种丛书粗略分为综合性与专业性两种类型。

其中，综合性丛书主要有《玉函山房辑佚书》《道藏》《大正新修大藏经》《丛书集成》初编本、《四部丛刊》《文渊阁四库全书》《古今图书集成》《回族典藏全书》《敦煌文献分类录校丛刊》及《俄藏黑水城文献》。

清朝马国翰集辑的《玉函山房辑佚书》，共辑佚书 594 种，为辑书史上的空前巨著，其中就包括已佚的《神农书》1卷、《野老书》1卷、《范子计然》3卷、《养鱼经》1卷、《养羊法》1卷、《尹都尉书》1卷和《氾胜之书》2卷等古农书，以及不少法家、名家、墨家、纵横家、杂家、阴阳家等典籍，都是我们研究先秦科学技术思想的珍贵史料。

李约瑟博士在《中国科学技术史》第2卷里非常推崇道教对于中国古代科学思想形成和发展的基础作用，他说："道家哲学虽然含有政治集体主义、宗教神秘主义以及个人修炼成仙的各种因素，但它却发展了科学态度的许多最重要的特点，因而对中国科学史是有着头等重要性的。此外，道教又根据他们的原理而行动，由此之故，东亚的化学、矿物学、植物学、动物学和药物学都根源于道家。"[①]1982年5月12日，胡道静先生为当时正在筹建中的上海市道教协会作了题为"《道藏》和李约瑟的道教研究"知识讲座。我们知道，为了研究中国科技史，李约瑟确实花费了很大的精力去研读《道藏》，以至于在他的影响下，许多外国学者形成了"要研究中国科学技术史，就要研究中国的道教"[②]的观点。现在看来，即使从文献角度讲，研究中国古代科技史的"唯道教论"也是片面之词，但"方士、技术家、高超的手工艺人、巧匠、或者掌握魔术的大师。这些我们在前5世纪一直到公元后5世纪的时间里耳熟能详的人，一般说来，必定是道士"又是客观事实，所以我们把《道藏》列为基本参考资料。但是，由于中国传统科学技术通史涉及的人物众多，广布于社会各个阶层，其身份地位不同，社会角色各异，所以仅《道藏》是远远不够的。于是，我们不得不扩大资料利用范围，并按照综合儒、释、道三教文化的总体指导思想，在《道藏》之外，又选择了《大藏经》。

我们在进行课题规划时，根据中国科学技术思想史发展的客观需要，撷取了一部分具有代表性和典型性的佛教科学家，如魏晋南北朝时期的道安、僧肇、竺道生，唐代的唐玄奘、僧一行、瞿昙悉达，宋元时期的释智圆、八思巴，以及吐蕃、南诏大理时期的王妥宁玛·云旦贡布、木尼·坚赞白桑等，这些释家学者的著作大都收录在《大藏经》（采用《日本大正新修大藏经》）诸部中，如僧肇的《肇论》（含《不真空论》《物不迁论》《般若无知论》及《涅槃无名论》）就载于《大正新修大藏经》卷45。与道、释两家相比，儒家是中国传统科学技术思想史的主体，官僚型学者构成一个非常庞大的群体。但由于北京大学主持的2003年度教育部哲学社会科学研究重大课题攻关项目"《儒藏》编纂与研究"目前还没有完成，我们只好反复利用已有的较大型丛书，计有《丛书集成》初编本、《四部丛刊》、《文渊阁四库全书》及《古今图书集成》。因上述编撰者的喜好有别，故对历史人物及其著作的取舍差异较大。我们只有根据研究对象的需要，选择不同的丛书。例如，叶适的《水心先生文集》，选取《四部丛刊》本；李吉甫的《元和郡县志》，选取《文渊阁四库全书》影印本；元好问的《中州集》，选取《文渊阁四库全书》影印本，而元好问的《遗山先生文集》，则选取《四部丛刊》本；宋应星的《天工开物》，选取《文渊阁四库全书》影印本；王安石的《临川先生文集》，选取《四部丛刊》本；宋徽宗赵佶的《宋徽宗

---

① ［英］李约瑟：《中国科学技术史》第2卷，北京：科学出版社，1990年，第175页。
② 胡道静：《胡道静文集·古籍整理研究》，上海：上海人民出版社，2011年，第263页。

圣济经》，选取《丛书集成初编》本；等等。因为对于传统科学技术思想的研究往往需要纵向的学术考察，而《古今图书集成·经籍典》的分类大体是以经、史、子各种主要著述的书名为主，如"经部"的《易》《书》《诗》《春秋》《礼记》《仪礼》《周礼》《论语》《大学》《中庸》《孟子》《孝经》《尔雅》；"子部"的《老子》《庄子》《列子》《墨子》《管子》《商子》《孙子》《韩子》《荀子》《淮南子》《扬子》《文中子》等都是各自列部，而将历朝历代的笺释、传注、义疏、考证等著作自古至今附录于后，这样我们能比较清楚地掌握清朝初年之前历朝历代相关著作的概貌。

《回族典藏全书》计 235 册，由甘肃人民出版社、宁夏人民出版社于 2008 年出版。录入各类书籍 539 种，依内容分为宗教、政史、艺文、科技 4 大类，其科技类共 24 册，书籍 70 种，如《海药本草辑本》《河防通议》《回回药方》《七政推步》《瀛涯胜览》《演炮图说辑要》等，都是非常重要的伊斯兰教古代科技文献。

《敦煌文献分类录校丛刊》，周绍良先生主编，由江苏古籍出版社于 1998 年出版。丛刊按文献性质分为 10 种，其中由邓文宽先生校理的《敦煌天文历法文献辑校》和由马继兴等先生校理的《敦煌医药文献辑校》两书，是我们研究吐蕃、南诏、大理时期科学技术思想发展史的重要参考。

《俄藏黑水城文献》，由我国著名西夏史学者史金波先生与俄罗斯的克恰诺夫先生等共同编纂，由上海古籍出版社于 1997 年分期出版。其俄藏汉文文献可分为佛经文献与世俗文献两大部分，我们主要参考"世俗文献"部分，主要包括医书、历书、占卜书等。而俄藏西夏文部分的历书、占卜书等，也是我们研究西夏科学技术思想史的必要参考。

如果说上述丛书属于综合性丛书的话，那么，以下几部就属于专业性比较强的丛书了。

《中国科学技术典籍通汇》，由任继愈主编，精选先秦至 1840 年的中国古代重要科技典籍约 4000 万字，自 1993 年 6 月由河南教育出版社陆续按卷分期影印出版，分为数学卷、天文卷、生物卷、物理卷、化学卷、地学卷、农学卷、医学卷、技术卷、综合卷及索引卷，共计 11 卷 50 册，载录典籍 541 种，是对科技典籍的第一次全面、系统的挖掘整理，为中国古代科技典籍的集大成者。

《纬书集成》6 卷 8 册，由日本学者安居香山、中村璋八辑，河北人民出版社于 1994 年 12 月出版了这部辑佚著作，精装 3 册，分"易编"、"尚书编"、"尚书中候编"、"诗编"、"礼编"、"乐编"、"春秋编"、"孝经编"、"论语编"、"河图编"、"洛书编"、"附录编"，其中"附录编"中集有"李淳风推背图"、"李淳风藏头诗"及"诸葛亮马前课和碑记"等文献，对于我们的研究有参考价值。

《中华医书集成》，由卢光明、何清湖等总策划，中医古籍出版社自 1997 年开始分期出版。该丛书收载古代中医古籍至民国医籍 210 种，集医书之大成，总计 33 册，按照现代中医学的全部学科分为 17 门，全书改古籍的竖排、繁体为横排、简体，增加新式标点，在保证底本原貌的情况下，对原书讹误之处进行校正，既权威又实用。

《中国方志丛书》，由中国台湾成文出版社有限公司于 1982 年分期影印出版，该丛书收集的地域广，版本较全，种类多，例如，许多叙述一山一水、一事一物的专志和各种类型的方志性资料都收录在书中了，这对我们查阅各地古代自然地理环境的变化非常方便。

《中国思想史资料丛刊》，由中华书局于 2009 年分期出版，该丛刊不仅选材广泛、内容丰富，而且时代跨越长，版本精良，品位高雅，可满足我们对不同时段研究对象的原典需要。由上述所知，15 种古籍丛书各有特色，可互相参照，相辅相成。例如，《中国科学技术典籍通汇》的特点是采用影印形式，较完整地保留了科技典籍的原始面貌，适用于纯粹的科学技术内史研究，然而，对于一个科技人物的思想研究来说，不论是科技文献，还是政治、宗教、教育、文化等文献，我们需要看其全部文献，因此，《中国思想史资料丛刊》所呈现给我们的是一部又一部经过校注的人物全集，显然更适合用于科技人物的思想研究。另外，由于今人多是用近代科学的标准来评判中国古代科学家的著作，所以他们在取舍时常常将其中所谓"非科学"的部分都舍弃了，这就妨碍了人们去完整认识和理解中国传统科学技术思想的发展。在此条件下，我们还需要从其他丛书里取其所需，为我所用。

2. "明清汉译西学部分"基本文献

关于"明清汉译西学部分"的丛书，我们择取了 6 种基本文献。

西学东渐有两次，第一次发生在明清之际，那是一次传统意义上的西方科学技术启蒙，因为当时的西方科学技术著作仅仅是作为中国传统科学技术体系的补充，还没有从根本上动摇中国传统科学技术体系的根本。明朝中后期，实学思想兴起，它客观上为西方科学知识的传播提供了空间。清朝初年，封建统治者以取长补短为宗旨，利用西方来华传教士，吸收西方科学知识。此期，有两个传教士影响比较大，一个是利玛窦，另一个是汤若望。在他们的影响下，明末清初掀起了一场"西学东渐"高潮。第二次发生在鸦片战争之后，西学经过与经世致用思潮、洋务思潮、民主主义思潮的曲折演变和不断升华，逐渐成为一种独立的和反传统的近代科学思想体系。在此期间，西方传教士共为我国带来了7000 多册自然科学方面的图书，其中比较重要的丛书约有 6 种，具体如下。

《历学会通》系清朝薛凤祚撰集，有 1664 年刊本，分正集 12 卷、考验部 28 卷及致用部 16 卷，所收集的著作多是波兰耶稣会士穆尼阁与薛凤祚等人的西学译著，内容庞杂，除天文、数学外，还包括物理、水利、医药及火药等实用科学知识，其中《比例对数表》和《比例对数新表》为穆尼阁传入我国的最新数学知识。

《格物入门》，美国教师、同文馆总教习丁韪良编译，1868 年刊行，共 7 卷 7 册，内容包括水学、气学、电学、火学、化学、力学及算学，是一部以化学和物理为主要内容的自然科学入门书，同时也是一部"西学"教科书。

《格致启蒙》，1879 年由美国传教士林乐知翻译，共 4 卷，上海制造局石印本，内容包括《化学启蒙》（英国人罗斯古著）、《格物启蒙》（英国人司都霍著）、《天文启蒙》（英国人骆克优著）、《地理启蒙》（英国人祁觐著）。

《西学启蒙》（亦称《格致启蒙》）16 种，英国人艾约瑟译，上海总税务司署刊行。在 16 种启蒙书籍中，除《西学启蒙》为艾约瑟杂采众说编译而成之外，其他书都依原本翻译，分别是《格致总学启蒙》《地志启蒙》《地理质学启蒙》《地学启蒙》《植物学启蒙》《生理启蒙》《动物学启蒙》《化学启蒙》《格致质学启蒙》《天文启蒙》《富国养民策》《辩学启蒙》《希腊志略》《罗马志略》《欧洲史略》。对该丛书的刊行，时人有"一时公卿互相引重，盖西法南针于是乎在，真初学不可不读之书"之誉。

《西学格致大全》21 种，共 10 册，英国人傅兰雅辑译，香港书局 1897 年石印。内容包括《力学须知》《水学须知》《全体（即解剖学）须知》《矿学须知》《光学须知》《重学须知》《曲线须知》《微积须知》《三角须知》《代数须知》《天文须知》《画器须知》《地理须知》《地志须知》《地学须知》《气学须知》《化学须知》《声学须知》《电学须知》《量法须知》及《演算法须知》（华蘅芳著）。

《格致丛书一百种》，徐建寅编，32 册，译书公会于 1899—1901 年石印。内容包括《格致新法》《全体学》《植物学》等，其中有一少部分是中国人自著的读物，但都归为"格致西学"。

总体来看，上述丛书的共同特征是着眼于科学技术层面，而不是从社会思想层面来传播西方的近代科学知识。从这个意义看，当时的西学译著多是通俗性的普及读物，甚至在一定程度上还没有完全脱离中国传统观念的影响（如物理学译为格致学即是一例），故其对中国整个社会的振动性传导还只是停留在浅表皮层的层面。

3. "现代部分"基本文献

研究中国传统科学技术思想史必须详读原典，正如麻天祥先生所言："文字有三义，一曰字面义，二曰文本义，三曰诠释义。思想史研究也不外于此。"又说："一般说，上述三义理应完全吻合，但事实上，由于作为符号的文字同指称事物的关系只是相关、或然，而非必然，所以字义并非简单的对应。然而，字和言毕竟是客观的，被结构化的现实，故治学首先必须关注上述三义，尤其在具有数千年传统的汉语语境中的中国学术研究。"[1] 在这里，人们越加感到对文本的阐释，应是学术研究的显著特点。中国古代学术有两个极端，即宋学讲"义理"，汉学讲"考据"，我们不能在两者之间搞对峙，而是应当取长补短，形成具有中国学术特色的"现代诠释学"。因为"治学之妙，或者说学术研究之妙就在于诠释——不止在证实'是什么'，更重要的在于'为什么'、'如何'、'如之何'"[2]。为了提高我们整体阐释文本的能力和水平，大量阅读现代名家的一些精品力作很有必要。我们经过反复比较，共筛选出 9 部既与本课题研究联系密切又能够让读者迸发智慧火花的科学技术思想丛书，具体如下。

《科学思想文库》，李醒民、吴国盛主编，由四川教育出版社于 1994 年版，第一批共 5 本：《近代物理学的形而上学基础》（伯特著，徐向东译）《科学思想史指南》（吴国盛编）、

---

① 麻天祥：《中国思想史研究的理念与方法》，《史学月刊》2012 年第 12 期，第 10 页。
② 麻天祥：《中国思想史研究的理念与方法》，《史学月刊》2012 年第 12 期，第 11 页。

《马赫思想研究》(董光璧著)、《希腊空间概念的发展》(吴国盛著)、《论狭义相对论的创立》(李醒民著),该文库的出版曾引发了科学思想类图书出版的热潮,可见其影响之大。

《世界科技思想论库》,刘大椿主编,由华夏出版社于 1994 年分期出版。这部"论库"的特色是"开书目",总共开了 1000 多部中文论著与译著,编者从中摘出那些较为精彩的段落、分篇和分章。例如,在"科技源流篇"的"科技与人类文明史"、"古代科技"和"近代科技"主体目录里,有如下精彩段落:"古代科学技术的产生是多源头的";"从古代中国到古代秘鲁的印加帝国,每一个文明社会都具有今天称之为科学的因素";"这个时代的特征是一个特殊的总观点的形成"等。按照"主体目录"的提示,我们很快就查到上述三段话分别摘自李亚东的《科学的足迹》(河南科学技术出版社 1984 年版)、英国人约翰·齐曼的《知识的力量——科学的社会范畴》(上海科学技术出版社 1985 年版)及恩格斯的《自然辩证法》。这样,我们可以通过阅读"书目"而找到自己所需要的文献。

《中国少数民族科学技术史丛书》,陈久金主编,由广西科学技术出版社于 1996 年出版。该著是填补空白之巨作,包括正卷 11 卷,附卷 2 卷,它深刻地揭示了各民族科技知识、思想体系与其母体文化背景,与其本民族经济发展与社会结构的内在同一性。

《中国思想家评传丛书》,匡亚明主编,由南京大学出版社于 1999 年分期出版,共 200 部。对这项具有开创性的思想文化研究项目,丛书采用综合法来研究"传主",以评为主,评、传结合,因而"使得历史人物的思想、行动和历史贡献融为一体"(张岂之语)。至于每部评传的思想精华,请参见蒋广学的《中国学术思想史散论——〈中国思想家评传丛书〉读稿札记》一书,于兹不赘。

《学科思想史丛书》,路甬祥院士、汝信教授主编,由湖南教育出版社于 2004 年出版。共 7 部书:张家龙先生主编的《逻辑学思想史》,陈瑛先生主编的《中国伦理思想史》,车文博先生主编的《心理学思想史》,宋希仁先生主编的《西方伦理学思想史》,涂光炽院士主编的《地学思想史》,敏泽先生主编的《中国文学思想史》,杨直民先生主编的《农学思想史》。丛书文理并重,体现了自然科学与社会科学相互结合、相互协调和相互统一的思想原则和学科发展趋势。

《中国科技思想研究文库》,郭金彬、徐梦秋主编,由科学出版社于 2006 年分期出版,共 20 册,包括《先秦名辩学及其科学思想》《中国口述科技思想史科学》《科学思想的升华》《科学思想史》《中国传统数学思想史》《中国古代科技伦理思想》《道教科技思想史料举要——以〈道藏〉为中心的考察》《二十世纪中外数学思想交流》《中国图学思想史》《中国近代科技传播史》《中国现代科学思潮》《管子的科技思想》《中国技术思想史论》《淮南子的自然哲学思想》《中国科学史学史概论》《中国近代科技传播史》《道教科技与文化养生》《历史认识的科学性》《性别视角中的中国古代科学技术》及《科学哲学和科学史研究》。这部丛书的意义在于,它"开宗明义地宣称:在中国,无论古代和现代,是存在科技思想的,这样的科技思想不仅存在于某些科学学科,如数学之中,也存在于中国古代的一本本著作,如《管子》之中,而且还存在于一个个理论,如道家的养生理论之中,存在于一个个人，如沈括的科学思想之中"（见肖显静《中国科技思想研究的新视角——读〈中国科技思想研究文库〉的感想》一文的评语）。

《中国天文学史大系》，王绶琯、叶叔华总主编，这是一项多系统、多单位参加的科研项目，共 10 卷，由中国科学技术出版社于 2009 年出版。其中《中国少数民族天文学史》《中国古代天文机构与天文教育》《中国古代天文学词典》，是过去从未有过的完整、系统的研究和著述。此外，《中国古代历法》《中国古代星占学》《中国古代天象记录的研究与应用》《中国古代天文学思想》《中国古代天文学家》《中国古代天体测量学及天文仪器》《中国古代天文学的转轨与近代天文学》，各立一卷。毋庸置疑，这是迄今为止中国天文学史著作中部头最大的一部，其所涉及的深度和广度有许多都超过了以往的有关作品。

《中国思维科学丛书》，刘奎林等主编，共 9 册，由吉林人民出版社于 2010 年出版。包括《思维发生学》《思维史学》《创造思维学》《灵感思维学》《社会思维学》《创造性思维学》《形象思维学》《智慧思维学》及《创新思维应用学》，这是目前中国出版的第一套思维科学丛书。

《剑桥科学史丛书》，由复旦大学出版社于 2000 年出版中译本，共 11 卷，包括《中世纪的物理科学思想》《文艺复兴时期的人与自然》《近代科学的建构：机械力和物质》《科学与启蒙运动》《19 世纪的生物学和人学》《19 世纪物理学概念的发展：能量、力和物质》《19 世纪医学科学史》《20 世纪的生命科学史》《技术发展简史》《俄罗斯和苏联科学简史》及《科学与宗教》。这套丛书的多数作者都是科学史最高奖——萨顿奖的得主，所以能高屋建瓴地把握相关学术思想的精髓，从这个意义上说，该丛书体现了第二次世界大战以来国际科学思想史领域的最高学术成就。

学界普遍认为，要想深入解读古人的科学思想，就必须在文本的诠释上下工夫，不仅需要深入到较专门的中国古代科技著作、中国古代科技史或中国科技思想史中，而且更重要的是，要深入到中国的思想史中，深入到中国的经、史、子、集和各种各样的文献中，深入到中国的传统文化之中。尤其是对中国古代科学文本的诠释，除了需要中国传统文化的学术背景，更需要有世界科学思想的大视野。为此，我们选取了以上丛书作为基本参考文献。

4. "电子文献部分"基本文献

现在社会发展已经进入电子化时代，与之相应，古籍文献的电子数据化也越来越普及，与一般的纸质图书相比，网络电子图书确实有它的优势。所以为了快速检索文献，以尽量减少不必要的烦琐劳动，我们根据本课题的研究实际，选取了由昆山凯希数字化软件技术开发有限公司与回龙网联合开发的"古籍在线"（www.gujionline.com）、黄山书社 2005 年版的"中国基本古籍库光盘"及陕西师范大学出版社出版的综合性大型数据库产品"汉籍数字图书馆"（第一阅览室，数据量 1814GB）。

（二）第二类型为"普通古籍类参考文献"

具体又分为"校本普通古籍"（共筛选出 217 种基本文献）、"非校本普通古籍"（共筛选出 37 种基本文献）和"近代汉译西方科技著作"（共筛选出 176 种基本文献）三小部分。

1."校本普通古籍"参考文献

这部分共有 217 种古籍文献，按照一人一著的选择标准，开出参考书目。这里，分几种情况：第一，校注本，所谓"校注"是指根据不同版本或有关资料，对古代典籍加以校勘和注释，一般取某一较好版本为底本，搜罗各种不同版本和有关资料互相核对，发现讹误脱衍即以订正，并对疑难字句加以解释，如《周秦名家校注》《陈旉农书校注》《四月月令校注》等。第二，集解、集释本，是指辑诸家对同一典籍的语言和思想内容的解释，断以己意，以助读者理解，如《墨子集解》《鹖冠子集解》《悟真篇集释》等。第三，点校本，所谓点校就是指点句和校勘，由于许多古籍在流传过程中常常发生错误或残缺，再加上没有点断句子，给现代的读者带来不便。因此，就需要标点、分段，并尽量纠正其中的错误。如钱宝琮先生的《周髀算经》点校及陈金生先生的《毛诗传笺通释》点校等。第四，一般性注释本，即把古籍中难懂的语词、典故、史实、人物、山川等扼要地加以解释，如《陈纪注释》《九章算术注释》等。第五，笺证、笺疏、考释之类，这类注释较前者有较大的灵活性，因为它贵在阐明古籍中的"事"，主要是用多个版本相互印证、相互补充，或纠正本书的某些错误和不实之处。第六，译注本，如《六韬译注》《孟子译注》等。第七，辑佚本，有些古籍虽然已经佚失，但在其流传过程中，曾被不同程度地引用过，而这些引用它的书今天仍存在。于是，我们可以通过这些著作细心地把引文加以搜集、整理、排比，虽不能恢复其全貌，却能部分地再现它的片段内容，如《名医别录辑较本》《甘石星经辑本》等。第八，汇编本，如《方以智全书》《梅勿庵先生历算全书》《全上古三代秦汉三国六朝文》等。

2."非校本普通古籍"参考文献

除了已经被现代学者整理过的古籍外，我们的研究对象中还有少量著作迄今仍然没有整理或正在整理之中，约有 37 种，如明焦玉撰《火龙经全集》、清代梅文鼎撰《梅氏丛书辑要》及清代徐有壬所撰《务民义斋算学》等，特别是有关吐蕃、大理及西夏时期的很多科技文献，急需整理出版。这些情况的存在，无疑在客观上增加了我们应用原典的难度。

3."近代汉译西方科技著作"参考文献

学界普遍承认这样一个事实：思想或者观念不是个人的孤独发明，而具有群体性。所以思想史研究，不但要注重思想形成、存在、发展变化的社会背景、历史条件等外在环境，尤其应注重其思想的内在特征及逻辑必然性。在中国，从明末至清末，有两次"西学东渐"高潮，中国传统科学由优势逐渐转为劣势。分析这个过程的发生，原因固然复杂，但当时西学著作的大量翻译刊行，对国民的思想观念产生了巨大的影响则是不可忽视的因素。我们从 2000 多种近代汉译西方科技著作中筛选出 176 种基本文献，基本上能较客观地反映当时西学发展和演变的历史过程及其特点。如从国别来看，英国人的著作最多，为49种，约占总数的27%；其次是日本人的著作，计40种，约占总数的23%；再次是美国人的著作，计26种，约占总数的15%。尽管英国传教士来华较晚，如马礼逊1807年来华，则被称为英国基督教新教来华传教的开山鼻祖，但是，在19世纪的西方世界，英国是世界上最发达的工业国，因而促使其他国家向英国学习。在亚洲，印度近代启蒙思想家罗易等人开始思考印度落后的原因，探索印度今后的出路。罗易提出向英国学习，引进先进技术、资本和企业管理经验。日本明治初年，定下向英国学习、建设近代化海军的目标。清朝末年，载泽、王韬、梁启超等都主张向英国学习，希望中国也能像英国那样发达富强。在这种大形势下，英国人的科技著作被大量翻译出来。早在甲午战争前，黄遵宪就刊行了《日本国志》一书，首倡向日本学习，变法图强；甲午战争之后，人们在激愤之余，更多的是反省，痛定思痛，向日本学习，如梁启超、孙中山、鲁迅、郭沫若、陈遵妫、徐复观等许多名人都到日本学习过。所以，从20世纪后期开始，学习日本已成强劲的风潮，而国内大量翻译日本学者的科技著作即是明证。

（三）第三类型为"今人论著"

具体又分为"今人专著"（共筛选出752种基本文献）和"今人论文"（共筛选出1410种基本文献）两小部分。

1. 今人专著

按照与中国传统科学技术思想通史的相关度，由近及远分为三部分：第一部分是有关中国传统科学技术思想方面的学术专著，计有203种，约占总数的27%；第二部分是科技思想及评传或个案研究著作，计有191种，约占总数的25%；第三部分是科学技术史著作，计162种，约占总数的22%；第四部分为其他，计196种，约占总数的26%。用图示意如图9-1所示。

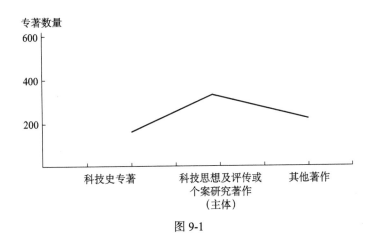

图 9-1

上述第一部分与第二部分属于中国传统科学技术思想史研究基本文献资料的主体，因而所占比例较大。至于科技史与科技思想史，以及其他专业与科技思想史的关系，我们把握的尺度是：科技史是科技思想形成的前提，两者是具体与抽象的关系；当然，科技思想的形成又离不开整个文化传统这个土壤。因此，葛兆光先生说："思想史应当与学术史沟通，应当处理知识与思想的关系。"[①]按照这样的指导思想，我们在基本文献中将"其他著作"（属于"知识史"的范围）的数量略微增加了一些，主要目的在于"更多地把知识史、科技史当成思想史的解释背景，更多地关注知识的生成与传播的制度、水准与途径，从而使思想史变得更丰富，也更为真实"[②]。

从中外研究文献的选取看，国外参考文献计有 69 种，占总数的 9%，几近 1/10。其作者分布于世界各地，包括日本、美国、法国、英国、韩国、意大利、德国、荷兰等 8 个国家。日本对中国科学史的研究不仅时间早，而且人数众多，著作数量丰富，整体学术水平较高。但就个别著作来讲，还需要具体分析，如有的著作公然否定扁鹊的存在，我们就不能认可。英国李约瑟博士的《中国科学技术史》（英文原名《中国的科学与文明》）是第一部以系统翔实的资料全面介绍中国科学技术发展过程的鸿篇巨著，计有 7 卷 34 册，分总论、科学思想史及各学科专业史。限于论题所及，我们在基本文献中只选取了"总论"和"科学思想史"两卷，其他各卷待具体研究过程中再各取所需。法国是目前中国科学技术史及中国科学思想史研究的重要区域之一，学术研究十分活跃，此与法国著名汉学家谢和耐的积极推动分不开。因此，我们将谢和耐的《中国社会史》和《中国与基督教——中西文化的首次撞击》两部社会史著作列入基本参考文献。我们知道，科学的社会性问题既是科学的本质，同时又是马克思的主要思想之一。美国的中国科学思想史研究以席文为代表，虽然在世界科学思想史的大共同体中，美国学者研究中国科学思想史的人数明显弱于欧洲，但其影响力不可小视。席文力倡"跨越边界"，一些人类学方法、口述史方法、计量研究方法等不断被引入中国科学史及科学思想史的研究之中。作为方法借鉴及拓展视野之用，我们在基本参考文献中选择了亨德森的《中国宇宙论的发展与衰亡》、柯林斯的《哲学的社会学：一种全球的学术变迁理论》及格兰特的《近代科学在中世纪的基础》等几部美国学者的专著，以期从中学习他们研究问题的视角与方法。

在中国传统科学技术思想史领域，近几年出现了一批高质量的博士研究论文，我们经过反复斟酌，最后从中选择了 30 种作为基本参考文献。在这里需要说明的是，由于博士论文的学术分量相对于硕士论文要厚重一些，故我们将其归入"今人专著"之内。而在这些博士论文里，不乏开创性的研究成果，如钱泽南的《黄帝内经太素学术思想研究》（2014）、张瑞的《朱熹风水思想的历史学研究》（2014）等，他们都在中国传统科学技术思想史的百花园里辛勤地开出了一片新的天地，研究前景广阔，对于进一步推动中国传统科学技术思想史的研究具有重要的学术价值和意义。

由于同一个研究对象出现了众多研究著作，我们难以尽举，所以只能根据本课题的需

① 葛兆光：《知识史与思想史》，《读书》1998 年第 2 期，第 132 页。
② 段治文：《中国现代科学文化的兴起 1919—1936》，上海：上海人民出版社，2001 年，第 9 页。

要，从中选择几部有代表性的著作，以求收到以点带面之效。如《黄帝内经》的研究著作比较多，我们在基本参考书目中仅列举了《黄帝内经的哲学智慧》《内经的哲学和中医学的方法》及《帛书〈黄帝四经〉研究》3部，至于其他的研究专著和博士论文则不得不割舍。总体来看，中国传统科学技术思想史的研究成果呈逐年增加之势，国内外的研究队伍亦在不断发展壮大，人们从文化史的大背景下去努力开拓中国传统科学技术思想史的研究新领域，这是可喜的一面；另一方面还应看到，中国传统科学技术思想史的学科和区域分布并不均衡，其中对于中国少数民族传统科学技术思想史的研究是一个明显的盲区，这是我们需要努力改变的当务之急。

2. 今人论文

从严敦杰主编的《中国古代科技史论文索引》（1900—1982）和邹大海主编的《中国近现代科学技术史论著目录》等所统计的论文数量看，至少在1万篇以上，数量相当可观。根据与本课题研究内容的相对紧密程度，我们从中选出1410篇作为本课题的参考文献。

对于所选论文的一般状况，我们大致可分为以下几个部分来描述。

第一部分，按照时间划分，可分为4个阶段：1949年之前，共收录论文118篇，约占论文总数的8%；1950—1979年，共收录论文275篇，约占论文总数的20%；1980—2000年，共收录论文334篇，约占论文总数的24%；2001—2015年6月，共收录论文683篇，约占论文总数的48%。

从图9-2中可清楚地看出，1950—1999年，呈稳步增长态势，而2000—2015年，则曲线陡然升高，增势迅猛。分析后可发现，造成这种现象的原因主要是各专业学科的硕士研究生选题大量增加，这说明中国传统科学技术史或传统科学技术思想史对于青年一代具有较大吸引力，随着他们的成长，中国传统科学技术思想史研究必然会出现一个新的发展时期。

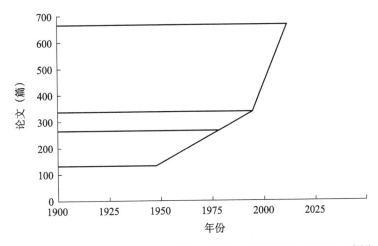

图9-2　20世纪以来中国传统科学技术思想史领域发表论文状况示意图

第二部分，按照内容来划分，可分为"思想研究"和"人物个案与专题研究"两大类，其中思想类论文计 408 篇，占论文总数的 29%；人物个案与专题研究类论文计 1002 篇，占论文总数的 71%。我们在确立本课题的研究方案时，考虑到以人物为骨架来构建整个中国传统科学思想史研究体系的特殊性，既要突出"科学思想"这个重点，又要兼顾思想体系内部各个因素之间的相互联系，所以论文的选取尽可能反映所研究人物的各个侧面。以宋应星为例，为了能比较全面地呈现目前学界对他的研究进展，我们从不同角度共选取了 7 篇有关宋应星的学术论文，即何兆武的《论宋应星的思想》、刘丰的《宋应星和他的〈天工开物〉》、李亚宁的《试析宋应星的技术观和自然观的关系——兼论中国传统哲学的历史性变化》、邢兆良的《晚明社会思潮与宋应星的科学思想》、周曙光等的《论宋应星的技术思想》、邱春林的《宋应星的造物思想评析》及宋成的《宋应星自然哲学思想研究》等。据此，我们就可以对宋应星的科学思想作如下解构（亦即 7 篇论文解构图），如图 9-3 所示。

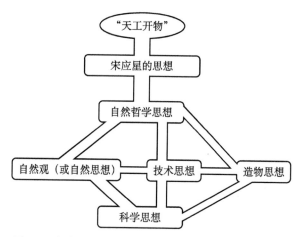

图 9-3　宋应星的科学思想是一个相互联系的有机整体

我们通过将当前学界对宋应星科学思想的研究成果（即 7 篇论文）适当地加以解构，就很容易在头脑中形成一个直观"映像"，然后用它与先前有关宋应星的各种"传记"作品进行比较，看看先前学界对宋应星科学思想的认识究竟有没有中心和边缘？而现代学界对宋应星科学思想的研究，究竟在哪些地方较先辈的研究有所进步，而哪些地方尚待改进或者说有待继续深化与拓展？等等。如此一来，对诸如此类问题就会得比较清楚。然而，如果没有这种对当前学界研究状况的了解或者说解构，则很难将过去和现在的学术研究状况作系统的比较，因而也就很难保证自己的研究质量与水平。所以"知彼知己"永远是制胜的法宝，为此，我们在选取论文时，尽量做到全面和系统，以便于分析与解构。

第三部分，按照论文是否公开发表来划分，经中国知网检索，未发表的硕士论文有 264 篇（不计重复论文），约占论文总数的 19%；未发表的会议论文 3 篇（以列入参考文献的原始文本为准），可忽略不计。如果按照年度划分，结果如表 9-1 所示（注：不计

2015 年）。

表 9-1

年份	论文（篇）	年份	论文（篇）
1994	1	2008	19
2001	2	2009	20
2002	4	2010	17
2003	8	2011	19
2004	9	2012	37
2005	10	2013	38
2006	12	2014	37
2007	30	总计	263

为清晰起见，我们特用图 9-4 来示意。

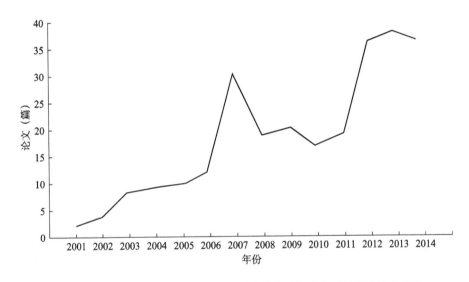

图 9-4　2001—2014 年有关中国传统科学技术思想史方面的硕士论文状况

由图 9-4 中的变化曲线看，近几年在中国传统科学技术思想史研究领域所发生的最大变化就是硕士论文的数量正在不断增长，它从一个侧面反映了许多年轻学子正在将他们的研究兴趣转向中国传统科学技术思想史领域，此现象说明中国传统科学技术思想史这门学科的内在潜力十分巨大，具有广阔的发展前景。就论文的选题而言，很多论文研究视角非常独特和新颖，如仰和芝的《戴震的人学思想研究》（200 ）、朱一文的《百鸡术的历史研究》（2008）、陈仲先的《〈天工开物〉设计思想研究》（2008）、李吉燕的《张从正神情学说研究》（2011）、赵玲玲的《先秦农家研究》（2012）、王敏超的《从史前工具制造来看人对形式的审美认知》（2013）、李富祥的《王充〈论衡〉的命理学思想新探》（2013）及郑亮的《叶适社会控制思想研究》（2014）等，这些论文来自中国哲学、设计艺术学、中医医史文献、专门史、文艺学、民俗学等不同专业，这样一来，对于中传统科学技术思想这一特定研究对象，人们通过多元化的阐释和多角度的观察与理解，从而给它增加了丰富多彩的亮点和颜色。众所周知，中国传统科学技术思想本身的发展和演变非常复杂，这就为人们的多元研究提供了可能。

不过，我们同时还应看到，由于全国高校各类专业的硕士研究生缺乏必要的学术交流与沟通，故此，选题重复现象比较严重。例如，仅 2012 年、2013 两年期间，研究《潜夫论》的硕博士论文就有 5 篇，其中博士论文 2 篇，硕士论文 3 篇；2007—2014 年，研究谭嗣同"仁学"思想的硕士论文有 3 篇；2002—2014 年，研究《酉阳杂俎》的硕博士论文有 4 篇，其中郑瞽晾的博士论文《段成式的〈酉阳杂俎〉研究》早在 2002 年就已经完成，可是 2011—2014 年却出现了 3 篇相同的硕士论文；等等。尽管我们可以认为，面对相同的选题，不同的人都会有不同的观点，但是毕竟在一篇花费三年甚至更多时间和精力去完成的学位论文中，有诸多重复的内容终究还是会给研究者造成许多不必要的学术被动与尴尬。

此外，与前述"今人专著"所存在的问题一样，有关中国少数民族传统科学技术思想史的硕士论文甚为寥寥，而积极跨越这个瓶颈就成为我们从事本课题研究的学术动力之一。

二、代表性文献资料的概要介绍

就我们所开出的参考书目看，最有代表性的文献资料可取 6 种。

（一）李约瑟的《中国科学技术史》①

李约瑟是 20 世纪最有影响力的人物之一，对此我们在前面已经反复讲过。1948 年，李约瑟开始编撰 7 卷本的《中国科学技术史》。1954 年由剑桥大学出版第 1 卷，它第一次系统理性地把中国古代科技文明成就告诉欧洲和世界。1968 年，李约瑟博士因这项成就而荣获第 12 届国际科学史和科学哲学联合会授予的萨顿奖章。1974 年，他当选为国际科学史和科学哲学联合会主席。至 1995 年，李约瑟博士病逝前，呕心沥血 50 年的《中国科学技术史》写作基本完成。

《中国科学技术史》第 1 卷《导论》（1954），由王铃协助完成。该卷提出了诸多带有全局性的疑难问题：①在上古与中古的历史期间，中国人对于科学、科学思想及科学技术，贡献了什么？②一般说来，为什么中国的科学和技术总是滞留在经验阶段，理论部分没超出原始的及中世纪的类型？③从公元 3 世纪至 10 世纪前后 1000 年内，中国为什么保持了为西方人不可企及的科学发展水平？④中国既是在理论上与几何系统论上很脆弱，这些弱点为什么没有成为若干科学发现与发明的障碍，相反，这些发现与发明还超过了同时代的欧洲？⑤16 世纪以后，究竟是什么因素阻止了中国近代科学的发展？等等。

---

① 以下凡不注明著者，均为李约瑟著。

　　《中国科学技术史》第 2 卷《科学思想史》(1956)，由王铃协助完成。李约瑟从其自身立场出发，认为道家是中国科学思想的主体，因为道家主张有机自然观，他们把社会伦理看作是自然界的派生物，与道家相反，儒家只关怀人际伦理关系，对自然界却不感兴趣，所以没有发展出科学。不过，道家不相信理智与逻辑的力量，此与古希腊所采取的途径不同。该卷的特点是具有明显的重道贱儒价值倾向。

　　《中国科学技术史》第 3 卷《数学·天学·地学》(1959)，由王铃协助完成。其中在"数学章"里，李约瑟提出了一个引人注目的问题：中国古代数学曾经出现过光辉灿烂的发展时期，并在相当长的历史时期内居于世界前列，然而在 14 世纪以后直至近代，中国数学发展缓慢，以至于没有发展成为近代数学，而是在文明程度相对落后的欧洲诞生了近代数学，这就是著名的"李约瑟难题"的数学问题。在"天学章"中，李约瑟非常肯定地指出："欧洲在文艺复兴以前可以和中国天图制图传统相提并论的东西，可以说很少，甚至简直就没有。"至于"地质章"的意义，据考，在《中国科学技术史》第 3 卷出版以前，在中西文献中，还没有地质学史专题论著，此书有开创之功。

　　《中国科学技术史》第 4 卷《物理学及相关技术》，分为 3 个分册：第 1 分册《物理学》(1962)，由王铃协助完成；第 2 分册《机械工程》(1965)，由王铃协助完成；第 3 分册《土木工程与航海技术》(1971)，由王铃、鲁桂珍协助完成。第 1 分册通过丰富的史料、深入的分析和大量的东西方比较研究，全面系统地讲述了中国物理学技术的成就及其对世界方法的重大贡献。第 2 分册在明晰工程师的概念及社会地位以后，系统介绍了基本的机械原理、机械玩具、中国典籍中的各种机械、陆用车辆、原动力及其应用、水轮与激水轮、水运仪象台等，并与西方同期的机械进行比较。第 3 分册从道路和围墙开始，依次论述长城、建筑技术、桥梁及水利工程中的大型公共工程，李约瑟特别讲到早期来华的传教士看到遍布中国的水利系统，特别是大运河系统，为农业和运输带来的效益远远高于西欧当时的水平。在航海技术方面，重点比较了形态学及航行船舶的演进、帆船和舯板的结构特点等。

　　《中国科学技术史》第 5 卷《化学及相关技术》，分为 14 个分册。

　　第 1 分册《纸和印刷》(1985)，钱存训著。该著认为造纸术完备之后，不仅盛行于中国，也通过不同方向流传到世界各地，从 2 世纪开始东传，到 19 世纪传入澳洲，历时长达 1500 多年。此外，对印刷术的起源和发展、工艺美学、应用，以及对世界的传播与影响等进行了全面考察，肯定了造纸和印刷术对中国和世界文明发展的贡献。

　　第 2 分册《炼丹术的发现和发明：金丹与长生》(1976)，由鲁桂珍协助完成。内容包括在明晰概念术语和定义的基础上，系统论述了中国古代的内丹理论及其历史发展，与印度瑜伽术的比较，外丹与内丹之间的关系等，以及对中国医学理论中原始内分泌学理论的相关讨论。

　　第 3 分册《炼丹术的发现和发明（续）：从长生不老药到合成胰岛素的历史考察》(1976)，由何丙郁、鲁桂珍协助完成。主要考察炼丹术的发展及早期化学史，从古代的丹砂一直讲到合成胰岛素，包括周秦及两汉的炼丹术、魏伯阳与葛洪的炼丹理论、《道藏》

中的炼丹术，炼丹术的鼎盛、衰落及近代化学的来临等内容。

第4分册《炼丹术的发现和发明（续）：器具、理论和中外比较》（1980），由鲁桂珍协助完成，席文有部分贡献。主要讲述了炼丹设备、相关理论、探索长生不老药的理论背景，以及中国与阿拉伯、欧洲之间的关系等内容。

第5分册《炼丹术的发现和发明（续）：内丹》（1983），由鲁桂珍协助完成。主要考察内丹术，也称生理炼丹术，包括原始生物化学与性激素的制备等。

第6分册《军事技术：抛射武器和攻守城技术》（1995），由王铃、麦克文等协助完成。主要介绍中国古代的兵法文献、军事思想的特点、弓弩弹道机械等抛射武器，另外还专门探讨了从墨家到宋代的早期攻守城技术。

第7分册《军事技术：火药的发明》（1987），由何丙郁、鲁桂珍、王铃协助完成。主要讲述了有关火药的历史文献，对硝石的认识与提纯，作为引火剂的原始火药及爆竹和烟火，最早用作战争武器的火药与火药包和地雷，火箭的发明和金属炮筒的发展等内容。

第8分册《军事技术：抛射武器和骑兵》，存目。

第9分册《纺织技术：纺纱与缫丝》（1988），库恩著。主要介绍了中国古代的织工、纺织品及纺织技工的传统，并对纺织工具、纺织原料的分类、缫丝技术等进行了详细论述。

第10分册《纺织技术：织布和织机》，存目。

第11分册《钢铁冶金》（2008），华道安著。该著分别讨论了铁在中国的最早出现和使用，汉代国家对铁业的垄断，后汉至隋的金属工艺，宋代的技术演进，明代的经济扩张，中国对现代钢铁技术的贡献等内容，其特点是从经济史的角度来考察钢铁技术的发展及其对社会的影响。

第12分册《陶瓷技术》（2004），柯玫瑰、奈吉尔·伍德著。主要讲述了陶瓷技术的背景，黏土、窑、烧制的方法与程序，包括上釉、颜料、彩饰、涂金、转型等内容。

第13分册《采矿》（1999），葛干德著。主要介绍和考察了中国古代的采矿技术、有色金属的冶炼及其冶铁技术等内容。

第14分册《盐业、墨、漆、颜料、染料和胶粘剂》，存目。

《中国科学技术史》第6卷《生物学及相关技术》，分为10个分册。

第1分册《植物学》（1986），由鲁桂珍协助完成，黄兴宗独特贡献。主要讨论中国植物地理学的背景、植物语言学、文献，以及为人类服务的植物与昆虫等内容。

第2分册《农业》（1984），白馥兰著。主要考察中国古代农业的特征、农业区域及起源、农书资料、农田体制、农耕机具与技术、耕作制度、农业变迁引发的社会变革等问题。同时，从比较文化的视角论述了中国农业与世界其他国家和地区农业之间的区别与联系。

第3分册《畜牧业、渔业、农产品加工和林业》（1996），唐立和孟席斯合著。主要讲述了中国的森林、狩猎及诱阱、动物的蓄养和繁殖营养健康、家禽蓄养、养蜂业、渔业与养鱼业、早期的鱼塘养殖、汉代的渔业论著、捕鱼方法等内容。

第4分册《园艺和植物技术（植物学续编）》，存目。

第5分册《发酵与食品科学》（2000），黄兴宗著。主要介绍了中国古代自成体系的食品科学、酒类的发展与发酵、黄豆加工与发酵、食品加工与矿藏、茶叶加工与应用、事物与营养缺乏等内容。

第6分册《医学》（2000），李约瑟、鲁桂珍著，由席文协助完成。主要讨论了中国文化中的医学、中国古代的卫生学与预防医学、医生资格审查、原始的免疫学及法医学等问题。

第7—10分册《解剖学、生理学、医学和药学》，存目。

《中国科学技术史》第7卷《总结论》，分为2个分册。

第1分册《语言与逻辑》（1998），哈布斯迈尔著。主要分析了中国古代语言在中国科学形成过程中所起的作用及其基本特点，在此前提下，该著还考察了中国逻辑术语的概念历史，以及中国人对自己语言的传统认识。

第2分册《总结论与反思》（2004），李约瑟著，罗宾逊编，黄仁宇特别贡献，伊懋可导论。该册由下列论文构成：李约瑟的《东西方的科学与社会》《世界科学的演进——欧洲与中国的作用》《历史与人的估价：中国人的世界科学技术观》，黄仁宇与李约瑟合著的《中国传统社会的特质———种技术性的解释》，还有罗宾逊与李约瑟合著的《作为一种科学语言的汉语文言》。

虽然书中对文献的解读方面还存在不少缺点和不足，但总体来看，李约瑟的《中国科学技术史》的特点是一部比较科学文明史，它把中国各个历史时期科学技术的发现、发明和创造放到全世界特别是欧洲的背景中加以比较、衡量和评述，从而得出了欧洲人近代以来许多重大发明可能并不是"首创"，即便这些欧洲人没有受到中国人的直接影响，也必须承认中国人在许多方面走在欧洲前面的结论。

（二）卢嘉锡总主编的《中国科学技术史》

这部由中国科学院自然科学史研究所主办、科学出版社出版的30卷本《中国科学技术史》，不仅在规模和数量上超过了李约瑟的《中国科学技术史》，更重要的是它彻底改变了"中国科学技术史研究在国外"的历史局面，标志着"中国科学技术史研究"的回归，因而影响巨大。

下面依李约瑟的《中国科学技术史》的体例顺序将其要者略作介绍。

《中国科学技术史·通史卷》（2003），卢嘉锡总主编（后面只注分主编），杜石然主编。该卷从内外史相结合的角度，既考察了中国科学技术各学科的发展历程及其辉煌成就，同时又详细讨论了科学技术与其古代社会、经济、思想、文化及其中外交流的关系，进而比较深入地探究了中国传统科学技术的特点、规律及其经验教训。

《中国科学技术史·科学思想卷》（2001），席泽宗主编。该卷从基本文献出发，提炼出中国传统科学技术思想的基本范畴及其历史演变，在此基础上，重点考察了中国古代各个历史阶段的科学思想，包括自然观、科学观和方法论。

《中国科学技术史·数学卷》（2010），郭书春主编。该卷根据中国传统数学的原始文献，系统阐述了自远古至清末中国数学发展的历史阶段、特点、成就、思想及理论，尤其注重考察中国传统数学思想产生的社会经济、政治、教育、宗教和文化背景，为迄今中国数学史研究的最新成果。

《中国科学技术史·天文卷》（2003），陈美东著。该卷叙述了中国天文学的产生和发展演变历史，它以丰富的原始资料和精深的研究分析，生动展示了中国天文学的辉煌成就，以及近代中西天文学的交流与融通。

《中国科学技术史·地学卷》（2000），唐锡仁、杨文衡主编。该卷综合并整理了中国古代地理、地质、气象、海洋等方面的原始地学资料，充分发掘中国古代的地学成就，并从中总结出客观规律。

《中国科学技术史·物理学卷》（2001），戴念祖主编。该卷系统、全面地展现了中国古代科学在物理学方面的概貌，作者用可靠的史料证明，中国古代物理学不仅有可与西方同一时期相比的力学与光学，而且在电磁学和热学方面，取得了远胜于西方的成就，至于在声学特别是在乐律方面，则更是成绩卓著。

《中国科学技术史·机械卷》（2000），陆敬严、华觉明主编。该卷在大量考古和原始资料的基础上，对中国历代机械的发明、应用和技术发展作了翔实的记述、分析与评价，全面反映了中国古代机械工程的杰出成就。

《中国科学技术史·度量衡卷》（2001），丘光明等著。该卷以历代单位量值的演变作为主线，旁及中国度量衡的产生、发展、管理制度、相关的科学技术成就等，对中国度量衡史进行了系统、全面的研究，是迄今为止最权威的中国度量衡史著作。

《中国科学技术史·桥梁卷》（2000），唐寰澄著。该卷系统论述了中国桥梁的发展历史，分类考察了梁桥、栈阁、拱桥、索桥、浮桥等的结构特点及其技术演变，自成系统，在相当长的历史时期里处于世界桥梁建筑的前列。

《中国科学技术史·水利卷》（2002），周魁一著。该卷系统介绍了中国古代的水利科学与技术发展的历史过程及其特点和规律，详细考察了中国传统的防洪治河、农田灌溉、运河、城市水利等技术成就，从中引申出兴利除害的水利活动将在新的历史阶段中得到进一步完善的规律性认识。

《中国科学技术史·交通卷》（2004），席龙飞等主编。该卷分陆路交通史、造船技术史、水运技术史三篇。它全面、客观地展示了中国古代交通发展历史的原貌，包括各种运输工具的制造、交通线路的开辟、交通管理及中外交通的商贸联系等内容。

《中国科学技术史·建筑卷》（2008），付熹年编著。该卷对中国古代建筑的发展历程、在历史上所取得的卓越成就、促进与限制中国古代建筑技术发展的因素及经验教训等，都进行了认真的考察和反思，而各时代的内容大体按规划、建筑、结构、材料、施工等分类梳理，探索其发展脉络。

《中国科学技术史·化学卷》（1998），赵匡华、周嘉华著。该卷论述了中国古代陶瓷、冶金、炼丹术和医药、盐硝矾加工、酿造、制糖、染色等与化学有密切关系的工艺历史，特别对炼丹术进行了全方面的透析和阐释。

《中国科学技术史·造纸和印刷卷》（1998），潘吉星著。该卷利用最新考古发掘资料，对出土文物的检验、传统工艺的调查研究和中外文献的考证等方面进行叙述，系统论述了中国造纸及印刷技术的起源发展及外传的历史，从而揭示出中国"四大发明"中两项发明的系统历史。

《中国科学技术史·军事技术卷》（1998），王兆春著。该卷包容了我国从远古炎黄到辛亥革命前上下 5000 年的军事技术发展历史，在这个历史长河中，涌现出了许多杰出的军事家、军事技术家及善于使用军事技术的统兵将帅，他们的军事思想为今天祖国的安定和发展提供了重要参考。

《中国科学技术史·纺织卷》（2002），赵承泽主编。该卷分生产篇、技术篇、少数民族篇和近代篇，系统考察了中国从远古至近代数千年纺织生产和工艺技术的发展历史，并通过叙述缫、纺、捻、络、织、染等技术成就，不仅证明纺织生产在中国科技史中占有重要地位，而且在世界纺织史上也占有十分重要的地位。

《中国科学技术史·陶瓷卷》（1998），李家治主编。该卷全面论述了中国长达万年的陶瓷科学技术发展演变历史，作者根据出土文物的考证和鉴定成果，总结出中国陶瓷科技史发展的 5 个里程碑和三大技术突破（即原料的选择与精制、窑炉的改进和烧成温度的提高，以及釉的形成和发展）。有评论者称，该书的出版标志着中国科技史研究进入了一个新阶段（蒋赞初《读〈中国科学技术史·陶瓷卷〉》，《考古》2000 年第 9 期，第 96 页）。

《中国科学技术史·矿冶卷》（2007），韩汝玢、柯俊编著。该卷全面阐述了中国古代矿冶技术的产生、发展的历程，涉及金、银、铜、铁、锡、汞、砷等有色金属技术，钢铁技术，古代金属的矿产资源、采矿及选矿技术，金属加工技术等，尤其是作者用现代实验方法对出土金属文物和冶金遗物进行了系统研究，有的还做了模拟试验。

《中国科学技术史·生物学卷》（2005），罗桂环、汪子春主编。该卷分六章，内容包括生物的分类、形态、遗传、生物资源保护等，主要论述了从远古时代到近代西方生物学传入前的中国古代生物学发展历程，附带介绍了现代生物学在中国早期传播的一些状况。

《中国科学技术史·农学卷》（2000），董恺忱、范楚玉主编。该卷的特色是从中国传统文化的大背景中来考察传统农学的发展与演变，以期正确说明当时农学发展及其特点的依据，因而第一次系统论述了中国古代"土宜论"与"土脉论"的形成和发展，不但系统介绍了育种和引种方面的成就，而且用丰富的史料说明中国传统农业生物内部、生物群体中同一种类不同个体和不同种类生物之间、生物群体与外界环境之间的相互依存和相互制约，并加以有效利用，趋利避害，使之向人类所需要的方向发展。

《中国科学技术史·医学卷》（1998），廖育群等著。一方面，该卷以确凿的史料为基础，深入论述了医学的起源和发展，全面评价了历代的医学流派及典籍，生动记述了杰出医学家的业绩和学术思想；另一方面，作者站在科技史与社会文化史并重的立场，在详细论述中国古代医学构成、发展演变的同时，注重医学思想、治疗技术与哲学、宗教、政治等社会背景的内在联系。

《中国科学技术史·人物卷》（1998），金秋鹏主编。该卷论述了77位科学家的生平、思想及其成就，作者认为科学技术是人类脑力劳动的产物，知识分子的社会存在和社会地位对于科学技术有着决定性的影响。

《中国科学技术史·年表卷》（2006），艾素珍、宋正海主编。该卷以时间为序，系统表述了中国科技史上的事件，每个条目为一个事件，包括时间、事件和文献等，首次为中国古代科学技术史给出了一张系统、清晰的权威性年表，可说是中国科技史（包括科技思想史）研究的必备工具书。

（三）日本学者山田庆儿和田中淡共同主编的《中国科学史研究》（续编）

这是一部关于中国古代科学史的论文集，由日本著名学者山田庆儿和田中淡共同主编，京都大学人文科学研究所于1991年出版。书中共收录了22篇论文，其中日本学者的论文9篇：坂出祥神的《"内景图"及其沿革》，村上嘉实的《周易参同契的同类思想》，武田时昌的《〈海岛算经〉的数理结构》，川原秀城的《清朝中期之学与历算之学》，宫岛一彦的《王锡阐〈晓庵新法〉的太阳系模型》，桥本敬造的《"见界总星图"与〈恒星总图〉》，田中淡的《〈墨子〉城守诸篇的筑城工程（续完）》，山田庆儿的《伯高派的计量解剖学和人体计测的思想》，小林清市的《试论关于〈本草纲目〉的记载方法》；中国学者的论文9篇：杜石然的《略论中国古代数学史中的位值制思想》，席泽宗等的《陈子模型和早期对于太阳的测量》，缪育群的《〈素问〉与〈灵枢〉经中的脉法》及《关于汤液》，李盛雨的《古代东亚的大都及豆酱的起源和交流》，潘吉星的《十八世纪旅日的中国医学家陈振先、周歧来及其著作》，郭湖生的《魏晋南北朝至隋唐宫室制度的沿革——兼论日本平城京的宫室制度》，全相运的《明清的科学与朝鲜的科学》，冯锦荣的《天元玉历祥异赋》；其他国家学者的论文4篇：内森·斯宾的《早期宇宙论中的变化及延续》，Marke Kalinowski 的《敦煌数占小考》，保罗·U.恩舒尔德等的《明代的中国传统眼科学：回顾〈银海精微〉》，法布里子欧·普瑞加迪欧的《〈九炼金书〉及其传统》。这些论文的作者多是当今科学史界的名家，其论文的影响力非比寻常。例如，郭文提出了太极殿与朝堂并列构造的存在是魏晋南北朝宫城的特点，称为"骈列制"，并认为骈列制行将消失之际，出现了从魏晋南北朝到隋唐的宫城构造转变的特性，北齐的邺南城就具有这样的划时代性。虽然有些学者对郭文对邺南城的解释仍然存有异议，但他提出的从魏晋到隋唐宫城变迁的基本轨迹和当时背景下尚书地位低下等观点，无疑对以后的研究产生了很大影响（见内田昌功《近年来的魏晋南北朝隋唐都城史研究》一文，《中国中古史研究——中国中古史青年学者联谊会会刊》第2卷，中华书局2011年版，第239页）。

（四）匡亚明主编的《中国思想家评传丛书》

南京大学中国思想家研究中心既是中国思想史的教学、科研机构，又是组撰《中国思想家评传丛书》（以下简称《评传丛书》）的工作机构。从 1986 年开始一直到 2006 年，《评传丛书》201 卷全部出齐，在匡亚明先生建立具有中国作风和中国气派的哲学社会科学思想的指导下，《评传丛书》遂成为一项具有开创性的思想文化研究项目，更是我国跨世纪的最大规模的传统思想文化研究工程。

《评传丛书》中有关中国传统科学技术思想史方面的代表人物基本上都列入本课题的基本文献资料目录中了。《评传丛书》的人物分布，按照时代划分，先秦至韩非子传 15 人，12 卷；秦汉至南北朝传 65 人，39 卷；唐代传 30 人，22 卷；两宋传 32 人，26 卷；元代传 18 人，11 卷；明代至新文化运动传 110 人，90 卷，总计传 270 人（含合传之主与附传之主）。整个《评传丛书》熔"三义"于一炉，从而使中国思想史的研究达到了一个新的高度和境界。所谓"三义"，即"本义"、"他义"和"我义"，其中"本义"是指"传主的本来面貌，包括对文献的整理、厘定和时代背景的描述等"；"他义"是指"后人对传主的不同理解和不同的是非观"；"我义"是指"作者要站在我们这个时代的高度，体现新的时代精神，在澄清本义、他义的基础上，提出有突破性的真知灼见"。此"三义"具有一般的指导意义，我们传统科学技术思想史的撰写亦应以此"三义"为"方略"。

（五）英国学者乔治·巴萨拉等主编的《剑桥科学史丛书》

《剑桥科学史丛书》中译本共 11 卷，由复旦大学出版社于 2000 年出版。该套丛书的编辑历时 30 年，从 1971 年一直到 2000 年，其作者或是国际科学史研究员院士，或者是国际学术组织的负责人，或者是国际性学术奖得住，他们在国际科学史界占有重要的学术地位。所以就丛书的内容而言，无论对研究中国科技思想史还是研究西方科技思想史都具有很高的史料价值，不仅如此，人们通过阅读它，还可以受到科学精神和科学方法的熏陶。

《中世纪的物理科学思想》（美国爱德华·格兰特著，郝刘祥译）基本上厘清了中世纪物理学发展到近代物理学的脉络，认为亚里士多德的世界结构及其物理解释机制是 12—15 世纪科学的基石，随着多种语言译本的广泛传播及大学和宗教开展的广泛的学术争论，在确立了亚里士多德的世界图像占主导地位的同时，也为文艺复兴及 16—17 世纪的科学革命创造了条件。《文艺复兴时期的人与自然》（美国艾伦·G.狄博斯著，周雁翎译）讨论了 15 世纪中叶至 18 世纪末的科学复兴历史，全书贯穿了几个重要主题，包括人文主义的影响、对一种新的科学方法的探索，以及神秘主义世界观的支持者与对自然进行数学观察探究的倡导者之间的对话。《近代科学的建构：机械论与力学》（美国理查德·S.韦斯特福尔著，彭万华译），以 17 世纪翔实的科学史料为依据，遵循那个时代各门科学代表人物的思想脉络，论述了在柏拉图-毕达哥拉斯传统和机械论哲学的共同影响下，各门科学在

17世纪的发展概况。《科学与启蒙运动》（美国托马斯·L.汉金斯著，任定成译），勾勒了18世纪科学发展的主要事件，尤其是作者将启蒙时期的科学进展与哲学思潮紧密联系起来，突出两者间的相互影响，为理解18世纪科学提供了新的可能。《科学与宗教》（英国约翰·H.布鲁克著，苏贤贵译）论述了在基督教文化背景下，西方近代科学自诞生以来，在其起源、发生和发展的过程中，科学的理性与实践同基督教之间的相互作用和冲突。《19世纪物理学概念的发展：能量、力和物质》（英国彼德·迈克尔·哈曼著，龚少明译），系统阐述了19世纪物理学的重要概念和理论的发展，尤其强调机械论原则与量化倾向在物理学家理论研究活动中的指导意义，并以历史的眼光，追溯了近代物理学向现代物理学转变的内在条件。《19世纪的生物学和人类》（美国威廉·科尔曼著，严晴燕译），简要而全面地介绍了生物学从1800年时的一个模糊术语到19世纪末时一门生机勃勃的科学的发展过程，以及人学的确立。《19世纪医学科学史》（英国威廉·F.拜纳姆著，曹珍芬译），从医学的概念、组织机构的形式及专业配置等方面重点阐述了自1800年至第一次世界大战前现代医学的形成过程，说明现代医学是19世纪的产物。《20世纪生命科学史》（美国G·E.艾伦著，田洺译），讲述了胚胎发育、遗传、普通生理学、生物化学和分子生物学的产生、发展及其相互渗透的关系，以及现代生物学的概况、特点和发展趋势，作者试图揭示人与思想、科学与历史、科学与哲学之间的相互作用和相互影响的内在关系，并从科学发展的历史中获得正确的科学思想及科学方法。《俄罗斯和苏联科学简史》（英国洛伦·R.格雷厄姆著，黄一勤等译），论述了沙皇时代俄国革命对科学的影响、科学同苏联社会的关系、知识科学中各学科的强项与弱点等内容。《技术发展简史》（美国乔治·巴萨拉著，周光发译），贯穿三大主题，其一是多样性，确认古往今来所见的人造物的品种惊人之多，其二是需求，相信人类总是因某种动机去发明人造物以满足人类生命的基本需求，其三是技术进化，通过有机类比解释这些新颖产品为何出现及其选择机制。

可见，丛书从一定意义上反映出第二次世界大战之后国际科学史领域的重大成就，它为我们勾勒出一幅总的综合性的西方科学发展的复杂传统图景。

（六）《中国科学技术典籍通汇》

任继愈主编，从20世纪90年代开始，由大象出版社陆续出版。该书为中国古代科技典籍的集大成者，是科学技术史研究领域一项无法跨越的基础工程。其内容包括数学卷、天文卷、物理卷、化学卷、地学卷、生物卷、农学卷、医学卷、技术卷、综合卷，共计10卷50册541种，在海内外引起了巨大反响。该书收录上起先秦下讫1840年，在中国古代科技发展中起过一定作用的科技典籍和其他典籍中的科学技术为主要内容的篇章。采用影印形式，保留了科技典籍的原始本来面貌；选用善本即足本、精本、旧本，包括原稿本、手抄本、木刻本、活字本、石印本、影印本等。其中，《中国科学技术典籍通汇·数学卷》（郭书春主编），计有5册90种；《中国科学技术典籍通汇·天文卷》（薄树人主编），计有8册82种；《中国科学技术典籍通汇·生物卷》（苟萃华主编），计有3册42种；《中国科学技术典籍通汇·物理卷》（戴念祖主编），计有 2 册 19 种。《中国科学技术典籍通汇·化学卷》（郭正谊主编），计有 2 册 47 种。《中国科学技术典籍通汇·地学卷》（唐锡仁主编），计有 5 册 59 种。《中国科学技术典籍通汇·农学卷》（范楚玉主编），计有 5 册 43 种。《中国科学技术典籍通汇·医学卷》（余瀛鳌主编），计有 7 册 26 种。《中国科学技术典籍通汇·技术卷》（华觉明主编），计有 5 册 73 种。《中国科学技术典籍通汇·综合卷》（林文照主编），计有 7 册 60 种。每种文献前面都有一篇研究提要，既是该文献最新研究成果的综合反映，又带有导读性质，为中国传统科技史（或科技思想史）研究提供了极大的方便。

三、重要文献资料的选择依据、获取途径和利用方式

（一）重要文献资料的选择依据

1. 中国传统科学技术思想史研究的特殊性

关于科学思想史的研究，李醒民先生认为，"科学是一种知识体系，但并非仅此而已——科学还是一种研究活动和社会建制，作为知识体系的科学也不仅仅由观察资料、实验数据、数学公式、定理定律等组成，其深层底蕴在于其基本概念和基本原理所体现的科学思想"（见氏著《发掘科学的深层底蕴——从〈科学思想文库〉的出版谈起》一文）。又说："要深刻理解和准确地把握科学的文化内涵，仅仅熟读科学教科书和专著史远远不够的，还必须对科学进行哲学的、历史的和社会学的全方位的综合透视。"（同前）我们在选择重要文献资料时，基本上遵循着这个"哲学的、历史的和社会学的全方位的综合透视"原则。

2. 现代科学技术结构体系的需要

研究中国传统科学技术思想史必须有现代人的眼界，这是毫无疑问的。钱学森在《现代科学技术的结构》一文中把人类科学的内结构分为三个层次（图9-5）。

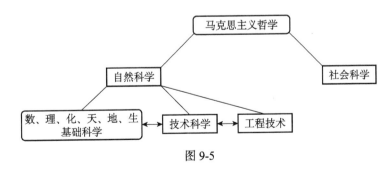

图 9-5

科学史研究的一般方法是哲学，故我们把恩格斯的《自然辩证法》列入重要文献资料。

科学思想史研究需要丰富而可靠的原始资料，这是最基础的工作，故我们将《中国科学技术典籍通汇》列入重要文献资料。

科学思想史是一门综合性和跨学科性的交叉学科，自然科学中的"基础科学"、"技术科学"及"工程技术"之间相互渗透和相互影响，这就要求我们必须选择一些具有"跨学科"特点的著述作为重要的文献资料，如《世界科学思想论库》等。

3. 宏阔的研究视野

我们的具体研究对象虽然是一个个活生生的人物，但是对每个历史人物的研究，不能仅仅停留在他所生活的那一段历史场景或者自然区域，而是需要把他放在整个中国传统文化的大背景下去考察。再进一步，有许多杰出的科技人物，要想发掘他们深层的思想内涵，仅以整个中国传统文化的大背景来考察还不够，因为需要将其置于整个世界文明发展的历史大场景里，去进行更加深刻的把握和考量。于是，我们把《剑桥科学史丛书》列入重要文献资料，其意就在于此。

4. 本课题具体研究对象的需要

科学思想史的研究对象分一般对象和具体对象，本课题的具体对象基本上已经确定，无论是具体的科学家思想还是原始典籍的思想解读，除了原典之外，还需要吸收前人的研究成果，尤其是综合性较强的研究成果，这就是我们选取诸多人物评传作为基本参考文献的主要依据。

5. 马克思学说的需要

如前所述，科学的本质是社会性的活动，故马克思说："甚至当我从事科学之类的活动，即从事一种我只是在很少情况下才能同别人直接交往的活动的时候，我也是社会的。因为我是作为人活动的。不仅我的活动所需要的材料，甚至思想用来进行活动的语言本身，都是作为社会的产品给予我的，而且我本身的存在就是社会的活动。因此，我从自身所作出的东西，是我自身为社会作出的。"[1]以此为据，我们选取了部分有关社会、政治及宗教文化等方面的著作作为基本参考文献，目的在于将中国传统科学家的思想置于一种大的社会文化背景下来考察，使其成为一种真正的"社会活动"，而不是个人的和孤立的思想创造物。

（二）重要文献资料的获取途径和利用方式

1. 重要文献资料的获取途径

关于重要文献的获取途径，如图 9-6 所示。

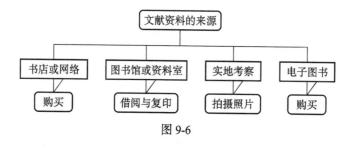

图 9-6

---

① 马克思：《1844 年经济学哲学手稿》，北京：人民出版社，1979 年，第 82 页。

其中"汉籍数字图书馆"是由陕西师范大学出版社出版的综合性大型数字化古籍文献数据库，收录《玉函山房辑佚书》不同版本、不同册数 118 册，道教古籍 1208 册，佛教类书籍 2626 册，《黄氏逸书考》不同版本、不同册数 42 册，汤球的辑佚书 28 册，本草 103 册，医家类 1538 册。该库收集了大量先秦和汉唐时期的古籍版本，以及宋、元、明时期的珍本、孤本、善本，尤其是保留了每册古本的所有内容，包括古籍的序跋，是我们研究过程中的重要参考工具。

此外，河北大学宋史研究中心是教育部省属高校人文社会科学重点研究基地，下设科技史研究所、地方政治研究所和文献研究所，现有《文渊阁四库全书》《四库全书存目丛书》《四库全书存目丛书补编》《四部丛刊》（初、续、三编）《丛书集成》（初、续编）《古今图书集成》《中国野史集成》《四明丛书》《大藏经》《道藏》《天一阁藏明代地方志选刊》《天一阁藏明代地方志选刊续编》《宛委别藏》《北京图书馆善本丛书》《俄藏黑水城文书》《古逸丛书三编》《徽州千年契约文书》等类书及其他图书藏书近 2 万册，历年期刊千余册，现刊近 200 种，加上校图书馆及相关学科点的藏书研究，关于中国古代史各个领域所需文献资料已基本齐全。

河北大学图书馆馆藏古籍文献弥足珍贵，共 26 200 多种，18 万多册（件）。其中，善本 363 种，4959 册；珍本 866 种，8033 册；孤本 17 种，238 册。主要藏书特色为方志和家谱，其中馆藏方志 1158 种，10 344 册，多为清末民初刊本，但也不乏善本，如明嘉靖刊本《山东通志》《龙门志》《石湖志略》，明万历刻本《武夷志略》，康熙刊本《宝坻县志》《岷州志》，雍正刻本《江西通志》，乾隆刊本《盘山志》《岐山县志》等，都有较高的文献参考价值。

2. 重要文献资料的利用方式

重要文献资料的利用方式分为直接利用和间接利用两种。

直接利用方式主要是做卡片。由于中国传统科学技术思想史的时间跨度长，包罗的古籍众多，这就要求我们在整个研究过程中，针对所需要文献数量较大的特点，将卡片排列次序，强化对原始文献资料的利用效果，而对那些需要多次重复引用的文献，一般需做参见卡，以防遗忘。

间接利用方式主要是采用数据库。利用计算机网络，人们可以更多、更快地获得各种研究信息。例如，电子图书相比传统的纸质图书具有以下特点：电子图书容量巨大，能节省藏书空间；电子图书易于检索，有方便快捷的查找功能，大大提高了资料的检索效率；电子图书使用方便，因为它可以任意缩放复制，支持剪切、拷贝等功能。有的文献资料可立即复制，节省了抄写时间和精力，有利于提高研究效率。

此外，为了获取国内外学者的原始文献，我们需要借助开放获取期刊和开放仓储库来完成。前者如 HighWire Press 免费电子期刊，目前该网站可提供阅览涉及各学科领域的期刊有 1300 多种；由瑞典隆德大学图书馆主板的 DOAJ，可提供 7307 种开放获取期刊的访问等。后者不仅有预印本，而且也提供后印本，涉及学术论文、图书、会议文集、学位论文等，如中国预印本服务系统、国内预印本子系统、奇迹文库预印本论文、香港科技大学图书馆知识库、美国加利福尼亚大学数字图书馆的 E-scholarship Repository 等。

附　　录

一、葛兰言及其代表作

葛兰言（Marcel Granet，1884—1940），20 世纪法国著名的社会学家和汉学家，他运用社会学理论及分析方法研究中国古代的社会、文化、宗教和礼俗，撰写了《中国宗教》、《中国古代舞蹈与传说》、《中国古代之婚姻范畴》、《中国的封建社会》、《中国文明》等一系列名著，在西方汉学中开创了崭新的社会学派。

附图 1　《中国古代舞蹈和传说》（1926 年版）

附图 2　《中国人的思想》（1944 年版）、《中国的封建制度》（1952 年版）

二、李约瑟及其代表作

附图 3　李约瑟和鲁桂珍博士在一起

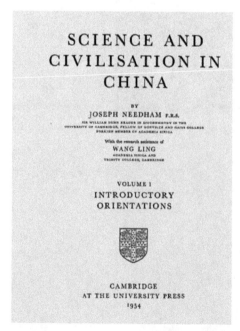

附图 4　李约瑟《中国的科学与文明》(即《中国科学技术史》第 1 卷，1954 年版)

三、谢和耐及其代表作

谢和耐（Jacques Gernet，1921—　　），笔耕不辍、著述颇多，他主张技术与社会发展不可分割，不仅开拓了法国汉学界的一代新风，而且引导法国汉学研究向着现代化的道路前进，在国际汉学界享有盛誉。

附图 5

（从左至右，依次为美国哈佛大学教授孔飞力、法国学者谢和耐、日本早稻田大学名誉教授毛利和子、
俄罗斯中国问题专家罗高寿，同获首届"中国学研究贡献奖"）（人民网记者屠知力摄）

谢和耐　　　　　　　　　　《中国社会史》

附图 6

四、三上义夫纪念碑

三上義夫博士顕彰碑

広島市の中心四丸遊園の植え込みには、数多くの石碑がある。その中に三上義夫先生の顕彰碑がある。また、県北の市、安芸高田市にある甲立小学校の校庭の一隅にもある。先生は安芸高田市のご出身で、中国数学を世界に紹介した最初の人だといわれている。世界中の科学史家にはよく知られた先生であるが、一般には余り知られていない。インターネットの一画を借りて、先生の二つの顕彰碑をご紹介したい。

三上義夫博士顕彰碑 1

神測妙算
學貫天人

文学博士　佐伯好郎　題額

附图 7

場所　広島市中区中町四丸遊園小町バス停前　建立　社団法人　金禰詩屋発展通盟

三上義夫博士は1875年2月16日、広島県高田郡甲立町に生まれ、1896年、仙台市第二高等学校（現東北大学）に入学されたが、健康のため数ヶ月で中途退学し、以後は独力を以て英・独の数学書を読破し後年の独特明晰な学風を培われた。1905年、博士は和算の研究に着手せられたが、和算興隆の基礎となった中国の数学に着目し、先ずその沿革の研究考究に没頭せられた。

次いで1908年、帝国学士院の委嘱を受けて和算史の調査に従いこの方面に関する基礎を定められ、1911年、東京帝国大学哲学科選科に入学し、更に大学院に進んで益々研鑽を重ねられた。

かくして博士は科学史の根柢に横たわる哲学的諸問題の究明に努められると同時に、和算資料の蒐集分析に一層の力を注がれた結果、1913年には「文化史上より見たる日本の数学」（創元社）を発表されたが、この書は文化史的方法論のもとに日本数学史の根本問題を究究されたものであって、我が国科学史の研究上全く画期的な意義を有する力作であった。

博士はやがてこの方法を中国の数学にも適用され、その成果は「支那と日本との数学の発達」（英文）〈The Development of Mathematics in China and Japan: Chelsea〉

「支那数学の特色」「鞠人伝論」、「支那数学史」等一連の論著となって世に表われ、国際科学史委員会会員に選ばれるに至った。かくて博士の学殖は愈々富み、その名声は日々に高まり、1933年には招かれて東京物理学校講師となり、次いで教授に進み、多くの子弟に和漢の数学史を講じられた。

博士の学的精力は晩年に及んでも少しも衰えず、「圓理の発明に関する論証」（1930年）等、關連數學に関する緻密な研究を発表せられ、和漢の巧緻な観念的性格は博士の手によって完全に科学的に解明されることとなった。1949年には、学位請求論文、「簡単和の展開と京坂の累家並に支那の算法との関係及比較」を東北大学に提出して理学博士の学位を授与せられている。

博士の一生は篤学真摯、偏に真理の探究に終始し、名利の外に超然として孤りに世俗との交渉を断さず、高遠なる精神を堅持せられたので、被時に際し識者の困言と思われることも多かったが、不幸にも、晩年のうちに夫人を失われ、加うるに敗戦後、農地制度の変革によって父祖伝来の田地を喪失せられ、1950年12月31日郷里において孤高薄運の裡に寂しく生涯を閉じられた。享年75歳、法名を理学院教導義仙居士という。

思うに三上博士は東洋数学史の開拓者として我が国が世界に誇るべき科学史家であり、その一生の著作は質量ともに比類を絶し、燦として世界の科学史学界に輝いている。年来博士の学徳を欽慕する我々は、相謀ってここに、この記念碑を建立し、博士の偉大な功績を永遠に伝えるとともに、餘りなくその高風を讃えるものである。

1958年10月26日

　　　　　　　　　　　　　　　　　　　國頭讃文　山崎　与右衛門　博士

五、薮内清及其代表作

薮内清（1906—2000），国际著名的科技史学家，因其在科技史研究方面所取得的杰出贡献，1953 年德国天文学家卡尔·雷睦斯（Karl Reinmuth）发现的小行星 2652 以其姓"薮内"命名，1972 年美国科学史学会授予薮内清科学史学家的最高荣誉萨顿奖。

薮内清　　　　　　　薮内清译《天工开物》（1952 年版）

附图 8

附图 9　《中国の天文历法》序文节选（平凡社，1969 年初版）

六、席文及其代表作

席文（Nathan Sivin，1931—　），国际科学史研究院院士，当今美国研究中国科学史的领导人物，是李约瑟之后"第二代"学者中的杰出代表，他的研究兴趣广泛，对中国科学史的研究成就卓著，开启了中国科技史研究新"范式"，影响巨大，故 2008 年第 12 届国际东亚科学、技术与医学史研讨会上特设"席文教授荣誉日"。

附图 10

范岱年同志：

叶晓青同志"科学史研究中的文化观"一文时拙作的评介是十分深刻的，而且批评态度是非常讲求公平的。我很同意她关于所谓"科学革命问题"很会迷惑人那个意见。

只有一小点是她没有搞清楚。她最后以为拙作对于"科学革命问题"没有"作出了什么具体答案，"其实我根本不要给答案，只可能是理由说得不那么清楚就是了。

（1）"近代科学革命为什么没有在中国发生"正如同"张三的名子为什么不是李四"一样，它不是一个可以系统地去研究，更不是一个会有具体答案的历史问题。过去渗透了西方中心主义，到现在为止已有了几十个毫无价值的答案。也许有一定的参考价值，可是那还不等于有历史学价值。干吗再继续幻想更多的答案呢？

（2）科学革命形成以后，很快就蔓延到几个文化先进的国家。法国是其中的一个。中国是另一个，正如拙作所说，17世纪二三十年代就蔓延到中国（差不多和波及法国同时）。中法两国内发展过程的差别源原不在科学本身，而在于社会条件。明末政府僵化，清代社会矛盾十分尖锐，帝国主义侵略，民国政府腐败的情况下，科学技术怎么能够发达呢？从鸦片战争一直到解放，一百多年常常打仗，那算什么条件呢？

我想这一点叶同志并没有不同意。中国在17世纪已经发生过科学本身的革命，那还有什么必要再去解释"为什么没有"呢？尽管科学革命这个问题是迷惑人的，但是个人也可以不被它所迷惑。

此外，还有种种的历史问题，至今仍无人问津。例如，二千年频繁的改历对天文学发展究竟起了什么作用？除了官办的太医局以外，古代医疗的经济上与政治上的基础是什么？又如，一般老百姓多半无力延请高级中医诊病，只能依靠多种没有中医理论为基础的民间疗法，效果究竟怎么样（关于这个问题，很多人有意见，可是到现在有系统的，用科学方法去进行的研究很少）。还有一层比较笼统的但还是真正值得研究的问题，即金观涛和刘青峰等同志所提到的"中国古代超稳定社会"怎么能够维持那样和欧洲迥异的形势？

这些不过是几个例子，都需要研究，不能以空言或猜想答覆。"科学革命问题"好像顾炎武所批评的明代思潮一样，引诱人家忘记实事求是。实事求是近来也许不那么时髦了，然而它还是历史探索的一个基础。

又希望范同志可以通知读者，本人中文名子不是"N. 席文"。这三十多年，中文姓是席，名是文，许多中国朋友早就习惯了，名片也早就印好了，不大想改变。

　　　　　　　　　　　　　　　　　　　　席文　（N. Sivin）
　　　　　　　　　　　　　　　　　1987年除夕于北京中医研究院。

附图 11 《席文教授的一封信》（载《自然辩证法通讯》1987 年第 1 期）

七、王琎及其代表作

王琎（1888—1966），是第一批庚款留美学生，与赵元任、任鸿隽等共同发起成立中国科学社，并创办《科学》杂志，依靠分析方法对古代相应实物进行剖析，为中国化学史与分析化学的开拓者之一，以"王琎之问"而闻名于中国科学史界。

附图 12

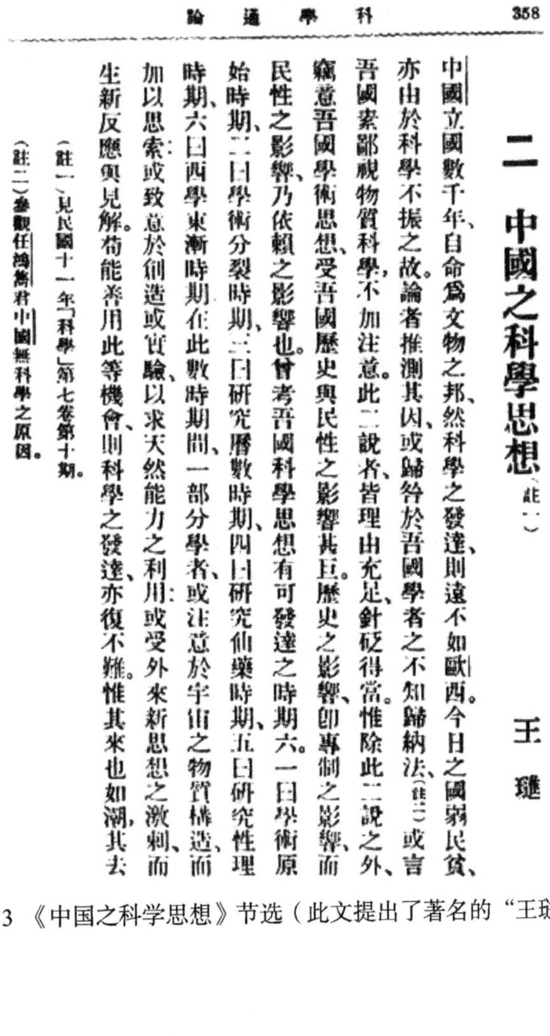

二、中國之科學思想（註二）

王　琎

中國立國數千年，自命爲文物之邦，然科學之發達，則遠不如歐西今日之國窮民貧，亦由於科學不振之故。論者推測其凶，或歸咎於吾國學者之不知歸納法、（註二）或言吾國素鄙視物質科學不加以注意。此二說者皆理由充足，針砭得當，惟除此二說之外，竊意吾國學術思想受吾國歷史之影響，即專制之影響，而民性之影響乃依賴之影響也。嘗考吾國科學思想有可發達之時期六：一曰學術原始時期，二曰學術分裂時期，三曰研究曆數時期，四曰研究仙藥時期，五曰研究性理時期，六曰西學東漸時期。在此數時期間一部分學者，或注意於宇宙之物質構造，而加以思索，或致意於創造或實驗以求天然能力之利用，或受外來新思想之激刺，而生新反應與見解。荷能善用此等機會，則科學之發達亦復不難，惟其來也如潮，其去

（註一）見民國十一年「科學」第七卷第十期。

（註二）參觀任鴻隽君中國無科學之原因。

科　學　通　論　358

附图 13　《中国之科学思想》节选（此文提出了著名的"王琎之问"）

八、席泽宗及其代表作

席泽宗（1927—2008），享有国际声誉的天文学家和天文学史专家，中国科学院院士，其主编的《中国科学技术史·科学思想卷》曾获第三届郭沫若中国历史学奖二等奖。他在天文学思想、星图星表、宇宙理论、外国天文学史等许多重大方面，都有杰出贡献。因此，经国际天文学联合会小天体命名委员会批准，将由中国科学院国家天文台发现的小行星 1997LF4 正式被命名为"席泽宗星"。

附图 14

附图 15

后　记

　　这部书稿的完成，实在是渗透着太多的泪水和汗水，面对出现在书前书后的是是非非，我已经习惯选择沉默了。由于我敢恨敢爱的率直性格，可能会给自己招惹一些麻烦，而对于那些不怀好意的"中伤"，我也学会选择沉默。就是在这沉默中，我学会了坚强，即坚强地面对困难。确实，读懂一本书相对比较容易，但读懂一个人却要难得多。经过了无数次生活的磨砺，我慢慢懂得了短暂而永久的痛是怎样的滋味，人与人之间的相遇，更多的是一种缘分，缘分中有情也有义，然而，别离毕竟还是给每个人的生活留下了说不尽的遗憾与眷恋。对于活生生的我们而言，谁不想留住人生最美好的一瞬，可是当它一旦嵌入心头，那就变成了一种永远的痛苦。

　　由于这是一份国家社科基金重大项目的投标书，在课题论证过程中，必然会牵涉到很多我相识或不相识的人，甚至是知名的专家和学者。实际上，最难的事情是在最短的时间之内，学会与他们沟通和"相处"，这确实不是我的擅长。现在回想起来，我需要检讨之处比较多，虽然我不想过多解释什么，但是，假如由于我的鲁莽，不小心冒犯了你，那我就诚恳地向你说一声"对不起"。无论怎样，我既然已经在自己选择的路上前行，就一刻都不能退步，即使前面有悬崖，我也得义无反顾地走下去。因为对于我的选择，那怕回报我的全都是无尽之苦痛，我也无怨无悔。

　　那是我自己的选择，我应该为我的选择去承受和担当，这就是我的性格。

　　坦率说，我的生活规律一般都不会轻易被打乱，但今夜却难以入眠。因为写这篇后记，勾起了我内心的许多隐痛。对于那些真心关爱我的人，我当然不能辜负他（她）们的担心与召唤，所以每当我站在风雨后的山巅，遥望那天边的彩虹，眼睛就禁不住噙着泪花，我好像看到了闪烁在彩虹后面的那双美丽眼睛，还有那深情专注我的眼神。我陶醉在那种被关爱的幸福之中，当然，这种幸福是一种面向成长与希望的力量，一种战胜一切困难与挫折的信心，如果我愧对了闪烁在彩虹后面的那双美丽眼睛，那才真是我的失败，我的不可饶恕的过错。

　　不能让真心关爱我的人失望，这便是我的信念。

　　在这个难眠之夜，我惦念那些真心关爱我的人，他（她）们的生活是不是像其所憧憬的那样幸福和快乐，而在漫长的人生路上，他（她）们的脚下会不会也时常遇到磕绊，还有，当他（她）们走过一个又一个曲折之后，那些无聊的闲言碎语会不会变成中伤他（她）们人生的冷箭，他（她）们是不是像我一样既有喜悦的笑颜，同时又有愁闷的哀叹。

还有，当他（她）们遭遇孤立无助的时候，是不是也像当年的岳飞一样"抬望眼，仰天长啸"，而刹那间，自己浑身就会凝集成一股破天震地的巨能。我相信，他（她）们一定会坚强地面对各种逆境，学会在逆境中生活，那才真正锻炼人。我常常反思自己：一个人究竟应该怎样去设计自己，美的，丑的，善的，恶的，真的，假的。在世界上，单纯的人是不存在的，有的只是复合的人和多元的人，也就是说在一个人的身上，往往是美丑相杂，真假相混。正是由于这一点，有的人才学会了包装自己。我不善于包装自己，所以容易被误伤、被曲解，甚至被谩骂。每当这个时候，我便微微一笑，告诫自己：不必理他，做自己的事情去！

吕变庭

写于 2016 年 3 月 20 日晚